2판

# 재료의 거동과 파손

최덕기 | 문영훈 공저

JINSAEM 진샘미디어

# 이 책에 대하여

이 책을 읽고 있는 독자들은 아마도 재료과학이나 재료역학 관련 내용들을 대학 저학년 과정에서 이미 학습했을 것으로 생각된다. 그럼에도 불구하고 재료의 거동과 파손(재료 거동학, mechanical behavior of materials)에 대한 내용을 따로 알아야 할 필요가 있는가 하는 생각을 할 수도 있을 것이다. 이 책은 재료의 거동과 파손에 대한 입문서이며 키워드는 한계와 파손(limit and failure)이라고 말할 수 있다. 간략하게 말하면, 재료의 거동을 학습하는 이유는 재료의 한계를 알아보고자 하는 것이다. 즉, 실제 환경에서 발생되는 다양한 하중에 대응하여 기계나 구조물이 안전하게 버티어 낼 수 있는가 하는 것이며, 두 번째로는 재료가 파손을 견디어 낼 수 있는가에 대한 것이다. 여기서 파손이란 부품이나 구조물이 부서지는 경우만 지칭하는 것이 아니라 설계된 용도로서 더 이상 사용될 수 없는 모든 경우를 포함하는 포괄적인 개념이다.

기계나 기계의 부품, 구조물 등은 설계 시점 부터 많은 환경 인자를 고려하여 제작되며 특히 다양한 외부 및 내부의 조건 변화하에서의 재료의 반응을 이해하는 것이 필수적이다. 외부의 힘에 대하여 변형으로 대응하는 재료의 역학적 반응은 재료의 거동에 있어서 기본적이면서도 중요한 요소가 되며 다음의 중요한 두 가지의 질문에 대한 답을 제공할 수 있다. 즉, 기계나 구조물을 제작할 때에 사용되는 재료가 지탱할 수 있는 최대 하중은 얼마나 되는가(한계에 대한 질문), 어떠한 형태의 파손을 예상하고 설계해야 하는가(파손에 대한 질문) 등에 대한 논리적이며 신뢰할 수 있는 답을 찾는 과정을 반드시 거쳐야 한다. 이러한 질문에 대한 적절한 해법과 그에 따른 안심할 수 있는 답을 찾는데 도움을 줄 수 있는 것이 재료 거동학을 배우는 목적이라고 볼 수 있다.

재료의 거동과 파손에 대한 내용이 응용되고 있는 분야는 너무나 많으나 몇 가지 예를 들면, 고온의 증기와 반복되는 기계적 하중이 가해지는 발전기의 터빈을 만들고자 할 때 어떤 인자들을 고려해야 하는지, 무거운 화물을 싣고 이착륙을 반복하는 항공기의 기체에 대한 설계는 어떻게 준비해야 하는지, 염분(소금)을 머금은 바닷바람이 몰아치는 해양에 설치될 구조물의 안전을 보장하기 위하여 어떠한 환경 인자를 찾아야 하는지, 반복적인 하중이 가해지는 자동차 동력 축의 예상 수명은 얼마나 되는지 등에 대하여 공학적으로 신뢰할 수 있는 답을 찾아보고자 하는 것이다.

본 서에서 다루는 내용은 크게 나누어 다음과 같은 5가지 주제로 구성되어 있으며 아래에서 나열한 주제들에 대하여 제대로 설명하기 위해서는 각각 독립된 책으로 만들어야 할 정도이나 본 서는 입문서임을 감안하여 가장 기본적이면서도 중요한 개념과 원리를 다루도록 노력 하였다.

- 항복(yield)
- 피로(fatigue)
- 파괴(fracture)
- 고온 크리프(creep)
- 부식 및 마멸(corrosion and wear)

이 책의 구성과 내용은 다음과 같다. 1장에서는 재료 거동과 파손의 응용 사례들을 소개하고 있다. 2장에서는 재료의 역학적 성질을 획득하기 위하여 사용하는 다양한 시험 방법 - 인장, 압축, 비틀림, 굽힘 시험- 등을 통하여 응력과 변형률 선도를 구성하고 이해하는 방법을 학습한다. 3장에서는 재료에 작용하는 응력을 가상의 미소 요소인 응력요소(stress element)를 사용하여 정의하고 응력을 임의의 단면에 대한 성분으로 변환하는 방법을 설명하고 있다. 4장에서는 임의의 단면에 대한 변형률의 성분을 구하는 방법과 응력을 계산하기 위한 변형률 변환을 학습한다. 5장에서는 일반적인 탄성 법칙을 넘어서는 비탄성 재료(inelastic material)에 대한 수학적 모델을 소개하고 크리프(creep) 현상과 점탄성(viscoelastic) 재료의 수학적 모델 방정식의 유도와 해법에 대한 상세한 설명을 제공하고 있다. 6장에서는 소성 변형을 가늠하는 von Mises, Tresca 항복 조건 등의 항복 이론에 대하여 설명한다.

7장에서는 반복 하중이 가해질 때 재료의 거동을 예측하기 위하여 널리 사용되는 응력-수명 곡선(S-N curve)을 소개하고 이를 실제 설계에 적용한 고 사이클 피로(high cycle fatigue, HCF) 이론을 설명한다. 8장에서는 재료 내부에서의 균열의 존재를 가정하여 성립된 파괴역학 이론을 소개하며 이로 인한 재료 성능의 저하와 파괴 현상을 설명하고 있다. 9장에서는 반복 하중에 의하여 균열은 성장하게 되는데 이러한 현상이 재료의 수명에 어떠한 영향을 주는가에 대한 내용과 반복 하중 하에서의 균열 성장 속도에 대한 이론식과 실험식이 소개된다. 10장에서는 재료의 항복으로 인한 유한 변형을 고려하여 설계에 적용할 수 있는 저 사이클 피로(low cycle fatigue, LCF) 이론에 대하여 소개한다. 11장에서는 고 사이클 피로 해석, 저 사이클 피로 해석, 피로균열 성장 해석에 대한 내용을 통합적으로 설명하고 피로 파손을 방지할 수 있는 다양한 설계기준에 대하여 설명한다. 12장에서는 반복 하중 하에 놓인 노치(notch)에 대한 안전 설계 방법에 대하여 설명한다.

13장에서는 재료의 크리프(creep) 및 크리프-피로 상호작용 등을 통해 재료의 고온거동과 관련한 이론들을 다룸으로써, 고온에서 장시간 안전하게 가동해야하는 발전설비, 화학반응설비 및 항공우주관련 재료의 요구물성을 이해하도록 하였다. 14장에서는 재료의 부식거동을 다루었는데 재료가 주위 환경과의 전기화학적 또는 화학적 반응에 의해 파손되는 원리와 그 방지방안에 대해 설명하였다. 마지막으로 15장에서는 재료의 마멸(wear)거동을 다루었는데 14장과는 달리 주위환경과의 물리적 반응에 의해 파손되는 원리와 관련 평가시험방법을 설명하였다.

이 책의 특징은 다음과 같다.

- 재료의 거동과 파손에 대한 기본 주제인 항복, 피로, 파괴, 부식 및 마멸에 대한 통합적인 입문서로서의 역할을 할 수 있도록 기본적인 내용과 아울러 필수 항목들을 빠짐없이 수록하였다.

- 관련 서적의 대부분이 피로와 파괴 현상 등에 편중되어 있는데 비하여 본 서에서는 재료의 거동과 파손에 대한 완결성을 갖추기 위하여 다양한 환경 인자(고온, 부식, 마멸) 등에 대한 세부적인 내용을 담았다.

- 각 장별로 난이도를 조절한 실제적인 예제를 제공하여 본문에서 학습한 내용을 확실하게 익힐 수 있도록 하였다.

- 기계, 토목, 재료, 항공우주, 건축, 조선, 지질학 등 다양한 학제 배경을 가진 독자층을 감안하여 책의 내용을 쉬운 개념으로부터 점차로 고급의 내용으로 세밀하게 조절하여 배열하였으므로 학교 뿐 아니라 현장에서도 관심 있는 독자들의 자습서로의 역할도 가능할 수 있도록 하였다.

끝으로 이 책을 펴냄에 있어서 세심한 노력을 해준 도서출판 진샘미디어 관계자들께 감사한다. 재료의 거동과 파손에 대한 관심을 가지고 학문에 입문하고자 하는 독자들에게 이 책이 조금이라도 도움이 된다면 필자로서 더 큰 기쁨은 없을 것이다.

저자

# 차례

## 제 1 장 재료의 거동과 파손



## 제 2 장 재료 시험

## 제 3 장 응력의 변환



## 제 4 장 변형률의 변환



## 제 5 장 비탄성 재료의 거동

## 제 6 장 항복 이론



## 제 7 장 고 사이클 피로(HCF)

## 제 8 장 파괴역학



## 제 9 장 피로균열과 파괴



## 제 10 장 저 사이클 피로(LCF)

## 제11장 피로파손과 설계



## 제12장 노치 설계



## 제13장 고온 크리프거동

## 제 14 장 부식 거동



## 제 15 장 마멸 거동

# 제 1 장 재료의 거동과 파손

## 1.1 재료의 거동과 파손

일상 속에서 부서지고, 망가지고, 부러지고, 끊어지는 재료의 다양한 형태의 파손을 우리는 경험하고 있다. 자연 재해에 의한 것이든 인간의 게으름과 무관심으로 인한 것이든 모든 재료로 만들어진 구조물이나 기계는 세월이 흐름에 따라 원래의 기능을 상실하게 된다. 재료의 파손은 마치 태어나고, 늙고, 병들어서 죽는다는 인생의 한 단면을 보는 것과도 같다.

인간은 강력한 자연의 힘 앞에서 힘들게 쌓아올린 문명이 쉽게 붕괴되는 것을 경험하였으며 최근에 들어 태풍, 지진, 쓰나미, 화재에 대응하여 보다 안전하고 강력한 인공물을 만들어야 한다는 데 가장 큰 의미를 두게 만들었다. 자연 재해로 인한 것 뿐만 아니라 인류 역사상 끊이지 않고 있는 전쟁에 의해서도 인류의 문화와 건축물은 파괴되어 왔다. 고대 시대의 전쟁에서는 주로 사람들의 인력에 의한 파괴가 자행되었다면, 중세 이후에는 화약의 발명으로 인한 엄청난 규모의 손실과 파괴를 불러들이게 되었다. 또한 두 차례의 세계대전을 통하여 인류는 말할 수 없는 인명과 재산 그리고 문화의 손실을 눈으로 목도하게 되었으며 이러한 불행한 역사를 통해서 단지 건축물의 안위만이 아닌 사회적, 정치적, 외교적인 해법을 찾는 데까지 이르렀다.

공학자들이 재료의 거동을 공부하는 이유는 급작스런 파손을 미연에 방지하기 위함이다. 예를 들어, 바다를 가로지르는 거대한 교량을 만드는 설계자는 휘몰아치는 바람과 바닷물에 의한 염분 그리고 급격하게 변하는 기후와 급격하게 변하는 하중에도 능히 견딜 수 있는 튼튼한 구조물을 염두에 둔다. 그러나 재료의 수명에 영향을 미치는 요소는 온도, 습도, 화학적, 생물학적, 역학적, 미시적, 거시적 조건 등등 너무나 많으며 각각의 요소가 어떠한 방식으로 작용하는 가에 대한 지식은 아직도 많은 연구를 필요로 하고 있다. 더구나 각각의 요소가 재료 내에서 독립적으로 작용하는 것이 아니라 서로 영향을 주고받기 때문에 각 요소별로 분리해서 연구하는 것도 쉽지 않은 일이다. 만일 어떤 요소가 재료의 거동에 큰 비중을 차지하게 된다면 특성을 파악하기가 조금 더 쉽게 되겠으나 복합적으로 연관되어 있는 경우는 해석과 수명 예측이 불가능하게 된다. 본 서에서는 이러한 복합적인 요소의 연관성을 인지하는 것을 바탕으로 역학적인 요소가 재료의 거동에 미치는 영향을 중심으로 설명하기로 한다. 역학적인 거동 이란 재료에 하중이 적용되었을 때 어떠한 방식으로 반응 또는 변형하는 가를 살펴보며 재료의 수명에 영향을 주는 방식을 찾아보는 것이다.

안전하고 오래가는 구조물을 만들기 위해서는 재료의 특성을 파악하고 다양한 조건에 따른 재료의 반응을 이해하여야 한다. 일상에서 접하는 재료의 파손은 자연 재해로 인한 정도의 대규모가 아니라고 하더라도 연구할 가치는 충분히 있다. 예를 들어 자동차 충돌 시의 파손과 피해를 줄이는 방법 등은 어느 사회에서나 많은 관심을 받고 있는 주제이다.

본 서의 내용에 대한 구성은 크게 두 부분으로 나누어진다. 첫 부분은 재료의 일반적인 역학적 특성에 대한 내용을 다루게 된다. 이 부분은 재료역학에서 다루어지는 응력과 변형률과의 관계로 부터 시작하여 재료의 성질을 규정짓는 다양한 응력-변형률 모델을 사용하여 설명한다. 또한 재료의 항복에 대한 내용을 다루게 되며 다수의 항복 이론을 소개하고 있다. 항복 이론을 토대로 다양한 재료와 하중의 조건에 대하여 안전한 조합을 찾고 적용하는 방법을 설명하고 있다.

두 번째 부분에서는 재료의 파괴, 피로, 크리프, 부식, 마멸거동에 대한 부분을 다루게 된다. 재료는 기계적, 열적, 전기화학적, 물리적 요인에 의해 지속적으로 부하를 받게 되어 열화(degradation)가 진행되게 되며 한계에 이르면 파괴로 이어진다. 재료의 파괴 및 열화는 역학적으로 볼 때 재료 내부의 균열이 성장함에 따라 재료의 강도가 열화되고 결과적으로 파손되는 것을 의미한다. 파괴에 있어서 재료 내부의 균열의 존재와 크기 그리고 성장은 작용되는 하중에 직접적으로 의존하게 되는데 이를 규명할 수 있는 이론이 필요하게 된다. 파괴에 대한 역학적인 해석과 이론은 파괴역학의 선구자 들인 Griffith와 Irwin 등의 탁월한 기여로 인하여 획기적인 발전을 보게 되었다. 재료의 부식 및 마멸은 인간의 생존환경에서 필연적으로 일어나는 열화현상이다. 부식의 경우 거의 대부분의 장비 및 부품에서 항상 일어나고 있는 현상이지만 부식의 원인에 대해서, 그리고 부식을 방지하고 그 피해를 줄일 수 있는 방법에 대해서 이해의 정도가 낮은 경우가 많으므로 이러한 환경요인에 대한 재료 거동을 보다 심도깊게 이해할 필요가 있다. 마멸현상 또한 가동 중인 모든 개체에서 항상 일어나고 있는 물리적 열화현상이므로 이에 대한 재료 거동을 운동역학 및 접촉기구별로 분석함으로써 마멸속도를 현저히 낮추는 방안을 수립할 수도 있고, 윤활, 설계변경 등을 통해 마멸파손으로 인한 피해를 최소화할 수 있게 한다.

## 1.2 재료의 종류

재료거동학에서 다루게 되는 재료는 다양한 종류로 분류할 수 있으며 각 재료들은 고유의 독특한 물성을 보유하고 있어 용도별로 사용되고 있다. 재료는 여러 기준으로 분류가 가능하지만, 본 서에서는 금속재료, 세라믹재료, 고분자재료, 복합재료로 분류하여 간단하게 소개한다.

### 금속재료

금속재료(metallic materials)는 모든 분야에서 가장 널리 사용되는 재료로서 열과 전기의 전도율이 매우 높고 상온에서의 강도(strength)와 연성(ductility)도 뛰어나다. 금속과 합금은 철을 많이 함유하고 있는 강(steel)과 상대적으로 적은 양의 철 성분을 포함하고 있는 알루미늄, 구리, 티타늄 등의 비철금속(nonferrous metals)으로 나뉜다. 표 1.1에 여러 금속재료의 대표적인 기계적 물성을 나타내었다.

### 세라믹 재료

세라믹 재료(ceramics)는 금속 요소와 비금속 요소가 화학적으로 결합되어 있는 재료이다. 장점으로는 높은 강도, 내열성, 내마모성을 들 수 있으며 무게가 가볍다. 단점으로는 취성을 나타내며 역학적인 하중에 취약하다. 그러나 고온에서 열을 차폐하는 기능이 탁월해서 내열성이 요구되는 곳에서 많이 사용되고 있다.

**표 1.1** 여러 금속재료의 기계적 물성[3]

| 재료 | 탄성계수 $E$ (GPa) | 항복강도 $\sigma_Y$ (MPa) | 최대 강도 $S_u$ (MPa) |
|---|---|---|---|
| AISI 1020 steel | 203 | 260 | 441 |
| AISI 4142 steel | 200 | 1619 | 2450 |
| Cast iron | 159 | 334 | 448 |
| SAE 308 aluminum | 70 | 169 | 229 |
| 2024-T4 aluminum | 73 | 303 | 476 |
| 7075-T6 aluminum | 71 | 169 | 578 |
| AZ91C-T6 magnesium | 40 | 113 | 137 |

### 고분자 재료

고분자 재료(polymeric materials)는 탄소를 포함하는 긴 사슬(chains)로 연결된 분자들로 구성된 재료이다. 기본적으로는 결정을 가지지 않는 비결정체로 존재하며 강도와 인성은 큰 범위의 변화를 보인다.

### 복합재료

복합재료는 두 가지 이상의 다른 재료를 섞어서 하나의 통합된 성질을 나타내는 새로운 재료이다. 거시적으로 볼 때 구성된 재료들의 성분이 화학적으로 결합되는 것이 아니라 각 재료의 특성을 유지한 채로 물리적으로 혼합되어 있는 상태이다. 복합재료는 높은 강도와 낮은 체적대비 중량으로 인해서 강도와 중량을 중요시하는 각종 분야에서 널리 사용되고 있다. 섬유(fiber)와 모재(matrix)를 사용하여 제작하는 섬유강화 복합재료(fiberreinfo-rced composite materials)에서 섬유는 복합재료에서 필요한 강도 부분을 감당하고 모재는 섬유를 둘러싸고 있음으로 인하여 외부 환경으로 부터 보호하는 역할과 역학적인 인성을 보충해 주는 역할을 하고 있다. 섬유강화 복합재료는 피로강도도 높은 편이므로 군사무기나 우주선, 항공기를 비롯하여 최근에는 자동차와 레져용품까지 그 사용 범위가 넓어지고 있다. 예를 들어 섬유의 종류가 탄소섬유(carbon fiber)이며 모재의 재료가 epoxy로 구성되어 있을 때 carbon/epoxy와 같이 표시한다. 널리 사용되는 섬유와 모재의 구성에는 carbon/epoxy ASA/3501-6, carbon/epoxy T300/5208, Boron/epoxy, Kevlar 49/epoxy, E-glass/epoxy 등이 있다.

## 1.3 재료파손과 파손이론

일반적으로 재료가 더 이상의 기대되는 기능을 수행하기가 불가능할 때 파손(failure)되었다고 말한다. 이는 단순히 재료가 파괴되어 두 조각이 났다는 것을 의미하는 것은 아니다. 재료가 파괴되지 않았더라도 더 이상 의도된 특성을 발휘하지 못한다면 파손된 것이라고 볼 수 있다. 재료의 파손 그 종류가 매우 다양하며 설계 시의 관점에 따라서 파손 여부를 판단하게 된다. 또한 파손의 종류가 많은 것만큼 서로 간의 간섭도 중요한 역할을 하게 되므로 어떤 특정한 파손의 기구로 복잡한 파손현상을 완벽하게 설명하기는 불가능하다. 표 1.2에서는 소성변형(plastic deformation) 취성파괴(brittle fracture) 연성파괴(ductile fracture) 피로(fatigue) 크리프(creep) 열충격(thermal shock) 좌굴(buckling) 마모(wear) 부식(corrosion)등의 다양한 파손 모드의 종류와 그 내용에 대하여 간략하게 정리하여 보여주고 있다. 재료의 파손에 영향을 주는 요소들은 하중(load), 기간, 온도, 환경 등을 들 수 있다. 하중의 종류는 정하중(static load)과 동하중(dynamic load), 반복하중(cyclic load), 단축하중(uniaxial load), 다축하중(multi-axial load)등으로 구분할 수 있다. 하중이 가해지는 기간도 재료의 파손과 밀접한 관계가 있다. 큰 크기의 하중이 비교적 짧은 시간에 가해지는 경우와 작은 크기의 하중이 긴 시간에 걸쳐 작용하는 경우에서 재료의 파손 형태는 분명히 다른 양상을 보이게 된다. 한편, 가스 터빈 등과 같이 고온의 환경에 노출되어 있거나 극지방에서의 해양 구조물등과 같이 저온에 접하는 재료에 대해서는 온도의 영향을 고려해야 한다. 바다 근처에 있는 구조물은 염분의 영향을 받으며, 화학공정이 진행되는 정유관련 재료들은 화학적인 부식으로 인한 재료의 파손을 방지하도록 노력하여야 한다. 오랜 기간 동안의 연구와 조사에 의해서 밝혀진 바대로 적절한 파손 방지 설계 방법을 도입하여 제작한다면 많은 경비와 인명피해를 사전에 막을 수 있다.

부품이나 기계를 설계한다는 것은 그 성능이 완벽하게 잘 발휘될 수 있도록 하는 것이다. 안전한 제품을 만들기 위한 설계를 하기 위해서는 재료에 대한 기본적인 지식이 필수적이다.

본 절에서는 다양한 파손의 종류 중에서 항복, 피로, 파괴 등의 세 가지 분야에 대한 파손 이론을 간략하게 소개하기로 하며 더 깊은 내용의 이론들은 입문서의 범위를 벗어나므로 관심 있는 독자들은 관련 문헌을 참고하기 바란다.

공학자들을 가장 당혹케 만드는 문제는 설계대로 제작된 부품이 최대 하중이 걸리지 않았음에도 파손이 되어 작동을 할 수 없게 되는 것이다. 설계시에 여분을 넣고 다른 외적 요인도 충분히 감안했다고 생각했는데 작용하는 응력의 크기가 재료의 최대강도 심지어는 항복강도 보다 낮은 응력에서도 재료가 파손되는 현상을 보는 것은 그리 낯설지 않다. 다양한 하중 조건과 복잡한 환경 속에서 안전하고 신뢰성 있는 부품이나 구조물을 설계하기 위해서 가장 중요한 질문은 재료 거동학의 측면에서 본다면 두 가지로 압축된다.

1) 설계된 부품이 실제 환경에서 하중을 잘 견딜 수 있을 것인가?
2) 그러한 환경에서 부품의 수명은 어느 정도 될 것인가?

**표 1.2** 재료의 파손 모드

| 파손 모드 | 파손 내용 |
|---|---|
| 소성변형 | 재료의 항복에 의한 과도한 소성변형으로 인한 파손 |
| 취성파괴 | 미소한 소성변형과 작은 파괴인성의 특성 |
| 연성파괴 | 많은 소성변형과 큰 파괴인성의 특성 |
| 피로 | 반복하중에 의한 재료 내부의 손상 누적으로 인한 파손 |
| 크리프 | 고온에서의 장기간 노출시 과도한 변형으로 인한 파손 |
| 열충격 | 급격한 온도 변화의 반복으로 인한 충격으로 파괴 |
| 좌굴 | 압축하중으로 인한 기둥이나 박판의 파손 |
| 마모 | 베어링, 기어 등의 마찰로 인한 파손 |
| 부식 | 환경으로 인한 균열발생과 하중의 작용으로 파손 |

이러한 가장 기본적이며 중요한 질문에 답하기 위해서는 재료의 거동을 잘 설명해줄 수 있는 다양한 실험 자료와 물리적인 현상에 맞는 이론이 있어야 한다. 재료의 역학적인 거동을 파악하기 위해서 많은 학자들이 연구해 왔으며 그 분야는 항복, 피로, 파괴 등을 들 수 있다. 안전한 설계를 하기 위해서는 재료의 파손과정과 물리적 기구를 이해하고 방지하는 대책을 미리 세워야 하는데 재료의 파손 이유는 일반적으로 다음과 같이 세 가지 정도로 분류될 수 있다.

1) 항복에 의한 파손
2) 피로에 의한 파손
3) 파괴에 의한 파손

### 재료의 항복

항복을 고려한 설계는 학부 과정에서 배우는 재료역학에서 기본적인 내용을 다루고 있다. 재료역학에서는 결함이 전혀 없는 이상적인 재료를 고려한다. 항복이 일어나면 소성변형이 일어나게 되어 원래의 설계에서 고려한 탄성변형을 넘어서는 영구변형을 일으키게 된다. 재료의 항복기준은 단축 하중(uniaxial loading)에서는 응력을 사용하나 다축하중인 경우에는 등가 응력(effective stress)을 사용하여 환산하는 방법을 사용한다. 등가 응력은 항복 기준에 따라 다르게 정의되는데 이를 재료의 항복강도와 비교하여 판단을 하게 된다. 항복에 의한 파손은 소성변형을 일으키는 하중의 영향으로 기계 부품이나 구조물이 더 이상 설계시에 설정한 능력을 발휘할 수 없는 상황을 의미한다. 항복에 의한 파손 여부는 외부 하중을 등가응력으로 변환시켜서 항복 기준식에서 제시한 임계값과 비교하는 방법으로 판단한다.

### 재료의 피로

반복 하중이 작용하는 경우에는 재료에 피로가 누적되는데, 피로를 감안한 설계가 필요하다면, 먼저 균열이 성장할 수 있다는 사실을 인지하는 것이 중요하다. 즉, 반복 하중에 의해서 균열이 성장하고 전파되어 결과적으로는 부품이나 구조물을 파손에 이르도록 한다. 재료의 피로에 의한 파손을 피로파손(fatigue failure)이라고 한다. 피로에 의한 파손을 막기 위해서는 먼저 파괴역학적 해석으로 부터 안전한 크기의 균열 크기를 계산해야 한다. 일단 임계 균열 크기가 정해지면 초기 균열 길이를 상정하고 균열이 성장하여 임계 균열 길이까지 되는 시간을 예측한다. 이를 통해서 부품이나 구조물에 대한 검사 주기를 확정지을 수 있는 중요한 자료를 얻을 수 있다.

### 재료의 파괴

세 번째로는 재료 내부에서의 균열의 존재를 감안한 파괴역학(fracture mechanics)적인 해석이 있다. 모든 재료는 완전하지 않고 내부에 다양한 종류의 결함이 있으며 이들 중에서 균열이 파괴에 중요한 역할을 한다고 가정하는 것이다. 파괴역학적 해석에서는 기본적으로 하중의 크기와 균열의 길이가 중요한 인자로 고려된다. 파괴역학적 관점에서 본다면 안전한 설계는 균열이 있음에도 불구하고 파손되지 않도록 하는 것을 의미한다.

한편 재료의 파괴는 피로와 분리될 수 없는데 이는 궁극적으로 재료 내부의 균열이 성장하기 위해서는 끊임없는 외부의 간섭이 있어야 하기 때문이다. 재료 내부로 외부 하중의 작용에 의한 에너지가 공급되는 가장 간단한 예는 반복적으로 하중이 작용하는 경우이며 이로 인하여 균열이 성장하게 된다. 하중의 반복은 그 빈도와 강도에 따라 재료에 미치는 영향이 달라지기 때문이 이를 표준화하여 다양한 하중의 종류와 반복의 회수와의 연관성을 찾아내야 한다. 하중이 반복적으로 작용하면 거시적으로는 설명하기 어려우나 재료의 역학적 특성이 열화되는 현상이 일어나는데 이를 피로(fatigue)라고 한다. 이는 하루 종일 반복적인 일을 하는 사람에게서 나타나는 피로감과 동일하다고 볼 수 있다.

피로가 누적되면 재료가 균열의 성장을 막을 수 있는 한계점에 도달하게 되어 결국 파괴로 이어지게 된다. 이러한 피로에 의한 재료의 파괴 과정을 이해하고 이를 토대로 하여 재료의 기대 수명을 예측하는 것이 주요한 결과 중의 하나이며 항복 조건에만 의존하는 기존의 설계 지침을 보완하는 역할을 한다.

여기서 설명한 두 가지의 설계기준 – 항복기준과 파괴역학 기준– 은 모두 재료 내부의 균열이 성장하지 않는다는 가정 하에 수행되는 것임을 유의해야 한다. 즉, 안전한 설계를 위해서는 하중으로 인한 응력이 항복점에 도달하지 않도록 해야 하며, 주어진 하중에서 파괴에 이르지 않을 균열의 크기를 가늠하는 것이 중요하다. 일단 안전한 균열의 크기가 계산에서 정해지면 해당 부품이나 기계에 대한 다양한 검사를 통해서 안전 여부를 판단하게 된다. 만일 하중이 반복되게 작용하는 피로를 감안한 설계가 필요하다면, 균열이 성장할 수 있다는 사실을 인지하는 것이 중요하다.

반복하중에 의해서 균열이 전파되고 성장하여 결과적으로는 부품이나 구조물을 파손에 이르게 한다. 피로에 의한 파손을 막기 위해서는 먼저 파괴역학적 해석으로 부터 안전한 크기의 균열 크기를 계산해야 한다.

항복, 피로, 균열에 의한 파손의 내용은 각각 독립적인 물리적 현상이 아니라 상호 연결되어 있는 대단히 복잡한 현상이다. 그러므로 재료의 파손을 설명하기 위해서는 상호 보완적인 기여가 필요하며 이 분야에 대한 연구는 아직도 많은 분야가 불명확한 상태로 남아있다.

### 터빈 엔진의 파손 예

앞에서 설명한 다양한 파손의 형태가 가장 잘 나타나는 분야 중의 하나는 터빈 엔진(turbine engine) 분야이다. 터빈 엔진은 군사용과 민간용으로 널리 사용되는 중요한 기기이며 급작스런 파손이 발생하였을 때는 인명 피해와 아울러 많은 비용의 지출이 요구되므로 파손 방지를 위한 연구가 계속되어왔다. 터빈 엔진의 각 부품에 대한 다양한 형태의 파손 모드에 대하여 표 1.3에서 나타내었으며 그 내용은 다음과 같다.

**표 1.3** 터빈 엔진에서의 파손 요인[11]
ER(erosion, 침식), CO(corrosion, 부식), HCF(high cycle fatigue, 고 사이클 피로),
LCF(low cycle fatigue, 저 사이클 피로), TF(thermal fatigue, 열피로), W(wear, 마모)

| Engine section | Component | Failure |
|---|---|---|
| 압축기(compressor) | blade | ER,CO, HCF |
| | vanes | ER, HCF |
| | discs | LCF, HCF |
| 터빈(turbine) | blade | TF, LCF, HCF, CO |
| | vanes | TF, CO, HCF |
| | discs | LCF, CO, HCF |
| 축(shaft) | | LCR, W |

- HCF : 고 사이클 피로(high cycle fatigue)를 말하며 주로 탄성변형에 국한되는 작은 변형에서 장기간의 반복하중에 대한 파손을 의미한다. 항공기 엔진에서는 반복되는 많은 작은 하중의 작용으로 인하여 기존의 결함들이 성장하여 파손을 일으키게 된다.
- LCF : 저 사이클 피로(low cycle fatigue)는 반복되는 상대적으로 큰 하중의 작용으로 인하여 소성변형이 발생하여 손상을 입히게 되며 균열의 생성이나 진전에 직접적인 영향을 끼치는 피로 파손의 형태이다. 터빈 엔진에서는 큰 하중이 반복해서 작용하는 이스크, 축, 압력용기 등이 모두 주로 LCF에 의해서 파손이 발생하게 된다.
- Creep(크리프) : 크리프는 금속이나 합금에서 용해점의 1/2이상의 온도에서 발생하는 비탄성 변형을 의미한다. 고온과 큰 하중이 걸릴수록 크리프 변형의 속도는 증가한다.
- Thermal fatigue(열피로) : 열피로는 엔진 부품에서의 온도의 구배로 인하여 반복되는 열응력의 작용으로 말미암아 발생되는 피로이다. 엔진 블레이드는 시동 초기에는 균일한 온도를 유지하게 되어 잔류응력의 영향을 받지 않으나, 일단 엔진이 가동되면 블레이드의 바깥 부분과 중심부분의 온도차로 인하여 압축응력을 반복하여 받게 되어 피로 파손에 기여한다.

- Corrosion(부식) : 주위 환경으로 인하여 엔진 부품에 심대한 손상을 주게 되며 엔진에 유입되는 연료의 화학성분, 공기 중의 불순물, 염분, 기타 화학성분을 지닌 입자들로 인하여 부식이 발생한다.
- Erosion(침식) : 엔진에서의 침식은 흡입되는 공기 중의 작은 입자들에 의하여 누적된 손상의 결과로서 나타난다. 침식은 사막 등의 먼지와 모래가 많은 열악한 환경에서 작동하는 회전익 항공기의 로터나 압축기 등에서 발생된다.
- Wear(마모) : 마모는 두 개의 이상의 부품이 결합되어 움직이는 베어링, 실링 부분 등에서 발생되며 마찰되는 부위가 손상되어 기능을 상실하게 된다.

## 1.4 파손과 설계

재료 거동학을 배우는 중요한 목적 중의 하나는 역학적인 하중이 가해질 때의 재료의 반응을 이해하고 다양한 조건하에서의 파손을 방지할 수 있는 해답을 제공하는 데 있다. 파손은 설계자의 관점에 따라서 약간의 차이는 있을 수 있으나 결과적으로는 부품이나 기계 또는 구조물이 의도된 목적에 따라 기능을 발휘할 수 없을 때를 지칭한다. 파손을 방지하거나 억제하기 위하여 어떤 개념과 방식으로 설계하는 가에 대한 연구는 모든 공학자들의 최고 관심사 중의 하나이다. 위에서 설명한 다양한 종류의 파손 원인을 잘 이해하고 이를 가능한 한 방지할 수 있는 통합적인 지식과 경험이 있어야 설계가 가능하다. 이 책에서 설명하고자 하는 기본적인 파손의 요소 – 항복, 피로, 파괴 –는 독립적으로 일어나는 현상이 아니라 상호간에 복잡하게 얽혀있는 과정이다. 그러나 각 요소별로 충분한 이해가 선행되지 않으면 기본적인 설계에의 접근도 어려울 수 밖에 없으므로 반드시 숙지하고 다음 단계로 진행해야 한다. 일반적으로 재료의 파손을 고려한 설계는 단일 인자 설계(single parameter design)와 다인자 설계(multi-parameter design)로 나누어 질 수 있으며 파손 이론들과 인자들의 관계를 표 1.4에서 표시하였다.

**표 1.4** 단일 인자 설계와 다인자 설계

| 설계 구분 | 설계 명칭 | 설계 인자 |
|---|---|---|
| 단일 인자 설계 | 항복설계 | 항복강도 $\sigma_Y$ |
| | 파괴설계 | 파괴강도 $K_{lc}$ |
| 다인자 설계 | HCF 설계 | 피로강도 $S_e$,최대강도 $S_u$,평균응력 $\sigma_m$, 응력비 $R$, 기타 재료 상수 |
| | 피로–파괴 설계 | 파괴강도 $K_{lc}$, 피로강도 $S_e$, 평균응력 $\sigma_m$, 응력비$R$,기타 재료 상수 |
| | LCF 설계 | 피로 연성계수 $\epsilon'_f$, 피로 강도계수 $\sigma'_f$,평균응력 $\sigma_m$,응력비 $R$, 기타 재료 상수 |

- **단일 인자 설계** : 하나의 인자를 고려하여 파손 방지 설계 수행하는 방법이며 항복강도 또는 파괴강도를 적용한 설계가 있다. 설계에 적용하기가 간편한 반면에 수명 예측을 위해서는 단독으로 사용될 수 없으며 다른 파손 이론을 함께 고려해야 한다.
- **다인자 설계** : 다수의 인자를 고려하여 파손방지설계를 수행하는 방법이며 LCF(저 사이클 피로), HCF(고 사이클 피로), 파괴역학 등의 이론을 사용하고 재료의 파손에 대한 다양한 피로 및 파괴 실험 자료가 필요하게 되므로 계산 과정이 복잡하다. 다양하게 하중조건과 설계대상의 기하학적 형상에 따라 다르게 적용할 수 있는 장점이 있으며 수명예측에 적합한 내용을 포함하고 있다.

파손을 고려한 설계는 설계의 관점에 따라서 시대별로 또는 목적별로 발전되고 개선되어 왔으며 파손 방지 설계의 종류에는 무한 수명 설계(Infinite life design), 안전 수명 설계(safe-life design), 파손 방지 설계(fail-safe design), 손상 한도 설계(damage tolerant design)등이 있으며 기본적인 내용은 다음과 같다.

- **무한 수명 설계(infinite life design)** : 내구한도내에서의 사용을 전제로 하여 설계하는 개념이며 기본적으로 파손되지 않는 무한 수명을 목표로 한다.
- **안전 수명 설계(safe–life design)** : 설계시에 수명을 설정하고 그 수명에 도달하면 부품을 교체 하는 방식이다.
- **파손 방지 설계(fail–safe design)** : 개별 요소나 부품이 파손되더라도 전체 구조물의 파손을 방지하도록 설계한다.
- **손상 한도 설계(damage tolerant design)** : 주기적인 검사를 통하여 임계 균열 길이와 비교하여 부품의 교체 여부를 결정하게 하는 설계 방식이다.

## 1.5 파손 방지 설계 과정의 예

앞에서 소개한 다양한 설계 방식은 재료 거동 분야의 입문자들에게는 약간의 혼란스러움을 주게 된다. 그 이유는 구체적으로 어떤 방식을 어떻게 사용하여 어떤 과정을 거쳐서 최종 설계에 이르게 할 것에 대한 올바른 결정을 내리기 위해서는 다양한 경험과 실제 현장에서의 노하우가 쌓여있어야만 가능한 일이기 때문에 그러하다.

부품이나 구조물에는 다양한 크기의 결함이 존재한다. 눈으로 식별하기 어려운 미소 균열(microcrack)로 부터 일반적인 측정 장비로 확인이 가능한 균열(crack)과 볼트나 리벳 체결과 응력 집중의 완화를 위한 구멍(hole)이나 노치(notch) 등이 그것이다. 이러한 재료의 불연속적인 지점에 대해서는 응력이 집중되어 균열이 발생하거나 성장하여 파괴에 이르게 하므로 특별한 주의를 기울어야 하며 사전에 이러한 부분에 대하여 미리 감안하여 설계하여야 한다.

- 노치가 있는 부품에서 노치의 영향을 최소로 하고 싶은 경우에는 설계시에 무한 수명을 갖도록 하는 내구한도 아래에서 응력이 작용하도록 해야 하며 이 경우에 가장 간편한 설계 방식은 무한 수명 설계이다. 내구한도 아래에서 사용되는 부품의 경우는 상대적으로 변형이 작으며 주로 탄성변형만을 상정하여 설계한다.

- 선박의 용접 부위에서 균열을 발견하게 되었다고 가정하고 사용 수명을 계산하고자 할 때는 균열의 크기와 성장 속도 그리고 기하학적 자료가 포함된 설계 방식을 적용하여야 한다. 이러한 내용이 중요한 곳에서는 안전 수명 설계나 파손 방지 설계의 개념을 사용하는 것이 보편적이다.

- 항공기의 터빈 엔진은 시동할 때 큰 하중이 걸리게 되며 엔진 부품의 노치 부분이나 균열 근방에서는 응력이 항복점을 넘어서서 소성변형을 일으키게 된다고 가정한다. 이러한 소성변형이 확대되면 결국 부품은 파손되는데 이에 대한 수명을 예측하여 설계하고 싶은 경우는 안전 수명 설계, 파손 방지 설계 또는 손상 한도 설계의 개념을 도입한다.

피로와 파괴 현상이 복잡하게 엉켜있는 실제 상황에서는 어느 한 이론만 가지고 부품이나 구조물의 수명을 예측하거나 안전 여부를 판단하는 것은 불가능하다. 그러나 설계 시점에서 어떠한 내용의 하중이나 외부 영향이 올 것을 미리 점검하고 이에 대한 재료의 거동을 인지하여 설계를 수행하는 것은 중요한 일이다. 또한 컴퓨터의 발전에 따라 단순히 역학적인 거동뿐 아니라 더욱 복잡한 학제간의 문제에도 접근할 수 있는 계기가 점차로 넓어지고 있는 것도 바람직한 현상이라고 본다.

# 연습문제

1.1 소성변형(plastic deformation)에 대한 예를 수집하고 파손 기구(failure mechanism)에 대하여 간략하게 설명하시오.

1.2 취성파괴(brittle fracture)에 대한 예를 수집하고 파손 기구(failure mechanism)에 대하여 간략하게 설명하시오.

1.3 연성파괴(ductile fracture)에 대한 예를 수집하고 파손 기구(failure mechanism)에 대하여 간략하게 설명하시오.

1.4 피로(fatigue)에 대한 예를 수집하고 파손 기구(failure mechanism)에 대하여 간략하게 설명하시오.

1.5 크리프(creep)에 대한 예를 수집하고 파손 기구(failure mechanism)에 대하여 간략하게 설명하시오.

1.6 열피로(thermal fatigue)에 대한 예를 수집하고 파손 기구(failure mechanism)에 대하여 간략하게 설명하시오.

1.7 마멸(wear)에 대한 예를 수집하고 파손 기구(failure mechanism)에 대하여 간략하게 설명하시오.

1.8 부식(corrosion)에 대한 예를 수집하고 파손 기구(failure mechanism)에 대하여 간략하게 설명하시오.

1.9 무한 수명 설계(infinite life design) 방식과 안전 수명 설계(safe–life design) 방식의 차이점에 대하여 설명하시오.

1.10 바다를 가로질러 육지와 섬을 잇는 거대한 교량을 설계하고자 한다. 파손을 방지하기 위하여 어떤 요소들을 생각해야 하며 어떤 설계 방식이 가장 적합한지를 적어보시오.

1.11 충돌 시에 탑승자의 안전을 최대한 보장할 수 있는 자동차를 설계하고자 한다. 어떤 요소들을 고려해야 하며 적합하다고 생각하는 설계 방식을 제시하시오.

**1.12** 무거운 하중을 싣고 이착륙을 반복하는 항공기의 날개를 설계하고자 한다. 어떤 요소들을 고려해야 하며 적합하다고 생각하는 설계 방식을 제시하시오.

**1.13** 승객을 싣고 다니는 여객기 동체에 창문을 내고자 한다. 외부 기압과 기체 내부의 기압이 반복적으로 작용하는 것을 고려할 때 어떤 요소들을 고려해야 하며 가장 적합하다고 생각하는 설계 방식을 제시하시오.

**1.14** 무거운 짐을 싣고 거친 파도 위를 지나는 선박을 설계 한때 고려해야 할 요소들은 무엇이며 가장 적합하다고 생각하는 설계 방식을 제시하시오.

**1.15** 차가운 극지방을 운행할 선박을 건조할 때 철판을 이어붙이는 과정에서 리벳을 사용하거나 용접을 하는 방식 중에서 어떤 것이 더 안전하겠는가를 파손 기구를 사용하여 설명하시오.

**1.16** 온도의 변화와 방향에 따라 온도구배가 극심한 우주에서 장기간 동안 운행할 수 있는 우주선을 설계할 때 고려해야 할 요소들은 무엇이며 가장 적합하다고 생각하는 설계 방식을 제시하시오.

# 제 2 장 재료 시험

재료가 다양한 용도에 적합하게 사용되기 위해서는 일관적인 형태의 개념이 반드시 정립되어 있어야 한다. 예를 들어, 많은 하중을 받는 구조물에 사용될 것인지, 아니면 강도는 유지하되 무게를 가볍게 해야 하는 것인지, 또는 염분의 부식을 우려해야할 환경에서 사용될 것인지 등등의 문제를 사전에 고려하기 위해서는 재료의 거동이 잘 묘사된 수학적 형태로 된 정보가 주어져야 한다. 이러한 정보는 많은 재료 시험을 통해서 축적되고 공유된다. 실제로 재료는 주어진 상황에 따라 매우 복잡한 거동을 보이게 되나 이를 단순화 시키는 작업을 통해서 기본적인 설계에 적용할 수 있도록 만들어 가는 과정이 진행되어왔다. 가장 널리 사용되는 방법은 힘과 변형의 관계를 방정식으로 표시하는 것이다.

## 2.1 인장시험

### 2.1.1 응력과 변형률

재료의 역학적 거동에 대한 정보를 얻기 위하여 가장 널리 쓰이는 방법은 인장 시험(tension test)이라고 불리는 과정이다. 인장 시험은 매우 간단하면서도 필요한 재료의 성질을 쉽게 얻을 수 있는 장점이 있다. 인장 시험을 수행하는 방법은 시험하고자 하는 재료는 시험규격에 따라 원통형이나 막대 형태의 평판으로 가공하여 시편(specimen)으로 사용한다. 시험의 과정은 시편의 양끝에 힘을 가하며 변형을 관찰하는 것이며 이때 가해진 힘과 변형의 관계를 그래프로 그릴 수 있는데 이를 힘-변위 선도(force-displacement diagram)라고 한다. 인장 시험으로 부터 얻어진 힘-변위 선도는 실제로는 응력-변형률 선도(stress-strain diagram)로 대치하여 사용하는 것이 일반적이다.

#### 공칭응력

응력 $S$는 다음 식에서 볼 수 있듯이 작용하는 힘 $P$를 시편의 초기 단면적 $A_0$로 나눈 값으로 정의하며 이를 공칭응력(engineering stress) 또는 명목응력(nominal stress) $S$라고 한다.

$$S = \frac{P}{A_0} \tag{2.1}$$

응력의 단위는 SI 단위계에서는 $\mathrm{Pa} = \mathrm{N/m^2}$으로 사용하며 Pa는 Pascal의 약자이다. 한편, 영미 단위계로는 $\mathrm{psi} = \mathrm{lb/in^2}$로 정의하며 인치(inch)당의 힘(pound)으로 나타내며 보다 큰 단위계로는 $1\,\mathrm{ksi} = 1{,}000\,\mathrm{psi}$를 사용한다.

### 진응력

인장시험을 수행하는 동안 시편의 길이는 늘어나게 되나 단면적은 감소하게 된다. 초기 단면적이 아닌 현재 단면적 $A$를 사용하여 진응력(true stress) $\sigma$를 다음과 같이 정의한다.

$$\sigma = \frac{P}{A} \tag{2.2}$$

탄성변형 내에서 대부분의 금속에서의 단면적의 변화는 1% 미만이므로 공칭응력과 진응력의 차이는 무시할 만큼 적다. 그러나 소성변형의 영역에서는 시편에서의 단면적의 변화가 심하게 되므로 두 응력의 차이가 커지게 되어 더 이상 동일하다고 볼 수 없게 된다.

### 공칭 변형률

위에서 설명한 두 가지의 응력과 마찬가지로 변형률에 대한 정의도 크게 두 가지 종류가 존재한다. 인장시험 중인 시편의 초기 길이를 $l_0$라 하고 임의의 순간에서의 길이를 $l$이라 하면 공칭 변형률(engineering strain) $e$는 다음과 같이 정의된다.

$$e = \frac{\Delta l}{l_0} = \frac{l - l_0}{l_0} \tag{2.3}$$

여기서 $\Delta l = l - l_0$.

변형률은 단위가 무차원이며 필요에 따라 mm/mm 나 in/in 등으로 표시하기도 하며 작은 단위를 표시할 때는 $\mu$ 기호를 사용하여 $10^{-6}$ 배율을 나타내기도 한다. 예를 들어, $\epsilon = 0.001 = 1000\mu$이다.

### 진 변형률

공칭 변형률에서는 시편의 초기 길이를 기준으로 변형률을 산정하였으나 실제로는 시편의 길이는 매순간 변하게 되므로 각 순간의 변화된 미소 길이를 $dl$이라 하면 변형률의 증가는 다음과 같이 쓸 수 있다.

$$de = \frac{dl}{l} \tag{2.4}$$

전체 변형률을 계산하기 위해서 식 (2.4)의 양변을 다음과 같이 적분하고 얻은 결과를 진 변형률(true strain) $\epsilon$으로 정의하며 진 변형률은 대수 변형률(logarithmic strain)로도 불린다.

$$\epsilon = \int_{L_o}^{L} \frac{dl}{l} = \ln \frac{l}{l_o} \tag{2.5}$$

식 (2.3)을 참고하여 식 (2.5)를 다시 쓰면 공칭 변형률 $e$과 진변형률 $\epsilon$과의 관계식을 다음과 같이 얻게 된다.

$$\epsilon = \ln \frac{l}{l_0} = \ln \frac{l_0 + \Delta l}{l_0} = \ln\left(1 + \frac{\Delta \mathrm{l}}{\mathrm{l}_0}\right) = \ln(1 + e) \tag{2.6}$$

여기서 $l = l_0 + \Delta l$이다.

## 2.1.2 인장 시험과 재료의 거동

### 탄성변형

영국의 과학자 Hooke(1635–1703)는 스프링 모델을 사용하여 탄성재료에 가해지는 힘과 변형이 비례함을 발견하였고 역시 영국의 과학자 Young(1773~1829)은 비례상수를 도입하여 널리 알려져 있는 Hooke 법칙 $\sigma = E\epsilon$을 구성하였다. 여기서 응력 $\sigma$와 변형률 $\epsilon$이 서로 비례함을 보여주고 있으며 비례상수로서 탄성계수 $E$를 취하고 있다. 재료의 변형에 대한 Hooke의 연구에서는 스프링 모델을 사용하였으므로 시험하는 재료의 크기에 대한 의존이 높다는 것이 문제였다. 즉, 재료의 크기에 따라서 힘과 변형의 관계에 대한 정보를 얻기 위해서는 같은 재료라고 하더라도 그 크기가 달라지면 다시 재료 시험을 수행해야 한다는 것이었다. Young은 힘과 변형 대신에 응력과 변형률의 관계를 비례식으로 정의하고 비례상수로서 탄성계수를 도입하였다. 응력과 변형률의 관계식으로 인하여 재료의 크기에 대한 의존성이 해소되었다. 즉, 같은 재료에 대해서는 그 크기에 관계없이 동일한 역학적 성질(응력–변형률 관계)이 적용될 수 있다는 것은 설계와 해석을 한 차원 높은 단계로 올려놓는 계기가 되었다.

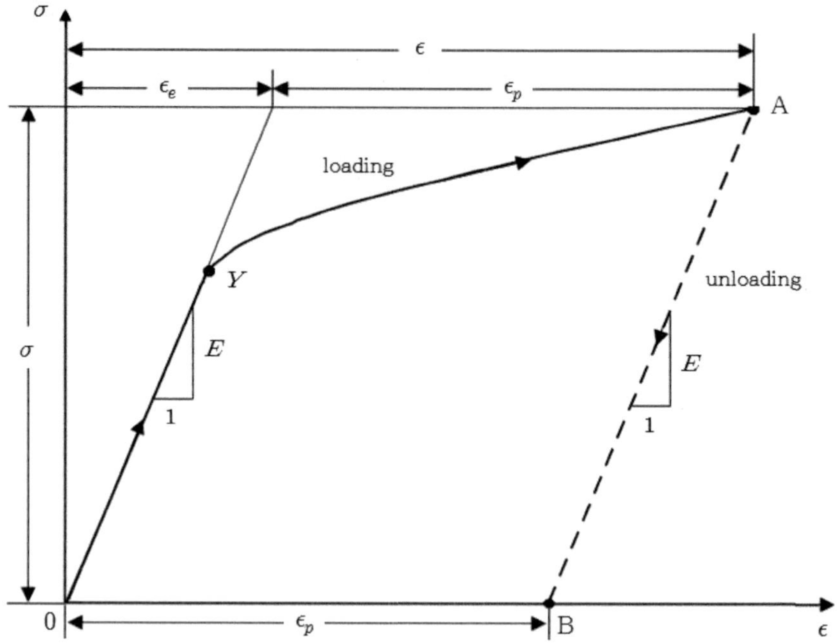


그림 2.1 재료의 탄성 거동과 소성 거동

## 강도와 강성도

재료의 역학적 성질은 설계할 때에 반드시 알아야할 중요한 요소이다. 예상되는 하중의 크기와 종류 그리고 적용 기간 등은 이러한 재료의 성질을 이해해야만 제대로 된 결과물을 만들 수 있기 때문이다. 하중이 작용하고 있는 재료 내부에서는 이에 대응하여 응력이 발생되며 이는 곧 재료의 강도(strength) 및 강성도(stiffness)와 직접적인 연관을 갖는다. 재료의 강도는 재료가 파손되지 않고 하중을 견딜 수 있는 정도를 의미하며, 강성도는 재료가 하중이 작용할 때 변형에 대한 저항의 정도를 표시하는 것이다. 강성도는 탄성계수와 직접적으로 연관되어 있으므로 설명하기가 편리한데 강성도가 크다는 것은 탄성계수가 큰 값을 가지는 재료임을 의미하고 이는 탄성변형에 대한 저항이 크다는 것을 의미한다. 그러므로 강성도가 큰 재료는 변형시키는데 더 큰 응력이 있어야 함을 알 수 있다. 구조물을 설계할 때 철을 사용할 것인지 아니면 목재나 콘크리트를 사용할 것인지를 결정하는 가장 기본적인 정보가 재료의 역학적 성질을 인지하는 것으로 부터 시작된다.

## 소성변형

탄성변형은 재료에 가해진 하중이 제거되었을 때 원래의 형상으로 되돌아가는 변형을 의미한다. 반면에 소성변형에서는 하중이 사라졌을 때에도 원래의 형상으로 돌아가지 못하고 영구적인 변형을 갖게된다. 소성변형시에는 변형에 사용된 에너지가 소산되기 때문에 에너지의 손실이 생기게되어 비가역 과정(irreversible process)으로 취급한다. 일반적인 재료에서는 응력이 작용함에 따라 탄성변형을 일으키고 일정한 응력값을 넘어서면 소성변형이 시작되는데 이러한 임계 응력값을 해당 재료의 항복강도(yield strength) $\sigma_Y$라고 한다.

재료가 탄성 한계 내에 있으며 변형이 매우 작을 경우에는 공칭 변형률과 진 변형률의 차이가 무시할 정도이며 대부분의 금속에서는 탄성변형시의 변형률이 0.005를 넘지 않으므로 두 변형률의 차이는 무시할 수 있다. 그러나 소성 변형이 본격적으로 시작되면 두 응력의 차이는 더 이상 간과할 수 없다. 그림 2.1에서 보는 바와 같이 가해지는 응력이 항복강도(yield strength) $\sigma_Y$를 넘어서게 되면 변형을 위해서 더 큰 값의 응력이 필요로 하게 됨을 볼 수 있는데 이러한 현상을 가공경화(work hardening) 또는 변형경화(strain-hardening)라고 한다. 만일 $A$ 지점에서 하중을 제거하면 시편은 $A-B$의 경로에 따라 복귀하게 되나 원래의 상태로 가지 못하고 $0-B$만큼의 영구변형 또는 소성변형이 생기게 된다. 그림 2.1에서 볼 수 있듯이 전체 변형률 $\epsilon$은 탄성 변형률 $\epsilon_e$와 소성 변형률 $\epsilon_p$의 합이다.

$$\epsilon = \epsilon_e + \epsilon_p \tag{2.7}$$

소성변형에서는 체적이 거의 변하지 않는 비압축(incompressible) 성질을 가진다고 간주되므로 초기의 체적 $V_0$와 현재의 체적 $V$는 동일하다고 본다.

$$V = V_0 \ \text{또는}\ Al = A_0 l_0 \tag{2.8}$$

여기서 $A_0$와 $A$는 각각 초기와 현재의 단면적이며 다음과 같은 관계를 유도할 수 있다.

$$\frac{A_0}{A} = \frac{l}{l_0} \tag{2.9}$$

식 (2.1)에서의 $P = SA_0$를 식 (2.2)에 대입하고 식 (2.9)의 관계를 적용하면 다음과 같은 식을 얻는다.

$$\sigma = S\frac{A_0}{A} = S\frac{l}{l_0} \tag{2.10}$$

### 최대 강도

재료의 항복점을 지나서 인장이 계속되면 시편에서 작용하는 응력은 결국 최대 강도(ultimate strength) $S_u$에 도달하게 되고(그림 2.2 참조), 이때 급격한 단면적의 감소를 일으키는데 그림 2.3에서와 같이 시편의 중심부가 마치 목 부분처럼 잘록해진다고 해서

necking 현상이라고 한다. 재료의 최대 강도 $s_u$는 다음과 같이 정의된다.

$$S_u = \frac{P_{\max}}{A_0} \tag{2.11}$$

여기서 $P_{\max}$는 최대 하중이다.

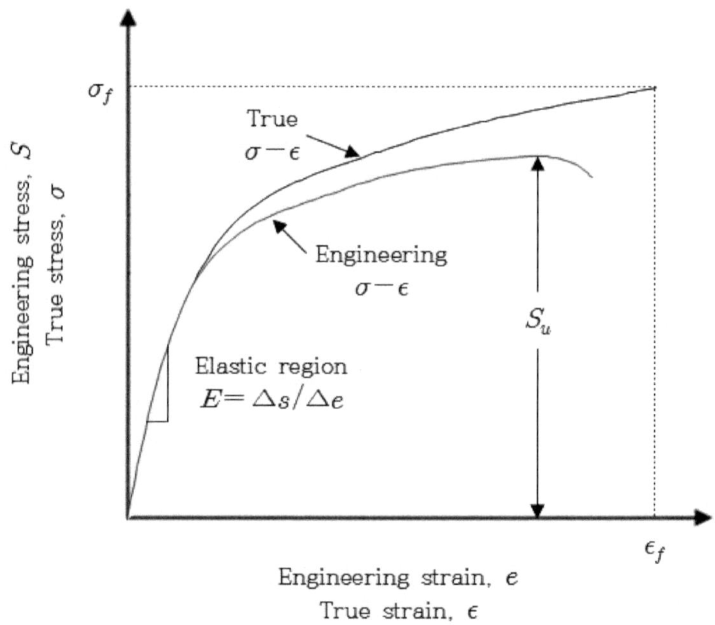


**그림 2.2** 응력 - 변형률 곡선

**그림 2.3** 시편의 necking 현상

**그림 2.4** 시편의 파괴

### 파괴강도와 파괴 변형률

그림 2.2에서의 하중 작용의 경로를 따라가며 최대 하중 $P_{\max}$가 작용하는 지점을 지나서도 하중이 가해지면 시편은 결국 파괴되며(그림 2.4 참조), 이때의 응력을 파괴강도(fracture strength) $\sigma_f$라고 하며 다음과 같이 정의된다.

$$\sigma_f = \frac{P_f}{A_f} \tag{2.12}$$

여기서 $P_f$는 파괴하중(fracture load)이며, $A_f$는 파괴시의 단면적이다. 파괴 변형률 $\epsilon_f$는 파괴 당시의 진 변형률이며 다음과 같이 주어진다.

$$\epsilon_f = \ln\frac{A_0}{A_f} = \ln\frac{1}{1-RA} \tag{2.13}$$

여기서 $RA$는 다음과 같이 정의되는 단면적 감소율이다.

$$RA = \frac{A_0 - A_f}{A_0} \tag{2.14}$$

인장 시험으로 부터 얻을 수 있는 정보는 시험의 간단함에 비하여 상대적으로 많다. 재료의 역학적 성질을 대변하는 탄성계수(elastic modulus), 항복강도(yield strength), 최대강도(ultimate strength)와 파괴강도(fracture strength) 등을 얻을 수 있다.

### 인성(toughness)

다양한 하중과 주위 환경이 공존하는 상황에서 재료의 파괴여부를 미리 예측하는 것은 현대의 기술로도 매우 어려운 문제이다. 그러나 설계하는 입장에서는 최소한의 신뢰할 만한 자료가 반드시 필요하며 이를 위해서는 재료에 대한 파괴시험을 수행하는 것이 불가피하다. 파괴시험은 비용과 시간면에서 고비용을 요구하며 상황에 따라서 시험의 결과에 상당한 편차가 있기에 문제를 더 어렵게 만든다. 재료가 파괴에 대항하는 능력을 에너지로 나타낸 것을 파괴인성(fracture toughness)라고 한다. 이것은 인장시험에서 얻을 수 있는 항복강도나 파괴강도와는 다른 개념의 물리량이다. 즉, 강도는 응력을 기반으로 하고 있음에 반하여 인성은 에너지의 개념이다. 그림 2.5에서 보는 바와 같이 응력-변형률 곡선에서 파괴되는 순간까지의 면적이 인성(toughness)으로 정의되며 면적이 더 큰 재료가 더 큰 인성을 가진다.

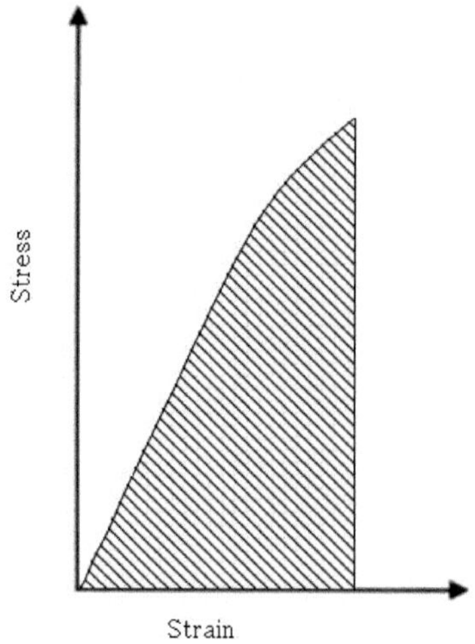


(a) 낮은 인성

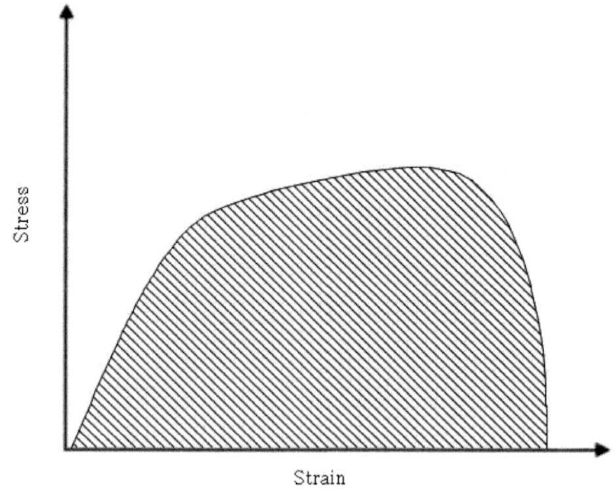


(b) 높은 인성

**그림 2.5** 인성의 개념도

**예제**

**2.1** 길이 12 cm 인 원형 봉을 인장하여 12.49 cm가 되었을 때 a) 공칭 변형률, b) 진 변형률, c) 탄성 변형률, d) 소성 변형률을 각각 계산하시오. 단, 탄성계수 $E$=70 GPa, 항복강도 $\sigma_Y$=200 MPa이다.

**해설** a) 공칭 변형률

$$e = \frac{l - l_0}{l_0} = \frac{12.49 - 12}{12} = 0.040 = 40000\mu$$

b) 진 변형률

$$\epsilon = \ln\frac{l}{l_0} = \ln(12.49/12)$$

c) 탄성 변형률

탄성 변형률은 항복직전까지의 변형률이므로 그림 2.1을 참조하여 다음과 같이 구한다.

$$\epsilon_e = \frac{\sigma_Y}{E} = \frac{200 \times 10^6}{70 \times 10^9} = 2857\mu$$

d) 소성 변형률

소성 변형률은 식 (2.7)에서

$$\epsilon_p = \epsilon - \epsilon_e = 40000\mu - 2857\mu = 37143\mu$$

## 2.2 압축시험

압축시험(compression test)은 인장시험과 거의 유사한 방법으로 수행되며 단지 하중의 방향이 다를 뿐이다. 인장시험에서와 달리 압축시험에서는 좌굴(buckling)에 주의해야 하는데 이는 시편의 길이와 지름의 비 $l/d$에 따라 다른 양상을 보이게 된다. 일단 좌굴이 발생하면 실험을 더 이상 진행시킬 수 없게 되므로 적절한 길이와 직경에 따르는 하중을 미리 염두에 두어야 한다. 만일 길이와 지름의 비가 너무 작은 경우에는 시편이 바닥과 닫는 부분에서의 마찰로 인해서 변형이 제한되나 시편의 길이 방향의 중간지점에서는 Poisson 팽창으로 인해 계속해서 변형이 되고 있으므로 그림 2.6과 같은 모양으로 몸통팽창(barreling)이 일어난다. 이러한 부적절한 현상을 완화시키기 위해서는 재료와 시편의 길이와 지름 비를 적절하게 선택해야 한다.

압축시험편으로는 보통 짧은 원주상의 시험편이 쓰이며 직경을 $d_0$, 단면적 $A_0$ 및 길이를 $h_0$라 한때 단면마찰과 굽힘, 휘어짐 등을 고려하여 $h_0/d_0 = 1 \sim 2$ 또는 $\sqrt{A_0}/h_0 = 1$ 정도가 쓰인다. 주철과 같이 소성변형능이 작은 재료는 전길이$h_0$를 표점간 거리로 할 때가 많다. 그러나 탄성률과 같이 작은 변형영역의 측정은 $h_0/d_0 = 5$ 정도의 긴 원주 시험편도 사용한다. 시험편 중앙부에 변형 게이지를 붙이거나 정밀연신계를 써서 단면마찰 효과가 그다지 영향을 미치지 않는 정도에서 변형량을 측정한다. 시험편 단면을 축에 정확히 수직으로 하고 마찰저항을 줄이기 위해 매우 평활한 마무리 가공이 필요하다. $h_0/d_0$가 다르면 그 응력-변형선도가 다르므로 $h_0/d_0$를 일정하게 해야만 동일 재료에 대해서 대개 일정한 응력-변형선도를 얻는다. 그림 2.7에 동에 대한 압축시험결과를 응력-변형의 관계로 나타내었다.

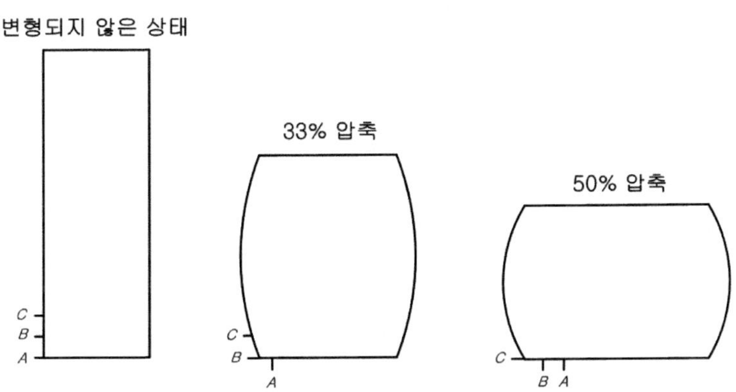


**그림 2.6** 시편 하중 면에 마찰계수가 1.00일 때 몸통팽창(barreling): 변형이 증가함에 따라 원래 시편 측면의 A, B 및 C점은 하중 면이 이동

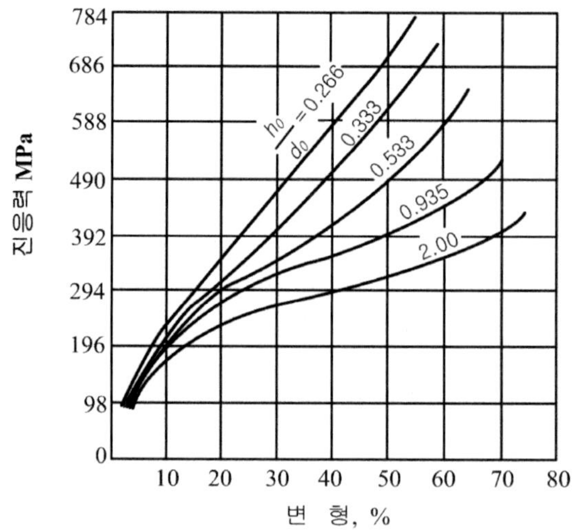


**그림 2.7** 직경과 길이비($h_0/d_0$)에 따른 동의 압축응력

재료를 인장하여 항복점까지 가져가면 소성변형이 시작되게 되며 가해지는 힘을 제거하면 소성변형을 제외한 부분으로 되돌아간다. 이때 다시 재료를 압축하기 시작하면 그에 따른 항복점에 도달하게 되는데 이때는 인장에 의한 항복강도보다 낮은 값을 갖는다. 즉, 동일한 재료라고 하여도 인장과 압축에 따라서 항복강도의 값이 달라지는 현상이 생기는데 인장에 비해서 압축에서의 항복강도가 낮은 값을 갖게 되며 이를 Bauschinger 효과(Bauschinger effect)라고 하며 그림 2.8에 나타내었다. 일반적인 의미에서의 Bauschinger 효과는 하중의 방향이 달라지면 그 방향으로의 항복강도의 값이 달라진다는 것으로 설명할 수 있다.

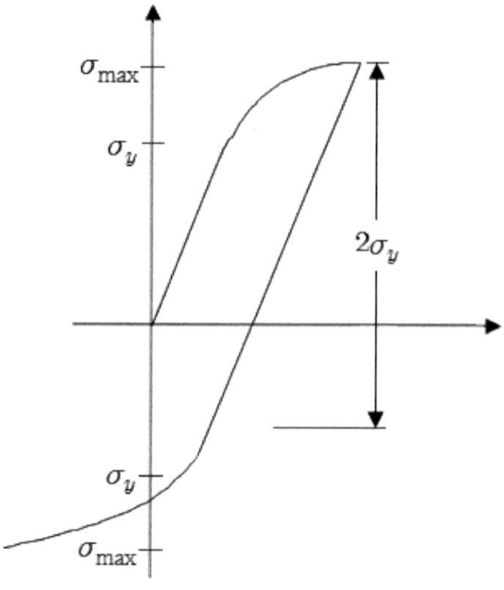


**그림 2.8** Bauschinger 효과

## 2.3 굽힘시험

굽힘시험(bending test)은 재료의 연성 또는 강도를 결정하기 위하여 시행하며 이 시험은 대개 대(strip), 박판(sheet) 또는 후판(plate)등에 적용하나 인발, 압출봉, 각봉과 용접재 등에도 응용된다. 또한 파괴되기까지 소성변형이 극히 미미하게 일어나는 취성재료에 대한 강도를 측정하기에 매우 편리하다.

### 굽힘연성시험

굽힘연성시험으로 시편의 외면(인장) 표면에 균열 발생없이 굽힐 수 있는 최소한의 반경을 결정한다. 이러한 성형한계를 일반적으로 최소굽힘반경이라 하며 시편두께 t를 곱하여 나타내는데 3t의 최소굽힘반경인 재료는 시편두께의 3배와 같은 반경으로 균열 없이 굽힐 수 있다. 최소굽힘반경이 1t인 재료는 5t인 재료보다도 연성이 더 크다. 그림 2.9(a)는 굽힘반경, 굽힘각도 등과 그림 2.9(b)는 warp 및 wipe굽힘 장치를 각각 나타낸 것이다.

굽힘시험시 시편 및 시험기구는 주의하여 검사해야 하며 긁힘, 과도한 곡률, 뒤틀림 또는 다른 표면결함 등은 제거해야 한다. 굽힘시험에서 시편은 볼록한 표면상에 균열이 생길 때까지 반경에 근접하여 또는 큰 굽힘각도로 점차 굽힌다. 그림 2.10에 나타낸 180° 굽힘각도는 압축판 사이 시편의 압축굽힘에 의하여 얻어진다. 20배의 배율로 굽힘시편 압축판 사이 시편의 꼭지(apex)에서 균열을 검사한다.

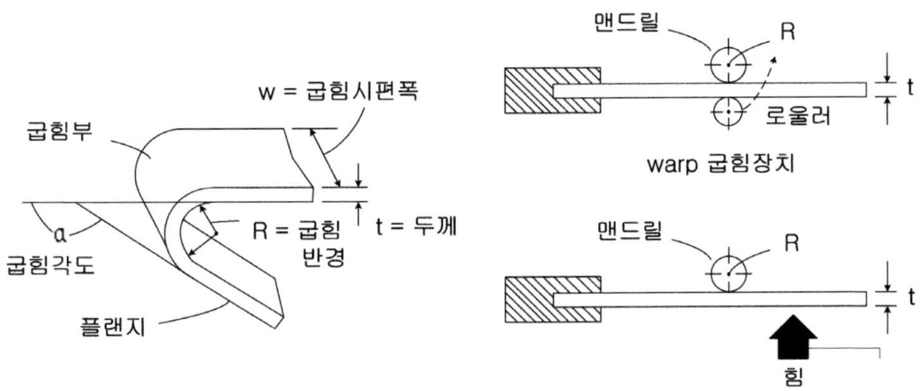


(a) 굽힘시험에 사용되는 용어 (b) wipe 굽힘장치

그림 2.9

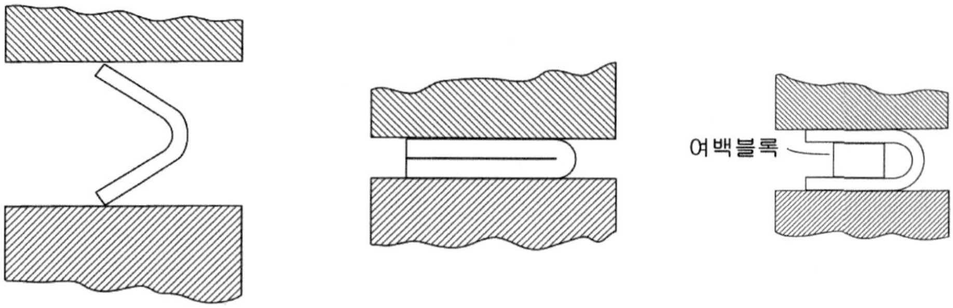


**그림 2.10** 180° 굽힘각도를 얻기 위한 방법
(a) V-블록으로부터 얻은 굽힘시편을 압축판 사이에 장착한다.
(b) 180° 굽힘
(c) 여백-블록 두께의 절반과 같은 반경의 굽힘

## 굽힘강도시험

굽힘강도시험에서는 대(strip), 박판(sheet) 또는 후판(plate) 등의 평편한 금속재료의 굽힘 탄성률 및 굽힘강도를 측정한다. 여기에는 세 가지의 표준 굽힘하중-휨시험이 있는데 즉 외팔보(cantilever beam) 굽힘시험, 3점 굽힘실험, 4점 굽힘시험 등이다. 외팔보 굽힘시험에서는 휨각도 및 굽힘에서 연속적인 하중을 받는 strip 또는 sheet의 굽힘 모멘트 등을 측정한다. 굽힘응력-변형곡선은 인장에서의 응력-변형곡선과 같다. 탄성률은 비례한계 이하의 응력에서 결정된다. 굽힘항복 강도는 인장 또는 압축의 응력-변형곡선에서 사용된 오프셋방법과 유사하다. 3점 굽힘시험에서 시편은 거의 각 끝부분이 지지되고 각 지지점으로부터 동등한 거리인 한 점에서 하중이 가해진다. 굽힘에서 탄성률은 하중과 비례한계 이하의 응력에서 휨을 측정함으로써 얻어진다. 굽힘 내력강도(proof strength)는 하중을 일정한 영구변형이 일어날 때까지 점차 증가시킨 후 제하하여 얻어진다. 4점 굽힘시험은 두 지지점에 걸려있는 단순보와 각 지지점으로부터 같은 간격을 가진 두 점에 하중이 가해진다. 이 방법에서 탄성률과 굽힘내력강도는 3점 굽힘시험 방법과 유사한 과정에 의하여 얻어진다. 그림 2.11은 외팔보 굽힘 시험기 그림 2.12(a)는 3점 굽힘시험장치 및 그림 2.12(b)는 4점 굽힘시험장치의 도식도를 각각 나타낸 것이다.

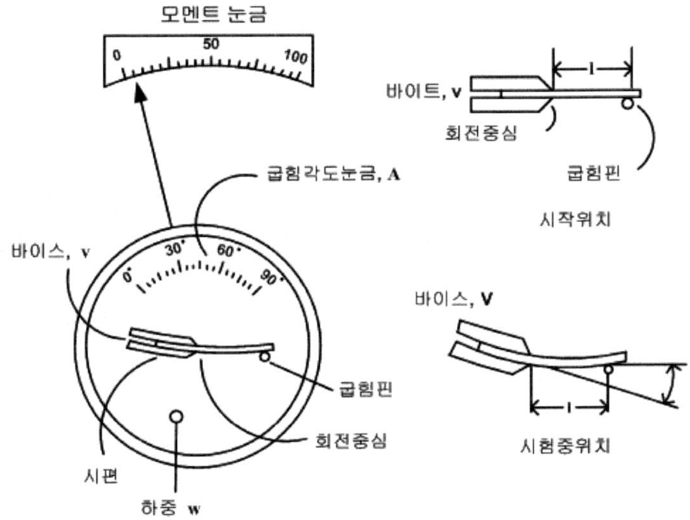


**그림 2.11** 외팔보 굽힘시험기의 개략도

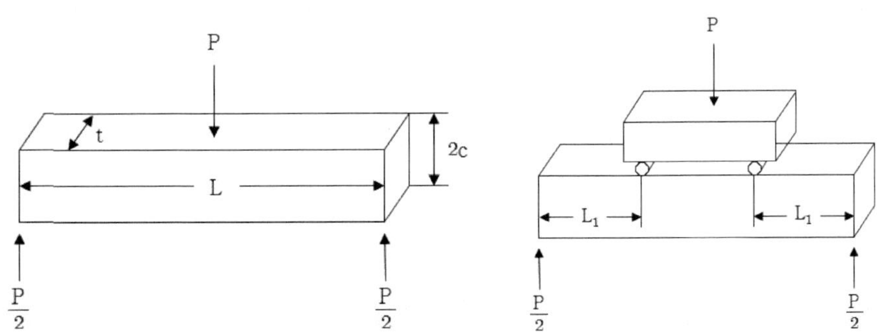


**그림 2.12** (a) 3점 굽힘시험장치, (b) 4점 굽힘시험장치

간단한 형상의 보를 사용하는 방법으로 3점 굽힘시험에 대해서 알아보기로 한다. 3점 굽힘시험은 양단 지지 상태에서 보의 중앙에서 하중 $P$가 작용하는 형태로 수행한다. 간단한 재료역학의 원리를 사용하면 최대 굽힘 모멘트 $M_{\max}$는 보의 중간지점에서 발생하며 그 크기는 다음과 같다.

$$M_{max} = \frac{P}{2} \times \frac{L}{2} = \frac{PL}{4} \tag{2.15}$$

보의 외면에서 작용하는 수직응력 $\sigma$는 다음과 같다.

$$\sigma = \frac{Mc}{I} \tag{2.16}$$

너비 $b$, 높이 $h=2c$인 사각형 단면에 대한 관성 모멘트는 $I=bh^3/12$이므로 식 (2.16)으로 부터 수직 응력은 다음과 같이 계산되며 이를 굽힘 강도(flexural strength)라고 한다.

$$\sigma_b = \frac{3PL}{8bc^2} \tag{2.17}$$

여기서 유의할 점은 굽힘시험에서 얻어진 재료의 강도는 인장 시험에서 구한 값과 다를 수가 있다는 점이다.

## 2.4 비틀림 시험

비틀림 시험(torsion test)을 통해서도 재료의 역학적 성질에 대한 유익한 자료를 다수 얻을 수 있다. 가장 널리 사용되는 방법은 시편의 양끝을 잡고 비틀림을 주는 것이다. 비틀림 시험이 인장시험에 비해서 좋은 점은 인장 시험때에 발생하는 necking 현상이 일어나지 않는다는 점인데, necking이 일어나는 부분에서는 복잡한 응력의 상태가 존재하므로 해석하기가 쉽지 않기 때문이다.

$$\tau = \frac{Tr}{J} \tag{2.18}$$

여기서 $r$은 시편에 사용된 봉의 반지름, $J$는 극관성 모멘트(polar moment of inertia)이다. 만일 식 (2.18)에서 비틀림 하중 $T_f$를 가했을 때 보가 파손되었다면 그때의 응력 $\tau_f$는 전단 파괴강도(shear fracture strength)가 된다. 비틀림 시험을 통해서 취성재료와 연성재료의 파괴 성향이 다름을 확인할 수 있는데 취성재료의 경우에는 최대 수직응력이 작용하는 면을 따라 파괴가 일어나게 되며 연성재료는 항복이 일어난 후 계속되는 변형으로 파괴되는 양상을 보이므로 전단응력이 주 역할을 하게 된다.

## 2.5 충격시험

충격시험(impact testing)은 시험편에 충격을 가해 파단시 흡수에너지의 크고 작음으로써 재료의 인성과 취성의 정도를 판정하는 시험이며 특히 저온취성, 노치취성 및 템퍼취성 등의 성질평가에 중요하다. 그리고 하중이 가해지는 방법에 따라 충격인장, 충격압축, 충격비틀림 등의 시험으로 구별되나 공업적으로는 주로 노치 시험편을 사용한 충격굽힘시험(ASTM E23)이 대부분으로 이는 Charpy 충격시험법과 Izod충격시험법을 의미하며, 시편의 중앙에 노치를 만들고 진자에 무거운 해머를 달아서 시편에 충격을 가하여 파괴시키는 방법이다. 그림 2.13에서 보는 바와 같이 시편에 기해지는 에너지의 크기는 해머가 초기 위치에서 출발하여 시편을 가격하는 순간의 위치 에너지의 차이라고 할 수 있다. 이 에너지로 인하여 시편이 파괴된다. 질량 $m$인 해머의 초기 높이와 가격 후의 높이의 차이를 $\Delta h$라고 하고 중력 가속도를 $g$라고 하면 Charpy 에너지는 다음과 같이 정의된다.

$$E = mg\Delta h \tag{2.19}$$

그러므로 Charpy 시험을 통해서 얻은 결과는 파괴시에 재료의 에너지 흡수 능력을 나타내게 되며 이는 곧 재료의 파괴인성을 나타낸다.

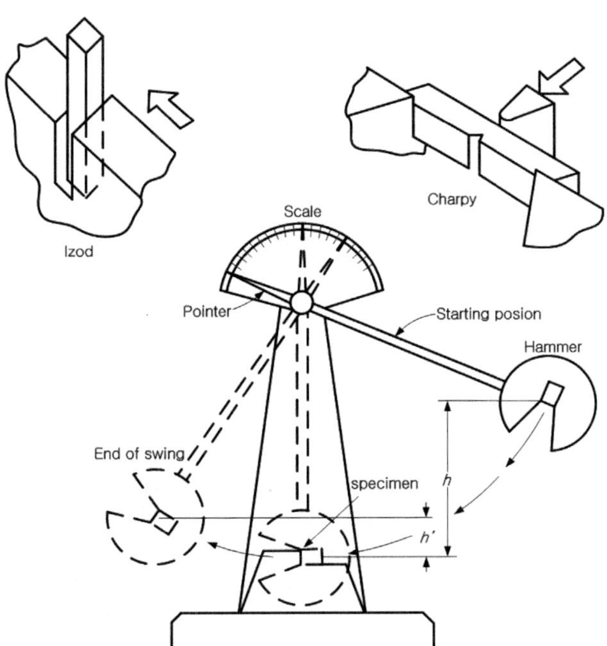


그림 2.13 충격 시험 장치의 개략도

### 천이온도 곡선

그림 2.14에 보인 바와 같이 충격인성은 온도에 따라 변화하게 되는데 일부 재료는 특정 온도이하에서 충격인성이 급격히 저하하는 취성을 보이는 경우가 있다. 충격시험이 공업적으로 주요하게 응용되는 것은 천이-온도 곡선을 이용하여 취성 파괴에 저항하는 재료를 선택하는 경우이다. 이 시험법의 중요성은 균열이나 결함의 응력 집중 효과와 재료의 파괴 특성을 고려하지 않고도 재료의 표준 강도법으로 구조 요소의 하중 수용 능력을 계산 가능케 하여 혹독한 작동 조건하에서도 충분한 노치 인성을 갖는 재료를 선택하는 것이다.

광범위한 재료의 천이-온도 거동은 그림 2.15에 보이는 것처럼 3가지 종류로 분류된다. 낮은 또는 중간 정도의 강도를 갖는 FCC금속과 대부분의 HCP금속은 노치 인성이 높기 때문에 특별한 화학적 반응 분위기가 아닌 한 취성 파괴는 문제가 되지 않는다. 고강도 재료($\sigma_0 > E/150$)는 노치 인성이 낮아서 결함이 존재하는 경우 모든 온도와 변형 속도 하에서 탄성 영역내의 공칭 응력일 때도 취성 파괴가 발생할 수 있다. 고강도강, 알루미늄 및 티타늄 합금들이 이러한 부류에 속한다. 저온에서는 취성 벽개에 의하여 파괴가 발생하는 반면에 고온일 때는 저-에너지 파단(rupture)으로 파괴가 일어난다. 이러한 조건하에서 파괴역학 분석이 유용하고도 적절하게 쓰인다. 낮은 또는 중간 정도의 강도를 갖는 BCC금속, Be, Zn 및 세라믹 재료의 노치 인성은 온도에 크게 의존한다. 즉, 저온에서는 벽개 파괴가 일어나는 반면에, 고온에서는 연성 파단이 발생한다. 따라서 온도가 증가함에 따라 노치부의 거동이 취성에서 연성으로 천이하게 된다. 금속에서는 이러한 천이가 절대 용융 온도$T_m$의 0.1~0.2에서 발생하는데 비하여, 세라믹에서는 약 0.5~0.7$T_m$에서 천이가 일어난다.

천이-온도 곡선을 이용하는 설계에서는 탄성 응력 수준에서 취성 파괴가 일어나지 않는 온도를 결정하는 것이 중요하다. 이러한 천이 온도가 낮을수록 재료의 파괴 인성이 높다는 것은 분명하다. 에너지-온도 곡선이나 파괴 양상-온도 곡선으로부터 얻는 천이 온도의 여러 가지 정의를 그림 2.15에 설명해 놓았다. 천이 온도에 관한 가장 안전하게 사용되어온

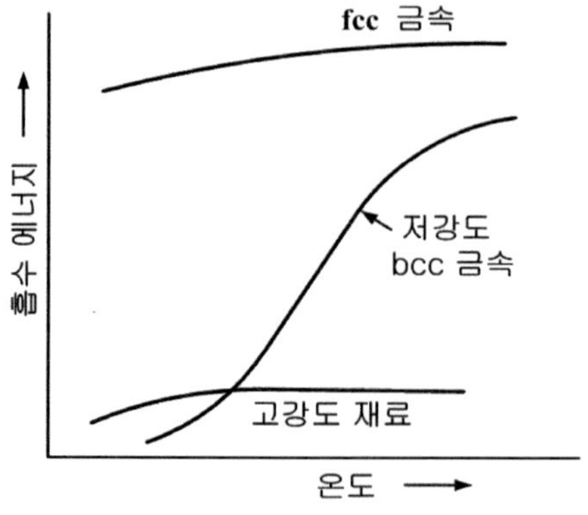


그림 2.14 온도가 충격인성에 미치는 영향의 도식도

기준은 파괴 에너지의 상단(upper shelf)에 대응하는 온도로서, 그 온도 이상에서는 100% 섬유 파괴(0% 벽개 파괴)가 발생하는 온도 $T_1$을 선택하는 것으로서 이러한 천이 온도 기준을 파괴 천이 소성(fracture transition plastic : FTP)이라 한다.

FTP는 파괴가 완전 연성에서 취성으로 변하는 온도이다. FTP 이상에서 취성 파괴가 일어날 가능성은 무시할 만하다. FTP는 너무 안전하게 정하였기 때문에 많은 응용 분야에서 비현실적이다. 임의적이긴 하지만 다소 덜 안전하게 잡는 기준으로서는 50%벽개-50%전단일 때인 온도 $T_2$를 천이 온도로 하는 규정도 있는데 이 경우를 파괴-양상 천이 온도(fracture-appearance transition temperature : FATT)라 한다. Charpy 충격 시험과 실제 파괴 사이의 상호 연관성에 따르며, Charpy 시편에서 벽개 파괴가 70% 이하일 경우 응력이 항복 응력의 $\frac{1}{2}$값을 초과하지 않는 한 FATT나 그 이상의 온도에서 파괴가 일어날 가능성은 희박하다는 것이다. 파괴 에너지의 상단값과 하단값의 평균값에 해당하는 온도인 $T_3$를 천이 온도로 정의하는 경우에도 대략적으로 유사한 결과를 얻게 된다.

일반적인 기준은 임의의 낮은 흡수된 에너지값 $C_V$에 해당하는 온도 $T_4$를 천이 온도로 규정하는 것으로서 흔히 연성 천이 온도(ductility transition temperature)라 한다. 100% 벽개 파괴가 발생하는 온도인 $T_5$를 천이 온도로 규정하는 기준도 있다. 이 점을 무연성 온도(nil ductility temperature : NDT)라 하며, NDT는 파괴 시작 시 소성 변형을 전혀 수반하지 않는 온도이다.

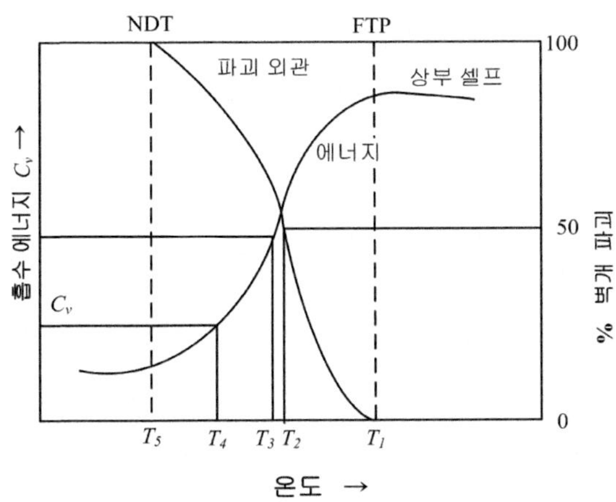


**그림 2.15** 충격시험으로부터 얻어지는 천이 온도의 여러 가지 기준

## 2.6 경도시험

경도는 변형에 대한 저항을 의미하는데 금속의 경우에 이 특성은 영구 또는 소성변형에 대한 저항을 측정하는 것이다. 경도를 결정하는 데 사용되는 시험의 종류에는

- **정적 압입시험** : 시험하려는 재료에 구(ball), 다이아몬드 cone, 또는 피라미드형 압입자를 압입시킨다. 면적에 가한 전체시험 힘 또는 압입깊이의 관계로 경도를 측정한다. Rockwell, Brinell, Knoop, Vickers 및 초음파 경도시험이 여기에 속한다.
- **동적 경도시험** : 표준질량과 크기를 가진 물체를 시편으로부터 반발되는 높이를 경도로 측정한다. Shore시험이 여기에 속한다.
- **긁힘시험** : 하나의 재료를 다른 재료에 긁힘으로써 경도를 나타내는데 Mohs 및 줄(file)경도시험이 여기에 속한다.

### 록크웰 경도시험(Rockwell Hardness Testing)

록크웰 시험은 미리 가해진 기준하중에 의하여 생긴 압입깊이를 초과하여 시험하중에 의하여 가해진 힘으로 120°의 원추형 다이아몬드 압입자가 들어간 부가적인 깊이를 측정하는 역관계에 기초를 둔다. 기준하중을 가하고 0위치를 설정한다. 시험하중을 일정기간동안 작용하고 제하하며 이때 작용한 기준하중은 없어진다. 나타난 Rockwell 경도숫자는 0위치로부터 시험하중을 작용한 결과로 생긴 깊이의 차이로 나타낸다.

전체시험은 5~10초가 소요되며, 기준하중을 사용함으로써 이 시험의 정밀성을 크게 증가시킨다. 그림 2.16에 기준하중과 시험하중을 포함한 기본원리를 나타낸다.

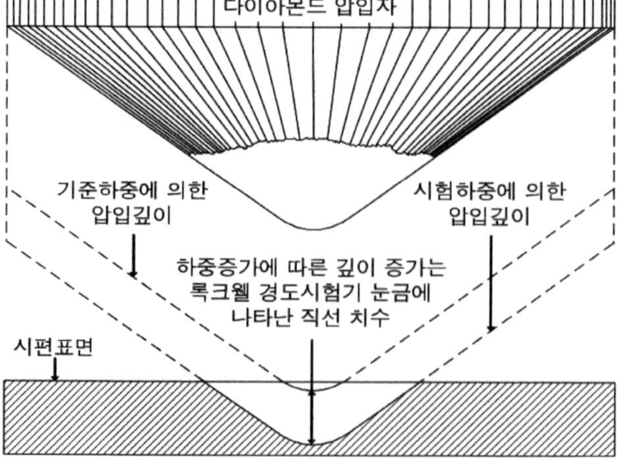


**그림 2.16** 록크웰 시험의 원리

Rockwell 시험에는 Rockwell과 겉보기(superficial)의 두 형태가 있다. Rockwell시험에서는 기준하중이 10kgf, 시험하중이 60, 100 또는 150kgf이며 겉보기 시험에서는 기준하중이 3kgf, 시험하중이 15, 30 또는 45kgf이다.

Rockwell경도 값은 경도숫자와 압입자와 기준하중 및 시험하중을 나타내는 눈금표시로 나타낸다. 경도숫자는 HR과 눈금표시로 나타내는데 예를 들면 64HRC는 Rockwell C 눈금상에 Rockwell 경도숫자 64를 나타낸다. 81 HR 30N은 Rockwell 30N 눈금상에 Rockwell 겉보기(superficial)경도숫자 81을 나타낸다.



### 브리넬(Brinell) 경도시험

Brinell 경도시험은 광범위한 재료의 경도를 결정하는 단순한 압입시험이다. 시험은 대개 500~3000kgf의 일정한 하중을 일정시간(10~30초)동안 5~10mm 직경의 구(ball)를 시편의 평평한 표면상에 작용시킨후 구형 압입 흔적의 직경을 측정하여 경도를 평가한다.

사용되는 표준하중은 500, 1000, 1500, 2000 및 3000kgf이며 사용되는 시험하중은 주로 압흔의 크기, 시편두께 및 시편표면 등에 의하여 좌우된다. 500kgf 하중은 비교적 연한 금속인 Cu 및 Al 합금에 사용되며 3000kgf 하중은 강 및 주철과 같은 단단한 재료에 사용된다.

경도계산을 위한 압흔직경의 측정은 특별히 설계된 현미경으로 mm 눈금이 장착되어 있어 0.01mm까지 측정한다. 압흔이 약간 일그러져서 생기는 오차를 없애기 위하여 두 직경 측정이 상호 90°를 이루어야 한다. Brinell 경도시험에서 잘못된 적용과 오차를 피하기 위하여 시험전에 다음사항을 고려해야 한다.

- **두께** : 시험편의 두께는 최소한 압입깊이의 10배가 되어야 하며 압입깊이는 다음과 같이 계산한다.

$$\text{깊이}(mm) = \frac{P}{\pi D \times (HB)}$$

여기서 $P$는 하중 kgf, $D$는 구의 직경 mm, $HB$는 Brinell 경도값인데 예를 들면 300HB 라면 최소두께는 ≅ 3.2(0.125in.)이다.

$$\text{깊이} = \frac{3000}{\pi D \times 300} = \frac{1}{\pi} = 0.32mm$$

- **시험편 표면** : 평평한 것이 가장 좋고 반경 5.4mm 이내의 굴곡된 시편표면은 시험해서는 안된다.
- **압입간격** : 정확한 결과를 얻기 위해서는 시편 모서리 가까이는 압입해서는 안되며 모서리로부터 또는 압흔간의 거리는 압입직경의 3배 이상 떨어진 거리에서 시험한다.

### 미소경도(micro hardness)시험

미소경도시험은 일정한 형태의 다이아몬드 압입자로 시편 표면에 1~1000gf 의 미소하중을 가함으로써 미세한 경도를 측정하며 현미경을 사용한다. Knoop와 Vickers 경도시험에서는 경도값은 현미경으로 압흔의 크기를 측정하며 식을 이용하거나 또는 ASTM E384의 표를 이용한다.

Knoop 및 Vickers 미소경도시험을 응용하는 예에는,

- 시편이 너무 작아서 일반적인 거시적 경도시험 방법으로는 측정할 수 없는 정밀한 시편
- 박판(foil) 또는 선(wire)이 너무 얇거나 가늘어서 일반적인 거시적 경도시험방법으로는 측정할 수 없는 생산품
- 침탄 또는 질화처리에서 경도에 의하여 제품생산을 조절하는 시편
- 미세성분의 경도측정
- 연마에 의한 연소, 탈탄 등과 같은 표면불량 검사를 위한 경도측정
- 도금 또는 접착층과 같은 표면층의 경도측정 등이 있다.

그림 2.17에는 동일한 재료의 시편에 Knoop와 Vickers 압입자를 3000, 1000, 500 및 100gf 하중을 사용하였을 때 나타난 압흔을 비교한 것이다. 주어진 하중에서 Vickers 압입자는 Knoop 압입자보다 약 두 배 깊게 압입되며 그 대각선은 Knoop 압입 길이의 약 1/3이다. 그러므로 Vickers 시험이 Knoop 시험에서보다 표면조건의 미소한 차이에 민감성이 떨어진다.

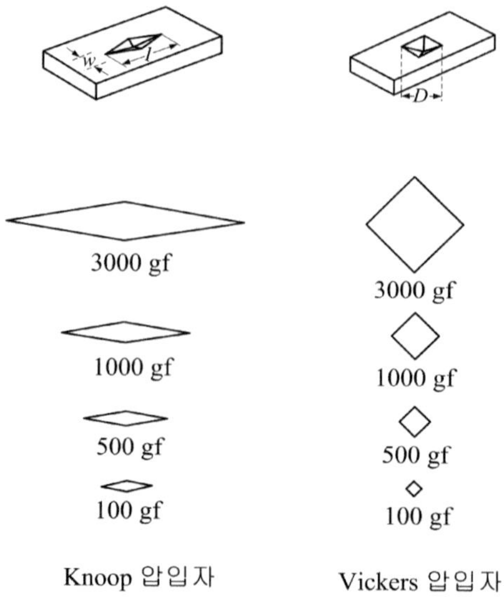


**그림 2.17** 동일한 시편에 동일한 하중을 가했을 때 나타난 Knoop 및 Vickers 압입자에 의한 압흔

### 쇼어(Shore) 동적경도시험

다이아몬드 끝(tip)이 있는 해머가 금속표면에 떨어지면 충격점에 순간적으로 큰 하중이 가해진다. 충격의 운동에너지가 그 점에 압흔을 만들고 해머가 튀어 오른다. 재료가 단단하면 해머가 더 높게 튀어 오른다. 해머의 낙하 높이와 무게는 일정하게 유지되며 해머가 반발하여 뛰어오르는 높이로 금속의 경도를 측정한다. 쇼어경도(HS)는 시료의 시험면 위에 일정한 높이 $h_0$에서 낙하시킨 해머의 튀어 올라가는 높이 h에 비례하는 값으로,

$$HS = k\frac{h}{h_0} \tag{2.20}$$

$k$ : 쇼어경도로 나타내기 위한 계수

### 고온 경도시험

고온 경도의 측정은 주로 고온장치가 부착된 Vickers 경도계나 Rockwell 경도계가 사용되며 사용상의 주의로는 부하시간과 더불어 압흔깊이가 깊어지며 이는 크리프(creep) 현상으로 볼 수 있다. 따라서 고온경도의 측정은 부하속도 및 최고하중에 도달해서부터 유지시간이 결과에 영향이 크므로 이를 엄격히 제한해야 한다. 고온경도의 측정방법은 시험온도에서 직접 경도를 구하는 Vickers 식이나 Rockwell 식이 편리하나 우선 여러 온도에서 압흔을 찍어 냉각 후 압흔의 대각선을 구해 Vickers 경도를 구하는 방식이다. 후자의 경우, 냉각시 변태가 일어나면 압흔 형상이 변하므로 이런 때는 부적당하다. 고온경도 측정상의 다른 유의점은 산화나 탈탄을 막기 위해 진공중이나 불활성 가스 중에서 측정시, 다이아몬드 압자의 한 끝이 냉각되어 시험온도와 압자 선단의 온도가 다를 경우가 있고 시료의 온도가 열전대의 열접점 온도와 다른 경우가 있으므로 주의를 요한다.

## 2.7 마모시험

2개 이상의 물체가 접촉하면서 상대운동을 할 때, 그 면이 감소되는 현상을 마모(wear) 또는 마멸이라 한다. 마모에 대한 강도를 내마모성이라고도 하며, 이것은 접촉하는 상대방의 재질 및 표면 상태 등에 따라 영향을 받는다.

기계 부분이 회전 또는 슬라이딩을 할 때 상대적으로 마찰이 생기는데, 직접 마찰이 생기는 경우는 적고 기름, 모래, 산화물들이 그 사이에 개재하는 일이 많다. 그러므로 시험조건을 확실하게 정하는 것이 필요하다. 예를 들면 기차의 레일과 타이어의 마모는 기계적

강도에만 영향을 받고, 분쇄기의 마모는 충격치로 결정된다. 따라서 복잡한 마모현상에 직접 영향을 주는 가장 중요한 조건을 대상으로 시험하는 것이 필요하다.

마모에 대한 연구들이 많으나 시험 결과에는 많은 차이가 있다. 그리고, 기름을 사용하였을 때 기름의 종류와 성질에 관계가 크고, 또한 시험편의 재질 및 조직의 영향도 크다. 열의 전도, 전기저항 등의 물리적 성질 및 인장강도와 경도 등의 기계적 성질 등은 시험기가 달라도 같은 재질에 대하여 대체로 같은 값으로 된다. 그러나 마모 시험에서는 그 시험 기구가 복잡하므로 시험 조건에 큰 영향을 준다.

### 마모시험기와 시험 방법

기계공업의 발달과 함께 마모 문제가 활발하게 연구되고, 또한 각종 시험기들이 고안되어 왔다. 일반적으로 마모시험기 형식은 4종으로 분류된다.

본 장에서는 마모시험의 개략적 원리만 소개하고 '15장 마멸거동'에서 자세한 시험법과 원리를 자세하게 설명한다.

- 슬라이딩 마모(sliding wear) : 접촉부의 상호 미끄럼으로 인한 마모 경우(베어링, 브레이크)
- 회전 마모 : 회전 마찰이 생기는 경우(롤러 베어링, 기어, 차륜과 레일)
- 왕복슬라이딩 마모 : 왕복운동에 의한 마찰 경우(실린더/피스톤, 펌프)

## 2.8 주요 방정식 모음

- 공칭 응력(engineering stress)

$$S = \frac{P}{A_0} \tag{2.1}$$

- 진 응력(true stress)

$$\sigma = \frac{P}{A} \tag{2.2}$$

• 공칭 변형률(engineering strain)

$$e = \frac{\Delta l}{l_0} = \frac{l - l_0}{l_0} \tag{2.3}$$

• 진 변형률(true strain)

$$\epsilon = \ln \frac{l}{l_0} = \ln(1 + e) \tag{2.5}$$

• 최대 강도(ultimate strength)

$$S_u = \frac{P_{\max}}{A} \tag{2.11}$$

• 파괴 강도(fracture strength)

$$\sigma_f = \frac{P_f}{A_f} \tag{2.12}$$

• 파괴 변형률(fracture strain)

$$\epsilon_f = \ln \frac{A_0}{A_f} = \ln \frac{1}{1 - RA} \tag{2.13}$$

• 단면적 감소율(reduction in area)

$$RA = \frac{A_0 - A_f}{A_0} \tag{2.14}$$

## 연습문제

**2.1** 길이가 1 m이며 지름이 3 cm인 원형 단면을 가지는 봉을 인장하였을 때 길이가 1.01 m로 되었다. 이때 공칭 변형률 $e$와 진 변형률 $\epsilon$의 값을 각각 계산하시오.

**2.2** 강도(strength)와 강성도(stiffness)의 차이점을 설명하시오.

**2.3** 인장 시험으로 부터 얻은 응력–변형률 선도에서 항복강도(yield strength) $\sigma_Y$, 최대강도(ultimate strength) $S_u$, 파괴강도(fracture strength) $\sigma_f$를 각각 정의하고 설명하시오.

**2.4** 인장 시험에서 시편은 최대 하중이 작용하는 부근에서 necking 현상을 일으킨다고 보고되고 있다. 그림 2.2에서의 응력–변형률 선도에서 최대 하중이 작용하는 곳에서의 공칭 응력과 진응력의 값이 다른 이유를 설명해 보시오.

**2.5** 길이 15cm 인 원형 봉을 인장하여 15.89cm가 되었을 때 a) 공칭 변형률, b) 진 변형률, c) 탄성 변형률, d) 소성 변형률을 각각 계산하시오. 단, 탄성계수 $E = 70$GPa, 항복강도 $\sigma_Y = 150$MPa이다.

**2.6** 지름이 3cm인 원형 단면을 가지는 봉을 인장 시험하여 파괴될 때의 지름이 2.68 cm로 되었을 때 퍼센트 면적 감소율 $RA$와 파괴 변형률 $\epsilon_f$를 계산하시오.

**2.7** 길이 30 cm이며 단면의 너비 $b = 4$cm, 높이 $h = 5$ cm 인 보가 3점 굽힘 시험에서 파괴되었을 때의 파괴 하중 $P_f$를 구하시오. 단, 재료의 굽힘 강도는 200MPa이다.

**2.8** 단면적 수축율을 RA라 하면 파괴 변형률 $\epsilon_f$를 RA로 나타내시오.

**2.9** 진응력 및 공칭변형을 사용하여 인장시험편의 네킹에 대한 조건을 유도하시오.

**2.10** 가공경화지수가 클수록 금속재료의 연신율이 증가함을 설명하시오.

**2.11** 진변형률 속도는 시편의 길이가 변함에 따라 변화됨을 수식으로 보시오.

**2.12** 압축시험편의 치수가 압축강도에 미치는 영향을 설명하시오.

**2.13** 정적경도 측정시 유의점을 들고 설명하시오.

**2.14** 다음 재료의 환봉이 비틀림 시험에 의해 파단 되었을 때 파면의 형태를 예측하시오.

(a) 실온에서의 순은

(b) 액체 헬륨온도에서의 연강(mild steel)

(c) 실온에서의 연강

**2.15** 비틀림 하중 $T$를 받고 있는 취성재료와 연성재료로 만들어진 봉의 파손 단면에서 작용하는 응력의 차이점을 설명해 보시오.

**2.16** 재료의 파괴인성(fracture toughness)과 파괴강도(fracture strength)와의 차이점을 설명하시오.

**2.17** 금속, 폴리머, 세라믹 등에 대한 응력–변형률 선도를 찾아보고 차이점을 분석하여 변형률, 강성도, 강도 등의 용어를 사용하여 설명하시오.

**2.18** Charpy V–노치 표준시험편의 치수는 10×10×55 mm이다. 만약 시험편의 폭방향 두께를 5mm로 줄여 5×10×55 mm 시험편(subsize 시험편)을 사용한다면 온도별 충격값과 연성–취성 천이온도는 어떻게 변할 것인지 설명하시오.

**2.19** 충격시험시 연성–취성 천이온도에 다음 인자가 미치는 영향을 설명하시오.

(a) 충격속도

(b) 응력상태

(c) 노치 가공부 곡률 반경

**2.20** FCC(면심입방격자)와 BCC(체심입방격자)의 연성–취성 천이온도 거동을 비교 설명하시오.

# 제 3 장 응력의 변환

## 3.1 응력요소와 응력의 부호

응력은 작용하고 있는 위치와 단면의 방향에 따라 변하는 물리량이다. 부품이나 구조물을 설계할 때 원하는 곳의 응력을 계산해야 할 필요가 많이 생기는데 이를 위해서 가상의 미소 크기의 입방체를 생각하고 그 표면에서 응력을 표시하는 방법을 일반적으로 사용한다. 이때 응력이 표시된 입방체를 응력요소(stress element)라고 하며 그림 3.1에서 보는 것과 같이 각 응력성분을 표시한다. 3차원 응력요소는 가상의 입방체로서 각 좌표축으로 표시하는 응력요소들이 응력요소의 면의 바깥쪽에서 작용하고 있다고 생각한다. 예를 들어 $x$축의 양(+)의 방향은 응력요소의 바깥면에 대한 수직 방향이 $x$축과 평행함을 의미한다. 응력요소의 면에 대한 수직방향이 안쪽으로 그려질 때는 음(−)의 방향을 가리킨다. 그림 3.2에서는 양의 방향에 해당하는 응력요소의 맨 위에 수직응력과 전단응력을 표시하였다. 양의 $x$면에서 작용하는 3개의 응력은 각각 $\sigma_x$, $\tau_{xy}$, $\tau_{xz}$이다. 여기서 전단응력의 지수는 두개가 쓰였는데 앞의 지수는 작용하는 면의 방향을, 뒤의 지수는 응력의 방향을 나타내는데 사용된다. 예를 들어, $\tau_{xy}$는 $x$축 방향인 법선을 가지는 면에서 작용하는 $y$축 방향으로의 전단응력임을 의미한다.

## 3.2 응력의 변환

응력은 작용하는 면의 상태에 따라서 성분이 바뀌게 된다. 즉, 응력의 절대값은 변하지 않으나 작용하고 있는 면의 방향에 따라서 응력의 각 성분은 달라진다. 그림 3.3에서 보는 것과 같이 응력이 경사면에서 작용하고 있는 경우를 생각해보자. 응력은 경사면에 수직인 성분과 면에 평행인 성분으로 분리하여 표시할 수 있다. 응력은 작용하는 면의 방향에 의존하므로 면의 방향이 달라지면 그에 따라 응력의 성분 $\sigma_x$, $\sigma_y$, $\tau_{xy}$도 변화되므로 응력 변환 방정식(stress transformation equation)이 필요하다. 2차원 평면 응력 상태에서 임의의

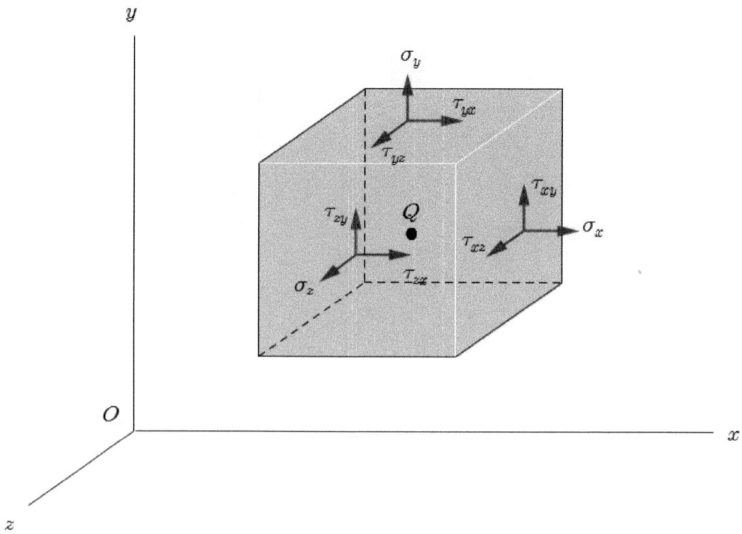


**그림 3.1** 응력요소와 응력의 부호

각도 $\theta$로 회전된 면에서의 응력 성분 $\sigma_x$, $\sigma_y$, $\tau_{xy}$를 구하기 위해서 응력 변환 행렬(stress transformation matrix) $[T]_\sigma$를 도입하면 응력 변환 방정식은 다음과 같이 쓸 수 있다.

$$[\sigma]' = [T]_\sigma[\sigma] \tag{3.1}$$

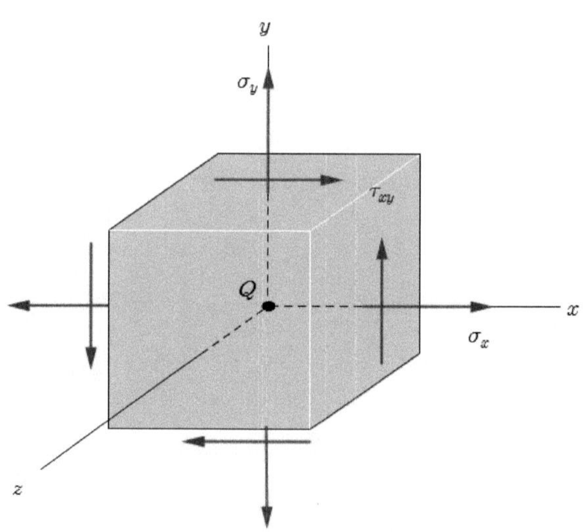


**그림 3.2** 응력 성분의 방향과 양(+)의 부호

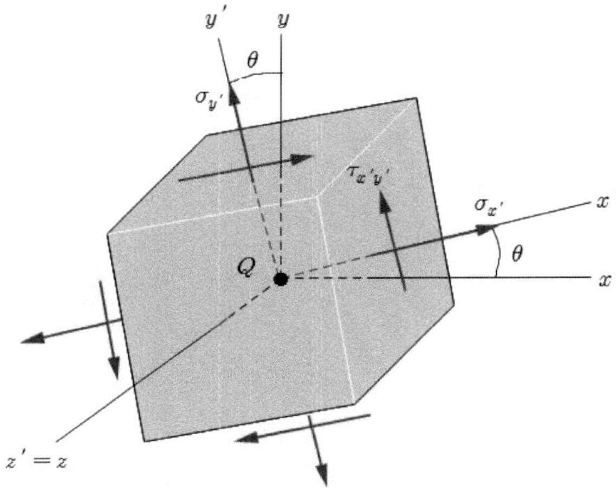


그림 3.3 응력의 변화



또는

$$\begin{Bmatrix} \sigma_{x'} \\ \sigma_{y'} \\ \tau_{x'y'} \end{Bmatrix} = \begin{bmatrix} \cos^2\theta & \sin^2\theta & 2\sin\theta\cos\theta \\ \sin^2\theta & \cos^2\theta & -2\sin\theta\cos\theta \\ -\sin\theta\cos\theta & \sin\theta\cos\theta & \cos^2\theta - \sin^2\theta \end{bmatrix} \begin{Bmatrix} \sigma_x \\ \sigma_y \\ \tau_{xy} \end{Bmatrix} \tag{3.2}$$

여기서

$$[T]_\sigma = \begin{bmatrix} \cos^2\theta & \sin^2\theta & 2\sin\theta\cos\theta \\ \sin^2\theta & \cos^2\theta & -2\sin\theta\cos\theta \\ -\sin\theta\cos\theta & \sin\theta\cos\theta & \cos^2\theta - \sin^2\theta \end{bmatrix} \tag{3.3}$$

식 (3.2)을 각 응력 성분별로 전개하여 표시하면 응력 변환 방정식은 다음과 같다.

$$\begin{aligned} \sigma_{x'} &= \sigma_x\cos^2\theta + \sigma_y\sin^2\theta + 2\tau_{xy}\sin\theta\cos\theta \\ \sigma_{y'} &= \sigma_x\sin^2\theta + \sigma_y\cos^2\theta - 2\tau_{xy}\sin\theta\cos\theta \\ \tau_{x'y'} &= -(\sigma_x - \sigma_y)\sin\theta\cos\theta + \tau_{xy}(\cos^2\theta - \sin^2\theta) \end{aligned} \tag{3.4}$$

한편, 간편한 표기를 위하여 필요한 삼각함수 공식들은

$$\begin{aligned} \sin 2\theta &= 2\sin\theta\cos\theta \\ \cos 2\theta &= \cos^2\theta - \sin^2\theta \\ \cos^2\theta &= \frac{1+\cos 2\theta}{2} \\ \sin^2\theta &= \frac{1-\cos 2\theta}{2} \end{aligned} \tag{3.5}$$

식 (3.4)을 위에서 주어진 삼각함수 공식을 사용하여 다시 쓰면 다음과 같다.

$$\begin{aligned} \sigma_{x'} &= \frac{\sigma_x+\sigma_y}{2} + \frac{\sigma_x-\sigma_y}{2}\cos 2\theta + \tau_{xy}\sin 2\theta \\ \sigma_{y'} &= \frac{\sigma_x+\sigma_y}{2} - \frac{\sigma_x-\sigma_y}{2}\cos 2\theta - \tau_{xy}\sin 2\theta \\ \tau_{x'y'} &= -\frac{\sigma_x-\sigma_y}{2}\sin 2\theta + \tau_{xy}\cos 2\theta \end{aligned} \tag{3.6}$$

예제

**3.1** 응력 성분이 $\sigma_x = 50MPa$, $\sigma_y = 30MPa$, $\tau_{xy} = 5MPa$로 주어질 때 반시계 방향으로 $30^\circ$ 된 면에서 작용하는 응력을 계산하시오.

해설 식 (3.6)을 사용하여 다음과 같이 응력변환 식을 계산한다.

$$\begin{aligned} \sigma_{x'} &= \frac{50+30}{2} + \frac{50-30}{2}\cos 60 + 5\sin 60 = 49.3 \text{ MPa} \\ \sigma_{y'} &= \frac{50+30}{2} - \frac{50-30}{2}\cos 60 - 5\sin 60 = 30.6 \text{ MPa} \\ \tau_{x'y'} &= -\frac{50-30}{2}\sin 60 + 5\cos 60 = -6.2 \text{ MPa} \end{aligned}$$

## 3.3 주응력과 최대 전단응력

### 주응력

앞 절에서 언급한 바와 같이 응력은 경사면의 각도 $\theta$의 함수이므로 극대 또는 극소값을 갖는 면의 방향을 구할 수 있다. 수직응력 $\sigma_{x'}$가 최대 또는 최소가 되는 평면의 방향을 찾기 위해서 식 (3.6)을 $\theta$로 미분하고 0으로 놓으면 다음과 같이 된다.

$$\frac{d\sigma_{x'}}{d\theta} = -(\sigma_x - \sigma_y)\sin 2\theta + 2\tau_{xy}\cos 2\theta = 0 \tag{3.7}$$

식 (3.7)을 $\theta$에 대하여 풀면

$$\tan 2\theta_p = \frac{2\tau_{xy}}{\sigma_x - \sigma_y} \tag{3.8}$$

여기서 $\theta_p$에 의해서 설정되는 두 평면을 주평면(principal plane)이라고 하며 주평면에서는 전단응력이 0이된다. 식 (3.8)의 $\theta_p$를 식 (3.6)에 대입하면 두 개의 주응력(principal stress) $\sigma_1$과 $\sigma_2$를 다음과 같이 얻게 된다.

$$\begin{aligned} \sigma_1 &= \frac{\sigma_x + \sigma_y}{2} + \sqrt{\left(\frac{\sigma_x - \sigma_y}{2}\right)^2 + \tau_{xy}^2} \\ \sigma_2 &= \frac{\sigma_x + \sigma_y}{2} - \sqrt{\left(\frac{\sigma_x - \sigma_y}{2}\right)^2 + \tau_{xy}^2} \end{aligned} \tag{3.9}$$

### 최대 전단응력

이번에는 면내에서의 최대 전단응력 $\tau_{\max}$를 구해보기로 한다. 위에서와 같은 방법으로 식 (3.6)에서 $\tau_{x'y'}$를 $\theta$로 미분하고 0으로 놓으면 다음과 같다.

$$\frac{d\tau_{x'y'}}{d\theta} = -(\sigma_x - \sigma_y)\cos 2\theta - 2\tau_{xy}\sin 2\theta \tag{3.10}$$

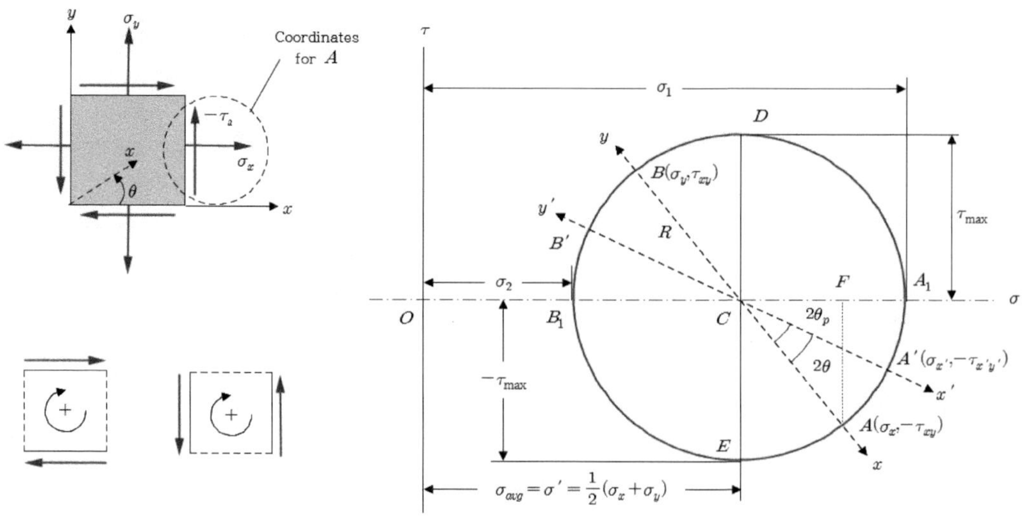


**그림 3.4** Mohr원의 작도와 응력 성분의 관계

식 (3.10)에서 $\tau_{x'y'}$를 $\theta_s$에 대해서 풀면

$$\tan 2\theta_s = -\frac{\sigma_x - \sigma_y}{2\tau_{xy}} \tag{3.11}$$

여기서 $\theta_s$는 전단응력이 최대가 되는 면의 방향이며 이를 식 (3.6)의 전단응력 항에 대입하면 최대 전단응력 $\tau_{\max}$는 다음과 같이 주어진다.

$$\tau_{max} = \pm\sqrt{\left(\frac{\sigma_x - \sigma_y}{2}\right)^2 + \tau_{xy}^2} \tag{3.12}$$

## 3.4 Mohr 원과 응력의 변환

### Mohr 원과 응력의 변환

물체의 한 점에서 작용하고 있는 응력의 상태는 응력요소위에 응력 성분을 표기함으로 나타낼 수 있다. 경사면에서의 응력은 수직응력과 전단응력으로 분리하여 표시할 수 있는데 경사각을 변화시키면 그 면에서 작용하는 수직응력과 전단응력의 성분도 변화하게 된다. 두 응력 성분 $\sigma$와 $\tau$를 좌표로 하여 수직축을 $\tau$로 수평축을 $\sigma$로 하는 좌표계를 만들면 모든 응력의 성분을 공간상에서 표시할 수 있게 된다. 그림 3.4의 응력요소에서 오른편 면에서의 응력 성분은 $(\sigma_x,\tau_{xy})$가 되며 $\sigma_x > \sigma_y > 0$이라고 하자. 이 점의 좌표를 $\sigma-\tau$ 좌표계에 표시하기 위해서 먼저 전단응력의 방향을 고려해야 한다. 응력요소의 오른쪽 면에서 전단응력은 시계반대 방향으로의 회전을 보이므로 $\sigma-\tau$ 좌표계의 아래쪽 $(\sigma_x,-\tau_{xy})$에 위치한다. 한편, 이번에는 그림 3.4의 응력요소에서 윗 면에 작용하는 응력 성분을 취하면 $(\sigma_x,\tau_{xy})$이며 전단응력은 시계 방향으로의 회전이므로 $\sigma-\tau$좌표계의 윗부분에서 $(\sigma_y,\tau_{xy})$에 위치하게 된다. 두 점 $(\sigma_x,-\tau_{xy})$와 $(\sigma_y,\tau_{xy})$를 잇는 직선을 긋고 이 직선이 $\sigma$축과 만나는 교점을 $C$로 놓는다. 이제 $C$를 중심으로 하고 두 점을 잇는 직선을 지름으로 하는 원을 그리고 이를 독일의 공학자 Mohr(1835–1918)의 이름을 따라 Mohr 원(Mohr's circle)이라고 칭한다. Mohr 원의 중심 $C$와 반지름 $R$은 다음과 같은 식으로 주어진다.



$$C=\frac{\sigma_x+\sigma_y}{2} \qquad R=\sqrt{\left(\frac{\sigma_x-\sigma_y}{2}\right)^2+\tau_{xy}^2} \tag{3.13}$$

## Mohr원과 주응력

3,3절에서 살펴본 바와 같이 주응력이 존재하는 면에서는 전단응력이 모두 0이 되므로 평면에서의 두 주응력의 좌표는 $(\sigma_1,\ 0)$과 $(\sigma_2,\ 0)$이 되며 Mohr 원에서 표시하면 $\sigma$ 측위에 있는 두 점이 됨을 알 수 있다. $(\sigma_x,\tau_{xy})$로 주어진 점에서 주응력이 있는 점으로 이동하기 위해서는 Mohr 원에서 $2\theta_p$ 만큼을 회전해야 하며 이는 식 (3.8)에서 주어진 주평면 각도와 동일함을 알 수 있다. 그러므로 주어진 응력상태에서 주응력이 있는 평면으로 가기 위해서는 응력요소를 만큼 $\theta_p$회전시키면 된다. 또한 Mohr 원에서 두 주응력 $\sigma_1$과 $\sigma_2$는 다음과 같이 표시할 수 있음을 볼 수 있다.

$$\sigma_1=C+R \qquad \sigma_2=C-R \tag{3.14}$$

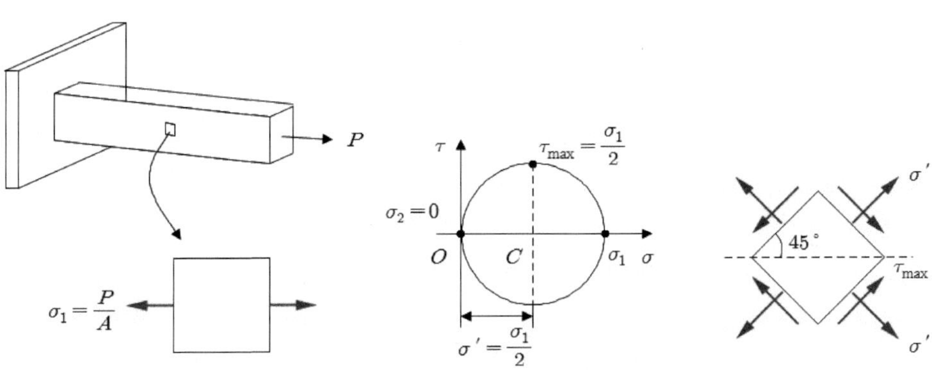


그림 3.5 인장과 Mohr 원

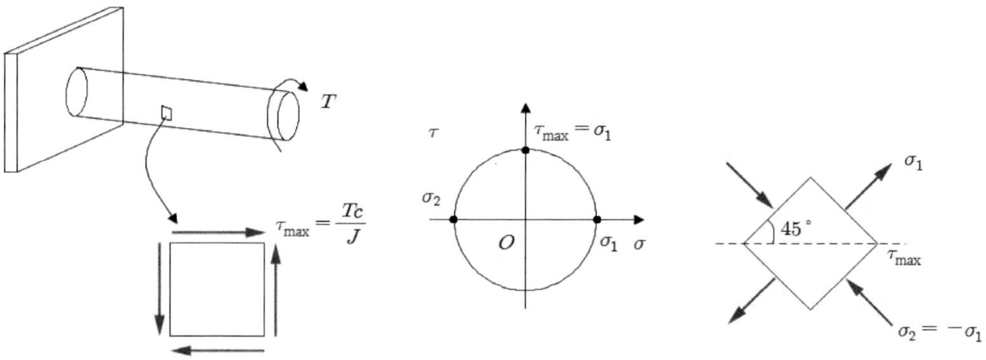


**그림 3.6** 비틀림과 Mohr 원

### Mohr원과 최대 전단응력

최대 전단응력은 Mohr 원에서 $\tau$가 최대로 되는 지점을 찾아서 읽으면 되는데 그 지점은 원의 중심점 $C$에서 위와 아래의 두 점이 된다. 즉, $\tau$가 최대로 되는 두 점의 좌표는 $(C, R)$ 또는 $(C, -R)$이 되므로 최대 전단응력 $\tau_{max} = R$이 됨을 Mohr원에서 쉽게 확인할 수 있다.

### 인장과 비틀림

그림 3.5에서와 같이 봉이 인장을 받고 있을 때 한 점에서의 응력은 수직응력 $\sigma_x$만 존재한다. 따라서 전단응력이 0이외는 주응력 평면에 있는 것과 동일하므로 $\sigma_x$자체가 주응력 $\sigma_1$이 되며 $\sigma_2 = 0$이다. 두 점의 좌표는 각각 $(\sigma_1, 0)$, $(0, 0)$이 되므로 Mohr 원에서 표시하면 그림 3.5와 같으며 최대 전단응력 $\tau_{max}$는 시계반대 방향으로 90° 만큼 회전시킨 지점에 있으므로 응력요소에서 표시할 때는 45° 만큼 회전시킨 요소가 됨을 알 수 있다. 이것은 연성재료에 대한 인장시험을 수행할 때 파괴되는 단면이 45° 각도를 갖는 것으로 적용할 수 있는데 연성재료에서는 전단응력으로 인하여 분자들의 슬립(slip)현상이 가장 크게 일어나는 평면에서 소성변형으로 인하여 파손되는 성향을 갖고 있기 때문이다. 한편, 그림 3.6에서는 비틀림에 의한 전단응력을 보여주고 있다. 전단응력 $\tau_{xy}$를 Mohr 원에 표시하면 원점을 중심으로 하는 두 점 $(0, \tau_{xy})$과 $(0, -\tau_{xy})$이 된다. 그 중 한 점에서 주응력 평면으로 가기 위해서는 반시계방향으로 90° 만큼 회전하면 된다. 두 주응력은 $(\sigma_1 = \tau_{xy})$와 $(\sigma_2 = -\tau_{xy})$가 된다. 응력요소에 표시하면 그림 3.6에서와 같이 인장과 압축응력으로 작용하게 된다. 취성재료에 비틀림을 가하면 45° 를 이루는 면에서 최대 수직응력으로 인해서 파손된다. 그 이유는 취성재료는 연성재료에 비하여 소성변형이 매우 작으므로 전단응력보다는 수직응력이 파손에 더 큰 영향을 주기 때문이다.

예제

**3.2** 기계 부품의 한 점에서의 응력이 $\sigma_x = 30MPa$, $\sigma_y = -10MPa$, $\tau_{xy} = 3MPa$과 같이 주어질 때 주응력 평면($\theta_p$)과 주응력 $\sigma_1$, $\sigma_2$과 최대 전단응력 $\tau_{\max}$을 Mohr 원에 표시하시오.

**해설** 주평면과 주응력 식을 사용하여 다음과 같이 계산한다.

$$\tan 2\theta_p = \frac{2\tau_{xy}}{\sigma_x - \sigma_y} = \frac{2 \times 3}{30-(-10)} = \frac{3}{20} \tag{3.8}$$

주평면을 이루는 각은 $\theta_p = 4.26°$ 이다. 주응력을 계산하기 위해서 먼저 $C$와 $R$을 각각 다음과 같이 계산한다.

$$C = \frac{\sigma_x + \sigma_y}{2} = \frac{30+(-10)}{2} = 10\text{MPa}$$
$$R = \sqrt{\left(\frac{\sigma_x - \sigma_y}{2}\right)^2 + \tau_{xy}^2} = \sqrt{\left(\frac{30-(-10)}{2}\right)^2 + 3^2} = 20.22\text{MPa} \tag{3.13}$$

주응력은 다음과 같이 계산된다.

$$\sigma_1 = C + R = 10 + 20.22 = 30.22\text{MPa}$$
$$\sigma_2 = C - R = 10 - 20.22 = -10.22\text{MPa} \tag{3.14}$$

## 3.5 3차원 응력 상태와 Mohr 원

### 3차원에서의 주응력

3차원에서의 주응력 $\sigma_1$, $\sigma_2$, $\sigma_3$는 평면응력 상태에서와 같이 간단하게 구해지지 않으며 다음에 주어진 방정식의 근을 구해야 한다.

$$\sigma^3 - I_1\sigma^2 + I_2\sigma - I_3 = 0 \tag{3.15}$$

여기서 $I_1$, $I_2$, $I_3$ 는 응력 불변량(stress invariant)이라고 하며 이는 좌표축에 독립적이므로 변환에 대하여 영향을 받지 않는다.

$$I_1 = \sigma_x + \sigma_y + \sigma_z$$
$$I_2 = \sigma_x\sigma_y + \sigma_y\sigma_z + \sigma_z\sigma_x - \tau_{xy}^2 - \tau_{yz}^2 - \tau_{zx}^2 \tag{3.16}$$
$$I_3 = \sigma_x\sigma_y\sigma_z + 2\tau_{xy}\tau_{yz}\tau_{zx} - \sigma_x\tau_{yz}^2 - \sigma_y\tau_{zx}^2 - \sigma_z\tau_{xy}^2$$

여기서 구한 주응력을 크기에 따라 배열하여 각각 명칭을 $\sigma_1$, $\sigma_2$, $\sigma_3$로 부여한다. 응력

불변량 $I_1, I_2, I_3$ 은 주응력으로는 다음과 같이 표시할 수 있다.

$$
\begin{aligned}
I_1 &= \sigma_1 + \sigma_2 + \sigma_3 \\
I_2 &= \sigma_1\sigma_2 + \sigma_2\sigma_3 + \sigma_3\sigma_1 \\
I_3 &= \sigma_1\sigma_2\sigma_3
\end{aligned}
\tag{3.17}
$$

식 (3.15)에서 3개의 근을 구할 수 있으며 이는 주응력 $\sigma_1, \sigma_2, \sigma_3$이다. 수학적으로 볼 때는 식의 근을 구하는 문제는 고유값(eigenvalue) 문제와 동일하며 주응력이 고유값이 된다. 식 (3.15)에서 고유값을 계산하기 위해서는 해석적인 방법으로도 가능하나 상용 수치해석 프로그램인 MATLAB을 사용하면 간단하게 계산할 수 있다. 3개의 수직응력이 각 좌표축의 방향으로 작용하고 있는 경우를 3축 응력(triaxial stress) 상태라고 한다. 일반적으로 그 크기에 따라서 내림차순으로 $\sigma_1 > \sigma_2 > \sigma_3$의 순서로 명칭을 붙인다. 여기서 세 응력은 각각의 좌표축의 방향과 일치하도록 놓여져 있으므로 주응력과 동일하며 Mohr원으로 표시하면 그림 3.7에서 보는 것과 같다.

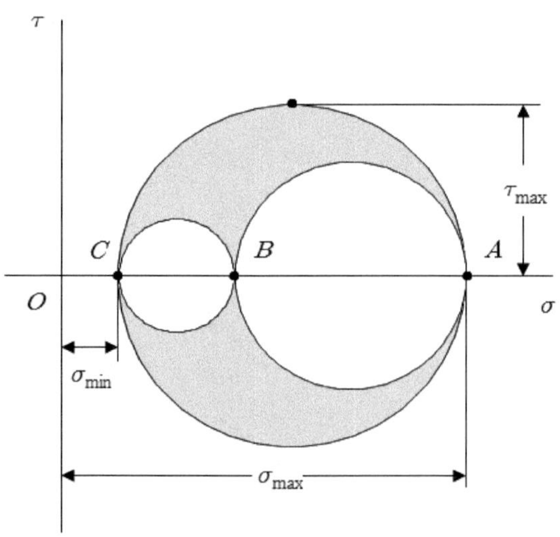


**그림 3.7** 3축 응력과 Mohr 원

## 3차원에서의 최대 전단응력

한편, 3축 응력 상태에서의 최대 전단응력 $\tau_{\max}$는 다음과 같이 계산될 수 있음을 알 수 있다.

$$\tau_{max} = \frac{\sigma_1 - \sigma_3}{2} \tag{3.18}$$

**예제**

**3.3** 기계 부품의 한 점에서의 응력이 $\sigma_x = 150MPa$, $\sigma_y = 10MPa$, $\sigma_z = 0MPa$, $\tau_{xy} = 5MPa$, $\tau_{yz} = 2MPa$, $\tau_{zx} = 0MPa$과 같이 주어질 때 주응력 $\sigma_1$, $\sigma_2$, $\sigma_3$과 최대 전단응력 $\tau_{\max}$을 구하시오.

**해설** 3차원 주응력을 계산하기 위해서 식 (3.15)의 계수를 구하면 다음과 같다.

$$I_1 = 160 \qquad I_2 = 1471 \qquad I_3 = -300$$

식 (3.15)은 다음과 같이 주어진다.

$$\sigma^3 - 160\sigma^2 + 1471\sigma + 300 = 0$$

위식에서 주응력은 $\sigma_1 = 150MPa$, $\sigma_2 = 10MPa$, $\sigma_3 =-0.2MPa$이다. 최대 전단응력은 식 (3.18)로 부터 다음과 같이 주어진다.

$$\tau_{max} = \frac{\sigma_1 - \sigma_3}{2} = \frac{150 - (-0.2)}{2} = 75.1\text{MPa}$$

**예제**

**3.4** 반지름이 $r$이며 두께가 $t$인 그림 3.8과 같은 원통형의 압력용기 내부에서 압력 $p$가 작용하고 있을 때 표면에서 작용하는 응력 성분이 다음과 같이 주어질 때 최대 전단응력 $\tau_{\max}$를 구하시오.

$$\sigma_1 = \frac{pr}{t} \qquad \sigma_2 = \frac{pr}{2t} \qquad \sigma_3 = 0$$

**해설** 식 (3.18)로 부터 다음과 같이 계산된다.

$$\tau_{max} = \frac{\sigma_1 - \sigma_3}{2} = \frac{1}{2}\left(\frac{pr}{t} - 0\right) = \frac{pr}{2t}$$

만일 최대 전단응력의 범위를 평면내로 제한하면 다음과 같은 값을 가지며 앞의 경우와는 응력이 작용하는 면이 다름을 유의해야 한다.

$$\tau_{max} = \frac{\sigma_1 - \sigma_2}{2} = \frac{1}{2}\left(\frac{pr}{t} - \frac{pr}{2t}\right) = \frac{pr}{4t}$$

이러한 두 예의 차이는 Mohr 원을 그려 보면 쉽게 확인할 수 있다.

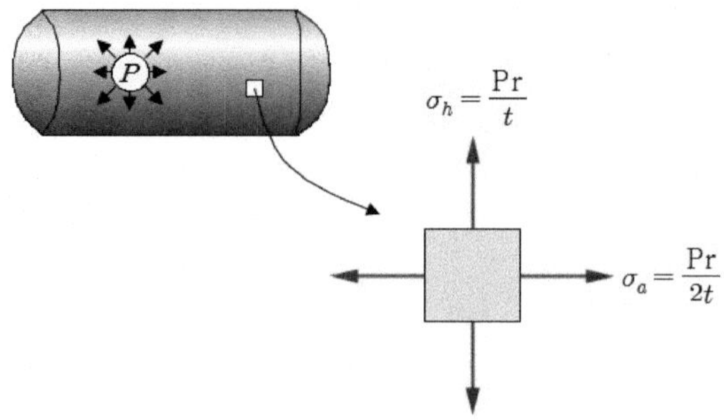


**그림 3.8** 원통형 압력용기

### Mohr원을 이용한 파단예측

모든 재료는 항복(전단변형)을 일으키는 한계응력인 임계 전단응력 $\tau_{crss}$과 파괴를 일으키는 최대파단응력 $\sigma_f$을 갖고 있다. 재료에 가해지는 응력성분 $\sigma_1$, $\sigma_2$, $\sigma_3$에 의해 최대수직응력 $\sigma_{\max}$과 최대전단응력 $\tau_{\max}$이 각각 결정되는데 이 값에 의해 재료가 항복을 일으키게 될지 파괴를 일으키게 될 지가 결정된다. 그림 3.9(a)에 보인 바와 같이, 만약 $\sigma_{\max} > \sigma_f$가 만족되기 전에 $\tau_{\max} > \tau_{crss}$ 먼저 만족하게 되면 재료는 항복을 일으키게 된다. 반면, 그림 3.9(b)에 보인 바와 같이, 만약 $\tau_{\max} > \tau_{crss}$가 만족되기 전에 $\sigma_{\max} > \sigma_f$를 먼저 만족하게 되면 재료는 파괴를 일으키게 된다. 얇은 금속판에 응력을 가하면 파괴가 되지 않고 항상 항복변형을 일으키는 이유는, 두께방향 응력성분이 0(평면응력상태)이기 때문에 그림 3.9(a)와 같이 Mohr원의 수직성분이 최대파단응력 $\sigma_f$에 이르기 전에 최대전단응력 $\tau_{\max}$이 $\tau_{\max} > \tau_{crss}$ 조건을 쉽게 만족시키기 때문이다. 동일한 원리로, 두꺼운 금속에 삼축응력이 가해지면 Mohr원의 최대전단응력 $\tau_{\max}$는 낮은 값을 유지하는 반면 최대수직응력 $\sigma_{\max}$가 $\sigma_{\max} > \sigma_f$ 조건을 쉽게 만족시켜 파괴를 일으키게 된다.

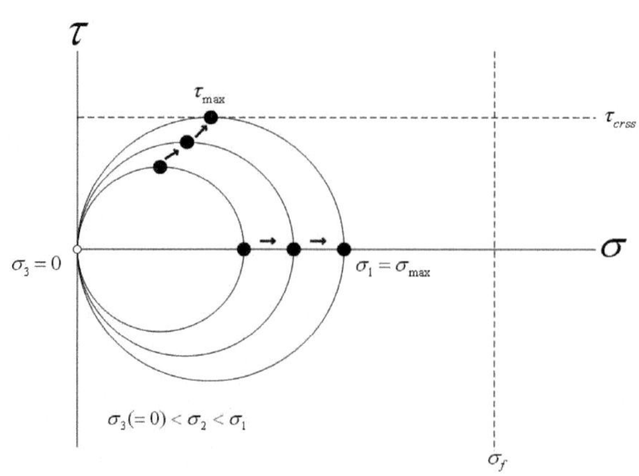


(a) 항복(전단변형) : $\sigma_1 > \sigma_2$, $\sigma_3 = 0$

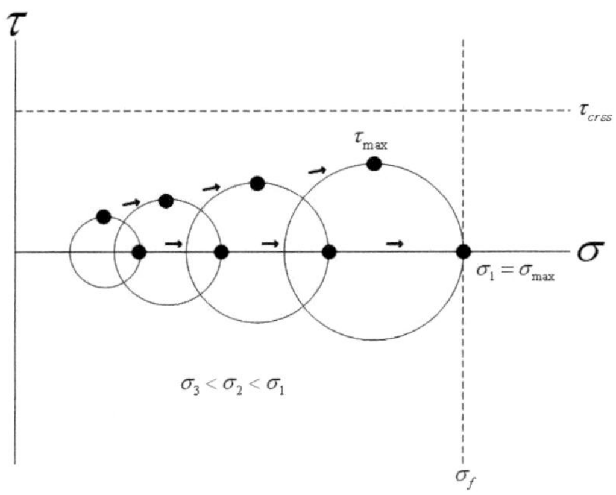


(b) 파괴 : $\sigma_1 > \sigma_2 > \sigma_3$

**그림 3.9** Mohr원을 이용한 파단예측

## 3.6 응력 변환의 중요성

응력에 대한 내용을 배우는 사람들은 언젠가는 응력 변환이라는 주제를 만나게 된다. 응력의 개념 자체는 이해하기 어렵지 않다고 해도 왜 응력의 변환이 필요한가에 대해서 처음부터 이해하고 공부하는 사람들은 많지 않다고 본다. 앞에서도 설명하였듯이 응력은 작용하고 있는 지점의 위치와 그 점을 지나는 면의 경사도에 따라 달라지는 물리량이다. 그러므로 같은 지점이라고 해도 그 점에서의 경사를 다르게 하는 면이 있다면 응력의 성분이 달라지게 된다. 한 점에서의 응력의 절대값은 일정하지만 경사에 따라 응력의 성분 - 수직응력과 전단응력 - 은 달라지게 된다.

만일 한 점에서 전단응력은 다 사라지고 수직응력 성분만 남아있는 경사면이 있다면 그것을 주평면이라고 하고 그때의 수직응력을 주응력이라고 한다는 것을 앞에서 설명하였다. 재료의 파손은 그 종류에 따라서 취성 재료에서와 같이 수직응력이 큰 역할을 하는 경우도 있고 반대로 연성 재료에서와 같이 전단응력이 파손에 더 큰 기여를 하는 경우도 있다. 그러므로 같은 크기를 가지는 응력이라고 해도 수직응력 성분과 전단응력 성분이 어떻게 구성되는가에 따라 파손으로 부터 안전하다고 볼 수도 있고 그렇지 않을 수 도 있게 되며 이것은 경사면의 상태에 따라서 달라진다.

그러므로 실제로 부품이나 구조물을 설계할 때는 가장 관심 있는 부분에 대하여 - 주로 파손이 예상되는 부분 - 응력이 어떻게 달라지는 가에 대한 철저한 분석이 필요하다. 단지 한 단면에 대한 응력이 설정값보다 작다고 해서 안심할 수는 없는 일이므로 다양한 각도의 면에 대한 응력의 성분을 취해서 확인해야 할 필요가 생기는 것이며 이를 위해서 응력을 경사면에 해당하는 성분으로 변환하여 검증해야 한다는 것을 알 수 있을 것이다.

## 3.7 주요 방정식 모음

• 응력 변환 방정식

$$\begin{aligned}\sigma_{x'} &= \frac{\sigma_x + \sigma_y}{2} + \frac{\sigma_x - \sigma_y}{2}\cos 2\theta + \tau_{xy}\sin 2\theta \\ \sigma_{y'} &= \frac{\sigma_x + \sigma_y}{2} - \frac{\sigma_x - \sigma_y}{2}\cos 2\theta - \tau_{xy}\sin 2\theta \\ \tau_{x'y'} &= -\frac{\sigma_x - \sigma_y}{2}\sin 2\theta + \tau_{xy}\cos 2\theta\end{aligned} \tag{3.6}$$

• 주응력 평면

$$\tan 2\theta_p = \frac{2\tau_{xy}}{\sigma_x - \sigma_y} \tag{3.8}$$

• 평면 주응력

$$\begin{aligned}\sigma_1 &= \frac{\sigma_x + \sigma_y}{2} + \sqrt{\left(\frac{\sigma_x - \sigma_y}{2}\right)^2 + \tau_{xy}^2} \\ \sigma_2 &= \frac{\sigma_x + \sigma_y}{2} - \sqrt{\left(\frac{\sigma_x - \sigma_y}{2}\right)^2 + \tau_{xy}^2}\end{aligned} \tag{3.9}$$

• 최대 전단응력 평면

$$\tan 2\theta_s = -\frac{\sigma_x - \sigma_y}{2\tau_{xy}} \tag{3.11}$$

• 최대 전단응력

$$\tau_{max} = \pm\sqrt{\left(\frac{\sigma_x - \sigma_y}{2}\right)^2 + \tau_{xy}^2} \tag{3.12}$$

• Mohr 원의 중심점과 반지름

$$C = \frac{\sigma_x + \sigma_y}{2} \qquad R = \sqrt{\left(\frac{\sigma_x - \sigma_y}{2}\right)^2 + \tau_{xy}^2} \tag{3.13}$$

# 연습문제



**3.1** $\sigma_x = -100MPa$, $\sigma_y = 300MPa$, $\tau_{xy} = -50MPa$, 으로 주어진 응력 성분들을 부호를 고려하여 응력요소에 표시하시오. 단, 응력요소는 평면(2차원)에서 정의된다.

**3.2** $\sigma_x = 50MPa$, $\sigma_y = -20MPa$, $\tau_{xy} = -10MPa$, 으로 주어진 응력 성분들을 부호를 고려하여 응력요소에 표시하시오. 단, 응력요소는 평면(2차원)에서 정의된다.

**3.3** $\sigma_x = -100MPa$, $\sigma_y = 300MPa$, $\tau_{xy} = -50MPa$과 같이 주어질 때 주응력 $\sigma_1$, $\sigma_2$, $\sigma_3$과 최대 전단응력 $\tau_{\max}$을 구하시오.

**3.4** $\sigma_x = 50MPa$, $\sigma_y = -20MPa$, $\tau_{xy} = -10MPa$과 같이 주어질 때 주응력 $\sigma_1$, $\sigma_2$, $\sigma_3$과 최대 전단응력 $\tau_{\max}$을 구하시오.

**3.5** $\sigma_x = 500MPa$, $\sigma_y = 150MPa$, $\tau_{xy} = 7MPa$과 같이 주어질 때 시계 방향으로 $30^\circ$ 만큼 회전한 평면에서의 응력 성분을 구하시오.

**3.6** $\sigma_x = -150MPa$, $\sigma_y = 200MPa$, $\tau_{xy} = -25MPa$과 같이 주어질 때 시계 방향으로 $45^\circ$ 만큼 회전한 평면에서의 응력 성분을 구하시오.

**3.7** $\sigma_x = 200MPa$, $\sigma_y = 30MPa$, $\tau_{xy} = 10MPa$과 같이 주어질 때 시계 방향으로 $60^\circ$ 만큼 회전한 평면에서의 응력 성분을 구하시오.

**3.8** $\sigma_x = 50MPa$, $\sigma_y = 100MPa$, $\tau_{xy} = 3MPa$과 같이 주어질 때 반시계 방향으로 $45^\circ$ 만큼 회전한 평면에서의 응력 성분을 구하시오.

**3.9** 부품의 한 점에서의 응력이 $\sigma_x = 250MPa$, $\sigma_y = 20MPa$, $\sigma_z = 30MPa$, $\tau_{xy} = -3MPa$, $\tau_{yz} = 50MPa$, $\tau_{zx} = 2MPa$과 같이 주어질 때 주응력 $\sigma_1$, $\sigma_2$, $\sigma_3$과 최대 전단응력 $\tau_{\max}$을 구하시오.

**3.10** 부품의 한 점에서의 응력이 $\sigma_x = -50MPa$, $\sigma_y = -50MPa$, $\sigma_z = 100MPa$, $\tau_{xy} = -15MPa$, $\tau_{yz} = -20MPa$, $\tau_{zx} = 20MPa$과 같이 주어질 때 주응력 $\sigma_1$, $\sigma_2$, $\sigma_3$과 최대 전단응력 $\tau_{\max}$을 구하시오.

**3.11** 부품의 한 점에서의 응력이 $\sigma_x =- 100MPa$, $\sigma_y = 200MPa$, $\sigma_z = 50MPa$, $\tau_{xy} =- 5MPa$, $\tau_{yz} = 30MPa$, $\tau_{zx} = 10MPa$과 같이 주어질 때 주응력 $\sigma_1$, $\sigma_2$, $\sigma_3$과 최대 전단응력 $\tau_{\max}$을 구하시오.

**3.12** 부품의 한 점에서의 응력이 $\sigma_x = 3MPa$, $\sigma_y =- 15MPa$, $\sigma_z = 50MPa$, $\tau_{xy} = - 5MPa$, $\tau_{yz} = 30MPa$, $\tau_{zx} = 10MPa$과 같이 주어질 때 주응력 $\sigma_1$, $\sigma_2$, $\sigma_3$과 최대 전단응력 $\tau_{\max}$을 구하시오.

**3.13** 반지름이 $r$이며 두께가 $t$인 구형(spherical)의 압력용기 내부에서 압력 $p$가 작용하고 있을 때 표면에서 작용하는 응력 성분이 다음과 같이 주어질 때 최대 전단응력 $\tau_{\max}$를 구하시오. 단, 표면에 속하는 평면내와 평면외까지 포함하는 두 가지 경우를 고려하라.

# 제 4 장 변형률의 변환

## 4.1 변형률의 변환

응력과 마찬가지로 변형률에서도 임의의 각을 가지고 경사진 평면에서의 변형률을 계산해야 할 필요가 있다. 이를 위해서 기준 축으로 부터 $\theta$의 각도로 기울어진 평면에서의 수직 변형률은 다음과 같이 쓸 수 있다.

$$[\epsilon]' = [T]_\epsilon[\epsilon] \tag{4.1}$$

또는

$$\begin{Bmatrix} \epsilon_{x'} \\ \epsilon_{y'} \\ \gamma_{x'y'} \end{Bmatrix} = \begin{bmatrix} \cos^2\theta & \sin^2\theta & \sin\theta\cos\theta \\ \sin^2\theta & \cos^2\theta & -\sin\theta\cos\theta \\ -2\sin\theta\cos\theta & 2\sin\theta\cos\theta & \cos^2\theta - \sin^2\theta \end{bmatrix} \begin{Bmatrix} \epsilon_x \\ \epsilon_y \\ \gamma_{xy} \end{Bmatrix} \tag{4.2}$$

여기서 변형률 변환 행렬 $[T]_\epsilon$은 다음과 같다.

$$[T]_\epsilon = \begin{bmatrix} \cos^2\theta & \sin^2\theta & \sin\theta\cos\theta \\ \sin^2\theta & \cos^2\theta & -\sin\theta\cos\theta \\ -2\sin\theta\cos\theta & 2\sin\theta\cos\theta & \cos^2\theta - \sin^2\theta \end{bmatrix} \tag{4.3}$$

식 (4.2)을 각 변형률 성분별로 전개하여 표시하면 다음과 같다.

$$\begin{aligned} \epsilon_{x'} &= \epsilon_x \cos^2\theta + \epsilon_y \sin^2\theta + \gamma_{xy}\sin\theta\cos\theta \\ \epsilon_{y'} &= \epsilon_x \sin^2\theta + \epsilon_y \cos^2\theta - \gamma_{xy}\sin\theta\cos\theta \\ \gamma_{x'y'} &= -2(\epsilon_x - \epsilon_y)\sin\theta\cos\theta + \gamma_{xy}(\cos^2\theta - \sin^2\theta) \end{aligned} \tag{4.4}$$

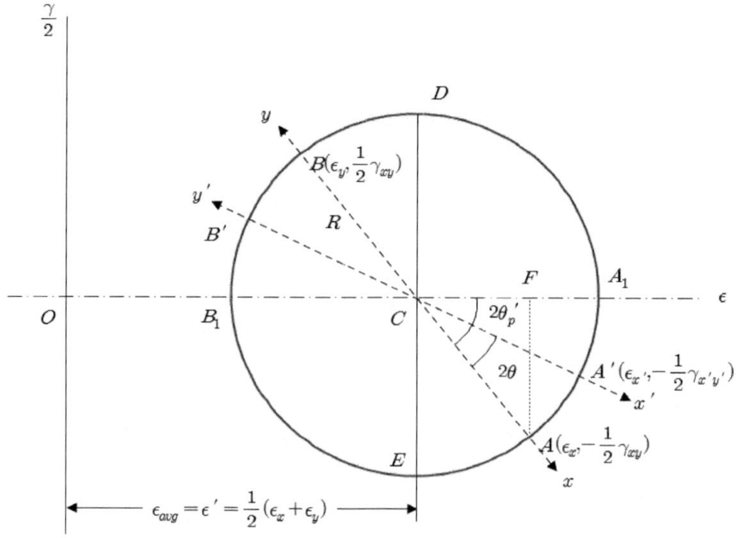


**그림 4.1** 변형률 성분과 Mohr 원

식 (4.4)을 삼각함수 공식을 적용하여 다시 쓰면 다음과 같다.

$$
\begin{aligned}
\epsilon_{x'} &= \frac{\epsilon_x + \epsilon_y}{2} + \frac{\epsilon_x - \epsilon_y}{2}\cos 2\theta + \frac{\gamma_{xy}}{2}\sin 2\theta \\
\epsilon_{y'} &= \frac{\epsilon_x + \epsilon_y}{2} - \frac{\epsilon_x - \epsilon_y}{2}\cos 2\theta - \frac{\gamma_{xy}}{2}\sin 2\theta \\
\gamma_{x'y'} &= -(\epsilon_x - \epsilon_y)\sin 2\theta + \gamma_{xy}\cos 2\theta
\end{aligned}
\tag{4.5}
$$

## 4.2 주 변형률과 최대 전단 변형률

수직 변형률은 하중이 작용하고 있는 방향이 기준의 축방향과 일치한다면 주 변형률이 되며 그렇지 않다면 일반적인 수직 변형률로 간주하여 사용할 수 있다. 전단 변형률은 측정하기가 쉽지 않다. 그러나 다수의 스트레인 로제트를 사용하여 간접적으로 측정이 가능하다. 3.3절에서 설명한 주응력과 최대 전단응력을 구하는 방식과 같은 방법으로 주변형률(principal strain)과 최대 전단변형률(maximum shear strain)도 계산할 수 있다. 주 변형률 면의 방향 $\theta_p$은 다음과 같이 쓸 수 있다.

$$
\tan 2\theta_p = \frac{\gamma_{xy}}{\epsilon_x - \epsilon_y} \tag{4.6}
$$

여기서 $\theta_p$에 의해서 설정되는 두 평면을 주평면(principal plane)이라고 하며 주평면에서는 전단변형률 $\gamma_{xy} = 0$이다.

식 (4.6)의 $\theta_p$를 식 (4.5)에 대입하면 두 개의 주변형률 $\epsilon_1$과 $\epsilon_2$는 다음과 같이 주어진다.

$$\begin{aligned} \epsilon_1 &= \frac{\epsilon_x + \epsilon_y}{2} + \sqrt{\left(\frac{\epsilon_x - \epsilon_y}{2}\right)^2 + \left(\frac{\gamma_{xy}}{2}\right)^2} \\ \epsilon_2 &= \frac{\epsilon_x + \epsilon_y}{2} - \sqrt{\left(\frac{\epsilon_x - \epsilon_y}{2}\right)^2 + \left(\frac{\gamma_{xy}}{2}\right)^2} \end{aligned} \tag{4.7}$$



최대 전단변형률 $\gamma_{\max}$이 발생하는 면의 방향 $\theta_s$는 다음과 같이 주어진다.

$$\tan 2\theta_s = -\frac{\epsilon_x - \epsilon_y}{\gamma_{xy}} \tag{4.8}$$

여기서 $\theta_s$는 전단변형률이 최대가 되는 면의 방향이며 이를 식 (4.5)의 전단변형률 항에 대입하면 최대 전단응력 $\gamma_{\max}$는 다음과 같이 주어진다.

$$\gamma_{max} = \pm 2\sqrt{\left(\frac{\epsilon_x - \epsilon_y}{2}\right)^2 + \left(\frac{\gamma_{xy}}{2}\right)^2} \tag{4.9}$$

평면에서의 주 변형률 $\epsilon_1$과 $\epsilon_2$는 3장에서의 주응력과 유사하게 다음과 같이 계산된다.

$$\epsilon_1 = C + R \qquad \epsilon_2 = C - R \tag{4.10}$$

여기서

$$C = \frac{\epsilon_x + \epsilon_y}{2} \qquad R = \sqrt{\left(\frac{\epsilon_x - \epsilon_y}{2}\right)^2 + \left(\frac{\gamma_{xy}}{2}\right)^2} \tag{4.11}$$

변형률에서도 응력과 유사한 개념으로 중심이 $C$, 반지름 $R$인 Mohr 원을 작성하여 사용할 수 있으며 좌표는 $(\epsilon, \frac{\gamma}{2})$임을 유의한다. 변형률에 대한 Mohr 원은 그림 4.1에서 볼 수 있다.

예제

**4.1** $\epsilon_x = 100\mu$, $\epsilon_y = 50\mu$, $\gamma_{xy} = 20\mu$일 때의 시계 방향으로 $45°$ 회전된 평면에서의 변형률 $\epsilon_{(x')}$, $\epsilon_{(y')}$, $\gamma_{(xy')}$를 계산하시오.

**해설** 변형률 변환 방정식 (4.5)을 사용하면 다음과 같은 결과를 얻는다.

$$\epsilon_{x'} = \frac{\epsilon_x + \epsilon_y}{2} + \frac{\epsilon_x - \epsilon_y}{2}\cos 2\theta + \frac{\gamma_{xy}}{2}\sin 2\theta = \frac{100+50}{2} + 0 + \frac{20}{2} = 85\mu$$

$$\epsilon_{y'} = \frac{\epsilon_x + \epsilon_y}{2} + \frac{\epsilon_x - \epsilon_y}{2}\cos 2\theta - \frac{\gamma_{xy}}{2}\sin 2\theta = \frac{100+50}{2} + 0 - \frac{20}{2} = 65\mu$$

$$\gamma_{x'y'} = -(\epsilon_x - \epsilon_y)\sin 2\theta + \gamma_{xy}\cos 2\theta = -(100-50) + 0 = -50\mu$$

예제

**4.2** $\epsilon_x = 300\mu$, $\epsilon_y = 20\mu$, $\gamma_{xy} = 10\mu$일 때의 주변형률 $\epsilon_1$, $\epsilon_2$와 최대 전단 변형률 $\gamma_{max} = \pm 2R = \pm 280\mu$를 계산하시오.

**해설** 식 (4.10)에서 다음 항목들을 차례로 계산한다.

$$C = \frac{\epsilon_x + \epsilon_y}{2} = \frac{300+20}{2} = 160\mu$$

$$R = \sqrt{\left(\frac{\epsilon_x - \epsilon_y}{2}\right)^2 + \left(\frac{\gamma_{xy}}{2}\right)^2} = \sqrt{\left(\frac{300-20}{2}\right)^2 + \left(\frac{10}{2}\right)^2} = 140\mu$$

주 변형률은 다음과 같다.

$$\epsilon_1 = C + R = 300\mu$$

$$\epsilon_2 = C - R = 20\mu$$

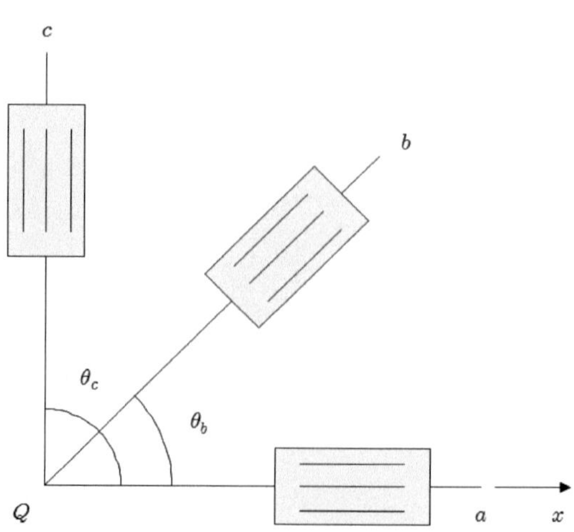


그림 4.2 로제트를 사용한 변형률 측정

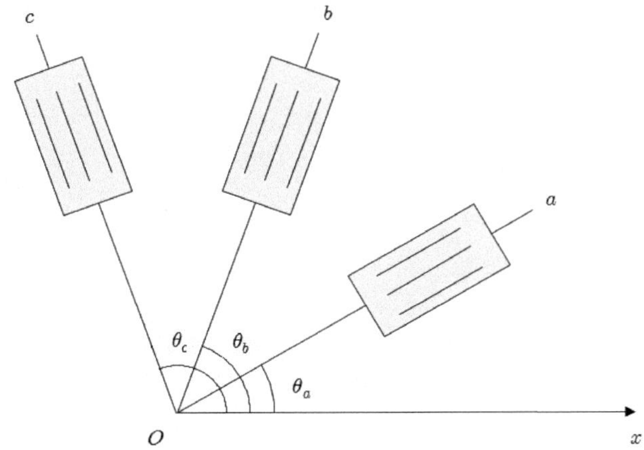


그림 4.3 로제트를 사용한 변형률 측정

## 4.3 변형률의 측정

응력은 직접적으로 측정할 수 있는 물리적 양이 아니므로 변형률을 측정하여 응력을 계산하는 방법을 사용한다. 변형률을 측정하기 위한 방법 중에서 변형률 게이지(strain gauge)가 가장 널리 사용되는데 간단한 구조의 장치로서 변형을 측정하여 전기 신호로 바꾸어 준다. 변형률 게이지는 종이 같은 배경지 위에 가느다란 선이 평행하도록 만들어지며 이를 측정하고자 하는 재료에 부착한다. 재료가 변형하면 게이지의 선도 늘어나게 되어 전기적인 저항이 달라지게 된다. 이때 흐르는 전류를 측정하면 변형 정도를 정확하게 얻을 수 있다. 식 (4.4)에서 수평축으로 부터 $\theta$의 각도로 놓여진 스트레인 게이지에서의 변형률은 다음과 같음을 알 수 있다.

$$\epsilon(\theta) = \epsilon_x \cos^2\theta + \epsilon_y \sin^2\theta + \gamma_{xy}\sin\theta\cos\theta \tag{4.12}$$

만일 다수의 게이지를 각각 다른 방향을 향하도록 하여 측정하면 전단 변형률, 주 변형률 등을 간접적으로 구할 수 있게 되며 이를 변형률 로제트(strain rosette)라고 부른다. 예를 들어, 그림 4.2에서와 같이 3개의 변형률 게이지를 각각 $x$축과 $y$축과 일치되는 방향으로 설치하고 나머지 하나를 45도 각도로 놓으면 변형률 로제트가 구성된다. 식 (4.12)에서 $\theta = 45^\circ$를 대입하면 그때의 변형률 $\epsilon_{45}$는

$$\epsilon_{45} = \frac{\epsilon_x + \epsilon_y}{2} + \frac{\gamma_{xy}}{2} \tag{4.13}$$

식 (4.13)을 정리하여 $\gamma_{xy}$에 대하여 쓰면 다음과 같다.

$$\gamma_{xy} = 2\epsilon_{45} - (\epsilon_x + \epsilon_y) \tag{4.14}$$

3개의 게이지에서 들어오는 변형률에 대한 정보는 각각 $\epsilon_x$, $\epsilon_y$, $\epsilon_{45}$가 되므로 식 (4.12)에 대입하면 전단 변형률 $\gamma_{xy}$를 구할 수 있다. 이것은 매우 유용한 방법으로서 측정하기가 어려운 전단 변형률을 간접적인 방법으로 얻을 수 있음을 알 수 있다.

예제

**4.3** 3개의 게이지가 재료 표면위에서 $x$축, $y$축, 그리고 수평으로 부터 45도 각도로 놓여져 있다. 각 게이지로 부터 들어온 변형률의 값은 $\epsilon_x = 100\mu$, $\epsilon_y = 50\mu$, $\epsilon_{45} = 150\mu$였다면 이때의 전단 변형률 $\gamma_{xy}$를 계산하시오.

해설 식 (4.14)에 변형률을 대입하여 계산하면 전단 변형률은 다음과 같다.

$\gamma_{xy} = 2\epsilon_{45} - (\epsilon_x + \epsilon_y) = 2 \times 150\mu - (100\mu + 50\mu) = 150\mu$

다양한 구성의 변형률 로제트를 사용하면 필요한 변형률을 측정하는 것이 가능하다. 가장 간단한 것은 기존의 $x$축이나 $y$축과의 일치하는 방향으로 게이지를 설치하는 것이나 현장의 여건 등에 따라서는 원하는 방향으로 설치하지 못하게 될 수도 있다. 그러한 경우에도 3개의 게이지로 구성된 로제트를 사용하여 각 방향으로의 변형률을 구할 수 있다.

$$\begin{aligned} \epsilon_a &= \epsilon_x \cos^2\theta_a + \epsilon_y \sin^2\theta_a + \gamma_{xy}\sin\theta_a\cos\theta_a \\ \epsilon_b &= \epsilon_x \cos^2\theta_b + \epsilon_y \sin^2\theta_b + \gamma_{xy}\sin\theta_b\cos\theta_b \\ \epsilon_c &= \epsilon_x \cos^2\theta_c + \epsilon_y \sin^2\theta_c + \gamma_{xy}\sin\theta_c\cos\theta_c \end{aligned} \tag{4.15}$$

세 개의 게이지로 부터 측정된 $\epsilon_a$, $\epsilon_b$, $\epsilon_c$를 식 (4.15)에 대입하면 $\epsilon_x$, $\epsilon_y$, $\gamma_{xy}$에 대한 연립 방정식이 되므로 해를 구하면 각 좌표축 방향에 대한 변형률을 계산할 수 있다.

예제

**4.4** 세 개의 변형률 게이지가 재료 표면위에서 수평으로 부터 시계 반대 방향으로 0, 45, 60도의 각도로 각각 놓여 있다. 각 게이지로 부터 측정된 변형률의 값이 $\epsilon_a = 20\mu$, $\epsilon_b = 350\mu$, $\epsilon_c = 30\mu$이었다면 이때의 변형률 $\epsilon_x$, $\epsilon_y$, $\gamma_{xy}$를 계산하시오.

**해설** 식 (4.15)에서 해당하는 각도와 측정값을 대입하면 다음과 같다.

$\epsilon_a = \epsilon_x \cos^2 0 + \epsilon_y \sin^2 0 + \gamma_{xy} \sin 0 \cos 0 = 20\mu$
$\epsilon_b = \epsilon_x \cos^2 45 + \epsilon_y \sin^2 45 + \gamma_{xy} \sin 45 \cos 45 = 350\mu$
$\epsilon_c = \epsilon_x \cos^2 60 + \epsilon_y \sin^2 60 + \gamma_{xy} \sin 60 \cos 60 = 30\mu$

연립 방정식을 풀면 변형률은 다음과 같이 얻어진다.

$\epsilon_x = 20\mu,\ \epsilon_y = -850,\ \gamma_{xy} = +1530\mu$



## 4.4 일반화된 Hooke 법칙

인장 시험에서는 힘이 가해지는 방향으로의 변형으로 인하여 다른 방향으로의 변형도 발생된다. 예를 들어, $x$축 방향으로 인장이 가해지고 있을 때의 변형률을 $\epsilon_x$라고 하면 $y$축과 $z$축 방향으로는 수축 변형이 일어나게 된다. 힘이 가해지고 있는 방향의 변형률과 그에 수직인 변형률의 비 $\nu$를 다음과 같이 정의하고 이를 프랑스 과학자 Poisson(1781-1840)의 이름을 따서 Poisson 비(Poisson's ratio)라고 한다.

$$\nu = -\frac{\epsilon_y}{\epsilon_x} = -\frac{\epsilon_z}{\epsilon_x} \tag{4.16}$$

Poisson 비는 탄성 등방성 재료에서는 -1보다 작을 수 없고 0.5보다 큰 값을 가질 수 없으며 대부분의 금속은 0.3 정도의 값을 갖는다. 만일, $x$축 방향으로의 인장 응력 $\sigma_x$가 가해지고 있다고 하면 식 (4.16)으로 부터 $y$축과 $z$축 방향으로는 수축되는 변형률의 크기는 다음과 같이 각각 계산할 수 있다.

$$\epsilon_y = -\nu\epsilon_x, \qquad \epsilon_z = -\nu\epsilon_x \tag{4.17}$$

그런데 Hooke 법칙에 의해서 $\epsilon_x = \dfrac{\sigma_x}{E}$이므로 이를 식에 각각 대입하면

$$\epsilon_y = -\nu\frac{\sigma_x}{E}, \qquad \epsilon_z = -\nu\frac{\sigma_x}{E} \tag{4.18}$$

이번에는 $y$축 방향으로 응력 $\sigma_y$가 작용한다면 각 축 방향으로의 변형률은 위에서와 유사한 방법으로 다음과 같이 표시할 수 있다.

$$\begin{aligned} \epsilon_y &= \frac{\sigma_y}{E} \\ \epsilon_x &= -\nu\epsilon_y = -\nu\frac{\sigma_y}{E} \\ \epsilon_z &= -\nu\epsilon_y = -\nu\frac{\sigma_y}{E} \end{aligned} \tag{4.19}$$

마지막으로 $z$축 방향으로 응력 $\sigma_z$가 작용한다면 각 축 방향으로의 변형률은 다음과 같이 주어진다.

$$\begin{aligned} \epsilon_z &= \frac{\sigma_z}{E} \\ \epsilon_x &= -\nu\epsilon_z = -\nu\frac{\sigma_z}{E} \\ \epsilon_y &= -\nu\epsilon_z = -\nu\frac{\sigma_z}{E} \end{aligned} \tag{4.20}$$

만일 세 축방향으로 동시에 응력 $\sigma_x$, $\sigma_y$ 그리고 $\sigma_z$가 작용하는 경우에는 위의 결과를 종합하여 각 방향에서의 변형률을 계산할 수 있다. $x$축 방향에서의 변형률 $\epsilon_x$는 식 (4.17), 식 (4.19)과 식 (4.20)으로 부터 구할 수 있고 같은 방법으로 변형률 $\epsilon_y$와 $\epsilon_z$도 다음과 같이 쓸 수 있다.

$$\begin{aligned} \epsilon_x &= \frac{1}{E}\sigma_x - \frac{\nu}{E}\sigma_y - \frac{\nu}{E}\sigma_z \\ \epsilon_y &= \frac{1}{E}\sigma_y - \frac{\nu}{E}\sigma_x - \frac{\nu}{E}\sigma_z \\ \epsilon_z &= \frac{1}{E}\sigma_z - \frac{\nu}{E}\sigma_x - \frac{\nu}{E}\sigma_y \end{aligned} \tag{4.21}$$

행렬로 나타내면

$$\begin{Bmatrix} \epsilon_x \\ \epsilon_y \\ \epsilon_z \end{Bmatrix} = \frac{1}{E}\begin{bmatrix} 1 & -\nu & -\nu \\ -\nu & 1 & -\nu \\ -\nu & -\nu & 1 \end{bmatrix}\begin{Bmatrix} \sigma_x \\ \sigma_y \\ \sigma_z \end{Bmatrix} \tag{4.22}$$

전단 변형률과 전단 응력의 관계는 다음과 같이 주어진다.

$$\begin{aligned} \gamma_{xy} &= \frac{\tau_{xy}}{G} = \frac{2(1+\nu)}{E}\tau_{xy} \\ \gamma_{yz} &= \frac{\tau_{yz}}{G} = \frac{2(1+\nu)}{E}\tau_{yz} \\ \gamma_{xz} &= \frac{\tau_{xz}}{G} = \frac{2(1+\nu)}{E}\tau_{xz} \end{aligned} \tag{4.23}$$

여기서 $G$는 전단계수(shear modulus)이며 등방성 탄성 재료의 경우에는 탄성계수와 Poisson 비의 관계식 $G=\dfrac{E}{2(1+\nu)}$로 나타낼 수 있다. 식 (4.21)을 응력을 중심으로 해서 다시 쓰면 다음과 같다.

$$\begin{aligned}\sigma_x &= \frac{E}{(1+\nu)(1-2\nu)}[(1-\nu)\epsilon_x+\nu(\epsilon_y+\epsilon_z)]\\ \sigma_y &= \frac{E}{(1+\nu)(1-2\nu)}[(1-\nu)\epsilon_y+\nu(\epsilon_z+\epsilon_x)]\\ \sigma_z &= \frac{E}{(1+\nu)(1-2\nu)}[(1-\nu)\epsilon_z+\nu(\epsilon_x+\epsilon_y)]\end{aligned} \tag{4.24}$$



식 (4.23)에서 주어진 전단응력에 대한 식은 다음과 같이 응력에 대하여 쓸 수 있다.

$$\begin{aligned}\tau_{xy} &= G\gamma_{xy} = \frac{E}{2(1+\nu)}\gamma_{xy}\\ \tau_{yz} &= G\gamma_{xy} = \frac{E}{2(1+\nu)}\gamma_{yz}\\ \tau_{xz} &= G\gamma_{xy} = \frac{E}{2(1+\nu)}\gamma_{xz}\end{aligned} \tag{4.25}$$

여기서 $G=\dfrac{E}{2(1+\nu)}$.

## 4.5 평면 응력 상태

현실에서 접하는 모든 물체는 3차원 형상이나 공학자들은 적절한 가정을 세워서 마치 2차원 물체를 다루는 것처럼 변환하는 것을 선호한다. 그 이유는 당연하게도 해석의 양이나 복잡성을 줄이고자 하는 것이다. 앞에서 제시한 3차원 물체에 대한 Hooke 법칙을 2차원 물체에 적용하기 위해서는 약간의 수정을 거쳐야 한다. 3차원에서의 3축에서 정의된 물리량 –응력이나 변형률 등– 중의 하나를 축소하는 과정을 수행한다. 2차원 해석에서는 두 가지의 상태로 나타나는데 하나는 평면 응력(plane stress) 상태이며 두 번째는 평면 변형률(plane strain) 상태이다. 평면 응력 상태에서는 한 축의 응력을 0으로 만든다. 대개는 $z$축의 응력 $\sigma_z=0$, $\tau_{xz}=\ \tau_{yz}=0$을 적용한다. 평면 응력 조건이 적용될 수 있는 경우는 상대적으로 얇은 평판을 생각할 수 있다. 두께가 얇은 경우에는 그 방향으로의 응력의 변화를 무시할 수 있다고 가정하는 것이 타당하기 때문이다.

평면 응력 조건을 식 (4.22)과 식 (4.25)에 각각 적용하면 다음과 같은 결과를 얻는다.

$$\begin{aligned}\epsilon_x &= \frac{1}{E}(\sigma_x - \nu\sigma_y)\\ \epsilon_y &= \frac{1}{E}(\sigma_y - \nu\sigma_x)\\ \epsilon_z &= -\frac{\nu}{E}(\sigma_x + \sigma_y)\\ \gamma_{xy} &= \frac{\tau_{xy}}{G}\end{aligned} \tag{4.26}$$

평면 응력 상태에서 유의해야 할 점은 $\epsilon_z \neq 0$이라는 점이다.

예제

**4.5** 측정된 변형률이 $\epsilon_x = 1000\mu$, $\epsilon_y = 500\mu$, $\gamma_{xy} = 800\mu$, 로 주어질 때 $\sigma_x$, $\sigma_y$, $\epsilon_z$를 구하시오. 단, 탄성계수 $E = 70\,GPa$와 Poisson 비 $\nu = 0.3$이다.

**해설** 평면응력 상태이므로 식 (4.26)에서 먼저 $\epsilon_x$와 $\epsilon_y$에 관한 식을 먼저 고려한다.

$$\begin{aligned}\epsilon_x &= \frac{1}{E}(\sigma_x - \nu\sigma_y) = \frac{1}{70 \times 10^9}(\sigma_x - 0.3\sigma_y) = 1000\mu\\ \epsilon_y &= \frac{1}{E}(\sigma_y - \nu\sigma_x) = \frac{1}{70 \times 10^9}(\sigma_y - 0.3\sigma_x) = 500\mu\end{aligned}$$

두 식을 연립으로 풀면 $\sigma_x = 88.4MPa$과 $\sigma_y = 61.5MPa$ 로 주어진다. 또한, 식 (4.26)에서 변형률 $\epsilon_z$는 다음과 같이 구할 수 있다.

$$\epsilon_z = -\frac{\nu}{E}(\sigma_x + \sigma_y) = -\frac{0.3}{70 \times 10^9}(88.4 + 61.5) \times 10^6 = -642\mu$$

예제

**4.6** 가로가 $b$이며 세로가 $h$인 두께가 얇은 평판이 있다. 가로 방향의 변형은 제한되어있고 하중의 작용으로 세로 방향으로 $\Delta h$만큼 늘어났다. 이때 평판에서의 응력 $\sigma_x$, $\sigma_y$와 변형률 $\epsilon_z$를 구하시오. 단, 탄성계수는 $E$, Poisson 비는 $\nu$이다.

**해설** 주어진 조건에서 가로 방향($x$ 방향)은 변형이 제한되어 있으므로 $\epsilon_x = 0$이다. 세로 방향($y$ 방향)은 $\Delta h$만큼 늘어났으므로 변형률은 $\epsilon_y = \Delta h/h$이다. 두 조건을 이용하여 평면 응력에 관한 Hooke 법칙(식 (4.26))을 적어보면 다음과 같다.

$$0 = \epsilon_x = \frac{1}{E}\sigma_x - \frac{\nu}{E}\sigma_y \tag{a}$$

$$\frac{\Delta h}{h} = \epsilon_y = -\frac{\nu}{E}\sigma_x + \frac{1}{E}\sigma_y \tag{b}$$

$$\epsilon_z = -\frac{\nu}{E}(\sigma_x + \sigma_y) \tag{c}$$

식 (a)에서

$$\sigma_x = \nu\sigma_y \tag{d}$$

식 (d)를 식 (b)에 대입하고 $\sigma_y$에 대하여 정리하면 다음과 같다.

$$\sigma_y = \frac{\Delta h E}{h(1-\nu^2)} \tag{e}$$

식 (e)의 결과를 사용하여 식 (d)에서 $\sigma_x$는 다음과 같이 주어진다.

$$\sigma_x = \frac{\nu \Delta h E}{h(1-\nu^2)} \tag{f}$$

위의 결과를 사용하여 식 (c)에서 변형률 $\epsilon_z$를 계산하면 다음과 같다.

$$\epsilon_z = -\frac{\nu \Delta h}{h(1-\nu)} \tag{g}$$



예제

**4.7** 반지름 $r$이며 두께가 $t$인 그림 4.4와 같은 구형(spherical) 압력용기의 내부에서 압력 $p$가 작용하고 있을 때 a) 반지름의 변화량 $\Delta r$ b) 두께의 변화량 $\Delta t$를 구하시오.

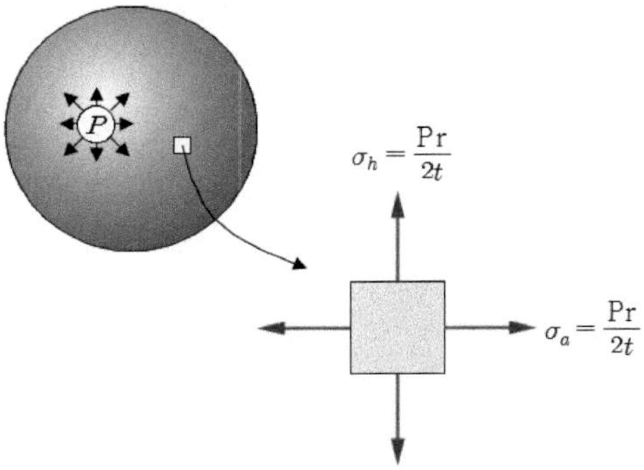


그림 4.4 구형 압력용기

해설 두께가 얇은 구형 물체에 대한 응력은 다음과 같이 주어진다. (식의 유도는 재료역학 책을 참조하기 바람)

$$\sigma_x = \frac{pr}{2t} \qquad \sigma_y = \frac{pr}{2t} \qquad \sigma_z = 0$$

전단응력의 영향을 모두 무시하면 위의 응력들은 모두 주응력이 됨을 유의한다. 구형의 표면 위에서의 각 방향의 변형률은 $\epsilon_x = \epsilon_y$임을 알 수 있으며 두께 방향을 $z$축으로 한다. 또한, 각 방향으로의 변형률을 다음과 같이 정의한다.

$$\epsilon_x = \epsilon_y = \frac{\Delta r}{r} \qquad \epsilon_z = \frac{\Delta t}{t}$$

식 (4.26)에서

$$\epsilon_x = \frac{1}{E}(\sigma_x - \nu\sigma_y) = \frac{1}{E}\left(\frac{pr}{2t} - \nu\frac{pr}{2t}\right) = \frac{pr(1-\nu)}{2Et} = \frac{\Delta r}{r}$$

따라서

$$\Delta r = \frac{pr^2(1-\nu)}{2Et}$$

한편, 두께 변화량 $\Delta t$를 구하기 위해서 식 (4.26)에서 $\epsilon_z$를 계산하면 다음과 같다.

$$\epsilon_z = -\frac{\nu}{E}(\sigma_x + \sigma_y) = -\frac{\nu}{E}(\frac{pr}{2t} + \frac{pr}{2t}) = -\frac{\nu pr}{Et} = \frac{\Delta t}{t}$$

위의 식에서 두께의 변화량은 다음과 같다.

$$\Delta t = -\frac{\nu pr}{E}$$

## 4.6 평면 변형률 상태

두 번째의 2차원 가정은 평면 변형률 상태이다. 이 경우는 변형률에 대한 조건을 적용하는 것인데 한 방향으로의 변형에 제한을 걸어서 변화가 없다고 가정한다. 평면 변형률 조건 $\epsilon_z = 0$, $\gamma_{zx} = \gamma_{zy} = 0$을 식 (4.24)에 적용하면 다음과 같다.

$$\begin{aligned} \sigma_x &= \frac{E}{(1+\nu)(1-2\nu)}[(1-\nu)\epsilon_x + \nu\epsilon_y] \\ \sigma_y &= \frac{E}{(1+\nu)(1-2\nu)}[\nu\epsilon_x + (1-\nu)\epsilon_y] \\ \sigma_z &= \frac{\nu E}{(1+\nu)(1-2\nu)}(\epsilon_x + \epsilon_y) \\ \tau_{xy} &= G\gamma_{xy} \end{aligned} \tag{4.27}$$

평면 변형률 조건에서는 식 (4.27)에서 볼 수 있듯이 $z$축 방향의 응력 $\sigma_z \neq 0$이라는 점을 유의해야 한다.

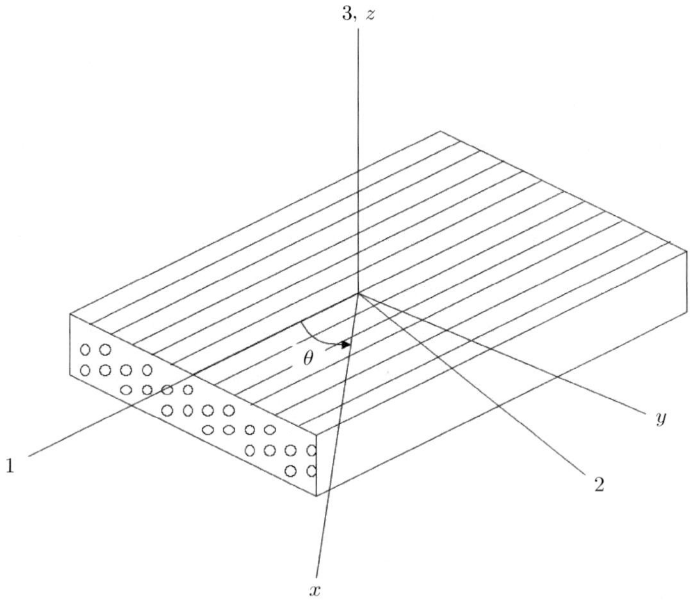


그림 4.5 직교 이방성 재료(섬유 강화 복합재료)



## 4.7 직교 이방성 재료

앞에서 다루었던 재료의 역학적 성질은 좌표축의 방향과 무관한 성질을 가지는 등방성(isotropic) 재료이다. 예를 들어, 커다란 사각형의 평판으로 부터 직사각형의 샘플을 잘라내는 경우를 생각해보자. 직사각형의 샘플을 잘라내는 방법은 무한히 많으며 평판 모서리와의 각도를 여러 값으로 하여 잘라내어 다수의 시편을 만들고 각각 인장시험을 한다면 어떤 경우라도 동일한 시험 결과를 얻을 수 있다고 예측할 수 있다. 이러한 성질을 등방성이라고 하며 거시적으로 볼 때 대부분의 재료는 등방성 재료라고 볼 수 있다. 반면에 방향에 따라서 역학적 특성이 크게 달라지는 재료도 있으며 수직되는 방향에서의 성질이 다른 재료를 직교이방성(orthotropic) 재료라고 한다. 대표적인 직교 이방성 재료로는 목재를 들 수 있으며 나무결에 따라서 역학적 성질이 다름은 명확하다. 한편, 인공적으로 직교 이방성의 성질을 보이는 재료를 만들 수도 있는데 섬유(fiber)와 모재(matrix)를 결합하여 만드는 섬유강화 복합재료(fiber-reinforced composite materials)를 들 수 있다. 이번 절에서는 그림 (4.5)에서 보는 바와 같이 역학적 특성이 재료의 물성축과 일치하는 방향을 1 방향으로 하고 직교하는 방향을 2로 하는 좌표축을 설정하여 설명하기로 한다. 1번과 2번 축이 만드는 평면에 수직이며 평면을 벗어나는 축은 3번 축으로 명명한다.

1번 축 방향으로 $\sigma_1 = \sigma$의 하중을 적용하면 응력과 변형률, Poisson 비는 각각 다음과 같은 식으로 정리할 수 있다.

$$\begin{aligned} \sigma_1 &= \sigma \qquad \sigma_2 = \sigma_3 = 0 \\ \epsilon_1 &= \frac{\sigma_1}{E_1} \\ \nu_{12} &= -\frac{\epsilon_2}{\epsilon_1} \end{aligned} \tag{4.28}$$

여기서 각각 $E_1$은 1축 방향, $E_2$는 2축 방향의 탄성계수이며 $\nu_{12}$는 1번 축에서 하중이 작용할 때 2번 축 방향으로의 Poisson 비이다. 같은 방식으로 이번에는 2번 축에 $\sigma_2 = \sigma$의 하중을 걸면

$$\begin{aligned} \sigma_2 &= \sigma \qquad \sigma_1 = \sigma_3 = 0 \\ \epsilon_2 &= \frac{\sigma_2}{E_2} \\ \nu_{21} &= -\frac{\epsilon_1}{\epsilon_2} \end{aligned} \tag{4.29}$$

한편, 재료에 전단응력 $\tau_{12}$를 적용하면 이때의 전단변형률 $\gamma_{12}$는 다음과 같이 주어진다.

$$\gamma_{12} = \frac{\tau_{12}}{G_{12}} \tag{4.30}$$

여기서 $G_{12}$는 1-2 평면에서의 전단계수이다. 최종적으로 직교 이방성 재료에 대한 Hooke 법칙은 다음과 같이 쓸 수 있다.

$$\begin{aligned} \epsilon_1 &= \frac{\sigma_1}{E_1} - \nu_{21}\frac{\sigma_2}{E_2} \\ \epsilon_2 &= \frac{\sigma_2}{E_2} - \nu_{12}\frac{\sigma_1}{E_1} \\ \gamma_{12} &= \frac{\tau_{12}}{G_{12}} \end{aligned} \tag{4.31}$$

또는 응력에 대한 식으로 표시하면 다음과 같다.

$$\begin{aligned} \sigma_1 &= \frac{E_1}{1-\nu_{12}\nu_{21}}(\epsilon_1 + \nu_{21}\epsilon_2) \\ \sigma_2 &= \frac{E_1}{1-\nu_{12}\nu_{21}}(\epsilon_2 + \nu_{12}\epsilon_1) \\ \tau_{12} &= G_{12}\gamma_{12} \end{aligned} \tag{4.32}$$

**표 4.1** 일반적인 복합재료의 강성도 자료[29]

| 재료 | $E_1$ (GPa) | $E_2$ (GPa) | $\nu_{12}$ | $G_{12}$ (GPa) |
|---|---|---|---|---|
| Carbon/epoxy AS4/3501-6 | 131 | 11.2 | 0.28 | 6.55 |
| Carbon/epoxy AS4/3501-6 | 153 | 11.2 | 0.33 | 7.1 |
| Boron/epoxy | 204 | 18.5 | 0.23 | 5.59 |
| Kevlar 49/epoxy | 76 | 5.5 | 0.34 | 2.3 |
| E-glass/epoxy | 38.6 | 8.27 | 0.26 | 4.14 |

직교 이방성 재료에서의 Poisson 비와 강성도에 대한 관계식은 다음과 같이 주어진다.

$$\frac{\nu_{12}}{E_1} = \frac{\nu_{21}}{E_2} \tag{4.33}$$

### 섬유강화 복합재료

섬유강화 복합재료(fiber-reinforced composite materials)는 섬유(fiber)와 모재(matrix)를 결합하여 만들어지며 섬유의 성분과 형태 그리고 방향에 따라서 다른 특성을 보이는 직교 이방성 재료로 간주될 수 있다. 섬유의 종류가 탄소섬유(carbon fiber)이며 모재의 재료가 epoxy로 구성되어 있을 때 carbon/epoxy와 같이 표시한다. 널리 사용되는 섬유와 모재의 구성에는 carbon /epoxy ASA /3501-6, carbon /epoxy T300 /5208, Boron /epoxy, Kevlar 49 /epoxy, E-glass /epoxy 등이 있으며 강성도 자료가 표 4.1에 나타나있다.

예제

**4.8** Kevlar 49/epoxy 복합재료에 섬유 길이 방향(1방향)으로 $\sigma_1 = 100MPa$ 수직되는 2방향으로 $\sigma_2 = -20MPa$의 응력이 작용하고 있을 때 각 방향에서의 변형률 $\epsilon_1$과 $\epsilon_2$를 계산하시오.

해설 표 4.1에서 재료의 물성값을 취하여 식 (4.31)에 대입하여 계산한다. 계산에 필요한 $\nu_{21}$은 식 (4.33)에서 다음과 같이 구한다.

$$\nu_{21} = \frac{\nu_{12}}{E_1}E_2 = \frac{0.34}{76} \times 5.5 = 0.024$$

$$\epsilon_1 = \frac{\sigma_1}{E_1} - \nu_{21}\frac{\sigma_2}{E_2} = \frac{100 \times 10^6}{76 \times 10^9} - 0.024\frac{-20 \times 10^6}{5.5 \times 10^9} = 1403\mu$$
$$\epsilon_2 = \frac{\sigma_2}{E_2} - \nu_{12}\frac{\sigma_1}{E_1} = \frac{-20 \times 10^6}{5.5 \times 10^9} - 0.34\frac{100 \times 10^6}{76 \times 10^9} = -4083\mu$$

## 4.8 변형률 에너지

열역학 법칙에 의하면 에너지는 생성되거나 소멸되지 않고 단지 다른 형태의 에너지로 변환된다. 외부 하중에 의하여 재료에 가해진 일(work)은 재료의 변형을 일으키며 재료 내부에서 변형률 에너지(strain energy)의 형태로 저장된다. 여기서 어떤 형태의 에너지 손실은 없다고 가정한다. 변형률 에너지는 하중이 제거되고 구속 조건이 없어질 때 원래의 형태로 재료를 회복시키게 된다. 단면적 $A$, 길이 $L$인 봉에 하중 $P$가 천천히 가해지고 있다고 가정하면 변형을 일으키는 데 사용되는 일 $W$는 다음과 같이 정의할 수 있다.

$$W = \int_0^{\Delta} P dx \tag{4.34}$$

여기서 $\Delta$는 봉의 늘어난 길이이다. 외부 하중에 의한 일이 모두 변형에 쓰였다고 가정하면 변형률 에너지 $U_e$는 다음과 같이 정의된다.

$$W = U_e = V \int_0^{\epsilon} \sigma d\epsilon \tag{4.35}$$

여기서 봉의 체적 $V = AL$, $\sigma$는 응력이며 $\epsilon$은 변형률이다. 봉의 재료가 선형 탄성의 성질을 가진다고 가정하면 Hooke 법칙에 의하여 $\sigma = E\epsilon$이며 $E$는 탄성계수이므로 식 (4.35)은 다음과 같이 쓸 수 있다.

$$U_e = V \int_0^{\sigma} \frac{\sigma}{E} d\sigma = V\left(\frac{\sigma^2}{2E}\right) \tag{4.36}$$

일반적으로 변형률 에너지 $U_e$를 체적으로 나눈 단위 체적당의 변형률 에너지 또는 변형률 에너지 밀도(strain energy density) $u_e$를 많이 사용한다.

$$u_e = \frac{U_e}{V} = \frac{\sigma^2}{2E} \tag{4.37}$$

단위 체적당의 변형률 에너지는 $J/m^3$ 또는 $lb \cdot in/in^3$의 단위를 갖는다. 한편, 전단응력 $\tau$가 작용하는 경우의 변형률 에너지 밀도는 다음과 같이 정의된다.

$$u_e = \int_0^{\gamma} \tau d\gamma \tag{4.38}$$



선형 탄성 재료에 대해서는 $\tau = G\gamma$가 성립되므로 전단응력에 의한 변형률 에너지 밀도는 다음과 같이 주어진다.

$$u_e = \int_0^{\tau} \frac{\tau}{G} d\tau = \frac{\tau^2}{2G} \tag{4.39}$$

전체 체적에 대한 변형률 에너지는 변형률 에너지 밀도를 체적으로 다음과 같이 적분함으로 얻어질 수 있다.

$$U_e = \int_V u_e dV = \int_V \frac{\sigma^2}{2E} dV \tag{4.40}$$

전단응력에 의한 변형률 에너지도 마찬가지로 다음과 같이 계산된다.

$$U_e = \int_V \frac{\tau^2}{2G} dV \tag{4.41}$$

재료가 항복점에 이르기 전까지 받아들일 수 있는 에너지 밀도를 다음과 같이 정의하고 이를 레질리언스 계수(modulus of resilience)라고 한다.

$$u_{res} = \int_0^{\sigma_Y} \sigma d\epsilon = \frac{\sigma_Y^2}{2E} \tag{4.42}$$

재료가 파손되는 지점까지의 응력-변형률 선도에 대한 면적을 인성계수라고 하며 다음과 같이 정의한다.

$$u_{togh} = \int_0^{\sigma_r} \sigma d\epsilon \tag{4.43}$$

## 4.9 다양한 하중 하에서의 변형률 에너지

앞에서는 봉에서의 하중에 의한 변형률 에너지를 위주로 설명하였다. 이번에는 다양한 하중 – 축하중, 비틀림, 굽힘 모멘트 등이 작용하는 경우의 변형률 에너지를 계산하는 방법을 알아보기로 한다.

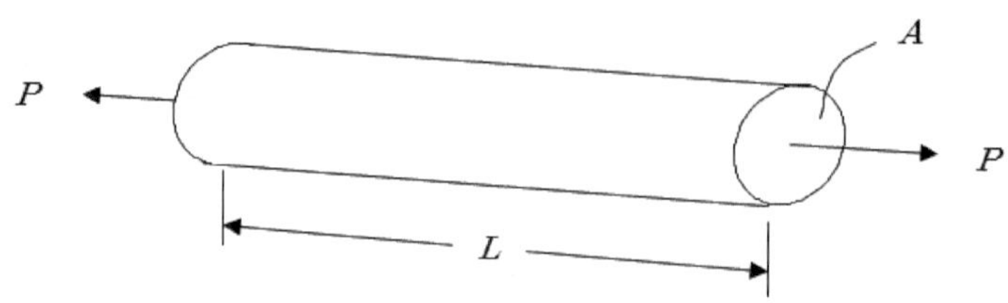


**그림 4.6** 축하중과 원형 단면 봉

### 축하중에 의한 변형률 에너지

그림 4.6에서 보듯이 길이가 $L$, 단면적이 $A$인 봉에 하중 $P$가 작용하고 있는 경우의 변형률 에너지는 식 (4.40)으로 부터 다음과 같이 계산될 수 있다.

$$U_e = \int_V \frac{\sigma_x^2}{2E}\, dV = \int_0^L \frac{1}{2E}\left(\frac{P}{A}\right)^2 A dx = \int_0^L \frac{P^2}{2AE} dx \tag{4.44}$$

여기서 $\sigma_x = P/A$이며 $dV = Adx$이다. 그러므로 축하중에 의한 변형률 에너지는 다음과 같이 주어진다.

$$U_e = \frac{P^2 L}{2AE} \tag{4.45}$$

**예제**

**4.9** 길이가 $2L$이며 균일한 단면적을 가지는 봉에 축하중 $3P$가 작용하고 있을 때의 변형률 에너지를 계산하시오. 단, 탄성계수는 $E$이다.

**해설** 변형률 에너지는 식 (4.44)으로 부터 다음과 같이 주어진다.

$$U_e = \int_0^{2L} \frac{(3P)^2}{2AE} dx = \frac{9P^2 L}{AE}$$

### 비틀림에 의한 변형률 에너지

그림 4.7에서 보는 바와 같이 반지름 $r$이며 길이 $L$인 균일한 단면적을 가지는 봉에 비틀림 하중 $T$가 작용하고 있을 때의 변형률 에너지는 식 (4.41)으로 부터

$$U_e = \int_V \frac{\tau^2}{2G} dV = \int_V \frac{1}{2G} \left( \frac{T\rho}{J} \right)^2 dV \tag{4.46}$$

여기서 $\tau = T\rho / J$이며 $\rho$는 봉의 중심으로 부터의 반지름 방향으로의 거리이다.

$$U_e = \int_0^L \frac{T^2}{2GJ^2} \left( \int_A \rho^2 dA \right) dx \tag{4.47}$$

여기서 괄호안의 적분은 면적에 대한 극 모멘트 $J$이므로 식 (4.47)은 다음과 같이 쓸 수 있다.

$$U_e = \int_0^L \frac{T^2}{2GJ} dx \tag{4.48}$$

예제

**4.10** 길이가 $3L$이며 균일한 단면적을 가지는 봉에 비틀림 하중 $2T$가 작용하고 있을 때의 변형률 에너지를 계산하시오. 단, 전단계수는 $G$이며 면적에 대한 극 모멘트는 $J$이다.

해설 변형률 에너지는 식 (4.48)으로 부터 다음과 같이 계산할 수 있다.

$$U_e = \int_0^{3L} \frac{(2T)^2}{2GJ} dx = \frac{6T^2 L}{GJ}$$

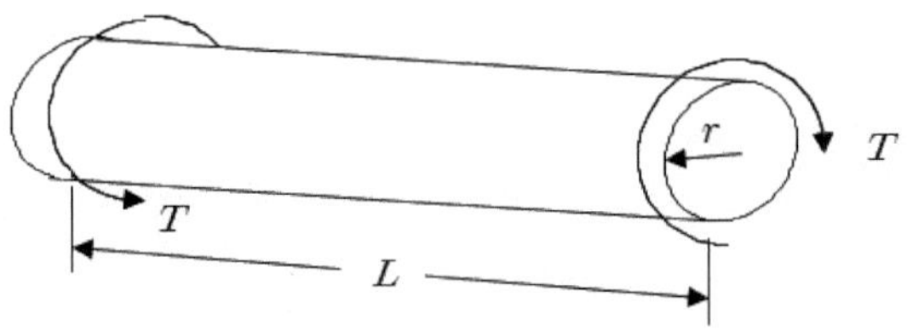


**그림 4.7** 비틀림이 작용하는 축

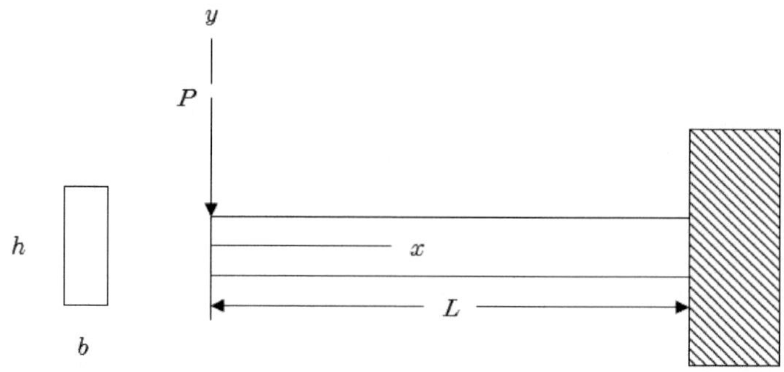


그림 4.8 외팔보에서의 하중

### 굽힘 모멘트에 의한 변형률 에너지

그림 4.8에서와 같이 길이 $L$이며 균일한 단면적 $A$를 가지는 보에 굽힘 모멘트 $M$이 작용하고 있을 때의 변형률 에너지는 식 (4.40)으로부터

$$U_e = \int_V \frac{\sigma_x^2}{2E} dV = \int_V \frac{1}{2E} \left( \frac{My}{I} \right)^2 dV \tag{4.49}$$

여기서 $\sigma_x = -My/I$이며 $y$는 보의 중립축으로 부터의 거리이다.

$$U_e = \int_0^L \frac{M^2}{2EI^2} \left( \int_A y^2 dA \right) dx \tag{4.50}$$

여기서 괄호안의 적분은 면적에 대한 단면 2차 모멘트 $I$ 이므로 식 (4.50)은 다음과 같이 쓸 수 있다.

$$U_e = \int_0^L \frac{M^2}{2EI} dx \tag{4.51}$$

예제

**4.11** 길이가 $L$이며 균일한 단면적을 가지는 외팔보(cantilever beam)의 자유단에서 하중 $P$가 작용하고 있을 때의 변형률 에너지를 계산하시오. 단, 탄성계수는 $E$, 면적에 대한 2차모멘트는 $I$이다.

해설 외팔보의 끝에서 작용하는 하중 $P$에 의한 굽힘 모멘트는 $M = -Px$ 이므로 변형률 에너지는 식 (4.51)으로 부터 다음과 같이 주어진다.

$$U_e = \int_0^L \frac{(-Px)^2}{2EI} dx = \frac{P^2 L^3}{6EI}$$

### 일반화된 변형률 에너지

앞에서는 하나의 축에서 작용하는 단축응력에 의한 변형률 에너지 계산에 대하여 알아보았다. 재료 내부의 임의의 점에서의 일반적인 응력상태는 3차원 응력 성분을 모두 포함하고 있다. 선형 탄성재료에서는 단위 체적당의 변형률 에너지를 다음과 같이 정의한다.

$$u_e = \frac{1}{2}(\sigma_x\epsilon_x + \sigma_y\epsilon_y + \sigma_z\epsilon_z + \tau_{xy}\gamma_{xy} + \tau_{yz}\gamma_{yz} + \tau_{zx}\gamma_{zx}) \tag{4.52}$$



## 4.10 변형률 변환의 중요성

이번 장에서 다루었던 변형률 변환에 대한 내용이 실제로 제품의 설계에 어떻게 사용될 수 있을지에 대한 의문을 가질 수도 있을 것이다. 그러나 변환 그 자체가 중요하다기 보다는 응용되는 방식이 더 중요하다고도 볼 수 있다. 변형률의 변환은 변형률과 응력과의 관계를 규명하는데 있어서 수행되어야 하는 과정의 일부이다. 부품이나 구조물에 대한 상태를 파악하기 위해서는 먼저 정확한 변형률의 측정이 있어야 하므로 앞에서 상세하게 다루었던 스트레인 게이지에 의한 변형률의 측정은 매우 중요한 의미를 갖는다. 그 이유는 부품이나 기계를 설계할 때 그 내부에서 작용하고 있는 응력의 상황을 직접적으로 알 수 있는 방법이 없기 때문이다. 부품 내부의 응력을 정확하게 알지 못하면 신뢰성 있는 설계를 했다고 볼 수 없다. 그러므로 관심을 가지고 보아야 하는 부분의 응력 상태는 새로운 제품 설계나 기존 제품을 보완하기 전에 반드시 알아야 하는 중요한 정보이다. 이를 위해서는 변형률 측정이 반드시 필요하다.

예를 들어 수영장에서 다이빙 보드(diving board)를 설계하는 경우를 생각해보자. 기본적인 재료역학을 학습한 독자로서 가장 우려가 되는 부분은 다이빙 보드의 지지대 부분일 것이다. 실제로 다양한 무게와 동작을 하는 사람들이 발생시키는 복잡한 응력 형태에 대하여 다이빙 보드는 모든 과정을 잘 감당하고 파손되지 않아야 한다. 그러나 실제로 사용되는 다이빙 보드에서 발생하는 응력을 측정할 방법은 없으므로, 스트레인 게이지를 지지대 부분에 설치하여 변형률을 측정하고 그것을 이용하여 응력을 환산하는 간접적인 방법을 쓰는 수밖에 없다.

변형률 측정을 이용한 응력의 결정 과정을 간략하게 정리하면 다음과 같다.

1) 원하는 지점에 부착한 스트레인 게이지로 부터 변형률 $\epsilon_a, \epsilon_b, \epsilon_c$를 얻는다.

2) 변형률 변환 방정식 (4.15)을 사용하여 측정된 변형률을 사용하여 좌표에 연관된 변형

률 $\epsilon_x, \epsilon_y, \gamma_{xy}$를 결정한다.

3) 변형률–응력 관계식인 Hooke 법칙(4.26)을 사용하여 해당하는 응력 $\sigma_x, \sigma_y, \tau_{xy}$등을 구한다.

4) 필요에 따라 주응력 $\sigma_1, \sigma_2$와 최대 전단응력 $\tau_{\max}$를 계산하여 보완 및 개선에 사용한다.

## 4.11 주요 방정식 모음

4장에서 사용되는 주요 법칙과 방정식은 다음과 같다.

• 평면 응력 상태에서의 응력–변형률 관계식(Hooke 법칙)

$$\begin{aligned} \epsilon_x &= \frac{1}{E}(\sigma_x - \nu\sigma_y) \\ \epsilon_y &= \frac{1}{E}(\sigma_y - \nu\sigma_x) \\ \epsilon_z &= -\frac{\nu}{E}(\sigma_x + \sigma_y) \\ \gamma_{xy} &= \frac{\tau_{xy}}{G} \end{aligned} \tag{4.26}$$

• 평면 변형률 상태에서의 응력–변형률 관계식(Hooke 법칙)

$$\begin{aligned} \sigma_x &= \frac{E}{(1+\nu)(1-2\nu)}\left[(1-\nu)\epsilon_x + \nu\epsilon_y\right] \\ \sigma_y &= \frac{E}{(1+\nu)(1-2\nu)}\left[\nu\epsilon_x + (1-\nu)\epsilon_y\right] \\ \sigma_z &= \frac{\nu E}{(1+\nu)(1-2\nu)}(\epsilon_x + \epsilon_y) \\ \tau_{xy} &= G\gamma_{xy} \end{aligned} \tag{4.27}$$

• 축하중에 의한 변형률 에너지

$$\int_0^L \frac{P^2}{2AE}dx \tag{4.44}$$

• 비틀림에 의한 변형률 에너지

$$U_e = \int_0^L \frac{T^2}{2GJ} dx \tag{4.48}$$

• 굽힘 모멘트에 의한 변형률 에너지

$$U_e = \int_0^L \frac{M^2}{2EI} dx \tag{4.51}$$

# 연습문제

**4.1** $\epsilon_x = 100\mu$, $\epsilon_y = 50\mu$, $\gamma_{xy} = 20\mu$일 때의 시계 방향으로 45도 회전된 평면에서의 변형률 $\epsilon_{x'}$, $\epsilon_{y'}$, $\gamma_{x'y'}$를 계산하시오.

**4.2** $\epsilon_x = 60\mu$, $\epsilon_y = 150\mu$, $\gamma_{xy} = -5\mu$일 때의 시계 방향으로 60도 회전된 평면에서의 변형률 $\epsilon_{x'}$, $\epsilon_{y'}$, $\gamma_{x'y'}$를 계산하시오.

**4.3** $\epsilon_x = -40\mu$, $\epsilon_y = 200\mu$, $\gamma_{xy} = 10\mu$일 때의 시계 방향으로 30도 회전된 평면에서의 변형률 $\epsilon_{x'}$, $\epsilon_{y'}$, $\gamma_{x'y'}$를 계산하시오.

**4.4** $\epsilon_x = 100\mu$, $\epsilon_y = 200\mu$, $\gamma_{xy} = -10\mu$일 때의 주변형률 $\epsilon_1$, $\epsilon_2$와 최대 전단 변형률 $\gamma_{\max}$를 계산하시오.

**4.5** $\epsilon_x = 30\mu$, $\epsilon_y = 120\mu$, $\gamma_{xy} = 15\mu$일 때의 주변형률 $\epsilon_1$, $\epsilon_2$와 최대 전단 변형률 $\gamma_{\max}$를 계산하시오.

**4.6** $\epsilon_x = -200\mu$, $\epsilon_y = 40\mu$, $\gamma_{xy} = 7\mu$일 때의 주변형률 $\epsilon_1$, $\epsilon_2$와 최대 전단 변형률 $\gamma_{\max}$를 계산하시오.

**4.7** 3개의 게이지가 재료 표면위에서 수평으로 부터 시계 반대 방향으로 45, 90, 135도의 각도로 각각 놓여져 있다. 각 게이지로 부터 측정된 변형률의 값이 $\epsilon_a = 500\mu$, $\epsilon_b = 350\mu$, $\epsilon_c = 200\mu$였다면 a) 변형률 $\epsilon_x, \epsilon_y, \gamma_{xy}$ b) $\sigma_x, \sigma_y, \tau_{xy}$를 계산하시오.

**4.8** 3개의 게이지가 재료 표면위에서 수평으로 부터 시계 반대 방향으로 30, 60, 90도의 각도로 각각 놓여져 있다. 각 게이지로 부터 측정된 변형률의 값이 $\epsilon_a = 1200\mu$, $\epsilon_b = 700\mu$, $\epsilon_c = 50\mu$였다면 a) 변형률 $\epsilon_x, \epsilon_y, \gamma_{xy}$ b) $\sigma_x, \sigma_y, \tau_{xy}$를 계산하시오.

**4.9** 3개의 게이지가 재료 표면위에서 수평으로 부터 시계 반대 방향으로 45, 90, 135도의 각도로 각각 놓여져 있다. 각 게이지로 부터 측정된 변형률의 값이 $\epsilon_a = 200\mu$, $\epsilon_b = 350\mu$, $\epsilon_c = 200\mu$였다면 a) 변형률 $\epsilon_x, \epsilon_y, \gamma_{xy}$ b) $\sigma_x, \sigma_y, \tau_{xy}$를 계산하시오.

**4.10** 3개의 게이지가 재료 표면위에서 수평으로 부터 시계 반대 방향으로 30, 60, 135도의 각도로 각각 놓여져 있다. 각 게이지로 부터 측정된 변형률의 값이 $\epsilon_a = 2000\mu$, $\epsilon_b = 1400\mu$, $\epsilon_c = 370\mu$였다면 a) 변형률 $\epsilon_x, \epsilon_y, \gamma_{xy}$ b) $\sigma_x, \sigma_y, \tau_{xy}$를 계산하시오.

**4.11** 평면 응력 상태에서 변형률의 측정값이 $\epsilon_x = 100\mu$, $\epsilon_y = 50\mu$, $\gamma_{xy} = 150\mu$와 같이 주어졌을 때 응력 성분 $\sigma_x, \sigma_y, \tau_{xy}, \epsilon_z$를 계산하시오. 단, 탄성계수 $E = 200\,GPa$, Poisson 비 $\nu = 0.3$이다.

**4.12** 평면 응력 상태에서 변형률의 측정값이 $\epsilon_x = 1000\mu$, $\epsilon_y = 500\mu$, $\gamma_{xy} = 10\mu$와 같이 주어졌을 때 응력 성분 $\sigma_x, \sigma_y, \tau_{xy}, \epsilon_z$를 계산하시오. 단, 탄성계수 $E = 70\,GPa$, Poisson 비 $\nu = 0.3$이다.

**4.13** 평면 응력 상태에 있는 얇은 평판에 $\sigma_x = 100MPa$과 $\sigma_y = 50MPa$의 2축 하중이 작용하고 있다. 하중이 작용하고 있는 축 방향으로의 변형률 $\epsilon_x$와 $\epsilon_y$를 계산하시오. 단, $E = 100\,GPa, \nu = 0.3$이다.

**4.14** 평면 응력 상태에 있는 얇은 평판에 $\sigma_x = 500MPa$과 $\sigma_y = -250MPa$의 2축 하중이 작용하고 있다. 하중이 작용하고 있는 축 방향으로의 변형률 $\epsilon_x$와 $\epsilon_y$를 계산하시오. 단, $E = 50\,GPa, \nu = 0.3$이다.

**4.15** 평면 응력에 대한 Hooke 법칙인 식 (4.26)를 응력항으로 표시하면 다음과 같음을 보이시오.

$$\begin{aligned} \sigma_x &= \frac{E}{1-\nu^2}(\epsilon_x + \nu\epsilon_y) \\ \sigma_y &= \frac{E}{1-\nu^2}(\epsilon_y + \nu\epsilon_x) \\ \tau_{xy} &= G\gamma_{xy} \end{aligned} \tag{4.53}$$

**4.16** 평면 변형률에 대한 Hooke 법칙인 식 (4.27)를 변형률의 항으로 다시 쓰면 다음과 같음을 보이시오.

$$\begin{aligned} \epsilon_x &= \frac{1}{E}\left[(1-\nu^2)\sigma_x - \nu(1+\nu)\sigma_y\right] \\ \epsilon_y &= \frac{1}{E}\left[(1-\nu^2)\sigma_y - \nu(1+\nu)\sigma_x\right] \\ \gamma_{xy} &= \frac{\tau_{xy}}{G} \end{aligned} \tag{4.54}$$

**4.17** 금속으로 만들어진 정사각형의 입방체가 $x$와 $y$축으로의 변형은 제한되고 z축으로부터 압축응력 $\sigma_z = -\sigma_0$를 받고 있을 때 a) $\sigma_x, \sigma_y$ b) $\epsilon_z$를 계산하시오. 단, 탄성계수는 $E$ Poisson 비는 $\nu$이며 전단변형은 무시한다.

**4.18** 반지름 $r$이며 두께가 t, 길이가 L인 원통형 압력용기의 내부에서 압력 p가 작용하고 있을 때 a) 반지름의 변화량 $\Delta r$ b) 두께의 변화량 $\Delta t$ c) 길이의 변화량 $\Delta L$을 각각 구하시오. 단, 탄성계수 $E$, Poisson 비 $\nu$이다.

**4.19** 길이가 L, 단면적이 A인 봉과 길이가 3L, 단면적이 2A인 봉을 용접하여 하나의 봉으로 만들고 인장 하중 P를 가하고 있을 때의 변형률 에너지 $U_e$를 계산하시오. 단, 탄성계수는 E이다.

**4.20** 길이가 L 반지름 r인 봉과 길이가 2L, 반지름 2r인 봉을 용접하여 하나의 봉으로 만들고 토크 T를 가하고 있을 때의 변형률 에너지 $U_e$를 계산하시오. 단, 전단계수는 G이다.

**4.21** 단면의 너비가 a, 높이가 a이며 길이가 L인 외팔보의 끝에서 집중 하중 P가 작용하고 있을 때의 변형률 에너지 $U_e$를 구하시오. 단, 탄성계수는 E이며 단면에 대한 2차 모멘트는 I이다.

**4.22** Carbon/epoxy 복합재료에 섬유 길이 방향(1방향)으로 $\sigma_1 = 500MPa$, 수직되는 2방향으로 $\sigma_2 = -200MPa$의 응력이 작용하고 있을 때 각 방향에서의 변형률 $\epsilon_1$과 $\epsilon_2$를 계산하시오.

**4.23** E-glass/epoxy 복합재료에 섬유 길이 방향(1방향)으로 $\sigma_1 = 370MPa$, 수직되는 2방향으로 $\sigma_2 = 100MPa$의 응력이 작용하고 있을 때 각 방향에서의 변형률 $\epsilon_1$과 $\epsilon_2$를 계산하시오.

**4.24** Boron/epoxy 복합재료에 섬유 길이 방향(1방향)으로 $\sigma_1 = 200MPa$, 수직되는 2방향으로 $\sigma_2 = 100MPa$의 응력이 작용하고 있을 때 각 방향에서의 변형률 $\epsilon_1$과 $\epsilon_2$를 계산하시오.

**4.25** 식 (4.52)를 사용하여 주응력으로 표시한 체적당의 변형률 에너지가 다음과 같음을 보이시오. 여기서 $\sigma_1$, $\sigma_2$, $\sigma_3$는 주응력이며 $\nu$는 Poisson 비이다.

$$u_e = \frac{1}{2E}[\sigma_1^2 + \sigma_2^2 + \sigma_3^2 - 2\nu(\sigma_1\sigma_2 + \sigma_2\sigma_3 + \sigma_3\sigma_1)]$$

**4.26** 식 (4.52)를 사용하여 평면 응력 상태에서 체적당의 변형률 에너지 $u_e$를 계산하시오.

**4.27** 식 (4.52)를 사용하여 평면 변형률 상태에서 체적당의 변형률 에너지 $u_e$를 계산하시오.

# 제 5 장 비탄성 재료의 거동

## 5.1 비탄성 거동

재료의 비탄성(inelastic) 거동의 대표적인 형태는 탄성 영역을 벗어나 소성영역으로 들어갈 때 발생되는데 탄성 거동과는 달리 응력과 변형률은 선형적인 비례 관계를 갖지 않는다. 비탄성 거동의 대표적인 사례는 소성 거동이며 탄성 변형에 비하여 변형도 크고 변형의 물리적 기구도 대단히 복잡한 양상을 보이게 된다. 비탄성 거동은 대부분의 재료에서 비선형 성을 보이게 되며 탄성 거동과 달리 단순한 형태의 방정식으로 거동을 대표하기는 어렵게 된다. 또한 시간에 따른 변형이나 응력의 변화도 발생하게 되는데 이를 점탄성(viscoelastic) 거동이라고 한다. 재료의 항복강도이상으로 하중이 가해질 때 소성변형이 발생하게 되는 데, 하중이 제거되면 곧바로 원래의 형상으로 되돌아가게 되는 탄성변형과 달리 소성변형은 영구적인 변형으로 재료에 남아있게 된다. 항복강도는 재료에서의 항복의 발생여부를 판단할 때 사용될 수 있으며, 재료가 가지고 있는 물성 값이다. 에너지 측면에서 본다면 탄성변형은 가역과정(reversible process)으로서 변형률 에너지로 저장되었던 에너지가 하중이 제거되는 순간 손실없이 그대로 방출된다. 반면에 소성변형은 비가역과정(irreversible process)으로서 하중이 제거되어도 원래의 상태로 돌아가지 못하며 완벽한 환원을 위해서는 영구적인 변형을 원래의 상태로 되돌리기 위한 추가적인 에너지가 필요하게 된다.

소성이론에서는 소성변형을 설명하기 위하여 다양한 수준에서의 역학적인 기구가 제시되고 있는데 미시적인 관점에서 본다면 변형은 전위(dislocation)의 이동으로 설명하고 있다. 여기서 전위는 분자의 움직임을 의미하는데, 탄성변형 시에는 재료를 구성하고 있는 분자들이 그 간격을 넓히거나 줄이는 정도로만 움직이며 원래의 위치를 완전히 바꿀 만큼은 이동하지 않는다. 그러나 소성변형시에는 분자들이 원래의 위치를 벗어나 다른 위치로 이동하게 된다. 소성변형에서의 분자들의 이동은 실제로는 재료의 결정구조, 재료 내부의 공공(void)의 정도, 결함(defect), 온도 등 수많은 요소에 의해서 결정되는 복잡한 과정이다.

소성변형에 대하여 관심을 가지게 되는 이유는 크게 두 가지로 나누어 질 수 있다. 첫 번째는 상대적으로 작은 소성변형을 고려하는 경우로서 기계나 구조물 등에서 의도하지 않은 소성변형이 설계값 이상으로 증대되지 않게 하는 것이다. 만일 예상하였던 값보다 더 큰 소성변형이 발생하게 된다면 이는 재료의 파손(failure)을 의미한다. 두 번째 경우는 상당히 큰 소성변형의 경우로서 상대적으로 작은 탄성변형은 무시된다. 금속재료를 사용하여 다양한 가공을 하는 경우에 발생되는 대변형은 압연, 인발이나 단조등에서 발생된다.

소성이론은 금속의 항복조건에 대하여 큰 기여를 한 Tresca를 필두로 Levy, Von Mises, Prandtl, Hencky 등과 1940년대에 Hill, Drucker, Prager 등의 많은 학자들에 의하여 큰 발전을 이루게 되었다. 다음은 소성이론에서 사용되는 일반적인 가정을 나열한 것이다.

- 재료의 부피가 변하지 않는다(비압축성, incompressibility).
- Bauschinger 효과를 무시한다.
- 항복강도는 정수압(static pressure)과 무관하다.
- 등방성(isotropic) 재료로 가정한다.
- 변형 속도(rate of deformation)에 무관하다.

소성변형시에 재료의 부피가 일정하다는 가정은 비압축성을 의미한다. Bauschinger 효과를 무시하면 재료의 거동을 설명하기가 쉬워진다. 그러나 보다 정교한 재료 모델을 사용하려면 Bauschinger 효과를 반드시 고려하여야 한다. 또한 재료의 항복강도는 정수압에 대하여 불변함이 실험적으로 증명되어 있으며 정수압을 큰 값으로 높이더라도 항복강도에 대한 영향은 매우 미미하다. 재료는 모두 방향에 따라 다른 특성을 보이는 이방성(anisotropic)을 가지나 이를 고려한 재료 모델을 만들기는 쉽지 않다. 그러므로 일반적인 해석을 위해서는 재료가 등방성을 가진 것으로 가정하여 사용한다. 변형의 속도는 소성변형에 영향을 주게 되므로 보다 복잡한 재료 모델에서는 속도의 영향을 고려하여야 한다. 본서에서는 입문서임을 감안하여 일반적으로 널리 사용되는 탄성-소성 거동에 대한 재료 모델을 소개하며 보다 정교한 재료 거동에 대하여는 알고 싶은 독자들은 다른 문헌들을 참고하기 바란다. 이 책에서 소개하고자 하는 비탄성 거동에 대한 재료 모델의 종류는 다음과 같다.

- **탄성-소성 재료 모델(elastoplastic material model)**
  - 선형 탄성-소성 모델
    - * 탄성-선형 변형경화 모델(elastic-linear strain hardening)
    - * 탄성-완전소성 모델(elastic-perfectly plastic)
    - * 강체-선형 변형경화 모델(rigid-linear strain hardening)
    - * 강체-완전소성 모델(rigid-perfectly plastic)
  - 비선형 탄성-소성 모델
    - * Ramberg-Osgood 모델

- 점탄성 재료 모델(viscoelastic material model)
  - Maxwell 모델
  - Kelvin 모델

## 5.2 선형 탄성–소성 모델

선형 탄성–소성(탄소성) 모델의 종류에는 탄성–완전소성 모델, 강체–선형 변형경화 모델, 강체–완전소성 모델, 탄성–선형 변형경화 모델 등이 있으며 그림 5.1에서 각 재료 모델에 대한 개략적인 응력–변형도 곡선을 나타내었다. 탄성–완전 소성 모델의 응력–변형률 선도를 보여주고 있으며 압연 등의 고온에서의 금속의 가공시에 사용되며 이 모델에서는 변형경화가 매우 작다고 가정한다. 한편, 탄성–선형 변형경화 모델에서는 항복점을 넘어서는 지점에서의 변형경화를 선형적인 양으로 고려한다. 압연, 인발, 압출 등에서와 같이 소성변형의 크기가 매우 큰 경우는 탄성변형을 무시할 수 있으므로 강체–변형경화 모델을 사용하는 경우가 많고, 콘크리트 구조물의 해석 등에서는 간단하게 표현할 수 있는 강체–완전 소성 모델 등을 사용한다.

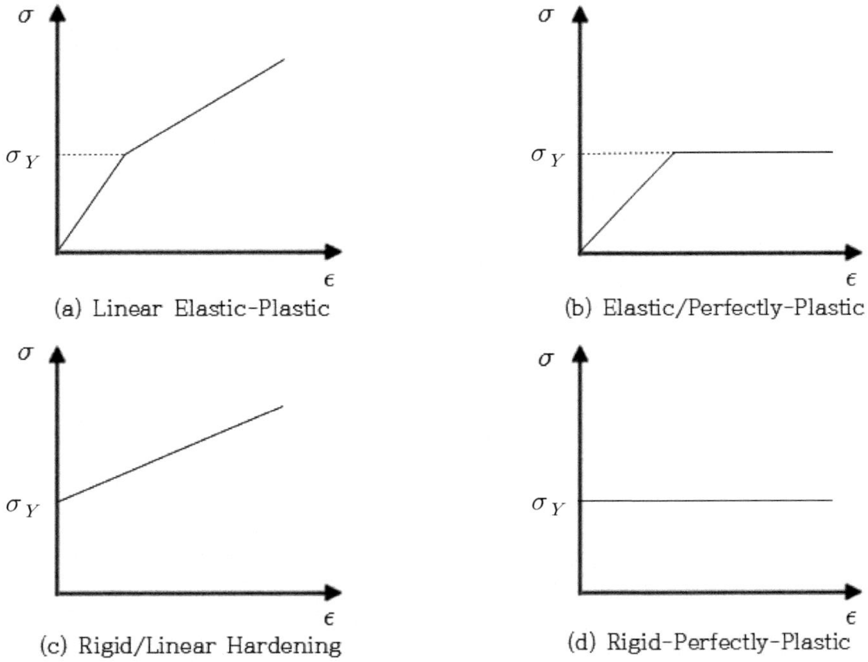


**그림 5.1** 탄소성 재료 모델 : 탄성–선형 변형경화 모델, 탄성–완전 소성 모델, 강체–선형 변형경화 모델, 강체–완전 소성 모델

### 탄성–선형 변형경화 모델

탄성–선형 변형경화 모델은 그림 5.1(a)에서 보는 바와 같이 선형적인 탄성변형 구역과 항복점을 넘어서는 지점에서의 선형 변형경화에 대한 직선으로 구성되어 있으며 다음과 같이 나타낼 수 있다.

$$\begin{aligned} \epsilon_e &= \frac{\sigma}{E} && \sigma < \sigma_Y \\ \epsilon_p &= \frac{\sigma - \sigma_Y}{H} && \sigma \geq \sigma_Y \end{aligned} \tag{5.1}$$

전체 변형률은 다음과 같이 탄성 변형률과 소성 변형률의 합으로 주어진다.

$$\epsilon = \frac{\sigma}{E} + \frac{\sigma - \sigma_Y}{H} \tag{5.2}$$

$$\frac{\Delta\epsilon}{\Delta\sigma} = \frac{1}{E} + \frac{1}{H} \tag{5.2a}$$

$$\frac{\Delta\sigma}{\Delta\epsilon} = \frac{EH}{E+H} = E_e \tag{5.2b}$$

여기서 $E_e$는 등가강성도(equivalent stiffness)이다.

### 탄성–완전 소성 모델

탄성–완전 소성 모델은 그림 5.1(b)에서 볼 수 있듯이 선형적인 탄성변형과 직선의 형태로 표시된 소성변형을 결합한 재료 모델이다. 항복점 이하의 하중에서는 Hooke 법칙에 따라 탄성변형을 하게 되며 항복점을 넘어서는 순간 소성변형이 시작되는 원리를 식 (5.3)에서 수식으로 표현하였다.

$$\begin{aligned} \sigma &= E\epsilon \\ \sigma &= \sigma_Y \end{aligned} \tag{5.3}$$

항복점 이후의 전체 변형률은 다음과 같이 탄성 변형률과 소성 변형률의 합으로 주어진다.

$$\epsilon = \epsilon_e + \epsilon_p = \frac{\sigma}{E} + \epsilon_p \qquad \sigma \geq \sigma_Y \tag{5.4}$$

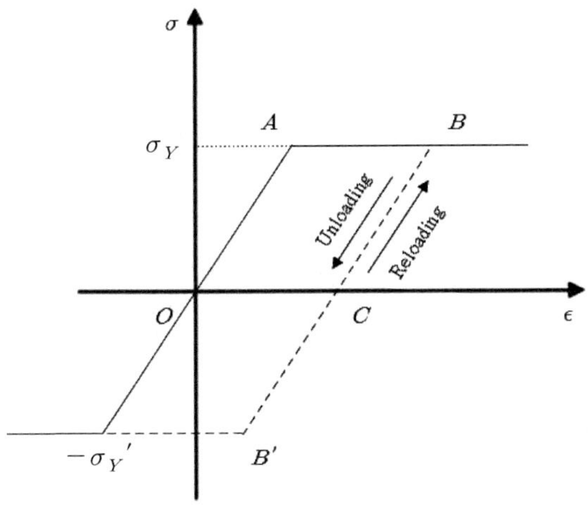


그림 5.2 탄성-완전 소성 모델에서의 영구변형

항복점을 넘어서서 하중이 가해진 후 하중이 제거되면 원래 상태로 돌아가지 못하고 어느 정도의 변형은 영구적으로 남게 되는데 이를 소성변형 또는 영구변형(permanent deformation)이라고 한다. 영구변형으로 인하여 재료 내부에는 응력이 발생하게 되는데 이를 잔류 응력(residual stress)이라고 한다. 소성변형이 발생한 경우에 하중이 제거되는 과정은 그림 5.2에서 보는 바와 같이 탄성 비례 직선과 같은 기울기를 가지는 경로로 진행된다고 가정한다. 즉, OA 경로를 따라 하중이 증가하고 A점에서 항복점을 지난 후 계속해서 AB 경로를 따라서 소성 변형이 발생하며 B점에 이른다. B점에서는 하중이 제거되는 과정이 이행되며 탄성 비례 직선과 동일한 기울기를 가지는 경로 BC를 따라서 원점에 이른다. C점에서의 소성변형은 OC가 되어 영구변형으로 남게 된다. 한편, 그림 5.2에서 보는 바와 같이 인장(경로 OA)과 압축(경로 BB') 과정에서 항복강도 $\sigma_Y$가 동일한 값을 갖도록 가정하였으므로 Bauschinger 효과는 무시되었음을 알 수 있다.

### 강체-선형 변형경화 모델

강체-선형 변형경화 모델에서는 그림 5.1(c)에서 보는 바와 같이 항복점 이하에서는 변형이 전혀 일어나지 않다가 항복점을 넘어서면 선형적으로 변형경화가 발생하는 구조이며 다음과 같이 식으로 정리할 수 있다.

$$\begin{aligned} \epsilon_e &= 0 & \sigma &< \sigma_Y \\ \epsilon_p &= \frac{\sigma - \sigma_Y}{H} & \sigma &\geq \sigma_Y \end{aligned} \tag{5.5}$$

여기서 $H$는 경화계수(hardening modulus)이다.

### 강체–완전 소성 모델

강체–완전 소성 모델에서는 그림 5.1(d)에서 보는 바와 같이 탄성변형이 무시되고 항복점을 넘어서면 그대로 소성변형이 발생하게 되는 구조이며 다음과 같은 식으로 표시된다.

$$\begin{aligned} \epsilon_e &= 0 \qquad && \sigma < \sigma_Y \\ \epsilon_p &= \epsilon_p \qquad && \sigma \geq \sigma_Y \end{aligned} \tag{5.6}$$

예제

**5.1** 초기 길이 $l_0 = 3m$이며 단면적이 $A = 100mm^2$인 봉을 $\Delta l = 8mm$만큼 신장시키고 하중을 제거하였다. 탄성계수 $E = 200$GPa, 항복강도 $\sigma_Y = 260MPa$이며 탄성–완전 소성 모델을 사용하여 소성 변형률 $\epsilon_p$과 봉에서 소성 변형으로 변환된 길이의 변화량 $\Delta l_p$를 계산하시오.

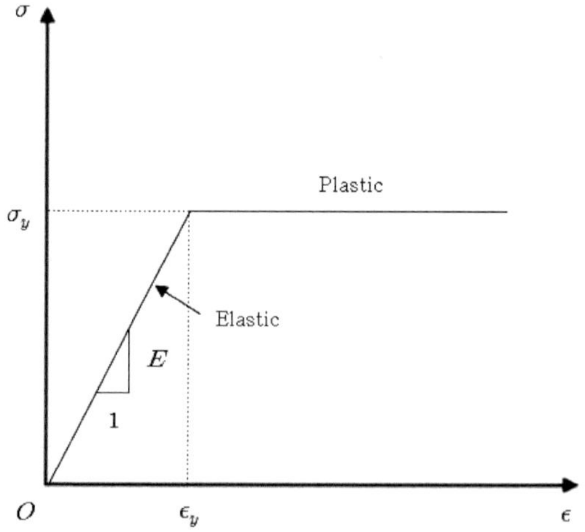


**그림 5.3** 탄성–완전 소성 모델

**해설** 탄성–완전 소성 모델의 응력–변형률 선도를 참고하여 해석을 수행한다. 하중으로 인한 봉의 전체 변형률 $\epsilon$은 다음과 같다.

$$\epsilon = \frac{\Delta l}{l_0} = \frac{8}{3 \times 10^3} = 2667\ \mu$$

탄성 변형률 $\epsilon_e$는 변형 초기점부터 항복점까지의 변형률이므로

$$\epsilon_e = \frac{\sigma_Y}{E} = \frac{260 \times 10^6}{200 \times 10^9} = 1300\ \mu$$

위에서 계산한 전체 변형률에서 탄성 변형률을 제하면 소성 변형률이 되므로 다음과 같이 계산한다.

$$\epsilon_p = \epsilon - \epsilon_e = 2667 - 1300 = 1367\ \mu$$

마지막으로 소성변형이 발생한 봉의 변형량 $\Delta l_p$는 다음과 같다.

$$\Delta l_p = \epsilon_p l = 1367 \times 10^{-6} \times 3 = 4.1\ mm$$

예제

**5.2** 길이가 $l=2\text{m}$이며 단면적이 $A=50\text{mm}^2$인 봉에 하중을 $\sigma=300MPa$까지 작용시키고 제거하였다. 전체변형률이 $10000\mu$로 측정되었을 때 탄성-선형 변형 경화 모델을 사용하여 소성 변형률 $\epsilon_p$를 계산하시오. 단, 탄성계수 $E=70GPa$, 항복강도 $\sigma_Y=200MPa$, 경화계수 $H=3GPa$이다.

해설 가해진 응력의 크기는 재료의 항복강도를 넘어섰으므로 $\epsilon$은 소성 변형을 일으킨 것으로 간주한다. 항복점까지의 변형률은 식 (5.1)로부터 다음과 같이 계산한다.

$$\epsilon=\frac{\sigma_Y}{E}=\frac{200\times10^6}{70\times10^9}=2857\mu$$

최종 변형률이 $\epsilon=10000\mu$로 측정되었으며 등가강성도 $E_e$는 식 (5.2b)에 의해서

$$E_e=\frac{EH}{E+H}=2.88GPa$$

$$\frac{\Delta\sigma}{\Delta\epsilon}=E_e=2.88GPa$$

$$\begin{aligned}\therefore\ \Delta\sigma&=E_e\Delta\epsilon\\&=2.88GPa(10000\mu-2857\mu)\\&=20.6MPa\end{aligned}$$

따라서 변형률이 $10000\mu$일 때 재료에 가해지는 응력은

$$\begin{aligned}\sigma'&=\sigma_Y+\Delta\sigma\\&=200+20.6=220.6MPa\end{aligned}$$

또한 이 때의 탄성 변형률은

$$\epsilon_e=\frac{\sigma'}{E}=\frac{220.6}{70\times10^3}=3151\mu$$

최종적으로 소성 변형률은 다음과 같다.

$$\epsilon_p=\epsilon-\epsilon_e=10000-3151=6849\mu$$

## 5.3 마찰 벽돌 모델

탄소성 재료의 거동은 유변학적인 모델(rheological model)에 의해서 설명될 수도 있다. 이를 위해서는 앞에서 설명한 탄성재료의 모델에서 보다 다양한 인자 $q_1, q_2, \cdots, q_n$등이 함수를 이루는 요소로 첨가되어야 한다. 이러한 인자들은 예를 들어, 응력, 변형률, 변형속도, 온도, 변형이력 등을 의미한다.

$$\sigma=f(\epsilon, q_1, q_2, \ldots, q_n) \tag{5.7}$$

예를 들어, 앞에서 설명한 다양한 소성모델을 설명하는 데 있어서 물리적인 요소를 도입하여 모형을 만들어 보면 수식적인 방법보다 쉽게 이해될 수 있다. 그림 5.4에서는 마찰 벽돌 모델(friction brick model)을 설명하고 있다. 마찰이 있는 평면에 벽돌을 놓아두고 잡아당기면 어느 정도까지는 벽돌이 움직이지 않다가 그 선을 넘어가면 갑자기 움직이게 될 것이며 이는 강체-완전소성 모델을 설명하는 좋은 예가 된다. 그 후에 벽돌을 잡아당기던 손을 놓아도 벽돌은 원래의 위치로 돌아가지 않고 그 자리에 머물게 되는데 그 위치의 변화는 영구변형 즉 소성변형으로 이해될 수 있다. 즉, 작용하는 응력 $\sigma$가 점차 증가하여 항복강도 $\sigma_Y$에 다다르게 되면 그때에 소성변형이 발생되는 원리로 이해될 수 있다.

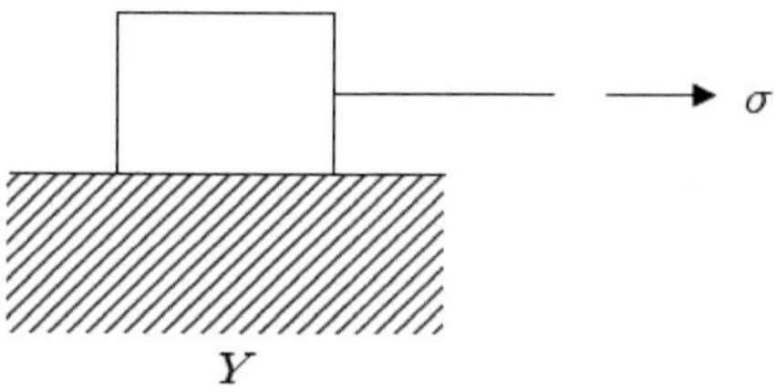


**그림 5.4** 마찰 벽돌 모델로 표시한 강체-완전소성 모델

그림 5.5에서는 벽돌에 스프링 요소를 부착하여 하중을 가하는 경우를 보여주고 있으며 탄성-완전소성 모델을 모사하고 있다. 이 모델에서는 하중이 가해지면 스프링이 늘어나게 되고 하중이 점차 증가하다가 항복강도에 이르면 벽돌이 움직이기 시작한다.

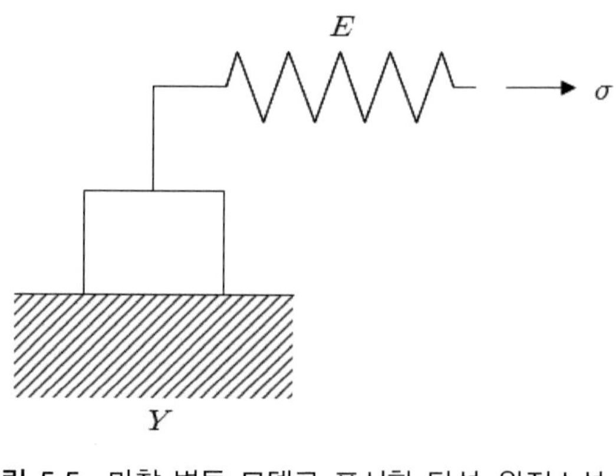


**그림 5.5** 마찰 벽돌 모델로 표시한 탄성-완전소성 모델

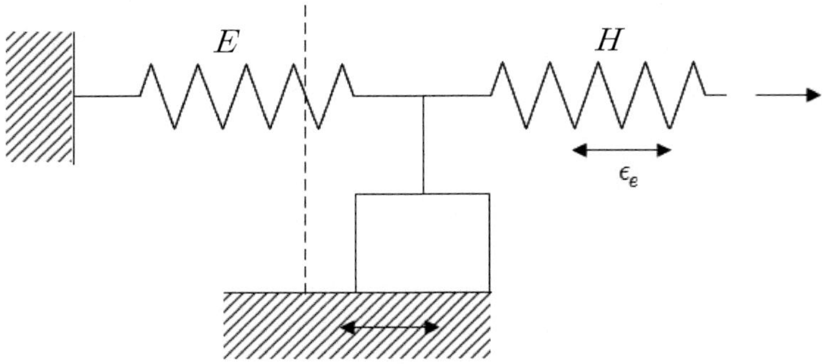


그림 5.6 마찰 벽돌 모델로 표시한 탄성–선형 변형경화 모델



세 번째 모델로서는 그림 5.6에서 보는 바와 같이 두 개의 스프링 요소를 벽돌과 연결시킨 것이며 탄성–변형경화 모델을 나타낸 것이다. 첫 번째 스프링은 $E$, 두 번째 스프링은 $H$의 스프링 계수를 갖는다. 하중이 작용하는 초기에는 벽돌은 움직이지 않고 첫 번째 스프링으로 인해서 탄성변형 $\epsilon_e$가 생성된다. 하중이 항복강도 $\sigma_Y$에 다다르면 벽돌이 움직이게 되고 계속적으로 움직이게 하기 위해서는 하중도 계속 증가되어야 한다. 이때 하중은 벽돌을 움직이는 부분과 두 번째 스프링을 변형시키는데 사용된다. 즉, 가해지는 응력 $\sigma$에서 벽돌을 움직이게 하는 $\sigma_Y$ 부분을 제외한 초과응력(overstress) $\sigma-\sigma_Y$가 두 번째 스프링을 변형시키며 변형경화를 일으키는데 사용됨을 알 수 있으므로 다음의 관계를 갖는다.

$$\sigma - \sigma_Y = H\epsilon_p \tag{5.8}$$

따라서 전체 변형률 $\epsilon$은 다음과 같이 주어진다.

$$\epsilon = \epsilon_e + \epsilon_p = \frac{\sigma}{E} + \frac{\sigma - \sigma_Y}{H} \tag{5.9}$$

식 (5.9)의 양변에 미분을 취하면 다음과 같다.

$$d\epsilon = \frac{1}{E}d\sigma + \frac{1}{H}d\sigma \tag{5.10}$$

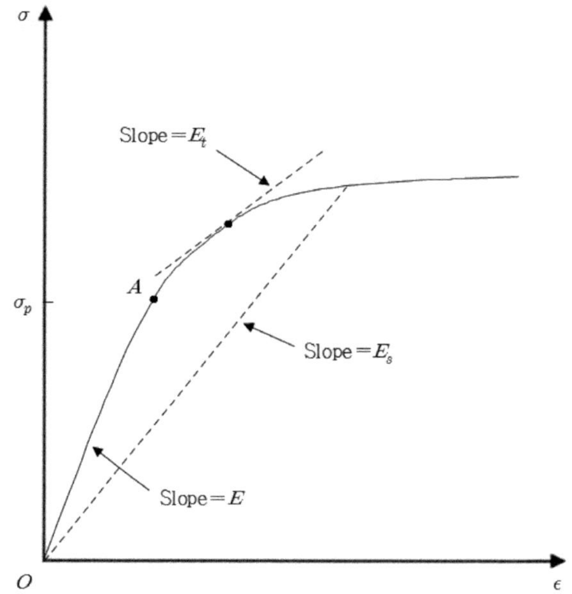


**그림 5.7** 응력-변형률 선도에서 탄성 한계를 넘어서는 부분에서의 기울기 종류: 접선 계수 $E_T$와 시컨트 계수 $E_S$

식 (5.10)로 부터 탄소성 접선계수(tangent modulus) $E_T$는 다음과 같다.

$$E_T = \frac{d\sigma}{d\epsilon} = \frac{EH}{E+H} \tag{5.11}$$

## 5.4 비선형 탄소성 모델

앞에서는 모두 선형적인 변형을 가정하여 재료 거동에 대한 방정식을 유도하였다. 비선형 탄소성 모델은 실제 인장 시험에서 나온 자료를 바탕으로 보다 근사한 곡선으로 응력-변형률 선도를 모사하고자 하는 목적으로 개발되었다. 비선형 재료 모델에서 탄성 변형을 이루는 비례한도를 넘어서는 부분에서의 기울기는 접선 계수(tangent modulus) $E_T$와 시컨트 계수(secant modulus) $E_S$의 두 가지 방법으로 정의한다.

### 접선 계수

탄성영역에서는 Hooke 법칙에 따라 응력의 증분 $d\sigma$과 변형률 증분 $d\epsilon_e$의 관계는 다음과 같이 표시할 수 있다.

$$d\sigma = E d\epsilon_e \tag{5.12}$$

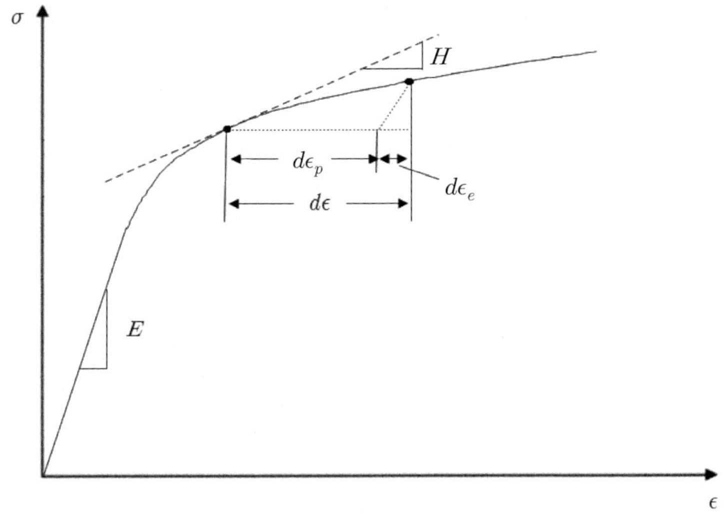


**그림 5.8** 탄소성 접선 계수 $E_T$

여기서 $E$는 탄성계수이다. 소성영역에서는 그림 5.8에서 보는 바와 같이 탄소성 접선 계수 $E_T$는 응력-변형률 곡선의 접선의 기울기로 다음과 같이 정의된다.

$$E_T = \frac{d\sigma}{d\epsilon} \tag{5.13}$$

한편, 소성변형에서의 한 지점에서 응력의 증분 $d\sigma$은 변형률의 증분 $d\epsilon$과 다음과 같은 관계를 갖는다.

$$d\sigma = E_T d\epsilon \tag{5.14}$$

항복이 일어난 후의 전체 변형률 증분 $d\epsilon$은 탄성변형 증분 $d\epsilon_e$과 소성변형 증분 $d\epsilon_p$의 합으로 계산되며 다음과 같이 표시할 수 있다.

$$d\epsilon = d\epsilon_e + d\epsilon_p \tag{5.15}$$

소성영역에서의 응력-변형률 선도에서의 기울기를 다음과 같이 경화계수(hardening modulus) $H$로 정의한다.

$$d\sigma = H d\epsilon_p \tag{5.16}$$

식 (5.15)에 식 (5.12), 식 (5.14), 식 (5.16)을 변형률의 증분 항으로 각각 대입하여 정리하면 다음과 같은 관계식을 얻게 된다.

$$\frac{1}{E_T} = \frac{1}{E} + \frac{1}{H} \tag{5.17}$$

결과적으로 탄소성 접선 계수(elastoplastic modulus) $E_T$는 다음과 같이 주어지며 상수가 아니라 변형률에 따라서 변한다는 점을 유의해야 한다.

$$E_T = \frac{EH}{E+H} \tag{5.18}$$

### 시컨트 계수

시컨트 계수(secant modulus) $E_S$는 그림 5.7에서 보는 바와 같이 비례한계 이상에서의 응력과 변형률의 비로서 다음과 같이 정의한다.

$$E_S = \frac{\sigma}{\epsilon} \tag{5.19}$$

접선 계수 $E_T$와 시컨트 계수는 $E_S$는 탄성한계 내에서는 탄성계수 $E$와 동일한 값을 갖는다.

## 5.5 Ramberg–Osgood 모델

비선형 모델은 주로 멱함수 형태로 제시되는데 응력과 변형률 축에 각각 log를 취하면 직선의 형태가 되므로 시험 자료와 비교하기 편리하다. 여기서는 일반적으로 많이 사용되는 비선형 탄소성 모델 중에서 Ramberg–Osgood 모델을 소개하기로 한다.

인장시험에서 시편의 전체 변형률(total strain) $\epsilon$은 탄성 변형률 $\epsilon_e$과 소성 변형률 $\epsilon_p$의 합으로 다음과 같이 나타낼 수 있다.

$$\epsilon = \epsilon_e + \epsilon_p \tag{5.20}$$

탄성 변형률은 Hooke의 법칙에 의해서 $\sigma = E\epsilon$을 따르게 되며, Ramberg와 Osgood은 항복이후의 응력-소성 변형률 $\epsilon_p$의 관계를 다음과 같이 제안하였다. 항복이후의 변형은 복잡한 necking 현상을 배제하기 위하여 항복점부터 최대 강도점까지의 자료를 취하는 것이 일반적이다.

$$\sigma = K\epsilon_p^n \tag{5.21}$$

여기서

$K$ : 강도 계수(strength coefficient)

$n$ : 변형 경화 지수(strain hardening exponent)



식 (5.21)의 양변에 log를 취하면 대수-대수(log − log)축에서 다음과 같은 직선의 방정식을 얻을 수 있으며 기울기와 절편은 각각 재료의 강도 계수 $K$와 변형 경화 지수 $n$과 연관된다.

$$\log\sigma = \log K + n\log\epsilon_p \tag{5.22}$$

식 (5.22)을 직선의 식 $Y = B + AX$의 형태로 표시해 보면 $Y = \log\sigma$, $X = \log\epsilon_p$, $A = n$, $B = \log K$이다. 식 (5.21)을 소성 변형률에 대해서 다시 써보면

$$\epsilon_p = \left(\frac{\sigma}{K}\right)^{1/n} \tag{5.23}$$

식 (5.23)을 식 (5.20)에 대입하면 전체 변형률 $\epsilon$은 다음과 같이 주어진다.

$$\epsilon = \frac{\sigma}{E} + \left(\frac{\sigma}{K}\right)^{1/n} \tag{5.24}$$

Ramberg-Osgood 모델에 의한 응력-변형률 선도는 비선형 곡선이 되어 선형 곡선과 달리 항복점을 찾아서 항복강도 $\sigma_Y$를 구하기가 어려우므로 0.2% 오프셋 변형률 방법을 사용한다. 즉, 변형률의 값이 $\epsilon_p = 0.002$일 때 항복이 일어난다고 가정하여 식 (5.21)에 대입하면 다음과 같이 주어진다.

$$\sigma_Y = K(0.002)^n \tag{5.25}$$

파괴 강도 $\sigma_f$와 파괴 변형률 $\epsilon_f$를 알고 있다면 강도 계수 $K$를 계산할 수 있는데, 식 (5.21)에 각각 대입하면 다음과 같은 식을 얻는다.

$$\sigma_f = K\epsilon_f^n \tag{5.26}$$

여기서 강도 계수 $K$에 대하여 정리하면 다음과 같다.

$$K = \frac{\sigma_f}{\epsilon_f^n} \tag{5.27}$$

예제

**5.3** 표 5.1에서 AISI 1020 강에 대한 시험 자료를 참고하여 Ramberg–Osgood 모델에 의한 파괴 강도 $\sigma_f$를 계산하시오.

**해설** AISI 1020 강에서의 강도계수 $K = 737MPa$, 파괴 변형률은 $\epsilon_f = 0.960$, 변형경화 지수 $n = 0.190$으로 주어진다. 식 (5.27)로 부터 파괴 강도는 다음과 같다.

$$\sigma_f = K\epsilon_f^n = 737 \times 0.96^{0.19} = 731MPa$$

예제

**5.4** 2024–T4 알루미늄에 대한 Ramberg–Osgood 방정식을 사용하여 변형률이 $\epsilon = 0.4$일 때의 응력을 구하시오.

**해설** 표 5.1과 표 1.1에서 2024–T4 알루미늄의 물성값을 대입하면 다음과 같이 주어지며

$$0.4 = \frac{\sigma}{73 \times 10^9} + \left(\frac{\sigma}{806 \times 10^6}\right)^{1/0.2}$$

위 식을 수치해석 법을 사용하여 풀면 $\epsilon = 0.4$일 때의 응력은 $\sigma = 667MPa$로 주어진다.

예제

**5.5** 2024–T4 알루미늄에 대한 인장 시험 자료를 가지고 응력–변형률 선도를 만들고자 한다. 탄성–선형 변형 경화 모델 ($H = 10GPa$)을 사용하여 $\epsilon = 0.1$에서의 탄소성 접선계수 $E_T$를 구하시오.

**해설** 표 1.1의 재료 시험 자료를 사용하여 탄성 변형률 $\epsilon_e$는 다음과 같이 계산된다.

$$\epsilon_e = \frac{\sigma_Y}{E} = \frac{303 \times 10^6}{73 \times 10^9} = 0.004$$

따라서 $\epsilon = 0.1$은 소성영역에 속하므로 변형률은 다음과 같이 주어진다.

$$\epsilon = \frac{\sigma}{E} + \frac{\sigma - \sigma_Y}{H} \tag{5.6}$$

위식의 양변에 미분을 취하면

$$d\epsilon = \left(\frac{1}{E} + \frac{1}{H}\right) d\sigma \tag{5.28}$$

최종적으로 탄성 - 선형 변형 경화 모델에 대한 접선계수 $E_T$는

$$\frac{EH}{E+H} = \frac{(73\times10^9)\times(10\times10^9)}{73\times10^9+10\times10^9} = 8.79\text{GPa}$$

예제

**5.6** Ramberg–Osgood 모델에 대한 접선계수 $E_T$를 유도하시오.

해설 Ramberg–Osgood 모델

$$\epsilon = \frac{\sigma}{E} + \left(\frac{\sigma}{K}\right)^{1/n}$$

식의 양변에 미분을 취하면

$$d\epsilon = \left[\frac{1}{E} + \frac{1}{nK}\left(\frac{\sigma}{K}\right)^{\frac{1}{n}-1}\right] d\sigma$$

위식을 정리하면 Ramberg–Osgood 모델에 대한 접선계수 $E_T$는 다음과 같다.

$$E_T = \frac{d\sigma}{d\epsilon} = \frac{1}{\left[\frac{1}{E} + \frac{1}{nK}\left(\frac{\sigma}{K}\right)^{\frac{1}{n}-1}\right]}$$

## 5.6 점탄성 모델

폴리머와 같은 재료에서는 하중에 대한 반응이 탄성의 특성과 점성의 특성을 갖추고 있는 경우를 접할 수 있으며 이는 하중의 변화율이 변형 자체에 영향을 주게될 때 이러한 재료를 점탄성 재료(viscoelastic materials)라고 한다. 점탄성 재료는 일반적인 탄성재료와 달리 변형이 시간에 따라 달라지는 재료를 의미한다.

한편, 재료가 소성변형을 가지며 하중의 변화율에 따라서 반응하는 경우에는 이를 점소성(viscoplastic) 재료라고 한다. 여기서는 크리프 현상을 설명하고 두 개의 점탄성 재료 모델, Maxwell 모델과 Kelvin 모델을 설명하기로 한다.

표 5.1 재료의 인장시험과 물성: 강도계수, 변형경화 지수, 파괴 변형률[3]

| 재료 | 강도계수 $K$ $(MPa)$ | 변형 경화 지수 $n$ | 파괴 변형률 $\epsilon_f$ |
|---|---|---|---|
| AISI 1020 steel | 737 | 0.190 | 0.960 |
| AISI 4142 steel | – | 0.136 | 0.060 |
| Cast iron | 456 | 0.046 | 0.222 |
| SAE 308 aluminum | 567 | 0.196 | 0.009 |
| 2024–T4 aluminum | 806 | 0.200 | 0.430 |
| 7075–T6 aluminum | 827 | 0.113 | 0.410 |
| AZ91C–T6 magnesium | 653 | 0.282 | 0.004 |

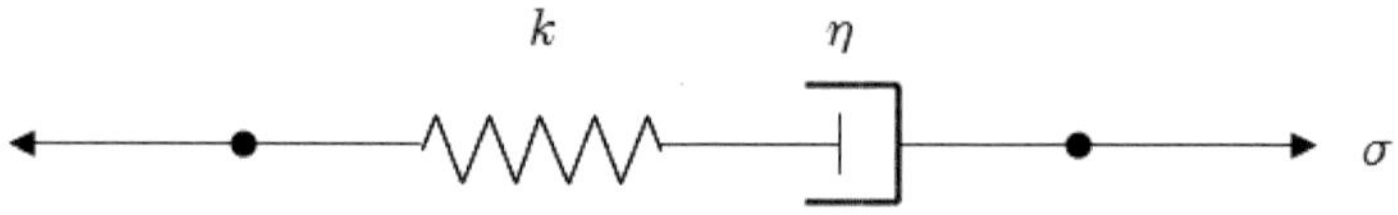


그림 5.9 점탄성 모델: Maxwell모델

## 크리프(creep)

크리프(creep)는 재료에 작용하는 하중이 일정함에도 불구하고 변형이 계속되는 성질을 말한다. 주로 재료의 용융점의 50% 이상되는 온도에서 크게 나타나며 시간이 지남이 따라 변형이 증가하는 성질을 보인다. 이와는 반대로 변형이 되지 않도록 고정하고 있음에도 불구하고 재료내의 응력이 시간이 지남에 따라 감소하는 경향을 보이는데 이를 응력완화(stress relaxation)라고 하며 이러한 현상은 재료 내부에서의 크리프 현상으로 인한 것으로 설명되고 있다.

### Maxwell 모델

점탄성 재료에 대한 수학적 모델로서 가장 간단한 것은 분자들의 움직임을 스프링과 댐퍼를 사용하여 나타내는 것으로 Maxwell 모델이 있다. 점탄성 재료에서 재료의 거동은 상미분 방정식(ordinary differential equations)을 사용하여 나타낼 수 있다. 스프링은 외부의 힘에 대하여 즉각적으로 반응하여 변형률 에너지의 형태로 저장되며 Hooke 법칙(선형 탄성)을 따르는 선형 재료의 거동으로 간주한다. 스프링 요소에 의한 응력과 변형률에 대한 식은 다음과 같다.

$$\sigma = E\epsilon \tag{5.29}$$

여기서 $E$는 스프링 상수 $k$로 간주되는 재료의 탄성계수이다.

한편, Newton 유체와 같이 반응하는 변형에 대해서는 댐퍼(damper)를 사용하여 응력은 변형률 $\epsilon$가 아닌 변형속도 $\dot{\epsilon}$에 비례하게 되므로 다음과 같이 표시할 수 있다.

$$\sigma = \eta\dot{\epsilon} \tag{5.30}$$

여기서 상단의 점은 시간에 대한 미분 $\partial/\partial t$이며, 그리고 $\eta$는 점성(viscosity)이다. Maxwell 모델은 그림 5.9에서 보는 바와 같이 스프링과 댐퍼가 직렬로 연결되어 있는 형태이다. Maxwell 모델에서는 스프링과 댐퍼의 요소에 작용하고 있는 응력은 동일하나, 전체 변형률은 스프링 요소와 댐퍼 요소에서의 변형률을 더한 것과 같으며 다음과 같은 수식으로 나타낼 수 있다.



$$\sigma = \sigma_s = \sigma_d \tag{5.31}$$

$$\epsilon = \epsilon_s + \epsilon_d \tag{5.32}$$

여기서 아래 첨자 $s$와 $d$는 각각 스프링 요소와 댐퍼 요소를 의미한다. 식 (5.32)의 양변을 시간으로 미분하고 식 (5.29)과 식 (5.30)을 적용하면 다음과 같다.

$$\dot{\epsilon} = \dot{\epsilon_s} + \dot{\epsilon_d} = \frac{\dot{\sigma}}{E} + \frac{\sigma}{\eta} \tag{5.33}$$

식 (5.33)에서 보는 바와 같이 점탄성 재료에 대해서는 선형 탄성 재료에서와 달리 응력-변형률 관계식이 미분 방정식의 형태로 주어지며 특정한 초기 조건을 부가하면 미분 방정식의 해를 구하는 방식으로 점탄성 모델에 대한 응력-변형률 관계식을 구할 수 있다. 여기서는 응력이 작용하는 경우와 변형률이 작용하는 경우의 두 가지 종류의 경우를 고려하여 Maxwell 모델에 대한 해를 구해보기로 한다.

### Maxwell 모델과 크리프 시험

크리프 시험(creep test)은 점탄성 재료에 대한 가장 보편적인 인장 시험이며 응력을 갑자기 작용시키고 그대로 유지하면서 재료의 거동을 관찰하는 것이다. 일정 크기의 응력 $\sigma_0$가 $t=0$에서 부과된 경우에 있어서 응력-변형률 관계식을 유도하기 위하여 식 (5.33)을 시간에 대한 미분항으로 고쳐 쓰면 다음과 같다.

$$\frac{d\epsilon}{dt} = \frac{1}{E}\frac{d\sigma}{dt} + \frac{\sigma}{\eta} \tag{5.34}$$

식 (5.34)의 양변에 $dt$를 곱하고 적분을 수행하면

$$\int_0^{\epsilon} d\epsilon = \int_0^{\sigma_0} \frac{d\sigma}{E} + \int_0^{t} \frac{\sigma}{\eta} dt \tag{5.35}$$

초기 조건 $\sigma_0$을 고려하면 다음과 같은 응력–변형률의 관계식을 얻게 된다.

$$\epsilon(t) = \sigma_0 \left( \frac{1}{E} + \frac{1}{\eta} t \right) \tag{5.36}$$

식 (5.36)은 $t=0$에서 갑자기 응력 $\sigma_0$를 적용시켰을 때의 변형률을 나타낸 것이다. 다양한 재료의 creep 현상을 수학적으로 모델링하기 위해서는 보다 정교한 식들이 필요한 것이 당연하나, 여기서 언급한 Maxwell 모델로도 그 의미를 알아보기에는 부족함이 없다고 생각된다.

### Maxwell 모델과 완화 시험

완화 시험(relaxation test)은 크리프 시험과 함께 점탄성 재료의 거동을 알아보기 위하여 널리 사용된다. 완화 시험에서는 변형률이 주어지는 경우로서, 시간에 따른 응력의 변화를 관찰하게 된다. 예를 들어 시간에 따른 변화가 없는 일정 크기의 변형률이 $t=0$에서 $\epsilon_0$로 갑자기 주어진다면 변형률에 대한 시간 미분은 $\dot{\epsilon}=0$이 되며 이를 식 (5.33)에 대입하면 다음과 같다.

$$0 = \frac{\dot{\sigma}}{E} + \frac{\sigma}{\eta} \tag{5.37}$$

식 (5.37)을 $\dot{\sigma}= d\sigma/dt$를 사용하여 정리하면

$$\frac{d\sigma}{\sigma} = -\frac{E}{\eta} dt \tag{5.38}$$

식 (5.38)의 양변을 다음과 같이 적분한다.

$$\int_{\sigma_0}^{\sigma} \frac{d\sigma}{\sigma} = -\int_0^{t} \frac{E}{\eta} dt \tag{5.39}$$

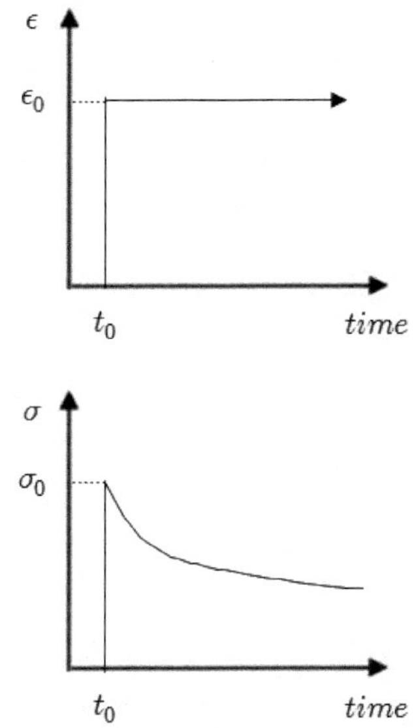


**그림 5.10** 완화 시험과 점탄성 거동: $t=0$에서의 변형률 $\epsilon_0$과 시간에 대한 응력 완화

적분할 때 응력의 초기값($t=0$일 때)은 초기 조건 $\epsilon_0$와 $\sigma_0 = E\epsilon_0$를 사용하여

$$\ln\left[\frac{\sigma(t)}{\sigma_0}\right] = -\frac{E}{\eta}t \tag{5.40}$$

최종적으로 완화 시험의 결과는 식 (5.40)으로 부터 다음과 같이 주어진다.

$$\sigma(t) = \sigma_0 e^{-\left(\frac{E}{\eta}\right)t} = E\epsilon_0 e^{-\left(\frac{E}{\eta}\right)t} \tag{5.41}$$

식 (5.41)에서 알 수 있는 것은 변형률 자체가 시간에 따라서 변하지 않음에도 불구하고 응력이 감소됨을 볼 수 있으며 이러한 현상을 응력완화(stress relaxation)라고 한다. Maxwell 모델을 사용한 두 가지 재료의 시간에 따른 거동은 매우 중요하다. 비록 해석적인 해를 어렵지 않게 구할 수 있었으나 보다 복잡한 모델로 다양한 초기 조건이 사용되는 경우에는 해석적인 방법으로 해를 구하기 어려우므로 수치해석 방법을 사용하여야 한다. 결과적으로 볼 때 크리프와 응력완화는 같은 현상이라고 볼 수 있으며 전자는 응력이 일정한 상태로 유지되는 경우이며 후자는 변형률이 일정하게 유지되는 경우로 구분하여 생각할 수 있다. 그림 5.10에서는 $t=t_0$에서의 응력 완화 시험에 대한 점탄성 거동을 보여주고 있다.

스프링 요소는 탄성 변형을 댐퍼 요소는 크리프나 응력완화에 따른 조건을 대표한다고 볼 수 있다. 재료에 갑자기 응력이 가해지면 먼저 스프링 요소가 변형을 보이게 되며 시간이 어느 정도 지나게 되면 댐퍼 요소에서도 변형이 일어나게 된다. 댐퍼에서의 변형이 시작되면 스프링 요소에서의 변형이 감소하게 되는데 이는 전체 변형률 $\epsilon$은 일정하게 유지되기 때문이다. 따라서 전체 변형률 $\epsilon$을 탄성변형률 $\epsilon_e$와 크리프에 의한 변형률 $\epsilon_c$의 합으로 다음과 같이 표시할 수 있다.

$$\epsilon = \epsilon_e + \epsilon_c \tag{5.42}$$

### Kelvin 모델

점탄성 재료에 대한 Kelvin 모델은 그림 5.11에서 보는 바와 같이 스프링 요소와 댐퍼 요소가 병렬로 연결되어 있는 형태를 갖는다. 이 경우에는 응력은 스프링 요소와 댐퍼 요소에 각각 작용하게 되어 전체 응력은 두 요소에서 각각 작용하는 응력의 합이 되며 $\sigma = \sigma_e + \sigma_c$, 이때의 전체 변형률은 스프링 요소와 댐퍼 요소에서 동일한 값을 갖게 된다 $(\epsilon = \epsilon_e = \epsilon_c)$.

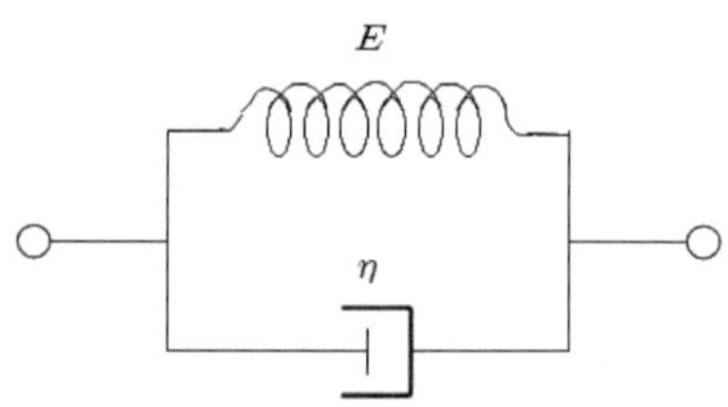


**그림 5.11** 점탄성 모델: Kelvin 모델

스프링 요소에 의한 탄성 변형과 연관된 응력 $\sigma_e = E\epsilon = E\epsilon_c$로 표시할 수 있으며 댐퍼 요소에 의한 응력은 $\sigma_c = \eta\dot{\epsilon}_c = \eta\dot{\epsilon}$이 되므로 전체 응력 $\sigma$는 다음과 같이 표시할 수 있다.

$$\sigma = E\epsilon + \eta\dot{\epsilon} \tag{5.43}$$

### Kelvin 모델과 크리프 시험

Kelvin 모델에 대해서도 크리프 시험을 수행하기로 하자. 먼저 식 (5.43)을 다음과 같이 정리한다.

$$\dot{\epsilon} + \frac{E}{\eta}\epsilon = \frac{\sigma}{\eta} \tag{5.44}$$

식 (5.44)는 비제차 미분 방정식이므로 다음과 같이 일반해 $\epsilon_h$와 특수해 $\epsilon_p$로 나누어서 구하기로 한다.

$$\epsilon = \epsilon_h + \epsilon_p \tag{5.45}$$

여기서

$$\epsilon_h = Ce^{-\frac{E}{\eta}t}, \qquad \epsilon_p = A + Bt \tag{5.46}$$

특수해 $\epsilon_p$를 식 (5.44)에 대입하면 다음과 같다.

$$B + \frac{E}{\eta}(A + Bt) = \frac{\sigma_0}{\eta} \tag{5.47}$$

식 (5.47)에서 $t$에 대하여 차수별로 비교하면 다음과 같은 관계식을 얻는다.

$$B + \frac{E}{\eta}A = \frac{\sigma_0}{\eta}, \qquad \frac{E}{\eta}B = 0 \tag{5.48}$$

위의 두식을 연립으로 풀면 미지수 A와 B는 다음과 같이 결정된다.

$$A = \frac{\sigma_0}{E} \qquad B = 0 \tag{5.49}$$

계산된 A와 B를 사용하여 식 (5.46)을 구성하고 이를 적용하여 식 (5.45)를 다시 쓰면 다음과 같다.

$$\epsilon(t) = Ce^{-\frac{E}{\eta}t} + \frac{\sigma_0}{E} \tag{5.50}$$

초기 조건 $\epsilon(0) = 0$을 적용하면 미지의 상수 $C = -\sigma_0/E$가 되어 이를 식 (5.50)에 대입하면 크리프 시험에서의 Kelvin 재료의 거동을 다음과 같이 얻을 수 있다.

$$\epsilon(t) = \frac{\sigma_0}{E}\left[1 - e^{-\left(\frac{Et}{\eta}\right)}\right] \tag{5.51}$$

만일 응력이 $t = 0$에서 $\sigma = 0$이며 $t = \tau$에서 $\sigma = \sigma_0$으로 선형적으로 증가하게 되면 시간에 대한 응력 변화는 다음과 같이 주어진다.

$$\sigma(t) = \frac{\sigma_0}{\tau}t \qquad (0 \le t \le \tau) \tag{5.52}$$

식 (5.52)을 식 (5.43)에 대입하고 변형률로 정리하면 다음과 같다.

$$\dot{\epsilon} + \frac{E}{\eta}\epsilon_c = \frac{\sigma_0}{\eta\tau}t \tag{5.53}$$

초기 조건 $\epsilon(0)=0$을 사용하여 변형률을 구하면 다음과 같다.

$$\epsilon(t) = \frac{\sigma_0}{E\tau}\left[t - \frac{\eta}{E}(1 - e^{-(\frac{Et}{\eta})})\right] \tag{5.54}$$

식 (5.54)에 대한 유도과정은 다음에 상세히 설명하였으므로 관심있는 독자들은 살펴보기를 권한다. 한편, 식 (5.52)을 사용하여 식 (5.54)에서 시간 항인 $t$를 제거하면 다음과 같은 응력-변형률 관계식을 얻게 된다.

$$\epsilon(t) = \frac{\sigma_0}{E\tau} - \frac{\eta\sigma_0}{E^2\tau}\left[1 - e^{-(\frac{E\tau}{\eta\sigma_0})\sigma(t)}\right] \tag{5.55}$$

식 (5.53)의 해는 일반해 $\epsilon_h$와 특수해 $\epsilon_p$의 합으로 다음과 같이 구성된다.

$$\epsilon = \epsilon_h + \epsilon_p \tag{5.56}$$

여기서

$$\epsilon_h = Ce^{-\frac{E}{\eta}t}, \qquad \epsilon_p = A + Bt \tag{5.57}$$

특수해 $\epsilon_p$를 식 (5.53)에 대입하면 다음과 같다.

$$B + \frac{E}{\eta}(A + Bt) = \frac{\sigma_0}{\eta\tau}t \tag{5.58}$$

식 (5.58)에서 $t$에 대하여 차수별로 비교하면 다음과 같은 관계식을 얻는다.

$$B + \frac{E}{\eta}A = 0, \qquad \frac{E}{\eta}B = \frac{\sigma_0}{\eta\tau} \tag{5.59}$$

위의 두식을 연립으로 풀면 미지수 A와 B는 다음과 같이 결정된다.

$$A = -\frac{\sigma_0}{E^2\tau} \qquad B = \frac{\sigma_0}{E\tau} \tag{5.60}$$

계산된 A와 B를 사용하고 식 (5.57)을 적용하여 식 (5.56)을 다시 쓰면 다음과 같다.

$$\epsilon(t) = Ce^{-\frac{E}{\eta}t} + \frac{\sigma_0}{E\tau}t - \frac{\sigma_0}{E^2\tau} \tag{5.61}$$

초기 조건 $\epsilon(0) = 0$을 적용하면 미지의 상수 $C = \sigma_0 / E^2\tau$가 되어 이를 식 (5.61)에 대입하여 정리하면 최종 결과인 식 (5.54)을 얻을 수 있다.

$$\epsilon(t) = \frac{\sigma_0}{E\tau}\left[t - \frac{\eta}{E}(1 - e^{-(\frac{E}{\eta})t})\right] \tag{5.62}$$



## 5.7 비탄성 재료 거동의 중요성

재료의 역학적 거동의 기본 요소인 응력과 변형률은 재료의 종류를 불문하고 통용되는 물리적 개념이다. 만일 재료가 항복점을 넘어서는 상태가 되면 더 이상 탄성변형으로 간주할 수 없으며 소성변형에 관한 내용을 적용해야 한다. 소성변형에서는 재료 내부의 물성의 변화가 발생하며 탄성변형때와는 비교할 수 없을 정도로 복잡한 현상들이 일어난다. 따라서 소성변형은 대표적인 탄성이 아닌 즉, 비탄성 거동을 보이는 변형이다. 그러므로 이러한 거동을 설명하고 예측할 수 있는 이론이 필요하고 수학적으로 잘 정의된 재료 모델이 필요하게 되는 것이다. 비탄성 거동의 두 번째 현상으로는 상대적으로 큰 변형을 들 수 있다. 탄성변형에서는 응력의 변화와 변형률의 변화가 선형적으로 비례하는 관계($\Delta\sigma \propto \Delta\epsilon$)를 갖는데 반해서 비탄성 거동에서는 더 이상 서로 비례하지 않고 비선형 관계를 보이게 된다.

그러므로 응력과 변형률의 선형적 관계를 정의한 Hooke 법칙은 더 이상 적용되지 않으며 이러한 비선형적인 관계를 묘사할 수 있는 방정식이 필요하다. 앞에서 설명한 비탄성 재료 모델 중 탄성-완전 소성, 강체-선형 변형경화, 강체-완전소성, 탄성-선형 변형경화 모델 등은 이러한 비선형적 관계를 가능하며 선형적인 방정식으로 만들어 보기 위한 수학적 모델이다. 반면에 재료의 응력-변형률에 대한 비선형 거동을 가능하면 그대로 살리기 위한 모델로서 가장 널리 사용되는 Ramberg-Osgood 모델이 있다. Ramberg-Osgood 모델의 예를 들자면, 소성변형에 대한 시험 자료가 응력과 변형률의 항목으로 정리되어 있다면 응력과 변형률이 이루는 좌표계를 대수(log) 좌표로 변환하여 직선의 방정식을 통한 곡선회귀 방법을 사용하여 Ramberg-Osgood 모델에 필요한 미지 상수들을 구할 수 있게 된다.

만일 탄성변형이기는 한데 변형의 크기가 상대적으로 크다면 위에서 언급한대로 이를 위한 다른 변형률을 정의해서 사용해야 하며 이렇게 되면 더 이상 Hooke 법칙에 의해서 정의된 방정식은 유효하지 않게 된다.

아래에서 비탄성 재료의 거동에 대한 진행 절차를 나열하고 있다.

1) 주어진 변형률이나 응력에 대하여 탄성영역에 속하는지 여부를 판단하고 탄성 변형률을 계산한다.
2) 소성변형을 고려해야 할 경우로 판단되면 비탄성 방정식 중의 하나를 채택하여 응력이나 변형률을 계산한다.
3) 필요한 경우에는 전체 변형률에서 1)에서 얻은 탄성 변형률을 제하여 소성 변형률을 구한다.

## 5.8 주요 방정식 모음

• 응력-소성 변형률 관계식

$$\sigma = K\epsilon_p^n \tag{5.21}$$

$$\epsilon_p = \left(\frac{\sigma}{K}\right)^{1/n} \tag{5.23}$$

• Ramberg-Osgood 모델

$$\epsilon = \frac{\sigma}{E} + \left(\frac{\sigma}{K}\right)^{1/n} \tag{5.24}$$

• 강도계수

$$K = \frac{\sigma_f}{\epsilon_f^n} \tag{5.27}$$

# 연습문제

**5.1** AISI 1020 강으로 만들어진 길이 2m인 봉에 500 MPa의 인장응력이 작용하고 있을 때 Ramberg–Osgood 모델을 사용하여 변형률과 봉의 늘어난 길이를 계산하시오.

**5.2** AISI 4142 강으로 만들어진 길이 3m인 봉에 600 MPa의 인장응력이 작용하고 있을 때 Ramberg–Osgood 모델을 사용하여 변형률과 봉의 늘어난 길이를 계산하시오.

**5.3** SAE 308 알루미늄으로 만들어진 길이 1m인 봉에 400 MPa의 인장응력이 작용하고 있을 때 Ramberg–Osgood 모델을 사용하여 변형률과 봉의 늘어난 길이를 계산하시오.

**5.4** Ramberg–Osgood 모델을 사용하여 0.2% 오프셋 방법에 의한 AISI 1020 강의 항복강도 $\sigma_Y$를 계산하고 표 2에서 주어진 값과 비교하시오.

**5.5** Ramberg–Osgood 모델을 사용하여 0.2% 오프셋 방법에 의한 주철(cast iron)의 항복강도 $\sigma_Y$를 계산하고 표 2.1에서 주어진 값과 비교하시오.

**5.6** Ramberg–Osgood 모델을 사용하여 0.2% 오프셋 방법에 의한 7075–T6 알루미늄의 항복강도 $\sigma_Y$를 계산하고 표 2.1에서 주어진 값과 비교하시오.

**5.7** 주철(cast iron)에 대한 시험 자료를 참고하여 Ramberg–Osgood 모델에 의한 파괴강도 $\sigma_f$를 계산하시오.

**5.8** AZ91C–T6 마그네슘에 대한 시험 자료를 참고하여 Ramberg–Osgood 모델에 의한 파괴 강도 $\sigma_f$를 계산하시오.

**5.9** 탄성–선형 변형경화 모델에서 다음에서와 같은 결과를 유도할 수 있음을 보이시오.

$$\frac{d\sigma}{d\epsilon} = \frac{EH}{E+H} \qquad \frac{d\epsilon}{d\sigma} = \frac{1}{E} + \frac{1}{H}$$

**5.10** AISI 4142 강에 대한 시험 자료를 가지고 응력–변형률 선도를 만들고자 한다. 탄성–선형 변형 경화 모델 (H = 7GPa)을 사용하여 $\epsilon = 0.1$에서의 탄소성 접선계수 $E_T$를 구하시오.

**5.11** 7075–T6 알루미늄에 대한 시험 자료를 가지고 응력–변형률 선도를 만들고자 한다. 탄성–선형 변형 경화 모델 (H = 10GPa)을 사용하여 $\epsilon = 0.1$에서의 탄소성 접선계수 $E_T$를 구하시오.

**5.12** 주철(cast iron)에 대한 시험 자료를 가지고 응력–변형률 선도를 만들고자 한다. 탄성–선형 변형 경화 모델 (H = 5GPa)을 사용하여 $\epsilon = 0.1$에서의 탄소성 접선계수 $E_T$를 구하시오.

**5.13** AISI 4142 강에 대한 시험 자료를 가지고 응력–변형률 선도를 만들고자 한다. Ramberg–Osgood 모델을 사용하여 $\epsilon = 0.1$에서의 탄소성 접선계수 $E_T$를 구하시오.

**5.14** 7075–T6 알루미늄에 대한 시험 자료를 가지고 응력–변형률 선도를 만들고자 한다. Ramberg–Osgood 모델을 사용하여 $\epsilon = 0.1$에서의 탄소성 접선계수 $E_T$를 구하시오.

**5.15** 주철(cast iron)에 대한 시험 자료를 가지고 응력–변형률 선도를 만들고자 한다. Ramberg–Osgood 모델을 사용하여 $\epsilon = 0.1$에서의 탄소성 접선계수 $E_T$를 구하시오.

**5.16** 길이가 $l = 2\text{m}$이며 단면적이 $A = 50\text{mm}^2$인 봉에 하중을 $\sigma = 500MPa$까지 작용시키고 제거하였다. 탄성–선형 변형 경화 모델을 사용하여 소성 변형률 $\epsilon_p$를 계산하시오. 단, 탄성계수$E = 70GPa$, 항복강도 $\sigma_Y = 200MPa$, 경화계수 $H = 3GPa$이다.

**5.17** Ramberg–Osgood 모델을 사용하여 AISI 4142 강에 대한 응력–변형률 선도를 만들고자 한다. 응력–파괴 변형률까지의 선도를 대수–대수(log–log) 그래프로 표시하시오.

**5.18** 다음 표에서 주어진 인장 시험 자료를 사용하여 Ramberg–Osgood 모델을 이용하여 응력–변형률 방정식을 구성하고자 한다. 시험 자료를 대수–대수 축위에 그려서 직선의 방정식을 이용하여 강도계수 $K$와 변형경화 지수 $n$을 계산하시오. 단, 탄성계수 $E = 70GPa$, 항복강도 $\sigma_Y = 300MPa$이다.

| $\sigma$ (MPa) | $\epsilon^*$ |
|---|---|
| 400 | 0.193 |
| 450 | 0.231 |
| 500 | 0.353 |
| 600 | 0.450 |

*) 전체 변형률을 의미한다.

**5.19** Ramberg-Osgood 모델을 사용하여 7075-T6 알루미늄에 대한 응력-변형률 선도를 만들고자 한다. 응력-파괴 변형률까지의 선도를 대수-대수(log-log) 그래프로 표시하시오.

**5.20** 다음 표에서 주어진 인장 시험 자료를 사용하여 Ramberg-Osgood 모델을 이용하여 응력-변형률 방정식을 구성하고자 한다. 시험 자료를 대수-대수 축위에 그려서 직선의 방정식을 이용하여 강도계수 $K$와 변형경화 지수 $n$을 계산하시오. 단, 탄성계수 $E = 70\,GPa$ 항복강도 $\sigma_Y = 300\,MPa$

| $\sigma$ (MPa) | $\epsilon^*$ |
|---|---|
| 200 | 0.235 |
| 250 | 0.372 |
| 300 | 0.433 |
| 400 | 0.721 |

*) 전체 변형률을 의미한다.

**5.21** Ramberg-Osgood 모델을 사용하여 주철(cast iron)에 대한 응력-변형률 선도를 만들고자 한다. 응력-파괴 변형률까지의 선도를 대수-대수(log-log) 그래프로 표시하시오.

**5.22** Maxwell 모델이 적용되는 점탄성 재료에서 $t = \tau_1$에서 응력이 $\sigma = \sigma_0$로 갑자기 주어졌다가 $t = au_2$에서 제거되었을 경우에 해당하는 변형률을 유도하시오.

**5.22** Maxwell 모델$(E,\eta)$에서 대하여 크리프 시험(creep test)을 수행하였으며 $\sigma = 10\,MPa$을 일주일 동안 적용하였다. 변형률 $\epsilon(t)$를 그림으로 나타내시오. 단, $E = 2\,GPa, \eta = 10^4\,GPa.s$

**5.23** Kelvin 모델($(E,\eta)$)에서 대하여 크리프 시험(creep test)을 수행하였으며 $\sigma = 10\,MPa$을 일주일 동안 적용하였다. 변형률 $\epsilon(t)$를 그림으로 나타내시오. 단, $E = 2\,GPa, \eta = 10^4\,GPa.s$.

**5.24** Kelvin 모델($(E_{1,}\eta_1)$)에 추가로 스프링 요소($E_2$)가 직렬로 연결되어 있는 모델에 대하여 크리프 시험(creep test)을 수행하고자 한다. $t=0$에서 응력이 $\sigma=\sigma_0$로 갑자기 주어질 때의 변형률 $\epsilon(t)$가 다음과 같음을 보이시오.

$$\epsilon(t)=\frac{\sigma_0}{E\tau}\left[t-\frac{\eta}{E}(1-e^{-(\frac{E}{\eta})t})\right] \tag{5.62}$$

**5.25** Kelvin 모델$(E_{1,}\eta_1)$에 추가로 스프링 요소($E_2$)가 직렬로 연결되어 있는 모델에 대하여 크리프 시험(creep test)을 수행하였으며 $\sigma=20MPa$을 이틀 동안 적용하였다. 식 (5.62)를 사용하여 변형률 $\epsilon(t)$를 그림으로 나타내시오.

단, $E_1=2GPa, \eta_{1=}10^4 GPa\cdot s, E_2=10GPa.$

**5.26** Kelvin 모델$(E_{1,}\eta_1)$에 추가로 스프링 요소($E_2$)가 직렬로 연결되어 있는 모델에 대하여 크리프 시험(creep test)을 수행하였으며 $\sigma=50MPa$을 사흘 동안 적용하였다. 식 (5.62)를 사용하여 변형률 $\epsilon(t)$를 그림으로 나타내시오.

단, $E_1=3GPa, \eta_{1=}10^6 GPa\cdot s, E_2=8GPa.$

**5.27** Kelvin 모델$(E_{1,}\eta_1)$에 추가로 댐퍼 요소($\eta_2$)가 직렬로 연결되어 있는 모델을 검증하고자 한다. 새로운 점탄성 모델에 대하여 $t=0$에서 응력이 $\sigma=\sigma_0$로 갑자기 주어질 때의 변형률 $\epsilon(t)$을 유도하시오.

**5.28** Kelvin 모델이 적용되는 점탄성 재료에서 $t=0$에서 응력이 $\sigma=\sigma_0 e^t$로 갑자기 주어질 때의 변형률 $\epsilon(t)$를 유도하시오.

# 제 6 장 항복 이론

재료의 파손은 파괴와 항복으로 분류될 수 있는데 필요에 따라서는 하나의 개념으로 같이 고려하기도 한다. 항복이 일어나는 경우에는 영구적인 변형이 발생하며, 파괴는 하중에 의하여 재료가 두 개 이상의 조각으로 분리되는 것을 의미한다. 재료에서 다양한 하중과 환경에 대하여 다 들어맞는 파손 이론은 아직까지 존재하지 않는다. 다만 적절한 가정과 근사화를 거쳐서 다양한 실험자료와의 비교를 통해서 검증된 이론들이 사용되고 있다.

항복 기준 성립 요소에는 크게 나누어 세 가지 종류가 있다. 응력, 변형률 그리고 변형 에너지가 각각의 항복 기준에 대한 기초 요소가 된다. 응력에 의한 항복기준은 설계시의 응력이 항복강도를 넘지 않도록 하는 것을 의미한다. 변형률에 의한 항복기준은 변형률이 되며 변형 에너지에 의한 항복기준은 일반적으로 각 응력 성분의 상호 연관성을 고려하여 에너지를 계산하고 그 값이 정해진 기준에 도달하는 가를 통해서 판단하는 것이다.

일반적으로 항복으로 인한 변형이 많이 일어나는 재료 내에서는 전단응력의 중요성이 커지게 되며 반면에 파괴가 발생하는 경우는 수직응력이 주요한 역할을 하게 된다. 항복에 의한 변형이 큰 재료를 연성재료(ductile material)라고 납, 알루미늄 합금, 구리, 연강(mild steel) 등이 있으며 상대적으로 작은 변형만 허용하며 이로 인해서 파괴되는 재료를 취성재료(brittle material)라고 하며 콘크리트, 유리, 세라믹, 주철(cast iron) 등이 이에 해당하는 재료이다. 연성재료와 취성재료를 정확하게 구분하는 기준은 없으나 일반적으로 파괴 변형률 $\epsilon_f \geq 0.05$이면 연성재료로 보며 인장 항복강도(tensile yield strength)와 압축 항복강도(compressive yield strength)는 동일한 값을 갖는 경우가 대부분이다. 만일 반복하중 등에 의해서 인장과 압축 항복강도를 다르게 적용해야 할 경우에는 2.5절에서 설명한 Bauschinger 효과를 고려하여 항복 기준을 수정해야 한다. 한편, 취성재료에서는 일반적으로 최대 인장강도(ultimate tension strength) $S_{ut}$와 최대 압축강도(ultimate compressive strength) $S_{uc}$는 다른 값을 갖는다.

항복조건은 응력에 대한 함수로 주어지며 수식으로 표현하면 다음 조건을 만족시키는 응력의 조합 상태에서 항복이 일어난다고 가정한다.

$$f(\sigma) = c \tag{6.1}$$

여기서 $\sigma$는 응력상태로서 해당 조건을 만족하는 모든 가능한 응력의 조합을 의미하며 $c$는 항복조건에 따르는 특정한 상수이다. 3차원 상태에서 응력은 6개의 성분(대칭을 고려)을 가지게 되며 항복조건은 응력의 함수이므로 다음과 같이 표시할 수 있다.

$$f(\sigma_x, \sigma_y, \sigma_z, \tau_{xy}, \tau_{yz}, \tau_{xz}) = c \tag{6.2}$$

또는 주응력으로 표시하면 다음과 같다.

$$f(\sigma_1, \sigma_2, \sigma_3) = c \tag{6.3}$$

만일 1축 인장 상태라면 주응력 성분으로 표시된 응력 성분들은 $\sigma_1 = \sigma$, $\sigma_2 = 0$, $\sigma_3 = 0$이므로 다음과 같다.

$$f(\sigma_1) = c \tag{6.4}$$

만일 항복조건 함수가 다음과 같은 조건을 만족하면 탄성영역에 속해있다고 판단한다.

$$f(\sigma_1, \sigma_2, \sigma_3) < c \qquad \text{탄성영역} \tag{6.5}$$

여기서 탄성영역 조건은 식 (6.2)에서와 같이 주응력이 아닌 일반응력으로 표시된 식에서도 동일하게 성립된다.

항복조건 식을 구체적으로 규정할 때에는 정확한 판별을 위하여 다양한 응력의 조합에 대한 실험 자료가 필요하게 되나 현실적으로는 시간과 비용의 문제로 인하여 모든 경우에 대한 자료를 얻는 것이 불가능하다. 가장 보편적인 시험 방법은 인장시험이며 이를 통하여 항복강도와 최대 인장강도 등에 대한 자료를 얻을 수 있다. 취성재료인 경우에는 인장에 대하여 상대적으로 변형이 작은 조건에서도 파손되므로 압축시험을 수행하게 되며 이를 통하여 압축에 대한 항복강도와 최대 압축강도 등을 얻을 수 있다. 한편, 최대 전단항복강도에 대한 자료는 비틀림 시험을 통해서 얻을 수 있으며 자료가 존재하지 않을 경우에는 인장시험에서 얻은 인장강도 등을 통해서 유추하는 방법을 사용하기도 한다. 예를 들어, 순수전단(pure shear) 조건을 주응력으로 표시하면 $\sigma_1 = \sigma$, $\sigma_2 = 0$, $\sigma_3 = -\sigma$로 되며 이는 전단응력을 $\sigma$의 크기로 수행한 비틀림 시험의 조건과 동일함을 알 수 있을 것이다. 이번 장에서는 가장 널리 사용되고 있는 Tresca, von Mises, 최대응력기준, Mohr-Coulomb 기준 등 네 종류의 항복기준을 순서대로 설명하기로 한다.

## 6.1 Tresca 항복기준

Tresca는 19세기 프랑스 출신의 공학자로서 소성 변형에 대한 연구에 많은 기여를 하였으며 전단응력에 의한 항복기준을 제안하였다. Tresca 항복기준은 최대 전단응력이 특정한 값을 초과하면 항복이 일어난다고 판단하는 것이다. 3차원 응력 조건에서 주응력이 $\sigma_1 > \sigma_2 > \sigma_3$으로 주어진다면 다음과 같이 최대와 최소 응력의 차이가 특정한 값을 넘어설 때 항복이 일어난다고 가정한다.

$$\sigma_1 - \sigma_3 = c \tag{6.6}$$

일축 인장을 가정하면, $\sigma_1 = \sigma$, $\sigma_2 = \sigma_3 = 0$이 되며, $\sigma_Y$를 항복강도라고 하면, $\sigma_1 = \sigma_Y$일 때 항복이 일어난다. 이를 식 (6.6)에 대입하면

$$\sigma_1 - \sigma_3 = \sigma_Y = c \tag{6.7}$$

1축 인장 조건을 사용하여 위에서 보는 바대로 $c = \sigma_Y$로 결정됨을 알 수 있다.

한편, 순수전단(pure shear) 조건은 $\sigma_1 = k$, $\sigma_2 = 0$, $\sigma_3 = -k$이므로 식 (6.6)에 적용하면 다음과 같은 결과를 얻는다.

$$\sigma_1 - \sigma_3 = 2k = c \tag{6.8}$$

여기서 $k$는 전단 항복강도(shear yield strength)이다. 순수전단 상태에서의 Tresca 항복조건은 식 (6.8)으로 부터 다음과 같이 주어진다.

$$\frac{\sigma_1 - \sigma_3}{2} = k = \frac{\sigma_Y}{2} \tag{6.9}$$

식 (6.9)에서 두 주응력의 차이 $\sigma_1 - \sigma_3$의 물리적 의미는 최대 전단응력의 절반을 의미하며 최대 전단항복강도 $k$는 항복강도 $\sigma_Y$의 절반값을 가짐을 알 수 있다 ($k = \sigma_Y/2$). 즉, Tresca 항복조건에 의하면 주어진 응력상태에서 최대 전단응력이 특정한 값을 초과하게 될 때 항복이 일어나며 식 (6.9)으로 부터 다음과 같이 일반화시킨 식으로 표시할 수 있다.

$$\sigma_1 - \sigma_3 = \sigma_Y \tag{6.10}$$

만일 안전계수 개념을 도입한다면 Tresca 항복 기준은 다음과 같이 쓸 수 있다.

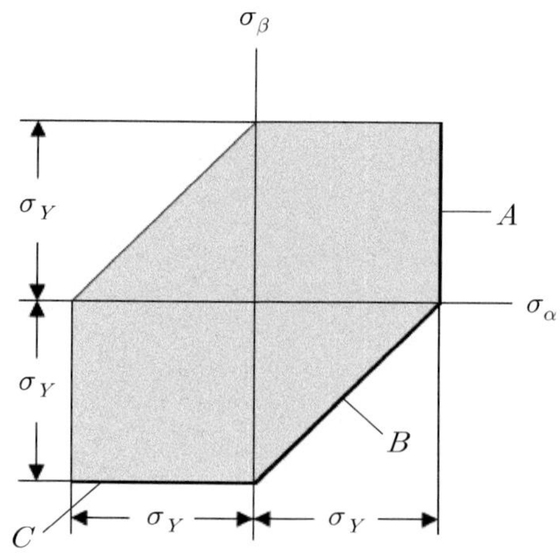


**그림 6.1** Tresca 항복 기준

$$\sigma_1 - \sigma_3 = \sigma_Y = \frac{\sigma_Y}{FS} \tag{6.11}$$

여기서 $FS$는 안전계수(factor of safety)이다.

식 (6.6)에서 주어진 Tresca 항복조건에서 볼 수 있는 흥미로운 사실은 세 주응력이 모두 같은 값을 가지는 경우에는, 즉, $\sigma_1 = \sigma_2 = \sigma_3 = \sigma$ 식 (6.5)으로 부터 다음과 같은 관계식이 성립되며 그 결과는 어떠한 크기의 응력값을 주어도 절대로 항복점에 이르지 않게 된다는 것을 의미한다.

$$f(\sigma_1, \sigma_2, \sigma_3) < \sigma_Y \tag{6.12}$$

여기서 세 주응력의 크기가 같은 조건을 흔히 정수압(hydrostatic) 조건이라고 하며 정수압 상태에서는 어떠한 크기의 응력이 가해져도 항복이 일어나지 않으므로 정수압 조건은 재료의 항복에 영향을 미치지 못한다.

### Tresca 항복기준(평면 응력)

평면 응력 상태에서는 하나의 주응력이 0이 되므로, 나머지 두 개의 주응력 $\sigma_\alpha$과 $\sigma_\beta$의 관계를 사용하여 Tresca 항복기준을 그림 6.1에서와 표시할 수 있다. Tresca 기준을 적용함에 있어서 다음의 세 가지 경우로 나누어 생각하면 육각형 모양을 이루는 각 면에 대한 직선의 방정식을 얻을 수 있다.

A) 만일 $\sigma_\alpha \geq \sigma_\beta \geq 0$이면, $\sigma_1 = \sigma_{\alpha,}\ \sigma_3 = 0$이 되므로 Tresca 기준식 (6.10)에서 다음과 같이 주어지며 그림 6.1에서 $A$로 표시된 직선이다.

$$\sigma_\alpha = \sigma_Y \tag{6.13}$$

B) 만일 $\sigma_\alpha \geq 0 \geq \sigma_\beta$이면, $\sigma_1 = \sigma_\alpha$, $\sigma_3 = \sigma_\beta$가 됨을 알 수 있으며 Tresca 기준식 (6.10)은 다음과 같이 주어지고 그림 6.1에서 $B$로 표시된 직선이 된다.

$$\sigma_\alpha - \sigma_\beta = \sigma_Y \tag{6.14}$$

C) $0 \geq \sigma_\alpha \geq \sigma_\beta$이면, $\sigma_\alpha = 0$, $\sigma_3 = \sigma_\beta$가 됨을 알 수 있으며 Tresca 기준식 (6.10)은 다음과 같이 주어지고

$$\sigma_\beta = -\sigma_Y \tag{6.15}$$

그림 6.1에서 $C$로 표시된 직선이 된다.



## 6.2 von Mises 항복기준

von Mises 항복기준(von Mises yield criterion)은 주로 금속재료에 대하여 적용되고 있으며 가장 먼저 유사한 개념을 제안한 것으로 알려진 Maxwell과 이 내용을 처음으로 발표한 Huber 그리고 변형 에너지와의 관계를 밝혀낸 Hencky 등 실제로 이론의 발전에 기여한 학자들의 이름을 따서 Maxwell-Huber-Hencky-von Mises 항복조건이라고도 불린다. von Mises 항복조건에서는 다음과 같이 전단응력의 제곱의 합을 취하고 이를 항복상수 c와 비교하여 항복여부를 판단하게 된다.

$$(\sigma_1 - \sigma_2)^2 + (\sigma_2 - \sigma_3)^2 + (\sigma_3 - \sigma_1)^2 = c \tag{6.16}$$

상수 c를 결정하기 위하여 1축 인장시험시의 항복조건($\sigma_1 = \sigma_Y$, $\sigma_2 = \sigma_3 = 0$)을 식 (6.16)에 적용하면 다음과 같다.

$$2\sigma_Y^2 = c \tag{6.17}$$

따라서 식 (6.16)은 다음과 같이 표시될 수 있다.

$$(\sigma_1 - \sigma_2)^2 + (\sigma_2 - \sigma_3)^2 + (\sigma_3 - \sigma_1)^2 = 2\sigma_Y^2 \tag{6.18}$$

한편, 최대 전단강도 $\kappa$와의 관계를 유도하기 위하여 식 (6.16)에 순수전단 조건($\sigma_1 = \kappa$, $\sigma_2 = 0$, $\sigma_3 = -\kappa$)를 적용하면

$$6\kappa^2 = c \tag{6.19}$$

식 (6.17)과 식 (6.19)를 같게 놓으면 다음과 같은 결과를 얻는다.

$$2\sigma_Y^2 = 6\kappa^2 \tag{6.20}$$

식 (6.19)으로 부터 항복강도 $\sigma_Y$와 최대 전단강도 $\kappa$와의 관계는 다음과 같이 됨을 알 수 있다.

$$\kappa = \frac{1}{\sqrt{3}}\sigma_Y \tag{6.21}$$

만일 항복강도 $\sigma_Y$값을 알고 있다면 식 (6.21)에 의해서 비틀림 시험에서 얻을 수 있는 최대 전단강도 $\kappa$를 예측할 수 있게 된다. 단, 시험에 사용된 재료가 von Mises 항복조건을 만족하는 재료라야 한다는 점을 유의한다.

응력 $\bar{\sigma}$를 von Mises 응력 또는 등가 인장응력(equivalent tensile stress)으로 정의한다.

$$\bar{\sigma} = \sqrt{\frac{(\sigma_1 - \sigma_2)^2 + (\sigma_2 - \sigma_3)^2 + (\sigma_3 - \sigma_1)^2}{2}} \tag{6.22}$$

만일 응력상태가 주응력이 아닌 성분으로 주어지면 von Mises 응력은 다음과 같이 표시된다.

$$\bar{\sigma} = \sqrt{\frac{(\sigma_x - \sigma_y)^2 + (\sigma_y - \sigma_z)^2 + (\sigma_z - \sigma_x)^2}{2} + 3(\tau_{xy}^2 + \tau_{yz}^2 + \tau_{zx}^2)} \tag{6.23}$$

식 (6.18)과 식 (6.22)으로 부터 von Mises 항복조건은 다음과 같이 정리할 수 있다.

$$\sqrt{\frac{(\sigma_1 - \sigma_2)^2 + (\sigma_2 - \sigma_3)^2 + (\sigma_3 - \sigma_1)^2}{2}} = \sigma_Y \tag{6.24}$$

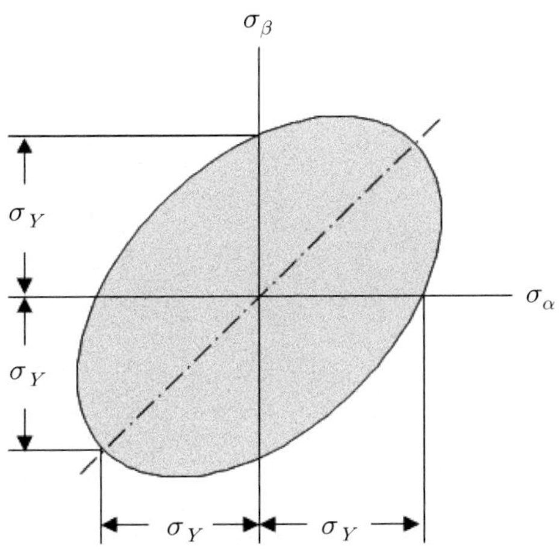


그림 6.2 von Mises 항복기준



### von Mises 항복기준(평면 응력)

한편, 평면응력 상태($\sigma_z = \tau_{yz} = \tau_{zx} = 0$)에서의 von Mises 항복기준은 다음과 같다.

$$\sqrt{\sigma_x^2 - \sigma_x\sigma_y + \sigma_y^2 + 3\tau_{xy}^2} = \sigma_Y \tag{6.25}$$

평면응력 상태에서의 주응력으로 표시한 von Mises 항복 기준은 식 (6.24)으로 부터 다음과 같음을 알 수 있으며 그림 6.2에서 그림으로 나타내었다.

$$\sqrt{\sigma_1^2 - \sigma_1\sigma_2 + \sigma_2^2} = \sigma_Y \tag{6.26}$$

여기서 안전계수를 도입하면 von Mises 항복기준은 다음과 같이 쓸 수 있다.

$$\sqrt{\sigma_1^2 - \sigma_1\sigma_2 + \sigma_2^2} = \frac{\sigma_Y}{FS} \tag{6.27}$$

예제

**6.1** 평면 응력 상태에 있는 부품의 한 지점에서의 응력성분이 $\sigma_x = 100MPa$, $\sigma_y = 0$, $\tau_{xy} = 80Mpa$로 주어졌을 때 a) Tresca 기준 b) von Mises 기준을 각각 사용하여 부품의 파손 여부와 안전계수를 계산하시오. 단, 항복강도는 $\sigma_Y = 200MPa$이다.

**해설** 주응력을 계산하기 위하여 식 (3.13)과 (3.14)를 사용한다.

$$C = \frac{\sigma_x + \sigma_y}{2} = \frac{100+0}{2} = 50 \text{ MPa}$$

$$R = \sqrt{\left(\frac{\sigma_x - \sigma_y}{2}\right)^2 + \tau_{xy}^2} = \sqrt{\left(\frac{100-0}{2}\right)^2 + 80^2} = 94.3 \text{ MPa}$$

주응력은 다음과 같다.

$$\sigma_\alpha = C + R = 50 + 94.3 = 144.3 \text{ MPa}$$

$$\sigma_\beta = C - R = 50 - 94.3 = -44.3 \text{ MPa}$$

두 주응력이 $\sigma_\alpha \geq 0 \geq \sigma_\beta$의 경우이므로 $\sigma_1 = 144.3 \text{ MPa}$, $\sigma_3 = -44.3 \text{ MPa}$이며 Tresca 기준 식을 적용하면 다음과 같다.

$$\sigma_1 - \sigma_3 = 144.3 - (-44.3) = 188.6 \text{ MPa} < \sigma_Y$$

따라서 Tresca 기준으로 보면 재료는 파손되지 않으며 안전계수는 다음과 같이 계산된다.

$$FS = \frac{\sigma_Y}{188.6} = \frac{200}{188.6} = 1.06$$

한편, von Mises 기준은 다음과 같이 나타낼 수 있다.

$$\sqrt{\sigma_1^2 - \sigma_1\sigma_3 + \sigma_3^2} = 170.8\text{MPa} < \sigma_Y$$

von Mises 기준으로 보면 재료는 파손되지 않으며 안전계수는 다음과 같다.

$$FS = \frac{200}{170.8} = 1.17$$

예제

**6.2** 반지름이 $r$ 두께 $t$인 원통형의 압력용기 내부에서 압력 $p$가 작용하고 있을 때의 표면에서의 응력은 원주 방향 $\sigma_1 = \frac{pr}{t}$, 길이 방향 $\sigma_2 = \frac{pr}{2t}$, 반지름 방향 $\sigma_3 = 0$으로 각각 주어진다. 허용되는 안전한 최대 압력을 계산하되 Tresca 기준을 사용하시오.

**해설** 식 (6.10)에서 주어진 Tresca 기준을 적용하면 다음과 같다.

$$\sigma_1 - \sigma_3 = \frac{pr}{t} - 0 = \sigma_Y$$

따라서 허용압력 $p$는

$$p = \frac{t\,\sigma_Y}{r}$$

## 6.3 최대 수직응력 기준

항복에 의해서 파손되는 연성재료와 달리 취성재료는 파괴에 의해서 파손이 발생하기 때문에 두 재료는 전혀 다른 파손의 양상을 보인다. 최근에는 주로 취성재료에 대한 파손 연구가 활발하게 진행되고 있으며 그 이유는 어느 정도의 변형을 허용하는 연성재료와 달리 변형의 허용도가 상대적으로 작은 취성재료에서는 급작스런 파손을 경험하게 되기 때문이다. 여기서는 취성재료에 대한 파손기준 중에서 최대 수직응력 기준(maximum normal stress criterion)과 Mohr-Coulomb 기준을 중심으로 설명하기로 한다.

최대 수직응력 기준에서는 재료내의 임의의 지점에서 최대 수직응력의 크기가 인장 시험이나 압축 시험에서 얻은 특정한 응력의 크기 - 최대 인장강도(ultimate tensile strength) $S_{ut}$ 또는 최대 압축강도(ultimate compressive strength) $S_{uc}$를 넘어서면 파괴가 일어난다고 판정한다. 먼저 재료내의 응력 상태가 $\sigma_1 \geq \sigma_2 \geq \sigma_3$으로 주어지는 주응력으로 표시된다면, 최대 수직응력 파괴 기준에 의하면 다음과 같은 조건을 만족할 때 파손이 일어난다고 판정한다.

$$\sigma_1 \geq S_{ut} \qquad \text{or} \qquad \sigma_3 \leq -S_{uc} \tag{6.28}$$

최대 인장강도와 최대 압축강도가 같다는 가정에서는, 즉, $S_{ut} = S_{uc} = S_u$, (6.28)은 다음과 같이 쓸 수 있다.

$$\sigma_{max} = S_u \qquad \text{파괴 발생(인장 혹은 압축)} \tag{6.29}$$

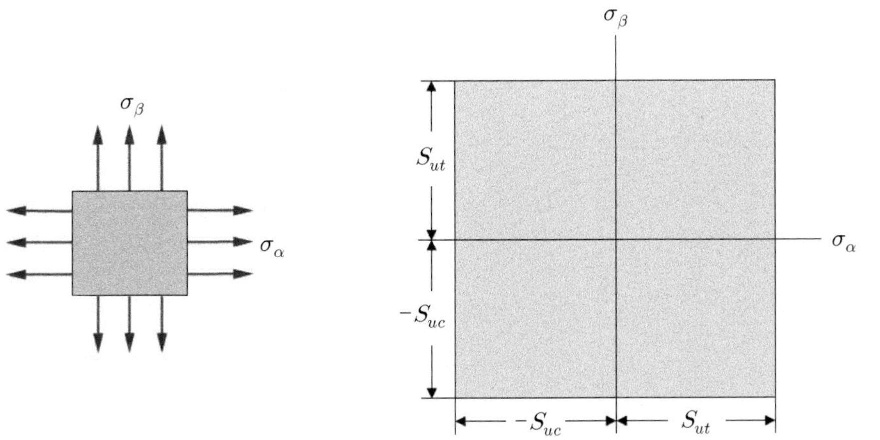


**그림 6.3** 최대 수직응력 기준

여기서 $\sigma_{\max}$는 최대 강도이며 일반적으로는 최대 인장강도(ultimate tensile strength)를 의미하며 압축의 경우에는 음의 부호를 감안해서 사용하여야 함을 유의한다.

### 최대 수직응력 기준(평면 응력)

평면 응력 상태에서 두 주응력이 $\sigma_\alpha \geq \sigma_\beta$의 관계로 주어진다고 가정하면 최대 수직응력 기준은 다음과 같이 쓸 수 있다.

$$\sigma_1 \geq S_{ut} \qquad \text{or} \qquad \sigma_3 \leq -S_{uc} \tag{6.30}$$

한편, 최대 수직응력 기준은 식 (6.30)에 의해서 두 주응력 $\sigma_\alpha$와 $\sigma_\beta$의 크기와 부호에 따라 다음과 같은 네 가지 경우로 나누어 질 수 있으며 각각의 경우를 그림 6.3에서 표시하였다.

A) $\sigma_\alpha \geq \sigma_\beta \geq 0$인 경우 두 주응력은 모두 인장응력이 되므로 최대 수직응력 기준은 다음과 같이 주어진다.

$$\sigma_\alpha = S_{ut} \tag{6.31}$$

B) $\sigma_\alpha \geq 0 \geq \sigma_\beta$에서는 다시 두 가지 경우로 나누어 질 수 있는데 첫 번째는 $\sigma_\alpha$가 $S_{ut}$를 넘어서는 경우이며 그 다음과 같이 주어진다.

$$\sigma_\alpha = S_{ut} \tag{6.32}$$

C) $\sigma_\alpha \geq 0 \geq \sigma_\beta$에서 두 번째 경우는 $\sigma_\beta$가 $S_{uc}$보다 큰 값을 가지게 되며 다음과 같이 주어진다.

$$\sigma_\beta = -S_{uc} \tag{6.33}$$

D) $0 \geq \sigma_\alpha \geq \sigma_\beta$인 경우, 두 주응력은 모두 압축응력이 되며 조건에서 $\sigma_\beta$가 더 큰 값이 되므로 다음과 같은 조건을 만족하게 된다.

$$\sigma_\beta = -S_{uc} \tag{6.34}$$

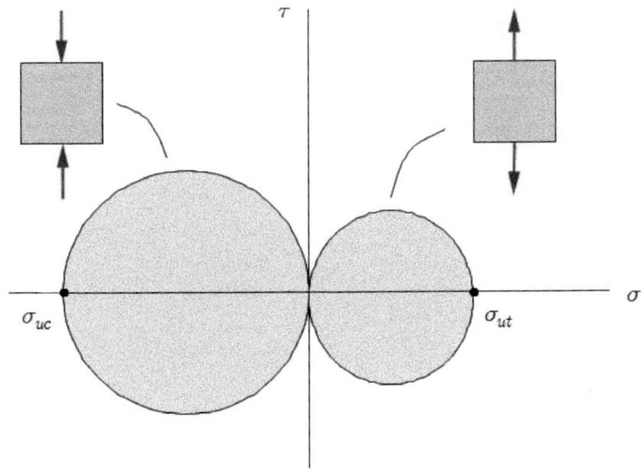


그림 6.4 Mohr 원에서의 인장응력 및 압축응력

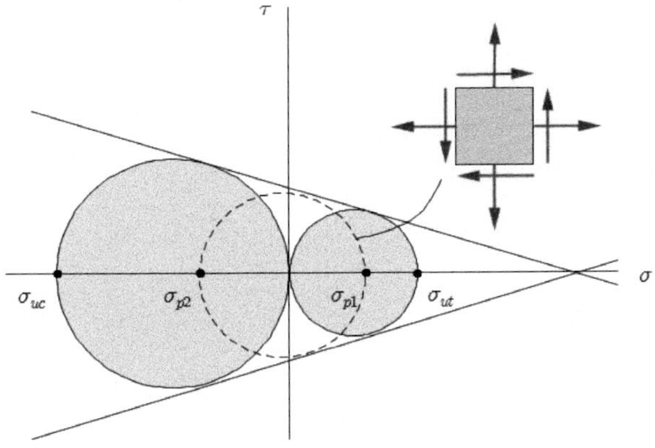


그림 6.5 Coulomb-Mohr 기준에서의 직선과 Mohr 원



## 6.4 Coulomb-Mohr 기준

취성재료에서는 인장성질과 더불어 압축 성질이 더욱 중요한 경우가 많다. 콘크리트 등은 주로 압축하중을 지탱하는 용도로 사용되기 때문인데 이러한 재료에서는 최대 인장강도 $S_{ut}$와 최대 압축강도 $S_{uc}$의 값은 큰 차이를 보이게 된다. Coulomb-Mohr 파괴기준은 인장강도와 압축강도가 다른 값을 가지는 경우에 효과적으로 적용될 수 있다. 먼저 인장하중을 가하여 최대 인장강도 $S_{ut}$에 이르는 경우를 고려하여 Mohr 원으로 표시하고, 또한 압축하중을 적용하여 최대 압축강도에 해당하는 Mohr원을 작도하면 그림 6.4에서 보는 것과 같이 나타낼 수 있다.

Coulomb-Mohr 기준에서는 그림 6.4에서 작도한 두 Mohr 원을 접하는 직선이 만드는 구간 내에 속할 때 파괴가 일어나지 않는 것으로 판단한다. Coulomb-Mohr 기준의 원리는 그림 6.5에서 보듯이 임의의 하중에 의한 응력상태를 나타내는 Mohr 원과 인장과 압축으로 만들어진 Mohr원과의 접선의 교점에서 전단응력을 구하고 이를 해당하는 Mohr원에서의 주응력으로 변환하여 나타내는 것이다.

$$\frac{\sigma_1}{S_{ut}} - \frac{\sigma_3}{S_{uc}} = 1 \tag{6.35}$$

### Coulomb-Mohr 기준(평면 응력)

평면 응력 상태에서의 조건을 고려하고 두 주응력이 $\sigma_\alpha \geq \sigma_\beta$로 주어진다고 하면 Coulomb-Mohr 기준은 다음과 같은 세 가지 경우로 생각할 수 있다.

A) $\sigma_\alpha \geq \sigma_\beta \geq 0$일 때는 $\sigma_1 = \sigma_\alpha$, $\sigma_3 = 0$ 이므로

$$\sigma_\alpha = S_{ut} \tag{6.36}$$

B) $\sigma_\alpha \geq 0 \geq \sigma_\beta$일 때는 $\sigma_1 = \sigma_\alpha$, $\sigma_3 = \sigma_\beta$이므로

$$\frac{\sigma_\alpha}{S_{ut}} - \frac{\sigma_\beta}{S_{uc}} = 1 \tag{6.37}$$

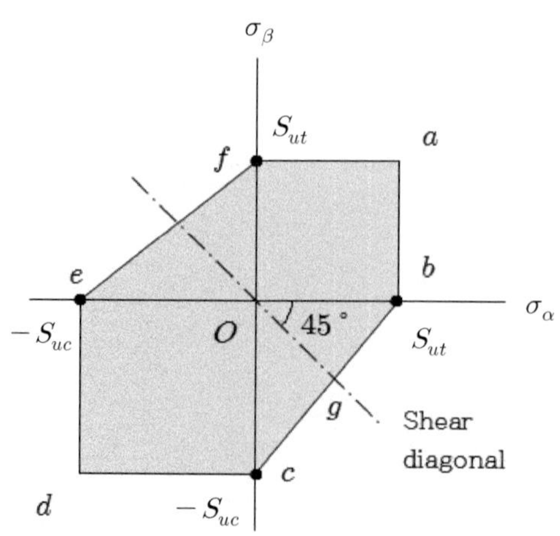


**그림 6.6** Coulomb-Mohr 파손 기준

C) $0 \geq \sigma_\alpha \geq \sigma_\beta$일 때는 $\sigma_1 = 0$, $\sigma_3 = \sigma_\beta$이므로

$$\sigma_\beta = -S_{uc} \tag{6.38}$$

파손을 방지하기 위해서는 응력의 상태가 그림 6.6에서 보는 바와 같이 Coulomb-Mohr 기준선 내에 위치하여야 한다.

예제

**6.3** 평면 응력 상태에 있는 부품의 한 지점에서의 응력이 $\sigma_x = 100Mpa$, $\sigma_y =-80MPa$, $\tau_{xy} = 30MPa$로 주어졌을 때 a) 최대 수직응력 기준 b) Coulomb-Mohr 기준을 사용하여 부품의 파손 여부와 안전계수를 계산하시오. 단, 재료의 최대 인장강도 $S_{ut} = 300MPa$와 최대 인장강도 $S_{ut} = 1000MPa$이다.

해설 주응력을 계산하기 위하여 식 (3.13)과 (3.14)를 사용한다.

$$C = \frac{\sigma_x + \sigma_y}{2} = \frac{100 + (-80)}{2} = 10 \text{ MPa}$$

$$R = \sqrt{\left(\frac{\sigma_x - \sigma_y}{2}\right)^2 + \tau_{xy}^2} = \sqrt{\left(\frac{100 - (-80)}{2}\right)^2 + 30^2} = 94.868 \text{ MPa}$$

주응력은 다음과 같다.

$$\sigma_\alpha = C + R = 10 + 94.868 = 104.868 \text{ MPa}$$

$$\sigma_\beta = C - R = 10 - 94.868 = -84.868 \text{ MPa}$$

두 주응력이 $\sigma_\alpha \geq 0 \geq \sigma_\beta$의 경우이므로 $\sigma_1 = 104.868$ MPa, $\sigma_2 = -84.868$ MPa이며 최대 수직응력 기준 식을 적용하면 다음과 같다.

$$\sigma_1 = 104.868 \text{ MPa} < S_{ut} = 300 \text{ MPa}$$

$$\sigma_2 =-84.868 \text{ MPa} < S_{ct} = 1000 \text{ MPa}$$

위의 결과로 부터 부품은 파괴되지 않으며 안전계수를 다음과 같이 계산한다.

$$FS_1 = \frac{300}{104.868} = 2.86$$

$$FS_2 = \frac{1000}{84.868} = 11.783$$

최종적으로 최대 수직응력 기준에 의한 안전계수는 2.86 이다.

이번에는 Coulomb-Mohr 기준을 적용하면 두 주응력이 $\sigma_\alpha \geq 0 \geq \sigma_\beta$의 경우이므로

$$\frac{\sigma_\alpha}{S_{ut}} - \frac{\sigma_\beta}{S_{uc}} = \frac{104.868}{300} - \frac{-84.868}{1000} = 0.434 < 1$$

부품은 파괴되지 않으며 Coulomb-Mohr 기준 방정식에서는 안전계수를 다음과 같이 계산한다.

$$\frac{\sigma_\alpha}{S_{ut}/FS} - \frac{\sigma_\beta}{S_{uc}/FS} = 1$$

또는

$$\frac{\sigma_\alpha}{S_{ut}} - \frac{\sigma_\beta}{S_{uc}} = \frac{104.868}{300} - \frac{-84.868}{1000} = 0.434 = \frac{1}{FS}$$

위의 식을 풀면 $FS = 2.3$이다.

위에서 소개한 항복 및 파손기준은 응력의 함수라는 형태를 공통적으로 가진다. 즉, 항복조건에 의하면 임의의 응력 조합에서 항복조건을 규정하는 함수값을 넘어서는 응력 조합이 있다면 그 상태에서 항복이 발생한다고 말할 수 있다. 항복 기준면은 6개의 응력 변수 $(\sigma_x, \sigma_y, \sigma_z, \tau_{xy}, \tau_{yz}, \tau_{zx})$로 구성된 6차원 가상공간이며, 임의의 응력의 조합이 만들어내는 항복조건 함수의 값이 기준면 내부에 있을 경우는 탄성조건이 성립하나 항복기준면의 경계를 넘는 순간의 지점이 항복점(yield point)이 된다.

## 6.5 불변량에 대한 수학적 고찰

이 부분은 위에서 설명한 몇 가지의 항복조건에 대하여 보다 수학적인 접근으로 설명한 것이다. 관심있는 독자들은 시간이 될 때 학습해도 될 것으로 생각한다.

정수압 조건은 임의의 응력상태에서 세 주응력의 크기가 $\sigma_1 = \sigma_2 = \sigma_3 = p$일 때이며 그 평균 $\sigma_m$은 다음과 같다.

$$\sigma_m = \frac{\sigma_1 + \sigma_2 + \sigma_3}{3} = p \tag{6.39}$$

여기서 $p$는 정수압(hydrostatic pressure)이다. 하중이 작용할 때 재료의 변형은 두 가지 형태로 나타나는 데 하나는 부피의 변화이고 두 번째는 형상의 변화이다. 미국의 과학자 Bridgman은 1950년대에 수많은 실험을 통해서 매우 큰 크기의 정수압(hydrostatic pressure), $\sigma_1 = \sigma_2 = \sigma_3 = p$, 이라도 재료의 형상을 변하게 할 수 없다는 결론을 얻게 되었으며 고압 물리학 발전에 대한 공로로 노벨 물리학상을 수상하였다. 즉, Bridgman의 실험 결과는 정수압만을 가해서는 재료를 항복점에 이르게 할 수 없다는 것이며 소성변형을 야기할 수 없다는 것을 의미한다. 그러므로 재료를 항복점에 이르게 하여 소성변형을 일으키게 하는 것은 정수압이 아닌 다른 응력 성분이라는 것을 어렵지 않게 유추할 수 있다. 주어진 응력 성분에서 정수압을 제거한 물리량을 일탈응력(deviatoric stress)라고 하며 다음과 같이 정의한다.

$$S_1 = \sigma_1 - p$$
$$S_2 = \sigma_2 - p \qquad (6.40)$$
$$S_3 = \sigma_3 - p$$

위의 결과로 부터 알 수 있는 사실은 재료의 항복은 응력성분 전체가 아니라 일탈응력에 의하여 발생된다는 것이며 앞에서 기술한 von Mises 항복기준은 일탈응력에 의해서 발생되는 변형 에너지 또는 뒤틀림 에너지(distortion energy)의 크기가 일정값을 넘는 경우에 항복이 일어난다고 가정한 것으로 볼 수 있다.

한편, 식 (6.39)에서 주응력의 합을 불변량(invariant)이라고 하며 $I_1$으로 쓰며 다음과 같이 주어진다.

$$I_1 = \sigma_1 + \sigma_2 + \sigma_3 \qquad (6.41)$$

또는, 좌표에 관계없이 성립되는 불변량이므로 주평면(principal plane)이 아닌 일반 응력 성분을 사용하여 다음과 같이 표시할 수 있다.

$$I_1 = \sigma_x + \sigma_y + \sigma_z \qquad (6.42)$$

불변량은 좌표에 관계없이 일정한 값을 유지하는 성질을 가진 물리량이며 대학원 과정에서 학습하게 되는 연속체 역학 등의 과정에서 중요한 역할을 하게 된다.

## 6.6 파손 이론의 중요성

수영장의 다이빙 보드 문제를 생각해 보기로 한다. 다이빙 보드의 지지대 부분을 벽과 이어주는 보조판에 구멍을 내고 볼트로 체결해 놓았다고 가정하면 수영장의 습한 환경으로 인하여 볼트나 보조판에 부식과 많은 하중의 반복으로 인한 피로 현상이 생기게 되고 이로 인하여 강도가 낮아지게 될 것으로 예상된다. 이러한 문제를 해석하기 위해서는 단순히 인장 시험의 결과에서 얻어진 항복강도나 최대강도 또는 파괴강도만을 사용하여 해석할 수는 없다. 그 이유는 인장 시험에서 얻어진 자료는 기본적으로 1축 하중이 작용되는 곳에만 유효한 것이기 때문이다. 그러나 실제로는 다이빙 보드 지지대의 경우는 단순한 1축 하중이 아니라 복잡한 3차원 응력이 존재하게 되므로 측정으로 부터 구했거나 설계시에 예상된 응력과 재료의 강도를 비교하여 안전 여부를 판단할 수는 없다. 그러므로 실제 상황에서의 응력을 사용하여 재료의 파손 여부를 검증할 수 있는 파손 이론이 절대적으로 필요하게 되는 것이다. 아래에서 파손 이론이 적용되는 일반적인 과정을 다음과 같이 나열해 보았다.

1) 변형률 측정과 변환에 의한 응력의 결정
2) 응력 변환 방정식 (3.9, 3.12)에 의한 주응력 및 최대 전단응력 계산
3) 계산된 응력을 파손 이론에 적용하여 파손 여부 판단
4) 적절한 안전 계수 도입
5) 위의 결과가 만족스럽지 않을 경우 다른 재료의 도입이나 설계 변경으로 응력 성분 자체를 갱신

설계시에는 위의 과정과 역순으로 하되 먼저 응력과 원하는 안전 계수를 설정하고 파손 이론을 적용한 후 변형을 계산하는 순서로 진행한다.

## 6.7 주요 방정식 모음

• Tresca 항복기준

$$\sigma_1 - \sigma_3 = \sigma_Y \tag{6.6}$$

• Tresca 항복기준(안전계수)

$$\sigma_1 - \sigma_3 = \frac{\sigma_Y}{FS} \tag{6.11}$$

• von Mises 항복기준

$$\sqrt{\frac{(\sigma_1 - \sigma_2)^2 + (\sigma_2 - \sigma_3)^2 + (\sigma_3 - \sigma_1)^2}{2}} = \sigma_Y \tag{6.24}$$

• von Mises 항복기준(평면응력)

$$\sqrt{\sigma_1^2 - \sigma_1\sigma_2 + \sigma_2^2} = \sigma_Y \tag{6.27}$$

• 최대 수직응력 기준

$$\sigma_1 \geq S_{ut} \qquad \text{or} \qquad \sigma_3 \leq -S_{uc} \tag{6.30}$$

• Coulomb–Mohr 기준

$$\frac{\sigma_1}{S_{ut}} - \frac{\sigma_3}{S_{uc}} = 1 \tag{6.35}$$

# 연습문제

**6.1** 10개 이상의 금속 재료들을 선택하여 탄성계수, 항복강도, 최대강도를 조사하여 표로 작성하시오.

**6.2** 10개 이상의 세라믹 재료들을 선택하여 탄성계수, 항복강도, 최대강도를 조사하여 표로 작성하시오.

**6.3** 10개 이상의 폴리머 재료들을 선택하여 탄성계수, 항복강도, 최대강도를 조사하여 표로 작성하시오.

**6.4** 부품의 한 지점에서의 응력이 $\sigma_x = 150$, $\sigma_y = -200$, $\tau_{xy} = -30$ MPa로 주어졌을 때 a) Tresca 기준, b) von Mises 기준을 사용하여 파손여부를 판별하고 안전계수를 구하시오. 단, 항복강도 $\sigma_Y = 250MPa$이다.

**6.5** 부품의 한 지점에서의 응력이 $\sigma_x = 100MPa$, $\sigma_y = 180$MPa, $\tau_{xy} = 50$ MPa로 주어졌을 때 a) Tresca 기준, b) von Mises 기준을 사용하여 파손여부를 판별하고 안전계수를 구하시오. 단, 항복강도 $\sigma_Y = 200MPa$이다.

**6.6** 동력 전달을 위한 지름 50 mm 인 축에 토크 $T$가 작용하고 있다. 이때 축이 파손이 되지 않을 최대 토크 $T_{\max}$를 Tresca 기준으로 계산하시오. 단, 항복강도는 $\sigma_Y = 200MPa$이다.

**6.7** 동력 전달을 위한 지름 50 mm 인 축에 토크 $T$가 작용하고 있다. 이때 축이 파손이 되지 않을 최대 토크 $T_{\max}$를 von Mises 기준으로 계산하시오. 단, 항복강도는 $\sigma_Y = 200MPa$이다.

**6.8** 평면 응력 상태에서의 von Mises 기준, 식 (6.62)을 다음과 같이 고쳐 쓸 수 있음을 보이고 평면에서의 두 좌표축을 각각 $\sigma_1/\sigma_Y$와 $\sigma_2/\sigma_Y$로 한 그래프를 그리시오. 단, $-1 \le \sigma_1/\sigma_Y \le 1$의 범위를 사용하시오.

$$\left(\frac{\sigma_1}{\sigma_Y}\right)^2 - \left(\frac{\sigma_1}{\sigma_Y}\right)\left(\frac{\sigma_2}{\sigma_Y}\right) + \left(\frac{\sigma_2}{\sigma_Y}\right)^2$$

**6.9** 반지름이 $r=1m$, 두께 $t=4$ mm인 원통형의 압력용기 내부에서 압력 p가 작용하고 있을 때의 표면에서의 응력은 길이 방향 $\sigma_1 = pr/t$, 원주 방향 $\sigma_2 = pr/2t$, 반지름 방향 $\sigma_3 = 0$으로 각각 주어진다. 허용되는 최대 압력을 계산하되 Tresca 기준을 사용하시오. 단, 항복강도 $\sigma_Y = 200MPa$이다.

**6.10** 반지름이 r, 두께 t인 구형(spherical)의 압력용기 내부에서 압력 p가 작용하고 있을 때의 표면에서의 응력은 길이 방향 $\sigma_1 = pr/2t$, 원주 방향 $\sigma_2 = pr/2t$, 반지름 방향 $\sigma_3 = 0$으로 각각 주어진다. 허용되는 최대 압력을 계산하되 Tresca 기준을 사용하시오. 단, 항복강도는 $\sigma_Y$이다.

**6.11** 반지름이 $r=1.5m$, 두께 $t=3mm$인 구형(spherical)의 압력용기 내부에서 압력 p가 작용하고 있을 때의 표면에서의 응력은 길이 방향 $\sigma_1 = pr/t$, 원주 방향 $\sigma_2 = pr/2t$, 반지름 방향 $\sigma_3 = 0$으로 각각 주어진다. 허용되는 최대 압력을 계산하되 Tresca 기준을 사용하시오. 단, 항복강도 $\sigma_Y = 200MPa$이다.

**6.12** 반지름이 $r$, 두께 $t$인 원통형의 압력용기 내부에서 압력 $p$가 작용하고 있을 때의 표면에서의 응력은 길이 방향 $\sigma_1 = pr/t$, 원주 방향 $\sigma_2 = pr/2t$, 반지름 방향 $\sigma_3 = 0$으로 각각 주어진다. 허용되는 안전한 최대 압력을 계산하되 von Mises 기준을 사용하시오.

**6.13** 반지름이 $r=1.5m$, 두께 $t=3$ mm인 원통형의 압력용기 내부에서 압력 $p$가 작용하고 있을 때의 표면에서의 응력은 길이 방향 $\sigma_1 = pr/t$, 원주 방향 $\sigma_2 = pr/2t$, 반지름 방향 $\sigma_3 = 0$으로 각각 주어진다. 허용되는 안전한 최대 압력을 계산하되 von Mises 기준을 사용하시오. 단, 항복강도 $\sigma_Y = 120MPa$이다.

**6.14** 반지름이 $r$, 두께 $t$인 구형(spherical)의 압력용기 내부에서 압력 $p$가 작용하고 있을 때의 표면에서의 응력은 길이 방향 $\sigma_1 = pr/t$ 원주 방향 $\sigma_2 = pr/2t$, 반지름 방향 $\sigma_3 = 0$으로 각각 주어진다. 허용되는 최대 압력을 계산하되 von Mises 기준을 사용하시오. 단, 항복강도는 $\sigma_Y$이다.

**6.15** 반지름이 $r=3m$, 두께 $t=5mm$인 구형(spherical)의 압력용기 내부에서 압력 $p$가 작용하고 있을 때의 표면에서의 응력은 길이 방향 $\sigma_1 = pr/2t$, 원주 방향 $\sigma_2 = pr/2t$, 반지름 방향 $\sigma_3 = 0$으로 각각 주어진다. 허용되는 최대 압력을 계산하되 von Mises 기준을 사용하시오. 단, 항복강도 $\sigma_Y = 200MPa$이다.

**6.16** 축에 대한 비틀림 시험은 토크에 의해서 전단응력$\tau$가 작용하는 경우이며 이를 주응력으로 변환시켜 보면 $\sigma_1 = \tau$, $\sigma_3 = -\tau$가 됨을 Mohr 원을 사용하여 보이시오. 또한 Tresca 기준을 적용하면 $\tau = \sigma_Y/2$임을 보이시오. 단, $\sigma_Y$는 항복강도이다.

**6.17** 문제 6.16에서 구한 주응력 ($\sigma_1$, $\sigma_3$) 또는 ($\tau$, $-\tau$)의 모든 조합을 $\sigma_1-\sigma_2$ 축 상의 그래프로 나타내면 원점을 지나는 직선으로 나타난다. 이 직선과 Tresca 기준에 의한 그림 6.1와의 교점이 $(0.5\sigma_{Y,} - 0.5\sigma_Y)$임을 보이시오. 또한 이 사실은 어떠한 물리적 의미를 가지고 있는지 설명해 보시오.

**6.18** 문제 6.16에서 구한 주응력 ($\sigma_1$, $\sigma_3$) 또는 ($\tau$, $-\tau$)의 모든 조합을 $\sigma_1-\sigma_2$ 축 상의 그래프로 나타내면 원점을 지나는 직선으로 나타난다. 이 직선과 von Mises 기준에 의한 그림 6.1와의 교점이 $(\sigma_Y/\sqrt{3}, -\sigma_Y/\sqrt{3})$임을 보이시오. 또한 이 사실은 어떠한 물리적 의미를 가지고 있는지 설명해 보시오.

**6.19** 최대 인장강도 $S_{ut} = 300MPa$, 최대 압축강도 $S_{uc} = 980MPa$인 재료로 만들어진 부품의 한 지점에서 $\sigma_x = 200MPa$, $\sigma_y = -100MPa$, $\tau_{xy} = 30MPa$의 응력이 작용하고 있다. 다음의 두 파손기준을 사용하여 부품의 파손 여부와 안전계수를 각각 계산하시오. a) 최대 수직응력 기준 b) Coulomb-Mohr 기준.

**6.20** 최대 인장강도 $S_{ut} = 200MPa$, 최대 압축강도 $S_{uc} = 700MPa$인 재료로 만들어진 부품의 한 지점에서 $\sigma_x = 500MPa$, $\sigma_y = -200MPa, \tau_{xy} = 130MPa$의 응력이 작용하고 있다. 다음의 두 파손기준을 사용하여 부품의 파손 여부와 안전계수를 각각 계산하시오. a) 최대 수직응력 기준 b) Coulomb-Mohr 기준.

**6.21** 최대 인장강도 $S_{ut} = 200MPa$, 최대 압축강도 $S_{uc} = 700MPa$인 재료로 만들어진 부품의 한 지점에서 $\sigma_x = 500MPa$, $\sigma_y = -200MPa, \tau_{xy} = 130MPa$의 응력이 작용하고 있다. 다음의 두 파손기준을 사용하여 부품의 파손 여부와 안전계수를 각각 계산하시오. a) 최대 수직응력 기준 b) Coulomb-Mohr 기준.

**6.22** 동력 전달을 위한 지름 $80mm$ 인 축에 토크 $T$가 작용하고 있다. 이때 축이 파손이 되지 않을 최대 토크 $T_{\max}$를 최대 수직응력 기준으로 계산하시오. 단, 최대 인장강도는 $S_{ut} = 200MPa$, 최대 압축강도는 $S_{uc} = 400MPa$이다.

**6.23** 동력 전달을 위한 지름 $80mm$ 인 축에 토크 $T$가 작용하고 있다. 이때 축이 파손이 되지 않을 최대 토크 $T_{\max}$를 Coulomb–Mohr 기준으로 계산하시오. 단, 최대 인장강도는 $S_{ut}=200MPa$, 최대 압축강도는 $S_{uc}=400MPa$이다.

**6.24** 부품의 한 지점에서의 응력이 $\sigma_x=50MPa$, $\sigma_y=-20MPa$, $\sigma_z=40MPa$, $\tau_{xy}=30MPa$, $\tau_{yz}=10MPa$, $\tau_{zx}=-5MPa$로 주어졌을 때 a) Tresca 기준, b) von Mises 기준을 사용하여 파손여부를 판별하시오. 단, 항복강도 $\sigma_Y=250MPa$이다.

**6.25** 부품의 한 지점에서의 응력이 $\sigma_x=100MPa$, $\sigma_y=50MPa$, $\sigma_z=0$, $\tau_{xy}=-10MPa$, $\tau_{yz}=20MPa$, $\tau_{zx}=50MPa$로 주어졌을 때 a) Tresca 기준, b) von Mises 기준을 사용하여 파손여부를 판별하시오. 단, 항복강도 $\sigma_Y=250MPa$이다.

**6.26** 부품의 한 지점에서의 응력이 $\sigma_x=100MPa, \sigma_y=50MPa$, $\sigma_z=0$, $\tau_{xy}=-10MPa$, $\tau_{yz}=20\$MPa$, $\tau_{zx}=50MPa$로 주어졌을 때 a) 최대 수직응력 기준, b) Coulomb–Mohr 기준을 사용하여 파손여부를 판별하시오. 단, 최대 인장강도는 $S_{ut}=200MPa$, 최대 압축강도는 $S_{uc}=400MPa$이다.

**6.27** 부품의 한 지점에서의 응력이 $\sigma_x=20MPa, \sigma_y=120\ MPa$, $\sigma_z=40$, $\tau_{xy}=0MPa$, $\tau_{yz}=5MPa$, $\tau_{zx}=0MPa$로 주어졌을 때 a) Tresca 기준, b) von Mises 기준을 사용하여 파손여부를 판별하시오. 단, 최대 인장강도는 $S_{ut}=260MPa$, 최대 압축강도는 $S_{uc}=450MPa$이다.

# 제 7 장 고 사이클 피로(HCF)

## 7.1 피로

어떤 부품이나 기계라도 단 한 번의 하중의 작용에 의해서 파손되는 일은 드물다. 대부분의 파손은 하중의 반복적인 작용과 다른 환경적인 요인이 맞물려서 발생된다. 반복하중을 받는 재료 내부에는 점진적인 손상이 가해지며 이를 통하여 취약한 부분에서 미소 균열이 발생한다. 이러한 미소 균열은 손상이 계속됨에 따라 보다 큰 균열로 성장하게 되고 결국에는 재료를 파괴시키는 데까지 이르게 된다. 이러한 과정을 피로라고 정의한다. 피로에 의한 재료의 파손은 최대 강도보다도 낮은 범위에서 사용되는 부품이 파괴되는 이유를 설명하고 있다.

반복되는 하중으로 인한 피로에 의한 파손은 19세기에 이르러서야 비로소 학문적으로 규정화되기 시작하였다. 재료의 피로파손(fatigue failure)은 Albert(1837)에 의해서 처음으로 제기되었으며, Poncelet(1839)은 금속에서의 피로현상을 설명하였다. Rankine(1842)은 철도 차량 축에 과도한 응력이 집중되어 파손되었다고 주장하였다. 한편, Wöhler(1870)는 피로 시험을 수행하여 반복된 하중에 의한 피로파손은 최대 응력 자체가 아니라 응력범위(stress range)와 더 관련이 있음을 밝혔으며 고 사이클 피로 해석에서의 중요한 요소인 피로한도(fatigue limit)의 개념을 정립하였다.

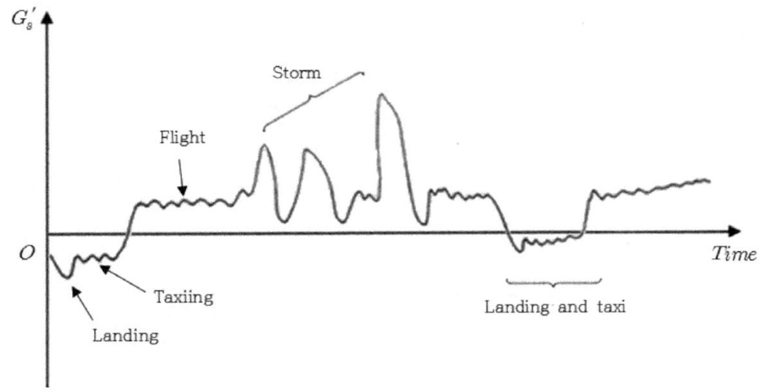


그림 7.1 항공기가 받는 일반적인 반복 하중

피로파손의 가장 극적인 사례 중의 하나는 1950년대에 일어났던 민간 항공기의 추락 사건이다. Comet 여객기는 운항중 갑작스런 균열의 전진으로 인하여 기체가 파손되어 추락하였다. Comet 항공기는 운항시에 예상되는 하중보다 2.5배 정도나 높은 안전계수를 감안하여 설계되었음에도 불구하고 파괴되어 충격을 주었으며, 항공 사고 조사단은 여객기의 파손은 기체 내부를 여압하는 과정에서의 압력으로 인한 사각형 모양의 창문 부근에서의 날카로운 부분 근처에서 피로로 인한 균열 발생과 더불어 기체를 조립하는 과정에서의 리벳을 위한 구멍에서 부근에서 응력이 집중되어 파손에 이르게 되었다고 보고하였다. 이러한 비극적인 사건으로 인하여 항공기에서의 창문 형태나 제작 과정에 보다 과학적이며 혁신적인 개선 요구가 증대되는 계기가 되었다. 그림 7.1에서는 항공기의 운용과정에서 가해지는 일반적인 피로 하중의 형태가 나타나 있다.

## 7.2 피로시험

반복하중이 작용하는 상황에서 사용될 부품이나 기계를 설계하기 위해서는 재료에 대한 피로 시험 자료가 반드시 필요하며 피로시험을 수행함으로 얻어진다. 피로시험 자료는 인장, 비틀림, 굽힘 등의 시험을 통해서 얻을 수 있으며 가장 보편적인 것은 Moore에 의해서

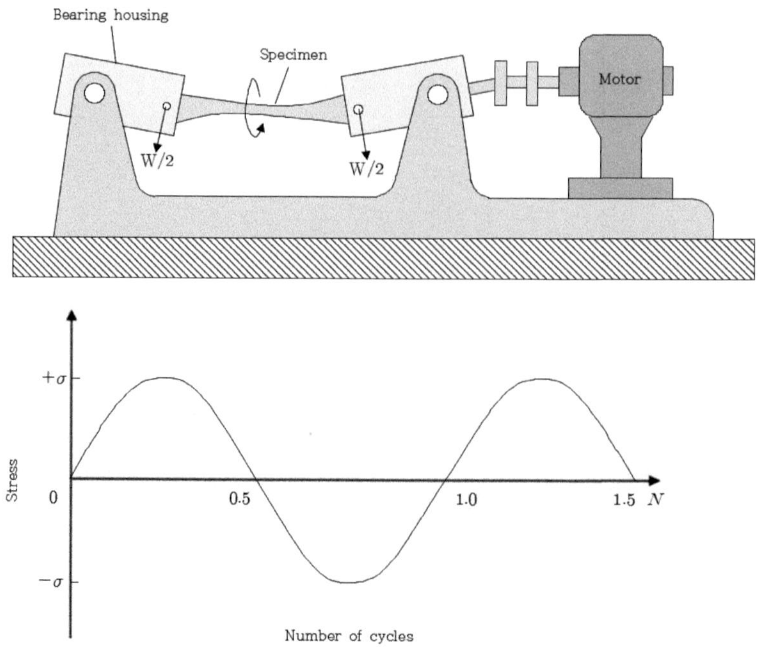


그림 7.2 굽힘 피로시험 장치와 반복 응력

제안된 회전 보 시험(rotating beam test)이다. Moore 시험법은 허리 부분이 잘록한 원통형의 시험편을 일정한 속도로 회전시키며 일정한 반복 굽힘 하중을 인장-압축으로 하여 교대로 주는 방법이며 그림 7.2에서 시험 장치를 그림으로 나타내었다. 굽힘이나 비틀림 피로시험에서는 저 사이클 구간에서의 피로시험 자료를 얻기가 어려운데 그 이유는 그 구간에서 크게 발생하는 소성변형 때문이다. 시편으로 사용하는 보에서의 응력은 고체역학에서 학습하였던 보 이론(beam theory)에 따라서 탄성변형에서만 유효하도록 정의된 $S = Mc/I$로 계산하며 여기서 $M$은 굽힘 모멘트, $I$는 보의 단면에 대한 2차 모멘트, 그리고 $c$는 보의 단면의 중립축에서 외부 표면까지의 길이이다. 그림 7.3에서는 인장 피로시험 장치를 보여주고 있으며 인장 하중을 반복적으로 주된 응력을 조절하여 원하는 응력 범위의 값을 설정하여 사용한다. 한편, 피로 시험을 위한 시편은 그림 7.4와 같은 형태로 만들어서 사용하며 표면은 아주 매끄럽게 유지하여야 하며 표면에 자그마한 흠집이나 불순물들도 없도록 주의하여야 한다. 그 이유는 흠집 등으로 인하여 응력이 그곳에 집중되어 피로시험에서 구하는 재료의 수명에 영향을 주기 때문이다.



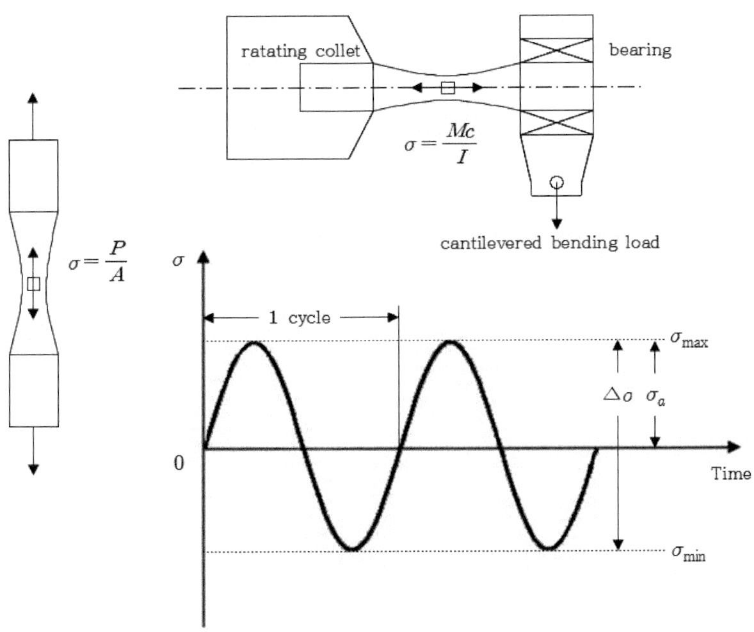


그림 7.3 인장 피로 시험의 개략도

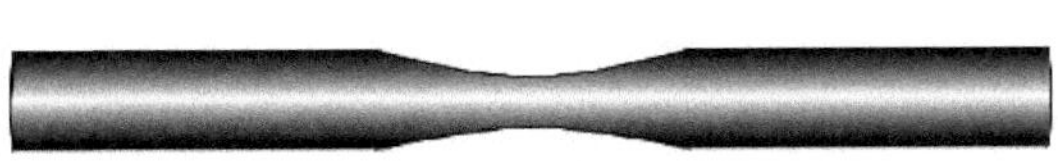

그림 7.4 피로 시험에 사용되는 시편

## 7.3 반복응력의 정의

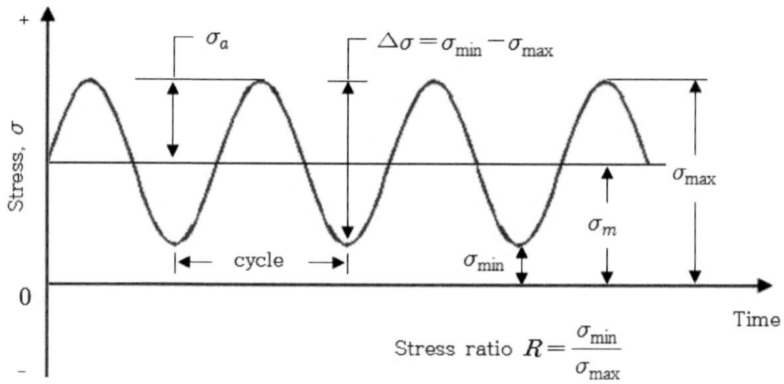


그림 7.5 반복응력의 정의

응력을 기반으로 수명을 예측하는 방법은 일반적으로 널리 사용되고 있으며 탄성한계 내에서 적절하게 사용될 수 있다. 반복 하중에 대한 설명을 하기 위해서 다음과 같은 몇 가지의 중요한 응력들을 정의하여 사용하며 그림 7.5를 참조하면 된다.

응력범위(stress range) $$\Delta\sigma = \sigma_{max} - \sigma_{min} \tag{7.1}$$

응력진폭(stress amplitude) $$\sigma_a = \frac{\sigma_{max} - \sigma_{min}}{2} \tag{7.2}$$

평균응력(mean stress) $$\sigma_m = \frac{\sigma_{max} + \sigma_{min}}{2} \tag{7.3}$$

응력비(stress ratio) $$R = \frac{\sigma_{min}}{\sigma_{max}} \tag{7.4}$$

진폭비(amplitude ratio) $$A = \frac{\sigma_a}{\sigma_m} \tag{7.5}$$

예제

**7.1** 다음과 같이 주어진 반복 응력을 사용하여 피로시험을 수행하고자 한다. 각 경우에 대하여 응력진폭 $\sigma_a$, 평균응력 $\sigma_m$, 응력비 $R$, 진폭비 $A$를 계산하시오.

a) $\sigma_{max} = 100$ MPa, $\sigma_{min} = -100$ MPa

b) $\sigma_{max} = 100$ MPa, $\sigma_{min} = 0$ MPa

c) $\sigma_{max} = 0$ MPa, $\sigma_{min} = -100$ MPa

**해설** 완전 반전, 0에서 최대값으로, 0에서 최소값으로의 세 가지 경우를 알아보기로 하다.

a) 완전 반전 응력(fully reversed stress) : 그림 7.6

$$\sigma_a = \frac{100-(-100)}{2} = 100 \text{ MPa}$$

$$\sigma_m = \frac{100+(-100)}{2} = 0 \text{ MPa}$$

$$R = \frac{-100}{100} = -1$$

$$A = \frac{100}{0} = \infty$$

b) 0에서 최대값으로(zero to max) : 그림 7.7

$$\sigma_a = \frac{100-0}{2} = 50 \text{ MPa}$$

$$\sigma_m = \frac{100+0}{2} = 50 \text{ MPa}$$

$$R = \frac{0}{100} = 0$$

$$A = \frac{50}{50} = 1$$

c) 0에서 최소값으로(zero to min)

$$\sigma_a = \frac{0-(-100)}{2} = 50 \text{ MPa}$$

$$\sigma_m = \frac{0+(-100)}{2} = -50 \text{ MPa}$$

$$R = \frac{-100}{0} = \infty$$

$$A = \frac{50}{-50} = -1$$

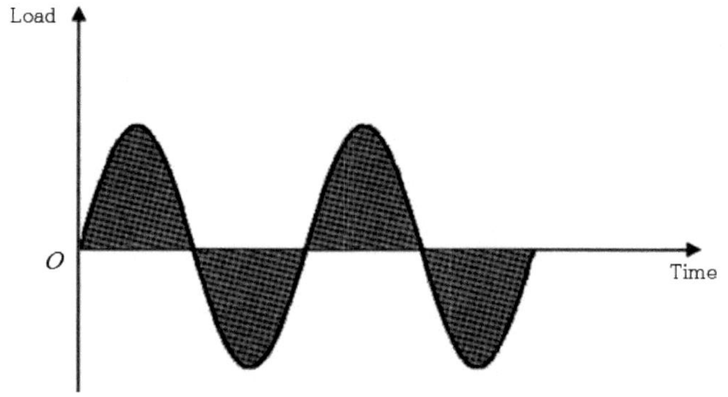


**그림 7.6** 완전 반전 응력(fully reversed stress), $R=-1$, $A=\infty$

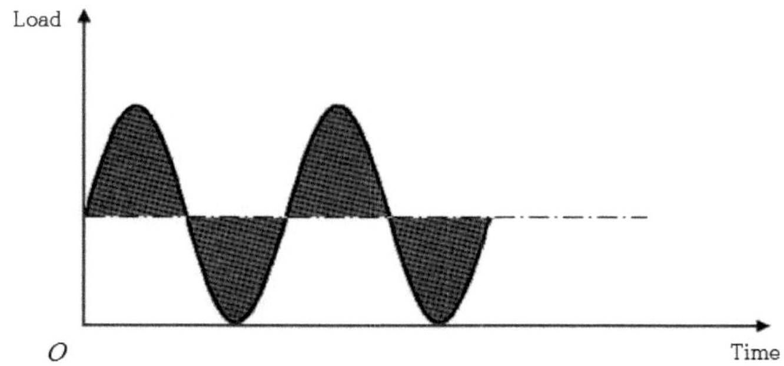


**그림 7.7** 0에서 최대값으로(zero to max), $R=0$, $A=1$

## 7.4 S-N 곡선

### 피로시험과 내구한도

피로시험은 많은 시편들을 사용하여 수행되며 그 결과에 많은 시험 편차가 발생한다. 일반적인 피로시험을 간단하게 설명하면 첫 번째 시험에서는 시편을 피로 시험기에 걸고 반복응력 $\sigma_{a1}$을 작용시켜서 그 시편이 파괴될 때의 파괴 수명 $N_{f1}$을 기록해둔다. 두 번째 시편에는 첫 번째보다 작은 반복응력 $\sigma_{a2}$을 사용하여 $N_{f2}$을 기록한다. 세 번째 시편에는 더 작은 반복응력 $\sigma_{a3}$을 사용하여 역시 $N_{f3}$을 기록한다. 이와 같은 과정을 계속하면 어떤 크기의 반복응력에서는 많은 사이클(약 $10^6$ 사이클 이상)이 수행됐음에도 불구하고 시편이 파괴되지 않는 것 같은 순간이 오는데 그 때의 반복응력을 재료의 피로한도(fatigue limit) $S_e$ 또는 내구한도(endurance limit)로 정의하며 표 7.1에서 정리하여 나타내었다.

**표 7.1** 피로시험에서 얻은 응력 진폭 $\sigma_a$에서의 파괴 수명 $N_f$

| 시험 순서 | 응력진폭 $\sigma_a(=S_a)$ | 파괴수명 $N_f$ |
|---|---|---|
| 1 | $\sigma_{a1}$ | $N_{f1}$ |
| 2 | $\sigma_{a2}$ | $N_{f2}$ |
| 3 | $\sigma_{a3}$ | $N_{f3}$ |
| ⋮ | ⋮ | ⋮ |
| n | $S_e$ | $N_f=\infty$ |

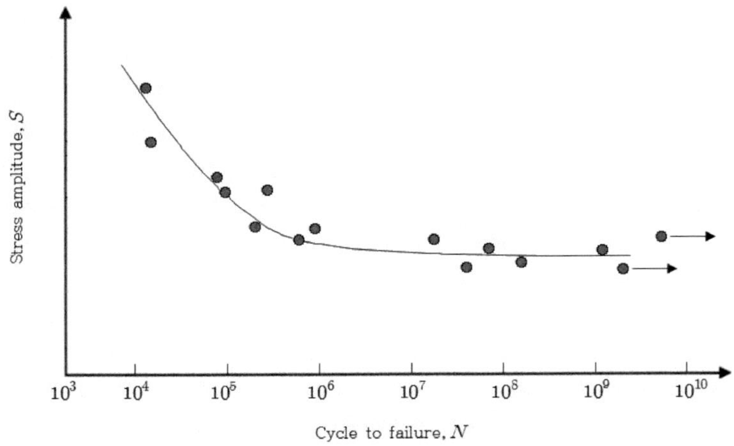


**그림 7.8** S–N 곡선: 반복응력과 피로수명(log). 점–피로시험 자료, 실선–커브 피팅

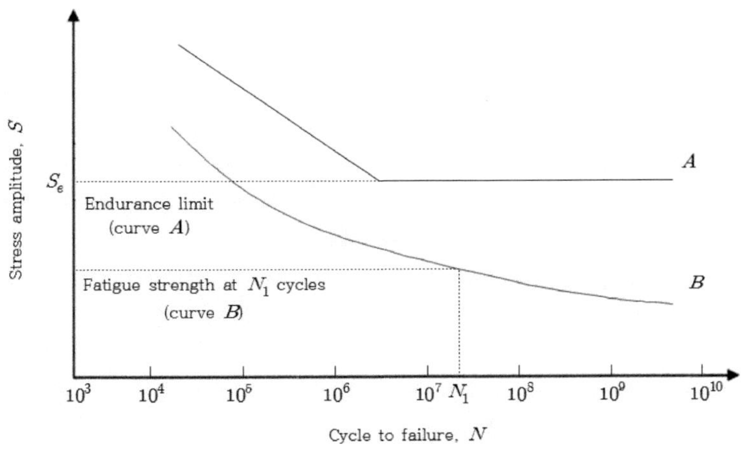


**그림 7.9** S–N 곡선과 내구한도 $S_e$의 개념

표 7.1에서 보는 결과는 응력진폭은 크기 순서로 $\sigma_{a1} > \sigma_{a2} > \sigma_{a3} > \cdots > S_e$ 이며, 파괴 수명은 $N_{f1} < N_{f2} < N_{f3} < \cdots < \mathrm{N}_f$ 임을 유의한다. 피로시험에 의해서 얻어진 결과는 소위 S–N 곡선 또는 Wöhler 곡선이라고 하는 방식으로 표시되며 응력진폭과 피로수명의 관계식을 그림 7.8에서와 같이 나타내는데 두 축을 모두 대수–대수(log–log)로 환산하여 나타내거나 수명을 나타내는 축만을 대수(log)로 환산하여 표시한다. 산업계에서는 관습적으로 반복응력을 $S$ 또는 응력진폭을 $S_a$로 나타내기도 하는데 이는 응력진폭 $\sigma_a$와 동일하다. 이 책에서는 가능한 혼란을 줄이기 위해서 표기의 일관성을 유지하고자 하였으나, 실제로 사용되는 많은 피로시험 자료에서는 기호의 혼용이 다반사로 일어나므로 독자들의 주의를 요한다.

그림 7.9에서의 S–N 곡선에서 볼 때 만일 내구한도 $S_e$ 이하에서 사용되도록 부품을 설계한다면 다른 이변이 없는 한 무한대의 수명을 보장한다는 것을 알 수 있을 것이며 실제적으로도 고 사이클 피로 이론이 적용되는 많은 사례에서 볼 수 있듯이 내구한도 아래에서 사용응력이 결정되도록 설계한다. 강과 알루미늄에 대한 S–N 곡선은 그림 7.10과 같은 양상을 보이며 내구한도 $S_e$ 이하에 대해서는 무한대의 수명($N_f = \infty$)을 갖는 것처럼 보인다. 대부분의 강(steel)과 구리 합금에서 $S_e = 0.35S_u \sim 0.5S_u$ 정도의 값을 갖는다. 만일 내구한도 $S_e$를 규정하기 어려울 때에는 $10^6 \le N_f \le 10^8$ 사이에서의 응력을 내구한도로 취한다.

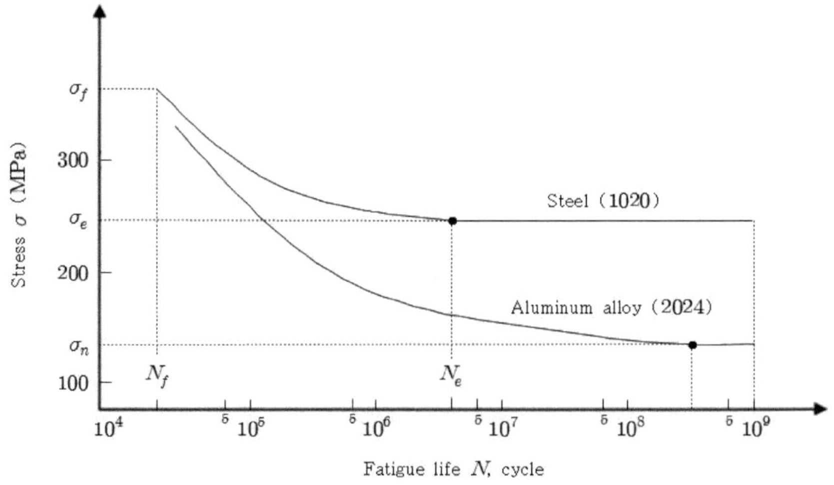


**그림 7.10** 1020 강과 2024 알루미늄 합금에 대한 S–N 곡선

## S–N 곡선 작도법

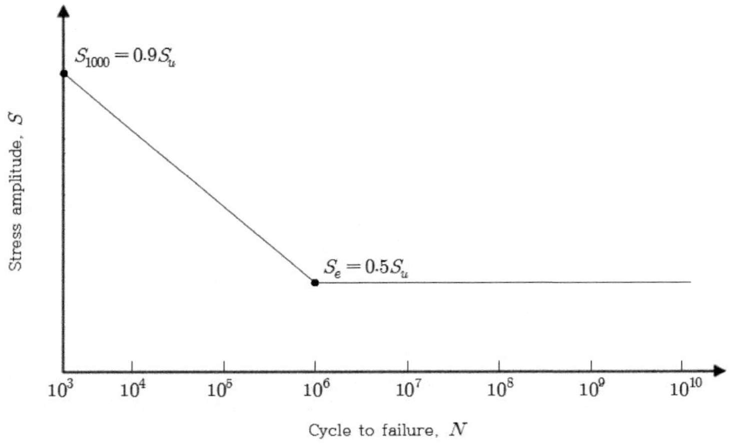


**그림 7.11** 강(wrought steel)에 대한 일반적인 S–N 선도



S–N 곡선의 장점은 안전 수명 설계(safe life design)를 지향하는 데 있어서 정보를 직관적으로 제공해 준다는 점이다. 반면에 단점으로는 저 사이클 구역($N_f = 10^3$ 이하)에서는 큰 소성변형으로 인하여 탄성변형을 가정한 S–N 곡선은 사용되기가 어렵게 된다는 점이다. 즉, S–N 곡선은 기본적으로 탄성변형이 유효한 고 사이클 구역에서 의미를 가진다. 그러므로 대부분의 S–N 곡선은 $10^3 \le N_f \le 10^8$ 정도의 범위에서 사용된다. 그림 7.11에서는 강(wrought steel)에 대한 S–N 곡선을 간략화 하여 그려놓았다. S–N 곡선에서 가장 관심있는 부분인 $10^3 \le N_f \le 10^8$ 구간을 쉽게 작도하기 위해서는 몇 가지의 가정을 사용한다. 대수–대수 그래프에서 직선으로 표시된 부분을 근사 시킬 수 있는 방정식을 다음과 같이 놓을 수 있다.

$$S = AN_f^b \qquad \text{or} \qquad \sigma_a = AN_f^b \tag{7.6}$$

여기서 계수 $A$와 지수 $b$는 피로시험에서 얻는 최소 두 개의 응력과 수명의 구성인 ($N$, $\sigma_a$)를 사용하여 결정될 수 있다. 여기서 그 두 점에 해당하는 점들은 $N_f = 10^3$일 때와 $N_f = 10^6$일 때로 한다. 먼저 $N_f = 10^3$에 해당하는 응력을 $S_{1000}$이라 하고, $N_f = 10^6$에서의 내구한도를 $S_e$라 하면 두 점의 좌표($10^3$, $S_{1000}$)과 ($10^6$, $S_e$)를 식 (7.6)에 대입 하면 다음과 같이 두 식을 얻을 수 있다.

$$
\begin{aligned}
S_e &= A(10^6)^b \\
S_{1000} &= A(10^3)^b
\end{aligned}
\tag{7.7}
$$

식 (7.7)의 양변에 $\log_{10}$을 각각 취하면 다음과 같다.

$$
\begin{aligned}
\log S_e &= \log A + 6b \\
\log S_{1000} &= \log A + 3b
\end{aligned}
\tag{7.8}
$$

여기서 $\log_{10}10^3 = 3$, $\log_{10}10^6 = 6$이며 식 (7.8)에서 두 방정식을 $A$와 $b$에 대하여 연립으로 풀면 다음과 같은 결과를 얻게 된다.

$$
\begin{aligned}
A &= \frac{(S_{1000})^2}{S_e} \\
b &= -\frac{1}{3}\log\left(\frac{S_{1000}}{S_e}\right)
\end{aligned}
\tag{7.9}
$$

한편, 강(steel)에 대해서는 다음과 같은 근사식이 성립된다고 알려져 있다.

$$
S_{1000} = 0.9S_u \qquad S_e = 0.5S_u \tag{7.10}
$$

식 (7.10)을 식 (7.9)에 대입하여 계수를 구하면

$$
A = \frac{(0.9S_u)^2}{0.5S_u} = \frac{0.9^2 S_u}{0.5} = 1.62S_u \tag{7.11}
$$

$$
b = -\frac{1}{3}\log\frac{0.9S_u}{0.5S_u} = -\frac{1}{3}\log\frac{0.9}{0.5} = -0.085 \tag{7.12}
$$

최종적으로 S-N 곡선식은 식 (7.6)으로부터 다음과 같이 주어진다.

$$
S = 1.62S_u N_f^{-0.085} \qquad (10^3 \le N_f \le 10^6) \tag{7.13}
$$

식 (7.13)은 응력비 $R = -1$이며 $\sigma_m = 0$인 경우를 상정하고 제안된 근사식이며 실제 피로시험 자료를 사용하여 함수로 근사시켜서 계수 $A$와 지수 $b$를 결정하여 완성한다. 그러나 피로시험 자료가 없거나 구하기 힘든 경우에는 위에서와 같이 S-N 곡선 방정식을 만들

어 사용하기도 한다. 그러나 설계시에는 가능한 한 실제 피로시험으로부터 얻어진 자료를 이용하는 것이 좋다.

예제

**7.2** 반복하중하에 있는 재료에 대한 S-N 곡선을 작성하여 파손수명이 각각 $N_f = 10^4$, $N_f = 10^5$일 때의 응력 $S_4$와 $S_5$를 계산하시오. 단, $S_u = 441\,\mathrm{MPa}$을 사용하시오.

해설 문제에서 피로시험 자료가 따로 주어지지 않았으므로 S-N 곡선을 사용하기 위하여 근사식을 이용하기로 한다. 식 (7.13)에서 다음과 같이 계산한다.

$$S = 1.62 \times 441 N_f^{-0.085} = 714 N_f^{-0.085}\,\mathrm{MPa} \tag{a}$$

문제에서 주어진 파손수명 $N_f = 10^4$와 $N_f = 10^5$을 각각 대입하면 응력은 다음과 같이 주어진다.

$$S_4 = 714(10^4)^{-0.085} = 323\,\mathrm{MPa} \tag{b}$$

$$S_5 = 714(10^5)^{-0.085} = 268\,\mathrm{MPa} \tag{c}$$



## 7.5 평균응력과 S-N 곡선

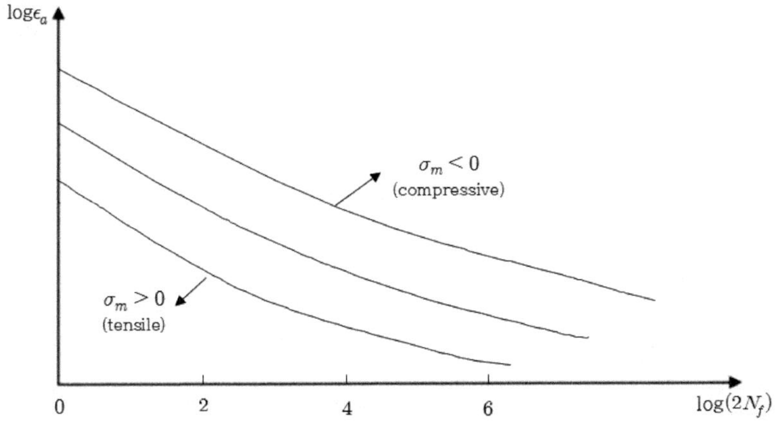


그림 7.12 S-N 곡선에 대한 평균응력 $\sigma_m$의 영향

### 평균응력의 영향

일반적으로 $S-N$ 곡선은 그림 7.11에서와 같은 평균응력 $\sigma_m = 0$ 또는 응력비 $R = -1$인 완전 반전 하중에 대하여 주어진다. 그러나 피로시험에 의하면 그림 7.12에서 볼 수 있

듯이 $S-N$곡선은 평균응력의 영향을 크게 받는다는 것이 알려져 있다. 평균응력이 0을 기준으로 하여 압축(음수)이 되면 수명이 연장되고, 반면에 인장(양수)이 되면 수명이 단축된다. 예를 들어 그림 7.13에서 주어진 반복하중의 경우는 평균응력이 더 이상 0이 아니라

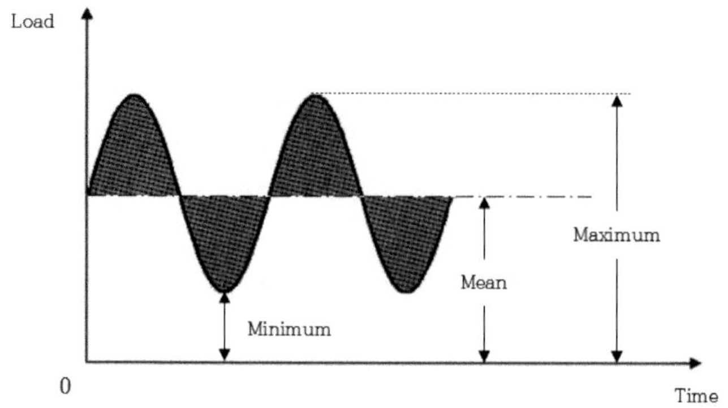


**그림 7.13** 변동 응력(fluctuating stress), $\sigma_m > 0$

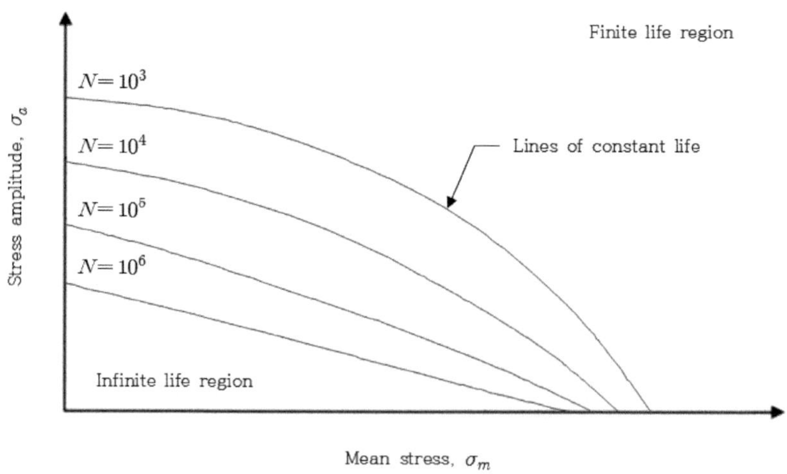


**그림 7.14** 피로 수명에 대한 응력진폭 $\sigma_a$와 평균응력 $\sigma_m$의 관계

$\sigma_m > 0$의 값을 가지므로 기존의 $S-N$ 곡선을 사용할 수 없게 된다. 그러므로 평균응력이 0이 아닌 경우를 고려해야 할 때는 이를 반영해 줄 수 있는 방법을 찾아서 $S-N$ 곡선에 적용해야 할 필요가 있다.

같은 피로수명을 가지는 응력진폭과 평균응력의 구성을 나타낸 그림을 Haigh 선도(Haigh diagram)라고 한다. 그림 7.14에 나타나 있는 Haigh 선도에서는 특정한 수명에 대한 등곡선으로 응력진폭 $\sigma_a$와 평균응력 $\sigma_m$에 대한 자료를 보여주고 있다. Haigh 선도에서 $\sigma_m = 0$인 경우에는 응력진폭 $\sigma_a$축에 각 수명별로 허용응력이 위치하고 있는 것을 볼 수 있으며 같은 수명의 곡선을 따라서 평균응력이 커질수록 허용응력도 낮아짐을 볼 수 있

다. 그러므로 재료에 대한 Haigh 곡선이 주어진다면 평균응력이 0이 아닌 경우에도 피로 수명을 감안하여 설계 할 수 있다. 그러나 Haigh 곡선의 문제점은 곡선을 그리기 위하여 많은 시험 자료가 필요하여 비용의 증가로 이어진다.

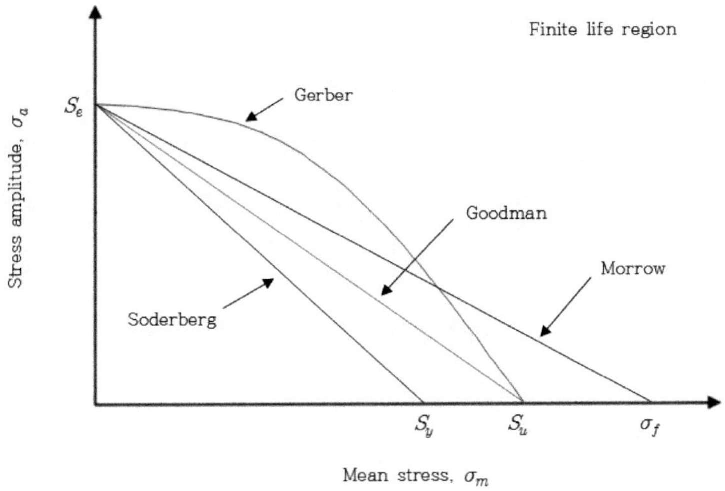


그림 7.15 Soderberg, Goodman, Gerber, Morrow의 근사식

따라서 많은 학자들에 의하여 Haigh 선도를 간편하게 대치할 수 있는 방정식들이 제시되었으며 여기서는 Soderberg, Goodman, Gerber, Morrow 및 SWT(Smith, Watson, Topper)에 의해 제안된 내용들을 중심으로 설명하고자 한다.

### Haigh 선도와 근사식

평균응력의 영향을 감안한 피로수명을 계산하기 위하여 Haigh 선도를 사용할 때 시험 자료에 근거하여 간략화시킨 실험식들이 있으며 가장 널리 사용되고 있는 Soderberg, Goodman, Gerber, Morrow의 식들은 다음에 주어져 있으며 그림 7.15에서 보는 바와 같이 응력진폭 축에서의 내구한도(피로한도)와 평균응력축에서의 항복강도 $\sigma_Y$ 또는 파괴강도 $\sigma_f$ 또는 최대강도 $S_u$를 각각 잇는 직선이 된다.

Gerber(1874)
$$\frac{\sigma_a}{S_e} + \left(\frac{\sigma_m}{S_u}\right)^2 = 1 \tag{7.14}$$

Goodman(1899)
$$\frac{\sigma_a}{S_e} + \frac{\sigma_m}{S_u} = 1 \tag{7.15}$$

Soderberg(1930)
$$\frac{\sigma_a}{S_e} + \frac{\sigma_m}{\sigma_Y} = 1 \tag{7.16}$$

Morrow(1960)
$$\frac{\sigma_a}{S_e} + \frac{\sigma_m}{\sigma_f} = 1 \tag{7.17}$$

대부분의 피로시험 결과는 Goodman과 Gerber곡선의 사이에 위치하며, $R < 1$인 경우는 위에서 언급한 모든 식은 거의 차이를 보이지 않으며 $R \to 1$인 경우는 시험 자료가 많이 없기 때문에 대개는 항복강도를 한계점으로 간주한다. Soderberg 식은 예측 결과가 매우 보수적이기 때문에 잘 사용되지 않는다. 한편, SWT로 불리는 Smith, Watson, Topper는 평균응력의 영향을 고려한 무한 수명 계산식을 다음과 같이 제안하였다.

$$\sqrt{(\sigma_a + \sigma_m)\sigma_a} = S_e \tag{7.18}$$

예제

**7.3** (Haigh 선도) 피로하중에 놓인 기계요소가 최대값 120ksi와 최소값 20ksi의 반복응력을 받고 있다. 이 요소는 인장강도 $S_u$ = 160ksi, $S_e$ = 65ksi 그리고 1000사이클에서의 완전교번응력 $S_{1000}$ = 120ksi인 특수강으로 만들어졌다. Goodman관계식을 이용하여 이 요소의 수명을 결정하여라.

해설 주어진 조건으로부터 응력진폭과 평균응력을 결정한다.

$$\sigma_a = \frac{\sigma_{\max} - \sigma_{\min}}{2} = \frac{120 - 20}{2} = 50\text{ksi}$$

$$\sigma_m = \frac{\sigma_{\max} + \sigma_{\min}}{2} = \frac{120 + 20}{2} = 70\text{ksi}$$

$10^6$과 $10^3$ 사이클에서의 일정수명으로 Haigh diagram을 만든다. Haigh diagram은 교번응력축의 $S_e$와 $S_{1000}$과 평균응력축 위의 $S_u$를 연결하여 이루어진다(그림 7.16 참조).

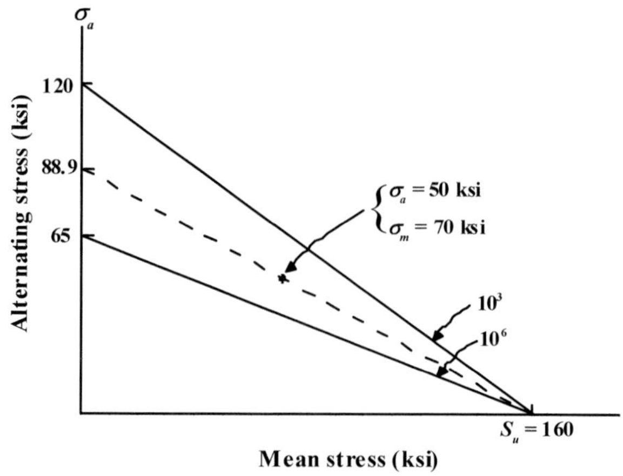


그림 7.16 Haigh 선도

요소의 응력조건($\sigma_a$=50ksi, $\sigma_m$=70ksi)이 Haigh diagram에 그려질 때, 그 점은 $10^3$과 $10^6$ 수명선들 사이에 위치한다. 이것은 요소가 유한수명을 가질 것이나 그 수명이 1000사이클보다 크다는 것을 의미한다. 주어진 응력조건들을 대표하는 점과 평균응력축 위의 인장강도 $S_u$를 연결하는 임의의 점선을 그릴 수 있는데 이것은 요소의 수명과 같아지는 수명의 일정수명선을 나타낸다. 주어진 응력조건을 식 (7.15)에 적용하면

$$\frac{\sigma_a}{S_n}+\frac{\sigma_m}{S_u}=1$$

여기에서 $S_n$은 응력조건 $\sigma_a$와 $\sigma_m$으로부터 얻어진 수명에 상응하는 완전교번응력 수준이다. 이 문제에 대해서 풀면,

$$\frac{50}{S_n}+\frac{70}{160}=1$$

$$S_n=88.9\text{ksi}$$

따라서 점선은 88.9ksi의 값을 가진 완전교번 응력축을 가로지르게 된다.

요소의 수명 $N_f$를 결정하기 위해서 $S_n$의 값을 S-N선도 위에 놓는다(S-N선도는 완전교번하중을 나타낸다). 88.9ksi에 대응되는 S-N선도의 값을 찾으면 파손수명 $N_f$는 $4.9\times10^4$사이클이다.

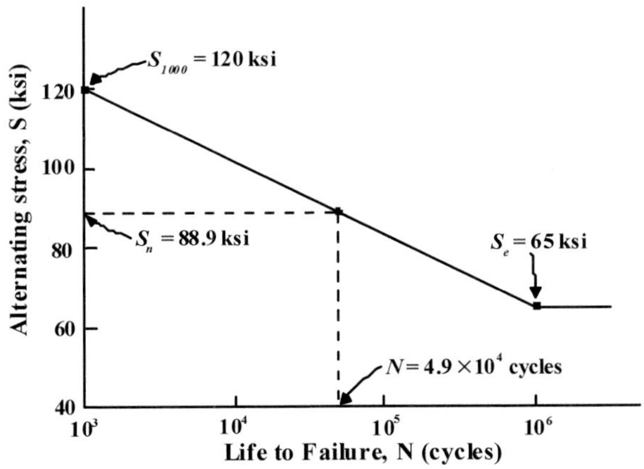


그림 7.17 S-N 선도

이 문제는 Gerber[식 (7.14)], Soderberg[식 (7.16)], Morrow[식 (7.17)]의 평균응력 식들을 사용하여 다시 풀 수 있으며 각각의 방법들은 약간씩 다른 수명 산출을 가져올 것이다.

제 7 장

## 7.6 무한 수명 설계와 유한 수명 설계

앞에서 설명한 $S-N$ 곡선과 평균응력의 영향에 대한 식들을 사용하여 고 사이클 피로 이론에서는 무한 수명 설계(infinite life design)와 유한 수명 설계(finite life design)를 수행하는 것이 가능하다.

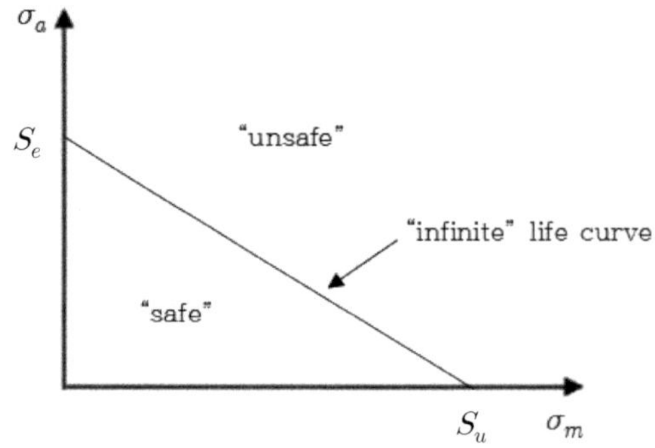


**그림 7.18** 무한 수명 곡선(Goodman)

### 무한 수명 설계

무한 수명(infinite life)의 개념은 부품이 피로파손으로부터 안전한 구역에서 사용되도록 하는 것이다. 이를 위해서는 Haigh 선도에서 무한수명 곡선을 따라가거나 또는 그 아래 구역에서 모든 가능한 ($\sigma_a$, $\sigma_m$)의 조합을 찾아서 설계하여야 한다. 그림 7.18에서 Goodman 선도를 예로 들면 무한 수명을 선택하였으므로 $\sigma_a$축에서의 값은 $S_e$가 되며 $\sigma_m$축에서의 값은 $S_u$가 되는 두 점을 잇는 직선이 무한 수명 곡선이 된다.

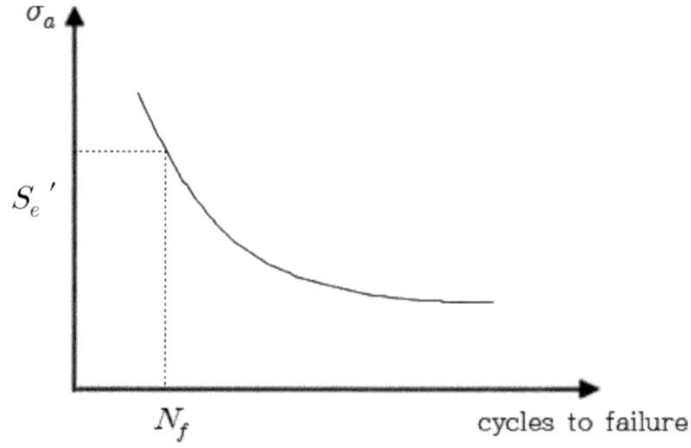


**그림 7.19** 유한 수명 설계와 $S-N$ 선도

$$\frac{\sigma_a}{S_e} + \frac{\sigma_m}{S_u} = 1 \tag{7.19}$$

여기서 $S_e$와 $S_u$는 재료의 내구한계와 최대 강도이며 설계자는 Goodman의 직선에서 식 (7.19)을 만족하는 응력 $\sigma_a$와 평균응력 $\sigma_m$의 조합을 결정하면 된다.

## 유한 수명 설계

유한 수명(finite life)의 개념은 설계자가 의도하는 응력이 작용할 때 설계한 부품의 수명을 예측해 보는 것이다. 의도하는 하중의 조건($\sigma_a$, $\sigma_m$)을 Goodman의 식에 적용하면 다음과 같다.

$$\frac{\sigma_a}{S_N} + \frac{\sigma_m}{S_u} = 1 \tag{7.20}$$

여기서 $S-N$은 주어진 응력의 조합($\sigma_a$, $\sigma_m$)에 의한 피로수명과 같은 수명을 가질 수 있는 완전 반전 응력의 상태의 응력이며, 일반적인 유한 수명 설계의 절차는 다음과 같다.

1) 예상되는 작용응력 $\sigma_{max}$, $\sigma_{min}$ 또는 응력비 $R$등을 결정한다.
2) 응력의 조합($\sigma_a$, $\sigma_m$)을 식 (7.20)에 대입하고 $S-N$에 대하여 푼다.
3) 계산된 응력 $S_N$을 사용하여 $S-N$ 곡선 상에서 일치하는 피로수명 $N_f$를 찾는다(그림 7.19).
4) 원하는 수명이 얻어질 때까지 적절한 응력의 조합($\sigma_a$, $\sigma_m$)을 사용하여 2) - 3)의 과정을 반복한다.



예제

**7.4** (무한 수명 설계) 반복하중 $\sigma_{max} = 150$ MPa과 $\sigma_{min} = 50$ MPa에서 사용될 부품을 Goodman 식을 사용하여 설계 하고자 한다. 주어진 조건으로 무한 수명 설계 가능 여부를 판단하시오. 단, 최대강도 $S_u = 450$ MPa, 내구한도 $S_e = 0.5S_u$이다.

해설 먼저 주어진 하중 자료를 사용하여 응력진폭 $\sigma_a$와 평균응력 $\sigma_m$을 다음과 같이 계산한다.

$$\sigma_a = \frac{\sigma_{\max} - \sigma_{\min}}{2} = \frac{150-50}{2} = 50\ \text{MPa} \tag{a}$$

$$\sigma_m = \frac{\sigma_{\max} + \sigma_{\min}}{2} = \frac{150+50}{2} = 100\ \text{MPa} \tag{b}$$

식 (7.15)에서 Goodman 식을 사용하여 주어진 조건에 대한 응력 $S$를 먼저 구한다.

$$\frac{\sigma_a}{S_e} + \frac{\sigma_m}{S_u} = \frac{50}{0.5 \times 450} + \frac{100}{450} = 0.44 < 1 \quad \text{(c)}$$

식 (c)에서 Goodman의 내구한도 조건을 만족하므로 의도하는 반복하중의 값은 부품의 무한 수명 설계에 사용될 수 있다.

예제

**7.5** (무한 수명 설계) 예제 7.4와 같은 조건으로 설계한 부품의 무한 수명 가능성을 계산하되 SWT 식을 사용하시오.

**해설** SWT에 의한 식 (7.18)에 응력진폭 $\sigma_a$과 평균응력 $\sigma_m$을 대입하여 다음과 같이 계산한다.

$$\sqrt{(\sigma_a + \sigma_m)\sigma_a} = S_e \quad \text{(a)}$$

또는

$$\sqrt{(50 + 100) \times 50} = 86 \text{ Mpa} < 0.5S_e = 225 \text{ Mpa} \quad \text{(b)}$$

식 (b)에서 SWT에 의한 내구한도 조건을 만족하므로 의도하는 반복하중의 값은 부품의 무한 수명 설계에 사용될 수 있다.

예제

**7.6** (유한 수명 설계) 반복하중 $\sigma_{max} = 150$ MPa과 $\sigma_{min} = 50$ MPa에서 사용될 부품을 Goodman 식을 사용하여 설계 하고자 한다. 주어진 조건으로 동작시킬 때 예상되는 부품의 수명을 계산하시오. 단, 최대강도 $S_u = 450$ MPa, 내구한도 $S_e = 0.5S_u$이며 $S-N$ 선도는 다음 식으로 주어진다.

$$S = 450N_f^{-0.085} \text{ MPa} \quad \text{(a)}$$

**해설** 먼저 주어진 하중 자료를 사용하여 계산하면 응력진폭 $\sigma_a = 50$ MPa과 평균응력 $\sigma_m = 100$ MPa이다.

$$\frac{\sigma_a}{S_N} + \frac{\sigma_m}{S_u} = 1 \quad \text{(b)}$$

식 (b)에서 환산 응력 $S_N$을 구하면 다음과 같다.

$$S_N = \frac{\sigma_a}{1 - \frac{\sigma_m}{S_u}} = \frac{50}{1 - \frac{100}{450}} = 64.29 \text{ MPa} \quad \text{(c)}$$

식 (c)에서 구한 $S_N$을 식 (a)에 대입하면 다음과 같다.

$$S_N = 450N_f^{-0.085} = 90 \text{ MPa} \quad \text{(d)}$$

최종적으로 식 (d)로부터 부품의 수명은 $N_f = 8.75 \times 10^7$으로 계산된다.

## 마스터 도표(master diagram)

마스터 도표는 최대, 최소응력만 알면 도표에 의해 응력진폭과 평균응력 그리고 응력비 및 수명까지 얻을 수 있는 편리한 도표이다. 결국 마스터도표가 Haigh 선도를 포함하고 있다. 설계를 위한 목적으로 평균응력이 피로에 미치는 영향을 나타내는 경우에 그림 7.20과 같은 만능도표를 활용할 수 있다. 예를 들면 $\sigma_{\mathrm{max}}=400$ MPa이고 $\sigma_{\mathrm{min}}=0$인 경우, 노치 시편의 수명은 $10^6$사이클 이내가 된다(노치가 없는 시편의 경우에는 이러한 응력은 피로한 보다 낮음). 또한 $\sigma_{\mathrm{min}}=-400$ MPa이고 $R=-1.0$이면 피로수명이 $10^4$사이클 이내가 되지만, 만약에 $\sigma_{\mathrm{min}}=+150$ MPa이고 $R=+0.375$일 경우에는 응력 범위가 감소되어 피로수명에 $10^7$사이클 이상이 된다.

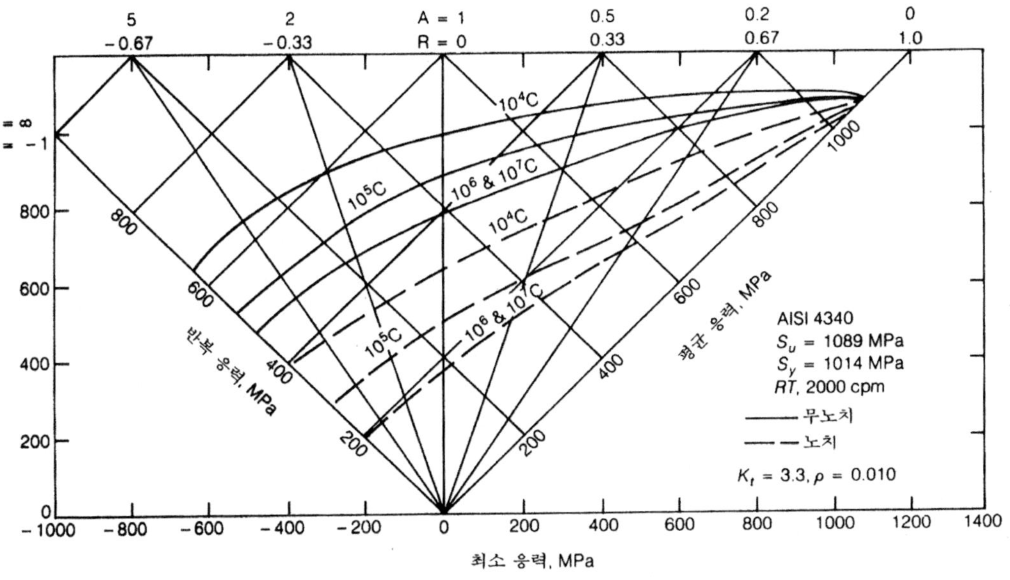


**그림 7.20** AISI4340의 피로시 평균 응력의 영향을 나타내는 마스터 도표

## 7.7 Palmgren-Miner 법칙

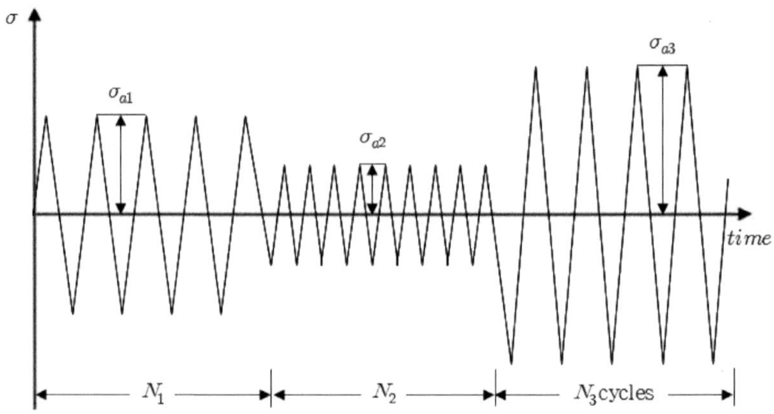


$$\frac{N_1}{N_{f1}}+\frac{N_2}{N_{f2}}+\frac{N_3}{N_{f3}}+\cdots=1$$

**그림 7.21** 가변 진폭 하중

Palmgren-Miner 법칙의 기본 개념은 반복하중으로 인하여 재료는 매번 어떤 비율로 손상(damage)되며 그 손상 정도의 합이 일정한 한도를 넘어서면 파손된다는 것이다. 그림 7.21에서와 같이 다양한 진폭의 응력이 작용하고 있을 때, 예를 들어 응력진폭이 $\sigma_{a1}$이 되는 하중이 $N_1$회 수행되고 계속적으로 응력진폭 $\sigma_{a2}$가 $N_2$만큼 반복되고 또 다른 응력진폭이 반복되는 식으로 하중이 계속 작용한다면 재료에는 손상이 축적될 것으로 예상할 수 있다. 한편, $\sigma_{a1}$이 작용할 때의 파손수명을 $N_{f1}$로 하면 같은 방식으로 $\sigma_{a2}$에 대해서는 $N_{f2}$로 쓸 수 있다. 이와 같이 수행된 응력진폭의 사이클 수와 파손수명의 비의 합을 가지고 손상 정도를 결정하는 방식을 Palmgren-Miner 법칙이라고 하며 다음과 같이 주어진다.

$$\frac{N_1}{N_{f1}}+\frac{N_2}{N_{f2}}+\frac{N_3}{N_{f3}}+\cdots=\sum\frac{N_i}{N_{fi}}=1 \tag{7.21}$$

식 (7.21)에서 볼 수 있듯이 각각의 비의 합은 1이며 각 응력진폭이 전체 수명에 영향을 미치는 손상 비율(damage ratio)의 합이라고 볼 수 있다. 식 (7.21)에서는 반복하중의 수행 순서가 영향을 미치지 않는 것으로 생각되나 실제로는 다른 진폭을 가진 하중의 수행 순서가 수명에 영향을 주는 것을 유의해야 한다.

식 (7.21)은 하중을 주는 순서에 무관한 것으로 표현되어 있으나 실제 실험결과는 상이한 것으로 나타났다. 즉 처음에 큰 하중 그리고 나중에 작은 피로하중을 주는 경우(high-low test)와 그 반대의 경우(low-high test)에 전체 수명은 서로 다르다. 여러 시험결과는 다음 식을 대체적으로 만족한다.

$$0.5 < \sum \frac{N_i}{N_{fi}} < 2 \tag{7.22}$$

일반적으로 high-low 시험의 경우 다음 식을 만족한다.

$$0.5 < \sum \frac{N_i}{N_{fi}} < 1 \tag{7.23}$$

이와 달리 low-high 시험의 경우 다음 식을 만족한다.

$$1 < \sum \frac{N_i}{N_{fi}} < 2 \tag{7.24}$$

식 (7.21)은 하중 순서에 따라 변화를 보이나 개발된 다른 식들보다 일관성과 간편성에서 우수하므로 널리 적용된다. 모의-랜덤(pseudo-random)하중 이력이 있는 대부분의 경우, Palmgren-Miner의 법칙은 피로수명을 적절히 예측하는 반면, 여타 다른 비선형방법이라 할지라도 Miner의 법칙보다 신뢰할 만한 결과를 주지 못하는 것으로 알려져 있다.



예제

**7.6** (Palmgren-Miner 법칙) 아래 표에서와 같은 크기와 회수로 반복하중이 주어지고 있을 때 재료의 피로 파손여부를 Palmgren-Miner 법칙을 사용하여 판별하시오. 단, $S-N$ 선도는 다음과 같이 주어진다.

$$S = 450 N_f^{-0.085} \text{ MPa} \tag{a}$$

| 번호 | 응력진폭 S (MPa) | 사이클 수 N |
|---|---|---|
| 1 | 200 | 3,000 |
| 2 | 150 | 50,000 |
| 3 | 300 | 50 |

**해설** 표에서 주어진 피로 시험 자료를 사용하여 각 응력에 대한 주어진 응력에 대한 파손수명 $N_f$는 식 (a)를 사용하여 계산할 수 있으며 예를 들어, $S=200$ MPa에서의 파손수명을 다음과 같이 계산한다.

$$200 = 450N_f^{-0.085}\,\text{MPa} \tag{b}$$

식 (b)에서 $N_f=13909$ cycles를 얻을 수 있으며 다른 응력에 관해서도 같은 방법으로 계산한다. 아래의 표에서 각 응력에 대한 파손수명을 정리하였다.

| 번호 | 응력진폭 | 사이클 수 | 파손수명 |
|---|---|---|---|
| | S (MPa) | N | $N_f$ |
| 1 | 200 | 3,000 | 13,909 |
| 2 | 150 | 50,000 | 410,384 |
| 3 | 300 | 50 | 117 |

위에서 계산한 결과를 Palmgren-Miner 법칙에 적용하면 다음과 같다.

$$\frac{N_1}{N_{f1}}+\frac{N_2}{N_{f2}}+\frac{N_3}{N_{f3}}=\frac{3000}{13909}+\frac{50000}{410384}+\frac{50}{117}=0.764<1 \tag{b}$$

위의 결과에서 볼 때 Palmgren-Miner 법칙에서 부등식이 성립되므로 주어진 하중에 대해서는 파손이 일어나지 않는다고 판단할 수 있다.

## 7.8 내구한도의 감소

재료의 내구한도 $S_e$에 영향을 주는 요소는 매우 다양하다. 시편의 크기, 하중의 종류, 표면 가공, 표면 처리, 온도 및 기타 주위환경 등을 들 수 있다.

$$S_e = S_e' C_{\text{size}} C_{\text{load}} \cdots \tag{7.25}$$

여기서 $S'_e$는 Moore 시험법에 의해서 얻어진 결과를 의미하며 수정계수 $C$는 각각의 요인에 의한 영향을 나타내고 있다.

부품의 크기가 커지면 응력이 집중될 수 있는 부분이 상대적으로 작아져서 응력이 전 구역에서 높아지게 되어 파손에 취약하게 된다. 즉, 부품 내에서 응력의 구배가 커지는 계기가 있으면 수명은 단축된다. 한편 인장 피로시험에서의 수명이 다른 피로시험(굽힘이나 비틀림 시험)에 비해서 큰 경향을 보이는 데 그 이유는 시험시에 응력의 구배가 다른 시험들에 비하여 적기 때문이라고 보고 있다.

하중의 종류도 재료의 수명에 영향을 준다. 인장하중과 굽힘하중으로 인한 피로시험은 얼마간의 차이를 보이게 되는데 $S_e$(인장) $\approx 0.7S_e$(굽힘) 정도라고 보고되고 있다.

또한 표면의 가공이나 처리로 인하여 실제 재료에는 수많은 결함이나 흠집들이 존재하며 이러한 결함들은 재료의 내구한도에 영향을 미쳐서 수명을 단축시킨다. 저온에서는 강의 수명이 증가되는 경향이 있다. 대부분의 재료에서는 저온에서 수명이 단축된다. 재료의 용융점의 반 이상이 되는 고온에서는 재료의 특성에 따라 크리프 현상을 보이기도 한다. 이러한 경우는 더 이상 고 사이클 피로 이론을 적용하기 어렵게 된다.

## 7.9 주요 방정식 모음

• 반복응력의 정의

응력범위(stress range) $$\Delta\sigma = \sigma_{max} - \sigma_{min} \tag{7.1}$$

응력진폭(stress amplitude) $$\sigma_a = \frac{\sigma_{max} - \sigma_{min}}{2} \tag{7.2}$$

평균응력(mean stress) $$\sigma_m = \frac{\sigma_{max} + \sigma_{min}}{2} \tag{7.3}$$

응력비(stress ratio) $$R = \frac{\sigma_{min}}{\sigma_{max}} \tag{7.4}$$

• $S-N$ 선도에 대한 방정식

$$S = AN_f^b \quad \text{or} \quad \sigma_a = AN_f^b \tag{7.6}$$

• 응력진폭–평균응력 근사식

Gerber(1874) $$\frac{\sigma_a}{S_e} + \left(\frac{\sigma_m}{S_u}\right)^2 = 1 \tag{7.14}$$

Goodman(1899) $$\frac{\sigma_a}{S_e} + \frac{\sigma_m}{S_u} = 1 \tag{7.15}$$

Soderberg(1930) $$\frac{\sigma_a}{S_e} + \frac{\sigma_m}{\sigma_Y} = 1 \tag{7.16}$$

Morrow(1960) $$\frac{\sigma_a}{S_e} + \frac{\sigma_m}{\sigma_f} = 1 \tag{7.17}$$

# 연습문제

**7.1** 평균응력, 응력진폭, 응력비가 다음과 같은 관계를 이루는 것을 보이시오.

$$\frac{\sigma_a}{\sigma_m} = \frac{1-R}{1+R} \tag{7.23}$$

**7.2** S–N 선도의 내용과 개념을 상세히 설명하시오.

**7.3** Haigh 선도는 무엇이며 설계시에 어떻게 사용될 수 있는지 설명하시오.

**7.4** 다음과 같이 주어진 반복 응력을 사용하여 피로시험을 수행하고자 한다. 각 경우에 대하여 응력진폭 $\sigma_a$, 평균응력 $\sigma_m$, 응력비 $R$, 진폭비 $A$를 계산하시오.

a) $\sigma_{max} = 300$ MPa, $\sigma_{min} = -200$ MPa

b) $\sigma_{max} = 50$ MPa, $\sigma_{min} = 0$ MPa

c) $\sigma_{max} = 150$ MPa, $\sigma_{min} = -150$ MPa

**7.5** 다음과 같이 주어진 반복 응력을 사용하여 피로시험을 수행하고자 한다. 각 경우에 대하여 응력진폭 $\sigma_a$, 평균응력 $\sigma_m$, 응력비 $R$, 진폭비 $A$를 계산하시오.

a) $\sigma_{max} = 150$ MPa, $\sigma_{min} = -200$ MPa

b) $\sigma_{max} = 300$ MPa, $\sigma_{min} = 0$ MPa

c) $\sigma_{max} = 300$ MPa, $\sigma_{min} = 100$ MPa

**7.6** 다음과 같이 주어진 반복 응력을 사용하여 피로시험을 수행하고자 한다. 각 경우에 대하여 응력진폭 $\sigma_a$, 평균응력 $\sigma_m$, 응력비 $R$, 진폭비 $A$를 계산하시오.

a) $\sigma_{max} = 200$ MPa, $\sigma_{min} = 100$ MPa

b) $\sigma_{max} = 500$ MPa, $\sigma_{min} = 0$ MPa

c) $\sigma_{max} = 0$ MPa, $\sigma_{min} = -300$ MPa

**7.7** 반복하중하에 있는 재료에 대한 S–N 곡선을 작성하여 파손수명이 각각 $N_f = 10^3$, $N_f = 10^6$일 때의 응력 $S_3$와 $S_6$를 계산하시오. 단, $S_u = 2450$ MPa을 사용하시오.

**7.8** 반복하중하에 있는 재료에 대한 S-N 곡선을 작성하여 파손수명이 각각 $N_f = 10^3$, $N_f = 10^6$일 때의 응력 $S_3$와 $S_6$를 계산하시오. 단, $S_u = 230$ MPa을 사용하시오.

**7.9** 반복하중하에 있는 재료에 대한 S-N 곡선을 작성하여 파손수명이 각각 $N_f = 10^3$, $N_f = 10^6$일 때의 응력 $S_3$와 $S_6$를 계산하시오. 단, $S_u = 140$ MPa을 사용하시오.

**7.10** 반복하중하에 있는 재료에 대한 S-N 곡선을 작성하여 파손수명이 각각 $N_f = 10^3$, $N_f = 10^6$일 때의 응력 $S_3$와 $S_6$를 계산하시오. 단, $S_u = 480$ MPa을 사용하시오.

**7.11** 반복하중 $\sigma_{max} = 300$ MPa과 $\sigma_{min} = -300$ MPa에서 사용될 부품을 Goodman 식을 사용하여 설계 하고자 한다. 주어진 조건으로 무한 수명 설계 가능 여부를 판단하시오. 단, 최대강도 $S_u = 400$ MPa, 내구한도 $S_e = 0.5S_u$이다.

**7.12** 반복하중 $\sigma_{max} = 250$ MPa과 $\sigma_{min} = 0$ MPa에서 사용될 부품을 Goodman 식을 사용하여 설계 하고자 한다. 주어진 조건으로 무한 수명 설계 가능 여부를 판단하시오. 단, 최대강도 $S_u = 400$ MPa, 내구한도 $S_e = 0.5S_u$이다.

**7.13** 반복하중 $\sigma_{max} = 0$ MPa과 $\sigma_{min} = -150$ MPa에서 사용될 부품을 Goodman 식을 사용하여 설계 하고자 한다. 주어진 조건으로 무한 수명 설계 가능 여부를 판단하시오. 단, 최대강도 $S_u = 400$ MPa, 내구한도 $S_e = 0.5S_u$이다.

**7.14** 반복하중 $\sigma_{max} = 300$ MPa과 $\sigma_{min} = 100$ MPa에서 사용될 부품을 Goodman 식을 사용하여 설계 하고자 한다. 주어진 조건으로 무한 수명 설계 가능 여부를 판단하시오. 단, 최대강도 $S_u = 400$ MPa, 내구한도 $S_e = 0.5S_u$이다.

**7.15** 반복하중 $\sigma_{max} = 300$ MPa과 $\sigma_{min} = -300$ MPa에서 사용될 부품을 Morrow 식을 사용하여 설계 하고자 한다. 주어진 조건으로 무한 수명 설계 가능 여부를 판단하시오. 단, 최대강도 $S_u = 400$ MPa, 내구한도 $S_e = 0.5S_u$, 파괴강도 $\sigma_f = 700$ MPa이다.

**7.16** 반복하중 $\sigma_{max} = 250$ MPa과 $\sigma_{min} = 0$ MPa에서 사용될 부품을 Morrow 식을 사용하여 설계 하고자 한다. 주어진 조건으로 무한 수명 설계 가능 여부를 판단하시오. 단, 최대강도 $S_u = 400$ MPa, 내구한도 $S_e = 0.5S_u$, 파괴강도 $\sigma_f = 700$ MPa이다.

**7.17** 반복하중 $\sigma_{max}=0$ MPa과 $\sigma_{min}=-150$ MPa에서 사용될 부품을 Morrow 식을 사용하여 설계 하고자 한다. 주어진 조건으로 무한 수명 설계 가능 여부를 판단하시오. 단, 최대강도 $S_u=400$ MPa, 내구한도 $S_e=0.5S_u$, 파괴강도 $\sigma_f=700$ MPa이다.

**7.18** 반복하중 $\sigma_{max}=300$ MPa과 $\sigma_{min}=100$ MPa에서 사용될 부품을 Morrow 식을 사용하여 설계 하고자 한다. 주어진 조건으로 무한 수명 설계 가능 여부를 판단하시오. 단, 최대강도 $S_u=400$ MPa, 내구한도 $S_e=0.5S_u$, 파괴강도 $\sigma_f=700$ MPa이다.

**7.19** 두 개의 다른 기준에 의해서 생성된 응력진폭–평균응력 선도를 겹쳐서 그려서 비교해 보면 다양한 설계 기준에 대한 통찰력을 얻을 수 있다. 문제 8.11과 문제 8.15에서의 결과를 한 도면에서 나타내고 차이점을 비교해 보시오.

**7.20** 문제 8.13과 8.17에서의 결과를 한 도면에서 나타내고 차이점을 비교해 보시오.

**7.21** 응력진폭–평균응력 좌표에서의 두 점 $\sigma_a=\sigma_Y$와 $\sigma_m=\sigma_Y$을 잇는 직선을 작도하고 그 위에 Goodman 식에 의한 직선을 겹쳐서 그린다면 어떤 결과를 볼 수 있는가를 설명하시오. 단, 최대강도 $S_u=400$ MPa, 내구한도 $S_e=0.5S_u$, 항복강도 $\sigma_Y=250$ MPa이다.

**7.22** 응력진폭–평균응력 좌표에서의 두 점 $\sigma_a=\sigma_Y$와 $\sigma_m=\sigma_Y$을 잇는 직선을 작도하고 그 위에 Morrow 식에 의한 직선을 겹쳐서 그린다면 어떤 결과를 볼 수 있는가를 설명하시오. 단, 최대강도 $S_u=400$ MPa, 내구한도 $S_e=0.5S_u$, 파괴강도 $\sigma_f=700$ MPa, 항복강도 $\sigma_Y=250$ MPa이다.

**7.23** 반복하중 $\sigma_{max}=300$ MPa과 $\sigma_{min}=-300$ MPa에서 사용될 부품을 SWT 식을 사용하여 설계 하고자 한다. 주어진 조건으로 무한 수명 설계 가능 여부를 판단하시오. 단, 최대강도 $S_u=400$ MPa, 내구한도 $S_e=0.5S_u$이다.

**7.24** 반복하중 $\sigma_{max}=250$ MPa과 $\sigma_{min}=0$ MPa에서 사용될 부품을 SWT 식을 사용하여 설계 하고자 한다. 주어진 조건으로 무한 수명 설계 가능 여부를 판단하시오. 단, 최대강도 $S_u=400$ MPa, 내구한도 $S_e=0.5S_u$이다.

**7.25** 반복하중 $\sigma_{max}=0$ MPa과 $\sigma_{min}=-150$ MPa에서 사용될 부품을 SWT 식을 사용하여 설계 하고자 한다. 주어진 조건으로 무한 수명 설계 가능 여부를 판단하시오. 단, 최대강도 $S_u=400$ MPa, 내구한도 $S_e=0.5S_u$이다.

**7.26** 반복하중 $\sigma_{max} = 300$ MPa과 $\sigma_{min} = 100$ MPa에서 사용될 부품을 SWT 식을 사용하여 설계 하고자 한다. 주어진 조건으로 무한 수명 설계 가능 여부를 판단하시오. 단, 최대강도 $S_u = 400$ MPa, 내구한도 $S_e = 0.5S_u$이다.

**7.27** 표 7.2에서 나열된 반복하중이 주어지고 있을 때 재료의 피로 파손여부를 Palmgren–Miner 법칙을 사용하여 판별하시오. 단, $S-N$ 선도는 다음과 같이 주어진다.

$S = 2400N_f^{-0.085}\,\text{MPa}$

**표 7.2** 피로 시험 자료

| 번호 | 응력진폭<br>S<br>(MPa) | 사이클 수<br>N |
|---|---|---|
| 1 | 100 | 1,000 |
| 2 | 150 | 10,000 |
| 3 | 200 | 5,000 |

**7.28** 표 7.3에서와 같은 크기와 회수로 반복하중이 주어지고 있을 때 재료의 피로 파손여부를 Palmgren–Miner 법칙을 사용하여 판별하시오. 단, $S-N$ 선도는 다음과 같이 주어진다.

$S = 400N_f^{-0.085}\,\text{MPa}$

**표 7.3** 피로 시험 자료

| 번호 | 응력진폭<br>S<br>(MPa) | 사이클 수<br>N |
|---|---|---|
| 1 | 200 | 500 |
| 2 | 100 | 1,000 |
| 3 | 300 | 300 |

**7.29** 표 7.4에서와 같은 크기와 회수로 반복하중이 주어지고 있을 때 재료의 피로 파손여부를 Palmgren-Miner 법칙을 사용하여 판별하시오. 단, $S-N$ 선도는 다음과 같이 주어진다.

$$S = 200N_f^{-0.085}\ \mathrm{MPa}$$

**표 7.4** 피로 시험 자료

| 번호 | 응력진폭 S (MPa) | 사이클 수 N |
|---|---|---|
| 1 | 200 | 50 |
| 2 | 150 | 1,000 |
| 3 | 300 | 200 |

**7.30** 무한 수명 설계(infinite life design)와 유한 수명 설계(finite life design)의 차이점과 설계시에 각 방식의 사용 과정을 설명하시오.

# 제 8 장 파괴역학

## 8.1 파괴역학의 태동

물체를 설계할 때 사용하는 재료는 예상되는 모든 하중을 견딜 수 있는 범위 내에서 선택된다. 그럼에도 불구하고 실제 상황에서는 재료의 강도보다 현저하게 낮은 응력이 적용되는 경우에서도 파괴되는 일이 자주 일어난다. 파괴(fracture)는 재료가 두 조각 이상으로 파손되는 것을 의미하며 이러한 현상을 이해하고 설계상의 결함을 보완하기 위하여 많은 연구가 진행되어 왔다. 재료에 대한 파괴 실험의 결과로 미루어 볼 때 이론적으로 추정된 재료의 강도는 실제 보다 과대평가되었다는 것이 알려져 있다. 그 이유는 실제 재료에는 이상적인 재료와는 달리 수많은 결함들이 존재하고 있기 때문이다. 재료의 파괴를 역학적인 관점에서 다루는 학문을 파괴역학(fracture mechanics)이라고 하며 파괴역학의 기본 출발점은 모든 재료 내에는 균열이 있다고 가정하는 것이다. 파괴역학의 관점에 의하면 하중이나 외부의 여러 가지 조건에 의하여 균열의 크기가 증대되고 적절한 시점에 이르러서는 성장 속도가 가속되다가 결국은 재료를 파괴하는 순간까지 이르게 한다.

본격적인 의미에서의 파괴역학은 영국의 과학자 Griffith에 의하여 발전되었다. Griffith는 취성재료를 사용한 실험에서 실제 재료의 파괴강도는 이론적으로 계산된 것보다 상당히 작다는 사실을 밝혀내었다. 그는 파괴현상이 시편의 크기에 영향을 받고 있음을 정확하게 지적하였으며 이는 시편의 크기가 클수록 결함이 많이 내재되어 있다는 가정으로 발전하였다. 즉, Griffith는 이론과 실제의 파괴강도의 차이는 결함의 포함 유무에 달려있다는 추론을 제시하였다. 또한 그는 한 걸음 더 나아가 재료내부의 결함을 확대하는데 필요한 표면에너지를 열역학 법칙의 토대 하에 균열의 성장과 연계시켜서 파괴에 대한 기본적인 이론을 확립하였다.

1950년대에 들어와서 다시 세계는 2차대전으로 혼란의 와중에 있던 차에 미국은 유럽 특히 영국에 대한 지원을 위해서 역사상 유래가 없을 정도의 대규모 선단을 구성하였다. 이에 따라 대형선박에 대한 안전성을 연구하고 있던 미국 해군연구소의 Irwin은 재료 내에 저장되어 있던 변형률 에너지가 균열을 성장시키게 한다는 것으로 생각하였으며 소성일과 표면에너지를 포함하는 균열 성장 과정에서의 소산되는 에너지가 파괴에 대한 저항의 크기를 가늠하게 한다는 제안을 하였다.

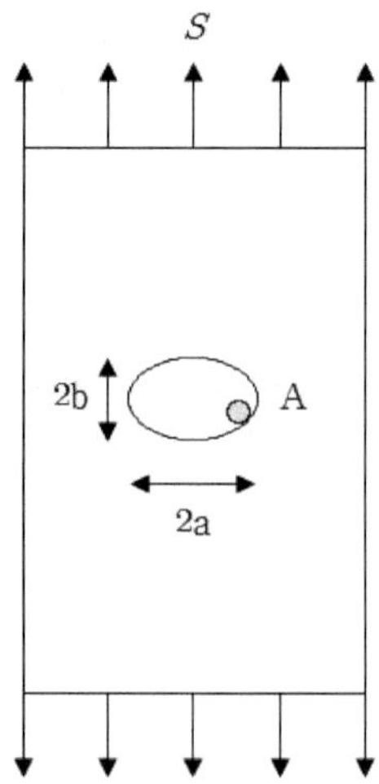


**그림 8.1** 타원형의 균열이 있는 인장응력을 받는 평판

이러한 Irwin의 추론은 파괴 시에 필요한 에너지를 계산할 수 있는 길을 열어줌으로써 파괴역학의 기초를 확립하는데 큰 공헌을 하였다. 선형 탄성 파괴역학(linear elastic fracture mechanics, LEFM)은 균열을 포함하고 있는 탄성체에 대하여 탄성 이론을 적용하여 재료의 파괴인성을 가늠할 수 있도록 구성된 학문의 한 분야이다. 이번 장에서는 파괴역학을 응용한 설계를 하기 위한 기본적인 요소들을 정의하고 설명하기로 한다.

## 8.2 응력집중계수

부품의 내부의 한 지점에 응력이 집중되어 재료의 강도를 넘어서게 되면 그 부분에서 파손이 발생하게 되므로 설계시에는 가능하면 응력이 한 곳으로 집중되지 않도록 주의 깊게 여러 가지 조건을 고려해야 한다. 응력이 집중되는 지점의 가장 흔한 예는 다양한 부품에서 볼트나 리벳을 위한 구멍(hole) 또는 노치(notch)가 있는 부분에서 찾아볼 수 있다. 하중을 받는 재료 내부에서 균일한 응력의 흐름은 구멍이나 노치 등의 매질의 불연속적인 부분을 만나게 되면 그 주위를 우회해서 지나가려고 하므로 응력선(stress flux)의 간격이 좁아지게 되어 응력이 집중된다.

Inglis에 의하면 균일한 응력 $S$가 작용하고 있는 무한 평판에 장축의 길이가 $2a$이며 단축의 길이가 $2b$인 타원형 균열이 그림 8.1에서와 같이 존재하면 그 끝부분에서의 응력 $\sigma$는 다음과 같이 주어진다.

$$\sigma = S\left(1+\frac{2a}{b}\right) \tag{8.1}$$

식 (8.1)로 부터 응력집중계수(stress concentration factor) $K_t$를 다음과 같이 정의한다.

$$K_t = \frac{\sigma}{S} = 1+\frac{2a}{b} \tag{8.2}$$

식 (8.2)에서는 세 가지의 종류의 극단적인 경우를 생각해 볼 수 있다. 먼저, 균열이 하중의 방향과 평행한 경우 즉, $a/b \to 0$일 때 $K_t \to 1$임을 알 수 있다. 즉, 이러한 경우에는 응력집중이 발생하지 않는다는 결론을 얻게 된다. 두 번째로는 균열이 하중의 방향과 수직인 경우로서 $a/b \to \infty$가 되면 $K_t \to \infty$가 된다. 즉, 균열의 끝에서의 응력이 무한대가 된다는 것을 의미한다. 그러나 실제 재료에서는 무한대의 응력이 발생될 수 없으므로 항복점을 넘어서는 부분에 대해서는 국소적인 소성변형을 발생시키는 것으로 이해될 수 있다. 5장의 내용을 참고로 하면 일단 소성변형이 발생되면 재료 내부의 응력이 무한대로 높아질 수 없음을 알 수 있을 것이다. 세 번째로는 완전 원형의 균열의 경우로서 $a/b=1$일 때 응력집중계수는 $K_t=3$이 된다. 즉, 원형의 균열의 끝에서는 원점에서의 응력의 3배가 작용하게 됨을 알 수 있으며 이로 인하여 실제로도 볼트나 너트 구멍 주위에서 균열이 발생되는 것을 확인할 수 있다.



타원형 균열에서 단축 방향의 길이를 아주 작게 만들면 길이가 $2a$인 직선 형태의 균열을 얻게 된다. Inglis의 연구 결과를 사용하면 인장 응력 $S$ 작용하는 무한 평판에서 길이 $2a$인 균열의 끝부분에서의 응력 $\sigma$는 다음과 같이 주어진다.

$$\sigma = 2S\sqrt{\frac{a}{\rho}} \tag{8.3}$$

여기서 $\rho$는 균열 끝부분에서의 곡률반경(radius of curvature)이다. 식 (8.3)으로 부터 응력집중계수는 다음과 같이 주어진다.

$$K_t = \frac{\sigma}{S} = 2\sqrt{\frac{a}{\rho}} \tag{8.4}$$

균열과 같이 날카로운 끝을 갖는 형상에 대해서는 곡률반경 $\rho \to 0$이 되므로 응력집중계수 $K_t \to \infty$가 되어 정의하기가 불가능하게 된다. 그러므로 실제로는 곡률반경이 유한한 값을 갖는 경우를 상정하게 되는데 이러한 경우를 노치(notch)라고 한다. 즉, 균열과 노치의 차이점은 곡률반경의 크기에 따라 결정되며 극단의 응력 집중을 완화시키기 위해서는 균열이 발생되거나 내재되지 못하도록 해야 한다.

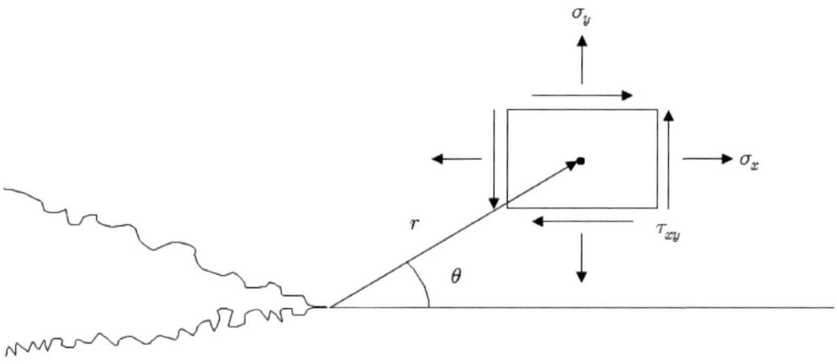


그림 8.2 균열 근처에서의 응력 분포와 극좌표

## 8.3 응력확대계수

### 응력확대계수

선형 탄성 재료에서 외력이 작용하는 경우에 균열 근처에서의 응력 분포는 탄성 방정식을 해석함으로 구할 수 있다. 1939년에 Westergarrd는 균열 근처에서의 응력 분포를 계산하였으며, 그림 8.2에서 보는 바와 같이 균열 앞부분에서 좌표로 표시한 응력은 다음과 같은 형태를 갖는다.

$$\sigma \propto \frac{1}{\sqrt{r}} \tag{8.5}$$

여기서 $r$은 균열 끝에 원점을 놓은 극좌표를 의미한다.

만일 $r \to 0$이 되면 식 (8.5)으로부터 균열 끝에서의 응력은 $\sigma \to \infty$가 됨을 알 수 있다. 그러나 무한대의 응력을 감당할 수 있는 재료는 존재하지 않으므로 실제로는 소성변형의 형태로 에너지를 소산시킨다고 가정할 수 있으며 선형 탄성 파괴역학에서는 균열 끝부분에서의 응력이 다음과 같은 형태로 결정될 수 있다고 가정한다.

$$\sigma = \frac{K}{\sqrt{2\pi r}} f(\theta) \tag{8.6}$$

여기서 $r$과 $\theta$는 균열 끝에 원점을 놓은 극좌표를 의미하며 $K$는 응력확대계수(stress intensity factor, SIF)이다. 식 (8.6)에서 볼 수 있듯이 균열로 인한 재료의 파괴는 응력의 개념으로 볼 때는 응력확대계수와 직접적인 관련이 있음을 알 수 있다.

응력확대계수는 다음과 같이 정의되며

$$K = YS\sqrt{\pi a} \tag{8.7}$$

여기서 $Y$는 시편의 형상과 균열모드에 대한 함수이며, $S$는 원거리에서 작용하는 명목 응력, 그리고 $a$는 균열 길이의 절반을 의미한다. 응력확대계수의 단위는 Pa $\sqrt{m}$ 또는 psi $\sqrt{\text{in}}$ 이다.

### 하중 모드에 의한 분류

균열에 작용하는 하중은 크게 세 가지 모드로 나뉘는데 각 모드의 양상은 그림 8.3에서 볼 수 있다. 모드 I에서는 균열의 양면이 확대되는 방향으로 하중이 작용하는 경우이며 열림 모드(opening mode)라고 한다. 모드 II는 균열 면내에서 전단이 일어나는 것으로 정의하며 미끄럼 모드(sliding mode)라고 한다. 마지막으로 모드 III는 균열 표면을 벗어나는 방식의 전단이 일어나는 경우이며 찢김 모드(tearing mode)라고 한다.

식 (8.7)에서 정의된 응력확대계수는 하중의 모드에 따라 각각 $K_I$, $K_{II}$, 그리고 $K_{III}$로 구분하며 가장 흔히 발생되는 모드 I에서의 자료가 가장 구하기 쉽다.

### 균열 끝부분에서의 응력분포

균열 끝부분의 응력분포를 아는 것은 매우 중요한데 앞에서 설명하였듯이 하중에 의한 명목응력 $S$보다 훨씬 큰 응력이 이 부분에 집중되기 때문이다. 따라서 균열에 의한 재료의 파괴현상을 이해하기 위해서는 균열 끝부분에서의 정확한 응력분포에 대한 지식이 반드시 필요하다. 모드 I에서 균열 끝부분의 응력분포는 탄성 이론에 의해서 다음과 같이 주어진다.

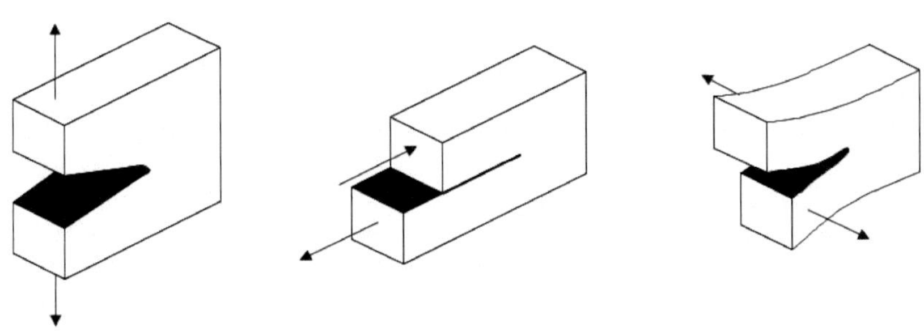

그림 8.3 3가지의 하중 모드

제 8 장

$$\begin{aligned}\sigma_x &= \frac{K_I}{\sqrt{2\pi r}}\cos\frac{\theta}{2}\left(1-\sin\frac{\theta}{2}\sin\frac{3\theta}{2}\right)\\ \sigma_y &= \frac{K_I}{\sqrt{2\pi r}}\cos\frac{\theta}{2}\left(1+\sin\frac{\theta}{2}\sin\frac{3\theta}{2}\right)\\ \tau_{xy} &= \frac{K_I}{\sqrt{2\pi r}}\cos\frac{\theta}{2}\sin\frac{\theta}{2}\cos\frac{3\theta}{2}\end{aligned} \tag{8.8}$$

여기서 평면응력 상태에서는 $\sigma_z = \tau_{xz} = \tau_{yz} = 0$이며, 평면 변형률 상태에서는 $\sigma_z = \nu(\sigma_x + \sigma_y)$, $\tau_{xz} = \tau_{yz} = 0$이다. 위의 식에서 $\theta = 0$을 적용하면 균열 면에서의 응력을 구할 수 있다.

모드 II에서의 균열 끝부분에서의 응력분포는 다음과 같이 주어진다.

$$\begin{aligned}\sigma_x &= -\frac{K_{II}}{\sqrt{2\pi r}}\sin\frac{\theta}{2}\left(2+\cos\frac{\theta}{2}\cos\frac{3\theta}{2}\right)\\ \sigma_y &= \frac{K_{II}}{\sqrt{2\pi r}}\sin\frac{\theta}{2}\cos\frac{\theta}{2}\cos\frac{3\theta}{2}\\ \tau_{xy} &= \frac{K_{II}}{\sqrt{2\pi r}}\cos\frac{\theta}{2}\left(1-\sin\frac{\theta}{2}\sin\frac{3\theta}{2}\right)\end{aligned} \tag{8.9}$$

여기서 평면응력 상태에서는 $\sigma_z = \tau_{xz} = \tau_{yz} = 0$이며, 평면 변형률 상태에서는 $\sigma_z = \nu(\sigma_x + \sigma_y)$, $\tau_{xz} = \tau_{yz} = 0$이다.

모드 III에서 균열 끝부분에서의 응력분포는 다음과 같다.

$$\begin{aligned}\tau_{xz} &= -\frac{K_{III}}{\sqrt{2\pi r}}\sin\frac{\theta}{2}\\ \tau_{yz} &= \frac{K_{III}}{\sqrt{2\pi r}}\cos\frac{\theta}{2}\end{aligned} \tag{8.10}$$

여기서 $\sigma_x = \sigma_y = \sigma_z = \tau_{xy} = 0$이다. 위의 식들을 식 (8.6)과 비교해보면 응력식에서 $f(\theta)$의 의미는 명확하다. 또한, 위의 결과에서 볼 때 응력확대계수 $K$는 균열 끝부분에서의 응력 상태를 대표하는 중요한 요소로 사용될 수 있다는 것을 알 수 있다. 즉, 형상과 하중의 종류 그리고 균열의 형태가 주어진 물체에 대한 $K$가 구해진다면 균열에서의 응력분포를 계산할 수 있다.

## 8.4 다양한 형상에 대한 수정계수 $Y$

식 (8.7)에서 보는 바와 같이 응력확대계수는 주어진 형상에 따라 수정되어야 할 필요가 있다. 기본형으로서 중앙 균열을 가지고 있는 무한 크기의 평판에서는 $Y=1$로 정의한다. 형상에 따라서 수정계수 $Y$는 다른 값을 가지게 되며 일반적으로 균열길이 $a$와 시편의 폭 $W$의 함수 $Y=f(a/W)$로 주어진다. 다음은 다양한 형상에서의 모드 I에 대한 보정계수를 나타낸 것이다.

무한 크기 물체에서의 중앙 균열(그림 8.4(a))

$$Y = 1 \tag{8.11}$$

무한 크기 물체에서의 모서리 균열(그림 8.4(b))

$$Y = 1.12 \tag{8.12}$$

너비가 $W$인 물체에서의 중앙 균열(그림 8.4(c))

$$Y = \sqrt{\sec\frac{\pi a}{W}} \tag{8.13}$$

너비가 $W$인 물체에서의 모서리 균열(그림 8.4(d))

$$Y = 1.12 - 0.231\left(\frac{a}{W}\right) + 10.55\left(\frac{a}{W}\right)^2 - 21.72\left(\frac{a}{W}\right)^3 + 30.39\left(\frac{a}{W}\right)^4 \tag{8.14}$$

너비가 $W$인 물체에서의 양 모서리 균열(그림 8.4(e))

$$Y = \frac{1.222 - 0.561\left(\frac{a}{W}\right) - 0.205\left(\frac{a}{W}\right)^2 + 0.471\left(\frac{a}{W}\right)^3 - 0.190\left(\frac{a}{W}\right)^4}{\sqrt{1-\frac{a}{W}}} \tag{8.15}$$

**예제**

**8.1** 5 mm 의 모서리 균열을 포함하고 있는 무한 크기의 평판에 인장 명목응력 $S=300$ MPa 이 작용하고 있을 때의 응력확대계수를 계산하시오.

**해설** Mode I의 경우이며 모서리 균열을 포함한 무한 크기의 평판에 대한 수정계수는 $Y=1.12$이므로 응력확대계수는 다음과 같이 계산된다.

$$K_I = YS\sqrt{\pi a} = 1.12 \times 300 \times \sqrt{\pi \times 5 \times 10^{-3}}\text{MPa}\sqrt{\text{m}} = 42.1\text{MPa}\sqrt{\text{m}}$$

제 8 장

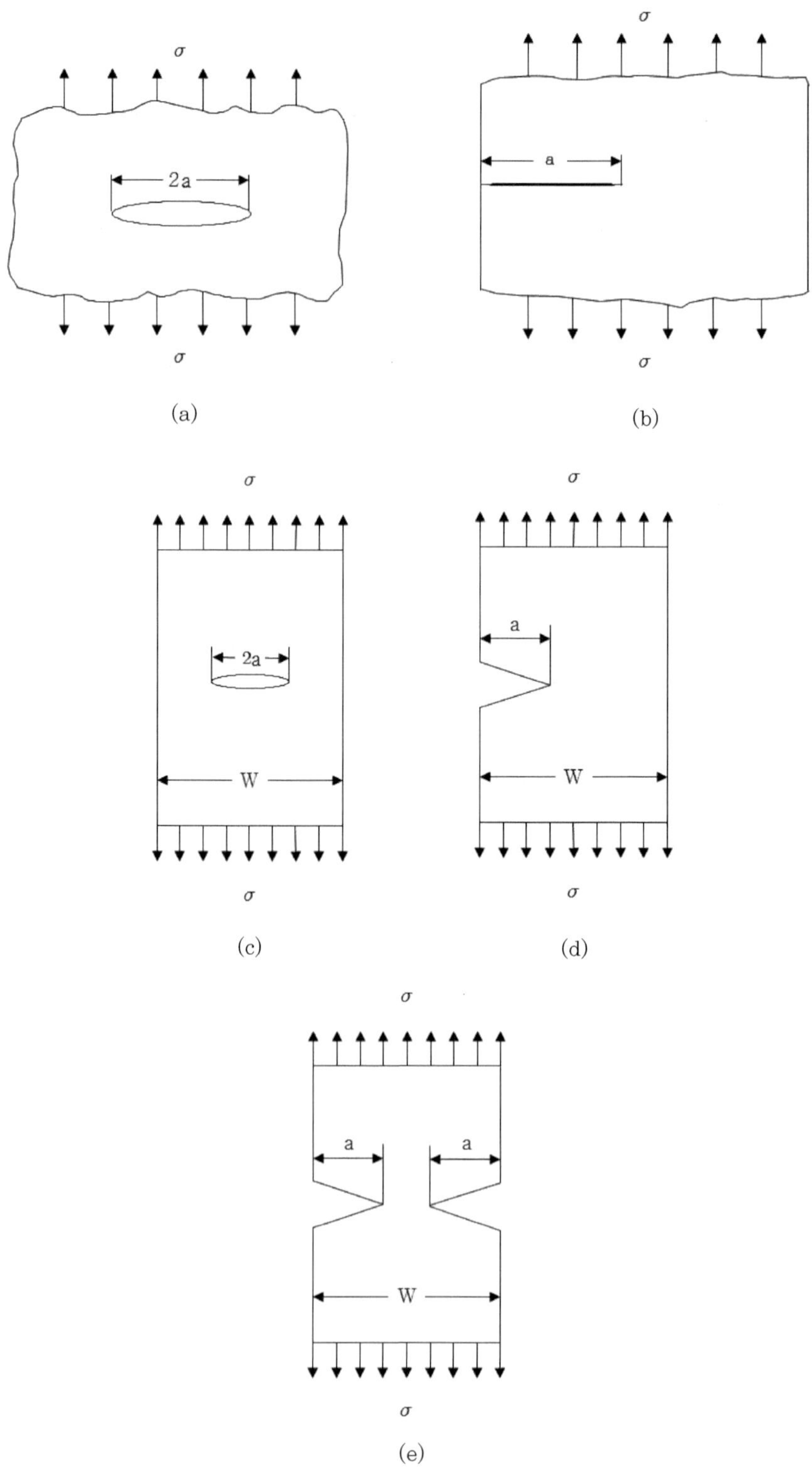


**그림 8.4** 다양한 형상에 대한 수정계수

## 8.5 균열 끝에서의 소성영역

### 소성영역 계산

선형 탄성 이론에서는 균열의 끝이 날카로운 것으로 가정하고 근처의 응력분포를 계산하며 이를 통해서 응력확대계수를 얻는다. 그러나 탄성 이론으로 부터 얻은 균열 끝 부근의 응력은 $r \to 0$이 될 때 $\sigma \to \infty$가 되므로 실제 현상과는 맞지 않게 된다. 즉, 무한대의 응력을 감당할 수 있는 재료는 존재하지 않으므로 이러한 모순을 해결 하기 위하여 균열 끝 부분에서 항복이 일어나서 소성변형이 생긴다고 가정하면 응력은 항복강도로 고정이 되므로 응력 문제를 해결할 수 있다. 즉, 항복이 일어나는 구역에서는 이론적으로 재료의 항복강도 $\sigma_Y$보다 높은 응력을 가질 수 없기 때문이다. 그러므로 균열 끝 부분에서의 소성영역의 크기를 아는 것은 매우 중요하다. 가장 직관적인 방법은 탄성영역에서 주어진 균열 끝 부분의 응력분포를 사용하여 항복기준을 사용하여 예측하는 것이다. 6장에서 설명한 파손이론에서 Tresca 항복기준과 von Mises 항복기준을 대표적으로 들 수 있다. 여기서는 평면 응력 상태와 모드 I에서의 조건을 적용하여 설명하기로 한다. 모드 I에서의 응력분포식 (8.8)에서 주어진 응력들을 주응력으로 변환하면 다음과 같다.

$$\begin{aligned} \sigma_1 &= \frac{K_I}{\sqrt{2\pi r}} \cos\frac{\theta}{2}\left(1+\sin\frac{\theta}{2}\right) \\ \sigma_2 &= \frac{K_I}{\sqrt{2\pi r}} \cos\frac{\theta}{2}\left(1-\sin\frac{\theta}{2}\right) \\ \sigma_3 &= 0 \end{aligned} \tag{8.16}$$

여기서 일반응력을 주응력으로 변환하는 과정은 독자들에게 연습문제로 남기며 평면 응력 조건에 의하여 $\tau_{zx} = \tau_{yz} = 0$이므로 $\sigma_z$는 주응력 $\sigma_3$가 됨을 알 수 있다. 식 (8.16)을 von Mises 항복기준인 식 (6.16)에 대입하여 소성영역 반경 $r_1$에 대하여 풀면 평면 응력의 경우 $(\sigma_3 = 0)$ 다음과 같은 결과를 얻는다.

$$r_1(\theta) = \frac{1}{4\pi}\left(\frac{K_I}{\sigma_Y}\right)^2\left(1+\cos\theta+\frac{3}{2}\sin^2\theta\right) \tag{8.17}$$

한편, 평면 변형률 상태에 대해서는 위에서와 같은 방법으로 식 (8.8)을 주응력으로 변환시키고 $\sigma_3 = \nu(\sigma_1+\sigma_2)$가 되는 조건을 적용하면 다음과 같이 주응력을 구할 수 있다.

$$\begin{aligned}\sigma_1 &= \frac{K_I}{\sqrt{2\pi r}}\cos\frac{\theta}{2}\left(1+\sin\frac{\theta}{2}\right)\\ \sigma_2 &= \frac{K_I}{\sqrt{2\pi r}}\cos\frac{\theta}{2}\left(1-\sin\frac{\theta}{2}\right)\\ \sigma_3 &= \frac{2\nu K_I}{\sqrt{2\pi r}}\cos\frac{\theta}{2}\end{aligned} \tag{8.18}$$

식 (8.18)을 von Mises 항복기준인 식 (6.16)에 대입하여 소성영역 반경 $r_1$에 대하여 풀면 평면 변형률의 경우 다음과 같은 결과를 얻는다.

$$r_1(\theta) = \frac{1}{4\pi}\left(\frac{K_I}{\sigma_Y}\right)^2\left[\frac{3}{2}\sin^2\theta + (1-2\nu)^2(1+\cos\theta)\right] \tag{8.19}$$

그림 8.5에서는 모드 I에서의 평면 응력(식 (8.17))과 평면 변형률 조건(식 (8.19))하에서의 균열 끝 부분에서의 소성영역 분포를 $\theta$에 따라 그린 그림을 볼 수 있다. 평면 변형률 조건에서의 영역이 평면 응력에서 보다 더 작은 값을 보이는 것은 균열 끝에서의 응력상태에 기인한 것이며 이에 대한 보다 자세한 설명은 다음 절에서 하기로 한다.

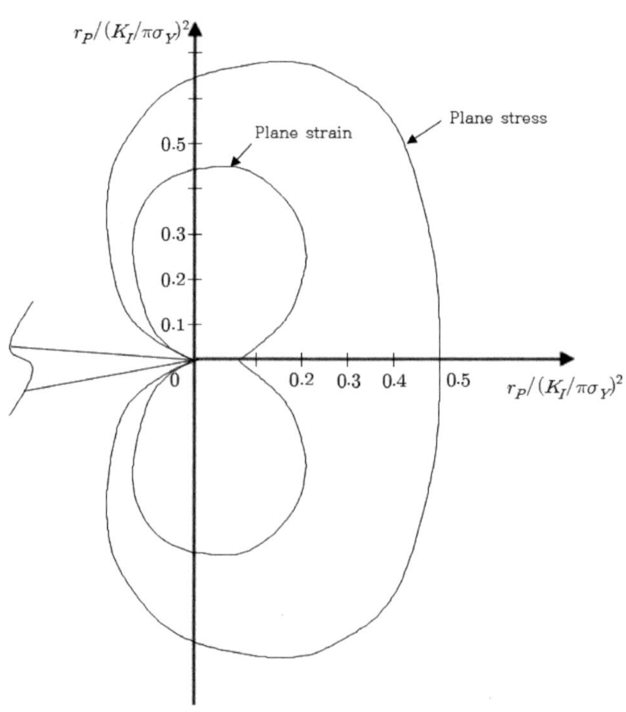


**그림 8.5** 균열 끝부분에서의 평면 응력과 평면 변형률 조건하에서의 소성영역 분포의 차이

### Irwin의 소성영역 모델

Irwin은 응력분포 식 (8.8)을 사용하여 균열 끝 바로 앞($\theta = 0$)에서의 응력 $\sigma_y$가 항복강도 $\sigma_Y$에 도달했을 때를 다음과 같이 계산하였다.

$$\sigma_y = \sigma_Y = \frac{K_I}{\sqrt{2\pi r_1}} \tag{8.20}$$

여기서 $r_1$은 균열 끝부분으로 부터 응력이 항복에 이르는 $x$축 위의 거리이다. 식 (8.20)에서 소성영역의 크기 $r_1$에 대하여 다시 쓰면 다음과 같다.

$$r_1 = \frac{1}{2\pi}\left(\frac{K_I}{\sigma_Y}\right)^2 \tag{8.21}$$

Irwin은 균열 끝에서의 응력은 무한대의 응력이 아니라 탄성-완전 소성 모델(5.2절 참조)을 적용하여 소성영역을 계산하였다. 그림 8.6에서 보는 바와 같이 빗금친 부분만큼의 응력이 항복강도를 초과하는 부분이 되며 이는 탄성영역에서의 힘의 의미를 갖는다. 따라서 힘의 평형을 만족시키기 위해서는 빗금친 부분만큼 초과된 응력이 균열 끝 부분에서 다시 분포되어야 하므로 항복이 일어나는 영역의 길이는 처음에 계산한 길이 $r_1$보다 커져야 함을 알 수 있으며 다시 말하면 균열 끝부분에서의 소성영역이 확대되어야 한다는 것이다. 그림 8.7을 참고하여 균열 끝부분에서의 힘의 평형식은 다음과 같이 쓸 수 있다.

$$\int_0^{r_1} \frac{K_I}{\sqrt{2\pi r}} dx = \sigma_Y r_Y \tag{8.22}$$

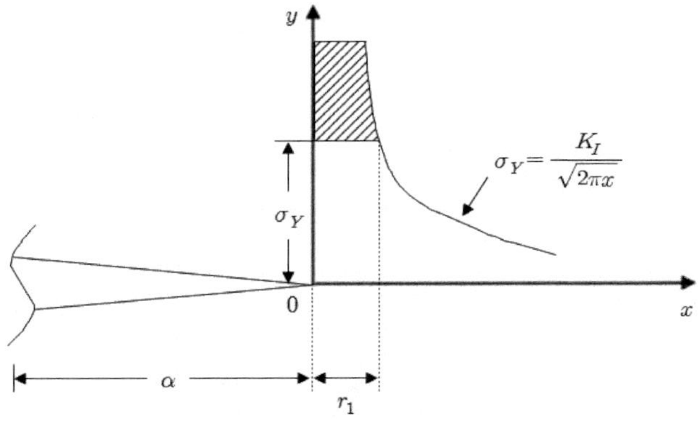


**그림 8.6** 균열 끝부분에서의 응력분포

위의 적분을 수행하고 $r_Y$에 대하여 풀면 다음과 같다.

$$r_Y = \frac{1}{\pi}\left(\frac{K_I}{\sigma_Y}\right)^2 \tag{8.23}$$

여기서 소성영역의 길이 $r_Y$는 식 (8.21)에서 계산된 $r_1$와 비교하여 2배의 값을 갖는다 ($r_Y = 2r_1$). 즉, 그림 8.7에서 볼 수 있듯이 초과된 부분의 힘이 재분포 되어 균열 끝 부분에서의 소성영역을 확장시킨 것을 알 수 있다. 이 결과로 인하여 균열 끝부분이 탄성영역으로만 이루어져 있다고 가정한 경우에 비하여 소성영역 부분에서 더 큰 응력을 가지게 됨을 알 수 있으며 이는 $K$ 값의 증가로 이어진다. 즉, 소성영역의 존재로 인하여 균열 끝부분이 탄성영역에 있다고 가정하였을 때 보다 더 큰 값의 $K$가 된다는 것이다. Irwin은 이러한 $K$ 값의 증가를 보정하기 위하여 가상적인 균열을 생각하고 이를 위해서 실제 길이보다 긴 유효 균열 길이 $a_{eff}$를 다음과 같이 도입하였다.

$$a_{\text{eff}} = a + r_1 \tag{8.24}$$

즉, 결론적으로 소성영역을 고려한 균열문제는 Irwin에 의한 유효 균열 길이를 가지는 문제로 귀착이 된다.

균열 끝에서의 응력은 무한대가 되어 실제 현상과 다르므로 이를 수정하기 위하여 균열 끝부분에서의 응력을 낮춰 줄 수 있는 기구로서 소성변형을 도입하였다. 탄성 영역에서의 균열 끝은 날카로운 모양을 갖지만 소성영역에서는 다소 둔화된 뭉툭한 모양의 균열 모양을 보이게 된다.

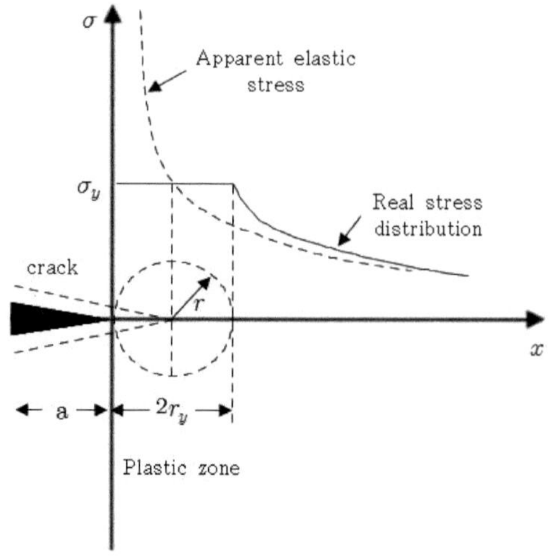


**그림 8.7** 균열 끝부분에서의 응력분포

한편, 평면 변형률 상태에서는 평면 응력 상태에서와는 달리 균열 주위의 응력 분포가 두께 방향으로도 전개되므로 2축이 아닌 3축 하중이 걸리는 형태로 되어 소성변형을 억제하는 양상을 보이므로 그 크기가 상대적으로 위축된다. 그러므로 평면 변형률 상태에서의 소성영역 반지름은 다음과 같이 주어지며 평면 응력 상태에서 보다 작은 값을 가짐을 알 수 있다.

$$r_1 = \frac{1}{6\pi}\left(\frac{K_I}{\sigma_Y}\right)^2 \tag{8.25}$$

Irwin의 가정에 의한 유효 균열길이 $a_{eff}$를 사용한 응력확대계수를 $K_{eff}$라 하면 다음과 같이 표시할 수 있다.

$$K_{\text{eff}} = Y_{\text{eff}} S \sqrt{\pi a_{\text{eff}}} \tag{8.26}$$

여기서 수정계수 $Y_{eff}$는 균열 길이가 $a_{eff}$일 때의 값이므로 유효 응력확대계수를 계산하기 위해서는 일반적으로 다음과 같은 시행착오법의 과정이 수행되어야 한다.

1) 주어진 조건에 대하여 탄성영역에서의 $K$를 계산한다.
2) 유효 균열 길이 $a_{eff}$에 대한 첫 번째 근사값은 식 (8.21) 또는 식 (8.25)으로 부터 얻은 결과를 식 (8.24)에 대입하여 얻는다.
3) 계산된 $a_{eff}$를 사용하여 식 (8.26)에 대입하여 $K_{eff}$를 계산한다.
4) 위의 과정을 반복하여 $K_{eff}$가 수렴되는 값을 찾는다.

간단한 형상과 하중의 경우에는 위에서 언급한 수치해석적인 방법이 아닌 해석적인 방법으로도 유효 응력확대계수를 구하는 것이 가능하며 예제 8.3에서 설명하기로 한다. Irwin의 가정을 적용함으로써 균열 끝부분에서의 응력을 소성변형으로 처리한 유효 응력확대계수를 도입하게 되었으며 이로 인하여 균열 끝부분에서의 소성영역이 있음에도 불구하고 선형 파괴역학(LEFM)의 가정을 적용할 수 있게 되었다. 그러나 만일 균열 끝부분에서의 소성변형의 정도가 크다면 더 이상 선형 파괴역학에서 사용되는 응력확대계수 $K$에 의한 해석을 할 수 없으며 탄소성 파괴역학(elastoplastic fracture mechanics, EPFM) 이론을 적용해야 한다. 그러므로 파괴역학에 의한 해석을 하기 앞서 주어진 문제가 선형 파괴역학으로 다룰 수 있는 것인지를 반드시 확인해야 한다.

예제

**8.2** 모드 I 상태에 있는 그림 8.4(a)에서와 같은 무한 크기의 평판의 중앙에 길이 $2a$인 균열이 있을 때 균열 끝부분에서의 소성영역을 고려하여 유효 응력확대계수 $K_{eff}$를 구하시오. 단, 평면 응력 상태로 가정하시오.

**해설** 주어진 조건에 대한 응력확대계수는 식 (8.11)에서 $K=S\sqrt{\pi a}$ 이므로 $K_{eff}$는 식 (8.26)로 부터 다음과 같이 주어진다.

$$K_{\text{eff}} = S\sqrt{\pi a_{\text{eff}}} = S\sqrt{\pi(a+r_1)} \tag{a}$$

식 (8.21)에서 $r_1$을 식 (a)에 대입하면

$$K_{\text{eff}} = S\sqrt{\pi\left[a + \frac{1}{2\pi}\left(\frac{K_{\text{eff}}}{\sigma_Y}\right)^2\right]} \tag{b}$$

식 (b)에서 $K_{eff}$에 대하여 풀면 다음과 같은 결과를 얻는다.

$$K_{\text{eff}} = \frac{S\sqrt{\pi a}}{\sqrt{1-\frac{1}{2}\left(\frac{S}{\sigma_Y}\right)^2}} \tag{c}$$

예제

**8.3** 모드 I 상태에 있는 그림 8.4(c)에서와 같은 폭이 $W$인 평판의 중앙에 길이 $2a$인 균열이 있을 때 균열 끝부분에서의 소성영역을 고려하여 유효 응력확대계수 $K_{eff}$를 구하시오. 단, 평면 응력 상태로 가정하시오.

**해설** 주어진 조건에 대한 응력확대계수는 식 (8.13)에서 $K=YS\sqrt{\pi a}$ 이며 $Y=\sqrt{\sec(\pi a/W)}$ 이므로 $K_{eff}$는 식 (8.26)로 부터 다음과 같이 주어진다.

$$K_{\text{eff}} = SY_{\text{eff}}\sqrt{\pi a_{\text{eff}}} = S\sqrt{\sec\left[\frac{\pi(a+r_1)}{W}\right]\pi(a+r_1)} \tag{a}$$

식 (8.21)에서 $r_1$을 식 (a)에 대입하면

$$K_{\text{eff}} = S\sqrt{\sec\left[\frac{\pi\left\{a+\frac{1}{2\pi}\left(\frac{K_{\text{eff}}}{\sigma_Y}\right)^2\right\}}{W}\right]\pi\left\{a+\frac{1}{2\pi}\left(\frac{K_{\text{eff}}}{\sigma_Y}\right)^2\right\}} \tag{b}$$

식 (b)는 해석적으로 풀기 어려우므로 수치해석법으로 $K_{eff}$를 구해야 한다.

## 8.6 다양한 시편에 대한 응력확대계수 $K_I$

재료의 파괴인성에 대한 재료를 얻기 위하여 다양한 형상의 시편이 제작되어 사용되며 시험에 대한 상세한 기준과 내용은 ASTM 등의 자료집에서 찾아 볼 수 있다. 모드 I 상태에서의 다양한 시편에 대한 수정계수 $Y$를 적용하여 응력확대계수는 다음과 같이 계산된다.

$$K_I = \frac{P}{B\sqrt{W}} f\left(\frac{a}{W}\right) \tag{8.27}$$

한편, 다양한 형상에 대한 수정계수 $Y$는 다음과 같이 주어진다.

중앙 균열 인장(CCT, Central Crack Tension)

$$f\left(\frac{a}{W}\right) = \sqrt{\frac{\pi a}{4W} \sec \frac{\pi a}{2W}} \left[1 - 0.025\left(\frac{a}{W}\right)^2 + 0.06\left(\frac{a}{W}\right)^4\right] \tag{8.28}$$

단일 모서리 노치 인장(SENT, Single Edge Notch Tension)

$$f\left(\frac{a}{W}\right) = \frac{2\tan\frac{\pi a}{2W}}{\cos\frac{\pi a}{2W}} \left[0.752 + 2.02\left(\frac{a}{W}\right) + 0.37\left(1 - \sin\frac{\pi a}{2W}\right)^3\right] \tag{8.29}$$

단일 모서리 노치 굽힘(SENB, Single Edge Notch Bend)

$$f\left(\frac{a}{W}\right) = Y_1\left\{1.99 - \left(\frac{a}{W}\right)\left(1 - \frac{a}{W}\right)\left[2.15 - 3.93\left(\frac{a}{W}\right) + 2.7\left(\frac{a}{W}\right)^2\right]\right\}$$

$$\text{where} \qquad Y_1 = \frac{3\frac{S}{W}\sqrt{\frac{a}{W}}}{2\left(1 + 2\frac{a}{W}\right)\left(1 - \frac{a}{W}\right)^{3/2}} \tag{8.30}$$

양 모서리 노치 인장(DENT, Double Edge Notch Tension)

$$f\left(\frac{a}{W}\right) = Y_1\left[1.122 - 0.561\left(\frac{a}{W}\right) - 0.205\left(\frac{a}{W}\right)^2 + 0.471\left(\frac{a}{W}\right)^3 + 0.190\left(\frac{a}{W}\right)^4\right]$$

$$\text{where} \qquad Y_1 = \frac{\sqrt{\frac{\pi a}{2W}}}{\sqrt{1 - \frac{a}{W}}} \tag{8.31}$$

소형 인장 시편(CT, Compact Tension Specimen)

$$f\left(\frac{a}{W}\right) = Y_1\left[0.886 + 4.64\left(\frac{a}{W}\right) - 13.32\left(\frac{a}{W}\right)^2 + 14.72\left(\frac{a}{W}\right)^3 - 5.60\left(\frac{a}{W}\right)^4\right]$$

$$\text{where} \qquad Y_1 = \frac{2 + \left(\frac{a}{W}\right)}{\left(1 - \frac{a}{W}\right)^{3/2}} \tag{8.32}$$

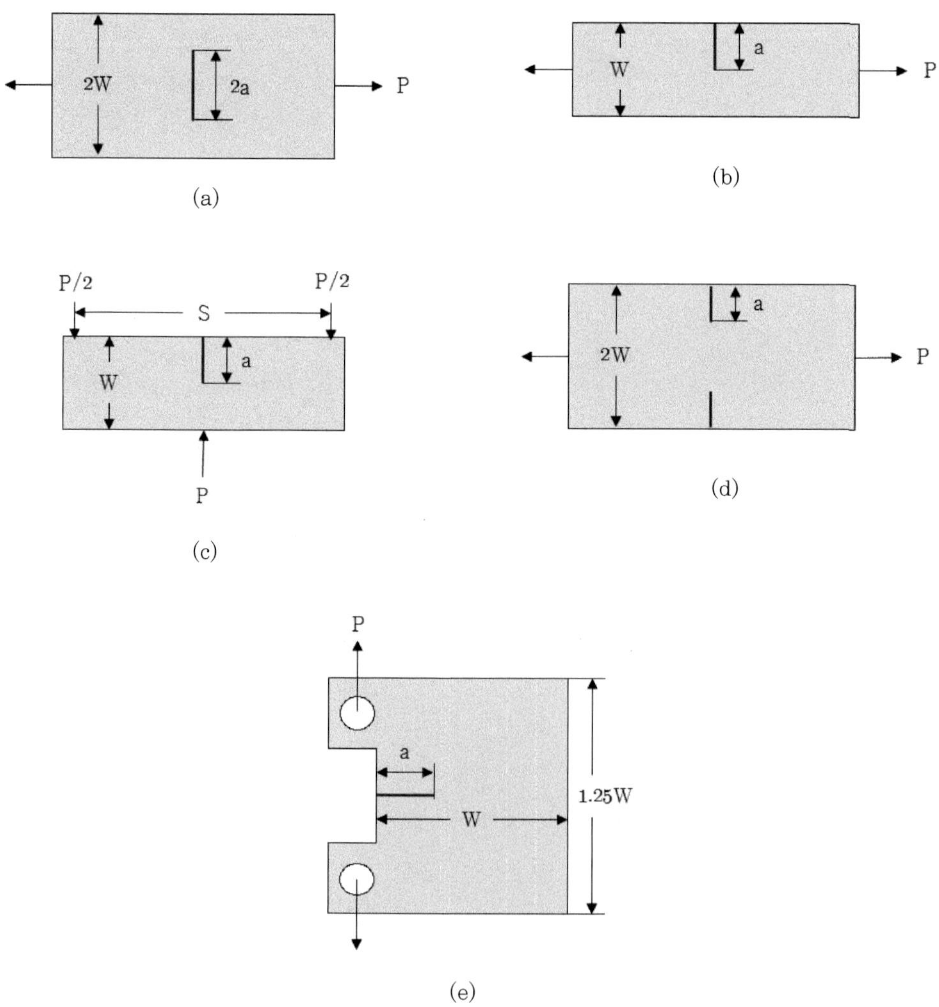


그림 8.8 다양한 시편의 종류

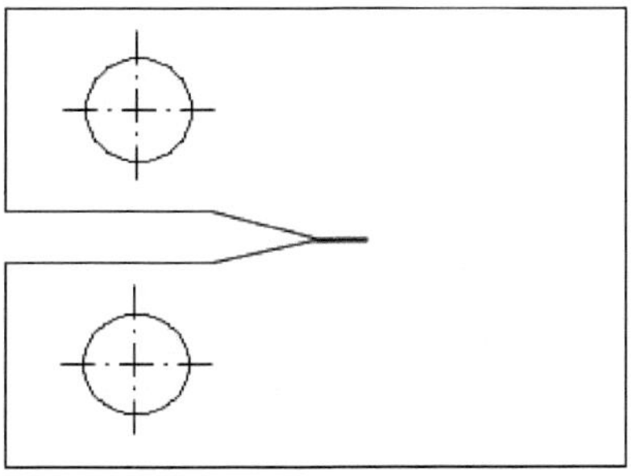

그림 8.9 파괴 시험을 위한 시편

## 8.7 파괴인성

파괴인성(fracture toughness)은 재료의 특성으로서 파괴에 대하여 저항하는 정도를 나타내는 물리량이다. 그러므로 파괴인성이 높을수록 파괴에 대항하여 잘 견디는 재료라고 할 수 있다. 앞에서 학습한 응력확대계수는 그 자체로서는 큰 의미가 없으며 균열을 감안한 설계를 수행하기 위해서는 사용하고자 하는 재료의 파괴에 대한 저항정도를 나타내는 파괴인성에 대한 자료가 반드시 필요하다. 파괴인성은 앞에서 설명한 규정대로 시편을 제작하여 파괴되기까지 힘을 가하여 자료를 얻게 된다.

예를 들어, 소형 인장 시편 CT를 제작하여 파괴시험을 하였다면 식 (8.32)에 따라서 응력확대계수를 얻을 수 있게 되며 이를 재료의 파괴인성 $K_c$라고 정의한다. 그런데 파괴인성 $K_c$는 시편의 두께 $B$ 의 함수임이 알려져 있으며 두께가 두꺼워질수록 파괴인성 값은 감소한다. 파괴인성은 시편의 두께가 두꺼워 질수록 감소하다가 어느 두께 이상으로 두꺼워지면 더 이상 감소하지 않고 일정한 값을 보이는데 이때의 파괴인성을 평면 변형률 파괴인성이라고 하며 $K_{Ic}$로 표시한다. 평면 변형률 파괴인성은 가장 보수적인 값으로 설계시의 기준으로 권장되고 있다.

얇은 두께의 시편을 사용하는 경우는 평면 응력 조건으로 볼 수 있는데 이때의 파괴인성 $K_c$는 평면 변형률 파괴인성 $K_{Ic}$보다 크다. 따라서 $K_c$에 기준을 두고 설계를 한다면 덜 보수적인 접근이 될 것이다. 파괴역학을 적용한 설계를 수행할 때 선형 파괴역학(LEFM)의 조건을 만족하는 가를 확인해야 한다는 점을 유의해야 한다. 선형 파괴역학의 기본 토대는 가장 응력이 크게 나타나는 균열의 끝부분이 탄성영역으로 남아있거나 최소한의 소성영역만이 허용된다는 것이다. 만일 균열의 끝 부분에서 소성변형이 크게 일어난다면 더 이상 선형 파괴역학은 적용될 수 없으며 응력확대계수 $K$ 에 의한 이론은 사용할 수 없다.

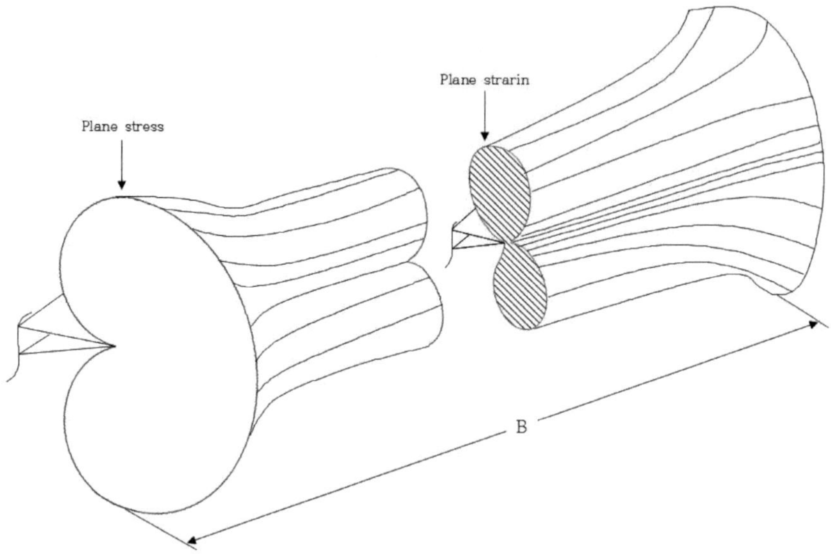


**그림 8.10** 균열 끝부분에서의 응력분포: 시편의 두께와 평면 응력과 평면 변형률 조건과의 관계

그림 8.5와 그림 8.10에서 보는 바와 같이 평면 응력 상태에서의 균열 끝부분의 크기는 평면 변형률 상태보다 3배 정도가 크다. 즉, 평면 응력 상태에서는 그만큼 소성영역이 크다는 것을 의미하며 이는 소성영역이 최소화 된 상태에서 성립되는 선형 파괴역학 이론과 배치된다. 그러므로 평면 변형률 파괴인성 $K_{Ic}$을 사용하여 설계하고자 할 때는 반드시 평면 변형률 조건을 만족해야 한다. 평면 변형률 파괴 인성 $K_{Ic}$를 얻기 위한 시험은 ASTM E399에서 찾아 볼 수 있다. 시험 규정에 의하면 시편에 대한 몇 가지의 제한 조건이 있으며 이는 표준화를 위한 것으로 반드시 준수해야 한다. 시편의 크기에 대한 조건으로는 다음과 같은 것들이 있다.

$$B \geq 2.5\left(\frac{K_{Ic}}{\sigma_Y}\right)^2 \qquad \text{두께 조건} \qquad (8.33)$$

$$a \geq 2.5\left(\frac{K_{Ic}}{\sigma_Y}\right)^2 \qquad \text{균열 길이 조건} \qquad (8.34)$$

표준 시편은 소형 인장 시편 CT(compact tension) 또는 단일 모서리 노치 굽힘 시편 SENB (single edge notch bend)이 있다. 시편을 사용하여 응력 확대 계수 $K_{Ic}$은 시편의 두께와 균열 길이, 하중 등을 포함한 함수의 형태로 다음과 같이 결정된다.

$$K_I = \frac{P}{B\sqrt{W}} f\left(\frac{a}{W}\right) \qquad (8.35)$$

식 (8.35)에서 $f(a/W)$는 소형 인장 시편(CT)에 대해서는 식 (8.32)을, 단일 모서리 노치 굽힘 시편(SENB)에 대해서는 식 (8.30)을 각각 사용하여 계산한다.

예제

**8.4** 파괴인성 $K_{Ic} = 30$ MPa $\sqrt{m}$ 인 재료로 시편을 제작하여 파괴 정도를 확인하고자 한다. 4cm 두께의 CCT(중앙 균열 인장)를 사용하였을 때 파괴에 이르는 최대 하중 $P$ 를 계산하시오. 단, $a = 3$cm, $W = 9$cm, 항복강도 $\sigma_Y = 300$ MPa이다.

**해설** 계산을 수행하기에 앞서 선형 파괴역학을 적용할 수 있는 조건이 만족되는 지를 알아보아야 한다. 식 (8.33)에서

$$2.5\left(\frac{K_{Ic}}{\sigma_Y}\right) = 2.5\left(\frac{30}{300}\right)^2 = 2.5\text{cm}$$

이 값은 두께 $B > 2.5$cm와 균열 길이 $a > 2.5$cm 조건을 모두 만족시키므로 선형 파괴역학을 적용할 수 있는 조건이 만족된다. CCT에 대한 응력확대계수는 식 (8.28)로부터 다음과 같이 주어지며 $a/W = 1/3$을 대입하여 계산한다.

$$f\left(\frac{a}{W}\right) = \sqrt{\frac{\pi a}{4W}\sec\frac{\pi a}{2W}}\left[1 - 0.025\left(\frac{a}{W}\right)^2 + 0.06\left(\frac{a}{W}\right)^4\right] = 0.5486 \qquad \text{(a)}$$

$$K_{Ic} = \frac{P}{B\sqrt{W}}f\left(\frac{a}{W}\right) \qquad \text{(b)}$$

식 (a)의 결과를 적용하여 식 (b)을 하중 $P$ 에 대하여 풀면 다음과 같은 결과를 얻는다.

$$P = \frac{K_{Ic}B\sqrt{W}}{f\left(\frac{a}{W}\right)} = \frac{30 \times 10^6 \times 0.04 \times \sqrt{0.09}}{0.5486} = 656 \text{ kN} \qquad \text{(c)}$$

### 임계 균열 길이

모드 I에서 만일 응력 $S$ 의 크기가 변하지 않는다면 균열의 길이 $a$가 임계 균열 길이 $a_c$와 같아질 때, 즉, $a = a_c$일 때 $K = K_{Ic}$가 된다.

$$K_{Ic} = S\sqrt{\pi a_c} \qquad (8.36)$$

위의 식에서 임계 균열 길이(critical crack length) $a_c$를 구하면 다음과 같다.

$$a_c = \frac{1}{\pi}\left(\frac{K_{Ic}}{S}\right)^2 \qquad (8.37)$$

만일 $a < a_c$인 경우에는 균열은 진전하지 않는다. 동적 하중이 걸리는 경우에도 $K = K_{Ic}$의 조건을 만족할 때 파괴된다. 유의해야 할 점은 $K < K_{Ic}$인 경우에도 균열은 계속해서

진전하고 있을 가능성이 있다는 것이다. 그 이유는 비록 균열 길이 $a$가 임계 균열 길이 $a_c$보다 작다고 하더라도 하중에 의하여 균열이 점차로 성장하여 $a=a_c$로 되는 순간 파괴를 일으키기 때문이다. 시편에 가해지는 하중이 증가됨에 따라서 응력확대계수 $K$ 도 커지게 되며 재료의 파괴인성 $K_c$에 근접하게 된다. 파괴인성은 파괴에 있어서의 항복강도와 동일한 극한적인 개념으로 볼 수 있다.

**표 8.1** 재료의 평면 변형률 항복강도, 최대 강도와 파괴인성[3]

| Material | $\sigma_Y$ MPa | $S_u$ MPa | $K_{Ic}$ (MPa $\sqrt{m}$) |
|---|---|---|---|
| AISI 4130 | 1090 | 1150 | 110 |
| 2024-T651 | 415 | 485 | 24 |
| Ti-6Al-4V | 925 | 1000 | 106 |
| AISI 1144 | 540 | 840 | 66 |
| 2014-T351 | 325 | 470 | 34 |

**표 8.2** 폴리머와 세라믹 재료에 대한 평면 변형률 파괴인성[3]

| Material | $K_{Ic}$ (MPa $\sqrt{m}$) |
|---|---|
| Cement | 0.2 |
| $Al_2O_3$ | 3 |
| SiC | 3 |
| Epoxy | 0.3 |
| PVC | 2.4 |

**예제**

**8.5** 응력 $S=100$ MPa가 작용하고 있는 그림 8.4(b)에서와 같은 무한 평판에서 임계 균열 길이 $a_c$를 계산하시오. 단, 파괴인성 $K_{Ic}=30$MPa $\sqrt{m}$ 이며 평판의 두께는 충분히 두껍다고 가정한다.

**해설** 식 (8.37)에서 임계 균열 길이는 다음과 같다.

$$a_c=\frac{1}{\pi}\left(\frac{K_{Ic}}{YS}\right)^2=\frac{1}{\pi}\left(\frac{30}{1.14\times 100}\right)^2=2.28 \text{ cm}$$

예제

**8.6** 응력이 $S=300$ MPa로 걸리는 기계에 장착된 부품에서 10 mm의 균열이 발견되었으며 부품의 형상과 균열의 형태는 그림 8.4(c)과 같다. 이때 균열의 상태를 파악하여 부품의 안전도를 평가하시오. 파괴인성 $K_{Ic}$ = 60 MPa $\sqrt{m}$ 이며 부품의 너비는 $W=1.2$ m이고 두께는 충분히 두껍다고 가정한다.

해설 먼저 부품에 대한 응력 확대 계수 $K_I$을 다음과 같이 계산한다.

$$K_I = YS\sqrt{\pi a} = \sqrt{\sec\frac{\pi a}{W}}S\sqrt{\pi a} \tag{a}$$

임계 균열 길이 $a_c$를 계산하기 위하여 $K_I = K_{Ic}$로 놓으면

$$\sqrt{\sec\frac{\pi a}{W}}S\sqrt{\pi a} = K_{Ic} \tag{b}$$

식 (b)의 양변을 제곱하고 정리하면

$$\sec\frac{\pi a}{W}(\pi a) = \left(\frac{K_{Ic}}{S}\right)^2 \tag{c}$$

식 (c)의 양변을 $W$로 나누고 $\sec x = 1/\cos x$이므로

$$\frac{\left(\frac{\pi a}{W}\right)}{\cos\frac{\pi a}{W}} = \frac{1}{W}\left(\frac{K_{Ic}}{S}\right)^2 \tag{d}$$

여기서 간편함을 위해서 $X=\pi a/W$로 놓으면 식 (d)는 다음과 같이 쓸 수 있다.

$$\frac{X}{\cos X} = \frac{1}{W}\left(\frac{K_{Ic}}{S}\right)^2 = \frac{1}{1.2}\left(\frac{60}{300}\right)^2 = 0.0333 \tag{e}$$

결과적으로 $X$에 대한 다음과 같은 방정식의 해를 구하는 문제가 된다.

$$X = 0.0333\cos X \tag{f}$$

수치해석법으로 해를 구하면 $X=0.03333$이 되며 임계 균열 길이 $a_c$는 다음과 같다.

$$a_c = \frac{WX}{\pi} = \frac{1.2\times 0.03333}{\pi} = 12.7\ \text{mm} \tag{g}$$

발견된 균열의 길이는 $2a=10$ mm이므로 $a<a_c$가 성립되어 안전하다고 판단된다.

예제

**8.7** 길이 $h=3.0$m, 폭 $W=1.8$m인 판재의 폭에 수직한 방향으로 하중 $P=4.5$MN을 가했을 때 판재 중앙에 균열이 발생할 수 있다고 보고 허용 균열 길이 2a를 0.254cm로 설정하였다. 설계자는 밀도가 같은 A와 B재료 중 설계된 판재의 무게가 적은 재료를 선택하고자 한다. 사용가능한 재료를 선택하고 허용두께를 구하시오.

A재료인 경우 $K_{Ic}$A = 110 MPa $\sqrt{m}$, 항복강도 $(\sigma_Y)_A$ =900MPa이고 B재료인 경우 $K_{Ic}$B = 80 MPa $\sqrt{m}$, $(\sigma_Y)_B$ =1,000MPa이다. 그리고 구조물의 하중상태에서 응력확대계수는 K=1.1 $\sigma\sqrt{\pi a}$ 이다.

**해설** 두 가지 관점에서 설계될 수 있는데 하나는 고전적인 항복에 근거한 설계이고 다른 하나는 파괴 역학에 근거한 설계이다.

① 항복에 근거한 설계

$\sigma_{max} < \sigma_Y$이어야 하므로, A재료인 경우 두께 $t_A > 2.78$mm가 되고 B재료인 경우 $t_B > 2.50$mm가 되어 항복에 근거한 설계로서는 B재료를 택하는 것이 경량화 입장에서 바람직하다.

② 파괴 역학에 근거한 설계

구조물 하중 상태에 대한 응력확대계수 K식으로부터 A재료인 경우에 허용최대응력 $(\sigma_C)_A = 1.12$GPa가 얻어지고 $\sigma_{max} < (\sigma_c)_A$이어야 하므로 $t_A > 2.23$mm 이며, B재료인 경우에 $(\sigma_C)_B = 814$MPa가 얻어지고 따라서 $t_B > 3.07$mm이다.

이러한 결과로 파괴 역학에 근거한 설계를 하게 되면, 경량화를 위해서는 항복에 근거한 설계 때와 정반대로 A재료가 선정되어야 한다. 그런데 항복에 근거한 설계와 파괴 역학에 근거한 설계 결과를 종합할 때 $2.78\text{mm} \geq t_A > 2.23\text{mm}$에서는 항복됨을 예상할 수 있고, $t_A > 2.78$mm이면 항복도 파괴도 일어나지 않음을 예상할 수 있다. 또 $2.50\text{mm} < t_B \leq 3.07\text{mm}$에서는 파괴가 예상되며 $t_B > 3.07$mm에서는 파괴도 항복도 일어나지 않을 것을 예상하게 된다. 따라서 항복도 파괴도 되지 않는 설계로서 경량화를 기하려면 A재료를 선정하여 $3.07\text{mm} \geq t_A > 2.78\text{mm}$로 하여야 함을 알 수 있다. 이 예제가 의미하는 것은 항복만 기준한 설계라든가 파괴만 기준한 설계만으로는 좋은 설계가 되지 못하고 두 방법을 모두 고려하여야만 항복도 파괴도 되지 않는 설계가 될 수 있다는 것이다. 이러한 설계를 파괴역학적인 설계라고 한다.

## 8.8 Griffith 파괴이론

먼저 취성재료의 파괴기구를 설명하고 차례로 연성재료와 함께 파괴강도의 개념과 아울러 필요한 내용들을 설명하기로 한다. Griffith는 이론에서 얻어진 파괴강도 값과 실제 값과의 차이가 상당히 다른 이유로서 재료 내부에 균열이 존재하고 그로 인하여 국부적인 응력집중이 발생되어 재료가 파괴에 이른다고 생각하였다. Griffith는 균열이 없는 무한 크기의 평판에 응력이 작용하고 있는 경우를 생각하고 여기에 균열을 첨가한 경우와 비교하여 에너지의 평형 개념을 적용하였다. Griffith의 이론을 설명하기 위하여 그림 8.4(a)에서 보는 바와 같이 중앙에 길이 $2a$인 균열이 있는 두께가 $B$인 무한 크기의 평판에서 응력 $\sigma$가 작용하는 경우를 고려한다. 균열이 존재하는 경우는 균열이 없는 경우에 비해서 강도가 약해지므로 평판이 가지는 포텐셜 에너지(potential energy)도 감소한다. 포텐셜 에너지 $\Pi$는 탄성 변형률 에너지 $U_e$와 외부 하중에 의한 일 $W$의 항으로 다음과 같이 정의된다.

$$\Pi = U_e - W \tag{8.38}$$

새로운 표면이 생성될 때는 표면 에너지(surface energy)가 필요하며, 평판에서의 균열이 전진하기 위해서는 균열 표면을 만들어 가야 하므로 이보다 더 큰 포텐셜 에너지(potential energy)가 공급되어야 한다. 그런데 균열이 진전하는 과정에서 전체 에너지는 평형을 이루어야 하므로, 포텐셜 에너지의 감소(방출)는 표면 에너지의 증가로 이어지며 식으로 표시하면 다음과 같다.

$$-\frac{d\Pi}{dA} = \frac{d\Gamma}{dA} \tag{8.39}$$

여기서 $\Pi$는 평판의 단위 두께당의 포텐셜 에너지, $\Gamma$는 표면 에너지, $A = 2aB$ 이며 균열의 면적을 의미한다. 균열의 전체 면적에 대한 표면 에너지는 $\Gamma = 4aB\gamma_s$로 쓸 수 있으며 $\gamma_s$는 단위 면적당의 표면 에너지이다. 여기서 균열이 진전할 때에는 두 표면이 생성되므로 2의 배수가 적용되었음을 유의한다. Inglis의 해석에 의하면 균열이 있는 경우의 변형률 에너지 $U_e$는 다음과 같이 주어진다.

$$U_e = \frac{\pi\sigma^2 a^2}{E} \tag{8.40}$$

여기서 $E$는 탄성계수, $\gamma_s$는 표면 에너지, $a$는 균열길이의 절반이다. Griffith는 균열로 인한 포텐셜 에너지의 감소를 다음과 정의하였다.

$$\Pi = \Pi_0 - U_e = \Pi_0 - \frac{\pi\sigma^2 a^2}{E} \tag{8.41}$$

여기서 $\Pi_0$는 균열이 없는 평판에서의 포텐셜 에너지이며 $U_e$는 균열로 인하여 방출되는 변형률 에너지이다. 식 (8.41)의 양변을 $A$로 미분하면 다음과 같은 결과를 얻는다.

$$\frac{d\Pi}{dA} = -\frac{2\pi\sigma^2 a}{E} \tag{8.42}$$

표면 에너지 $\Gamma$도 같은 방법으로 $A$에 대하여 미분하면 $d\Gamma/dA = 4\gamma_s$이므로 미분 결과를 식 (8.39)에 각각 대입하면 다음과 같다.

$$\frac{\pi\sigma^2 a}{E} = 2\gamma_s \tag{8.43}$$

식 (8.43)으로 부터 임계응력(critical stress) $\sigma_c$는 다음과 같이 균열에 대한 정보를 포함한 식으로 표시할 수 있다.

$$\sigma_c = \sqrt{\frac{2E\gamma_s}{\pi a}} \tag{8.44}$$

취성재료가 아닌 일반적인 금속재료에서는 균열이 진전할 때에 균열 끝부분에서 소성변형이 발생하게 된다. 소성변형이 있는 경우에는 취성재료와 달리 균열 끝에서의 극한적인 응력집중이 다소 완화되게 되는데 그 이유는 소성변형으로 인하여 해당하는 에너지가 소산되기 때문이다. 즉, 이러한 경우에는 전체 에너지는 균열에서의 새로운 표면을 만드는데 사용되는 에너지 $\gamma_s$와 소성일(plastic work) $\gamma_p$로 분리하여 생각할 수 있다. 취성재료의 경우는 소성변형이 작아서 무시할 수 있으므로 탄성변형으로 진행되며, 소성변형이 상대적으로 큰 경우에는 균열이 진전하기 위해서 필요한 에너지는 $\gamma_s + \gamma_p$가 된다. 식 (8.44)에 대입하면 임계응력은 다음과 같이 주어진다.

$$\sigma_c = \sqrt{\frac{2E(\gamma_s + \gamma_p)}{\pi a}} \tag{8.45}$$

만일 $\gamma_p/\gamma_s \gg 1$이 되면 식은 다음과 같이 쓸 수 있다.

$$\sigma_c = \sqrt{\frac{2E\gamma_p}{\pi a}} \tag{8.46}$$

## 8.9 에너지 해방률

앞에서 소개한 파괴응력에 관한 식 (8.45), (8.46) 등은 실제로는 사용하기가 어렵다. 그 이유는 응력을 정확하게 계산하기 위해서는 표면 에너지와 소성일등을 측정하여야 하는 데 균열이 진전하는 도중에 그러한 물리량을 정확하게 알아내는 것이 어렵기 때문이다. Irwin은 Griffith의 에너지 개념을 응용하여 에너지 해방률(energy release rate) $G$를 다음과 같이 제안하였으며 SI 단위계에서는 $J/m^2$의 단위를 갖는다.

$$G = -\frac{d\Pi}{dA} \tag{8.47}$$

식 (8.47)과 식 (8.42)로 부터 균열길이 $2a$인 무한 평판에서의 에너지 해방률은 다음과 같이 주어진다.

$$G = \frac{\pi\sigma^2 a}{E} \tag{8.48}$$

따라서 에너지 해방률로 표시된 임계응력 $\sigma_c$는 다음과 같다.

$$\sigma_c = \sqrt{\frac{EG_c}{\pi a}} \tag{8.49}$$

여기서 $G_c$는 임계 에너지 해방률이며 재료의 파괴인성(fracture toughness) 값이다.

### 하중 제어 조건과 에너지 해방률

Irwin이 제안한 에너지 해방률에 대한 개념을 보다 깊게 살펴보기 위하여 그림 8.11에서 보는 바와 같이 가장 자리에 길이 $a$의 모서리 균열(edge crack)이 있는 시편에 하중 $P$를 걸어서 파괴시험을 하고 있다고 생각하자. 시편에 사용된 재료는 선형 탄성 재료라고 가정한다.

먼저 그림 8.12에서 보는 바와 같이 하중 $P$는 과정을 통하여 항상 일정하다고 가정하며 이런 경우를 하중 제어(load controlled) 또는 하중 일정(load constant) 조건이라고 한다. 시편에 발생한 변위를 $u$라 하면 하중에 의한 일 $W$는

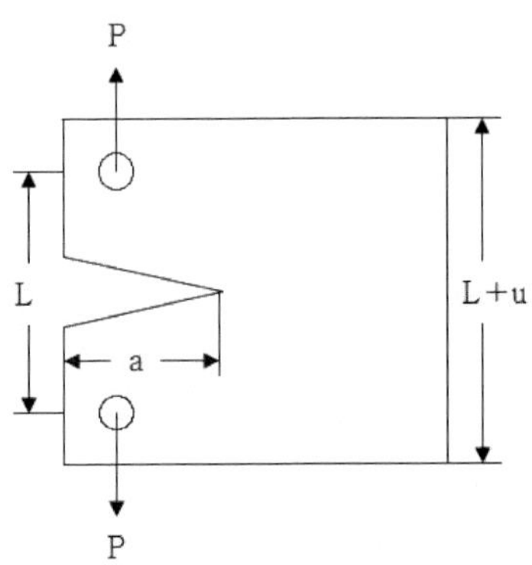


그림 8.11 모서리 균열이 있는 시편

$$W = Pu \tag{8.50}$$

또한, 변형률 에너지 $U_e$는 정의에 의하여 다음과 같이 계산된다.

$$U_e = \frac{1}{2}Pu \tag{8.51}$$

이때의 포텐셜 에너지는 식 (8.50)과 식 (8.51)을 식 (8.38)에 대입하면 다음과 같다.

$$\Pi = -\frac{1}{2}Pu = -U_e \tag{8.52}$$

따라서 에너지 해방률은 식 (8.47)과 (8.52)로 부터 다음과 같이 계산된다.

$$G = -\frac{d\Pi}{dA} = \frac{dU_e}{dA} = \frac{P}{2B}\left(\frac{du}{da}\right)_P \tag{8.53}$$

여기서 모서리 균열에 대한 균열면적은 $A = aB$ 임을 유의한다.

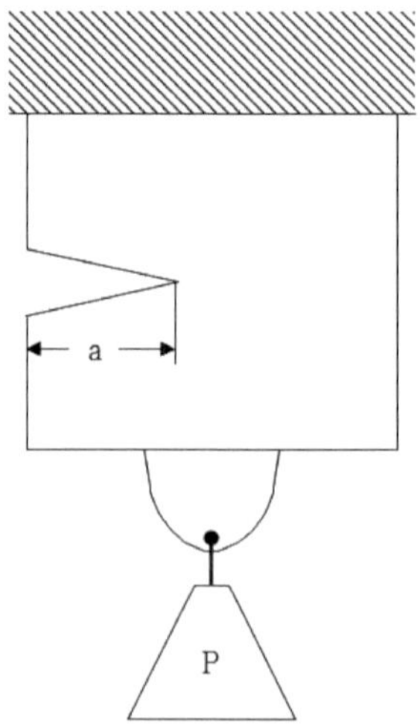


**그림 8.12** 하중 제어 조건(load control)

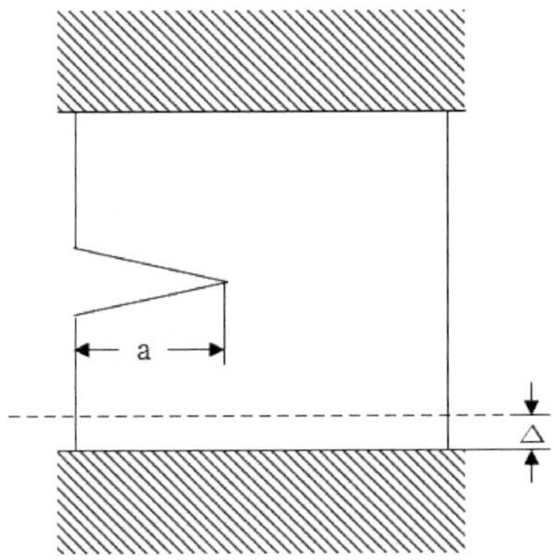


그림 8.13 변위 제어 조건(displacement control)

### 변위 제어 조건과 에너지 해방률

이번에는 그림 8.13에서 보는 바와 같이 시편에서 변위를 고정한 경우를 살펴보고자 하며 이를 변위 제어(displacement controlled) 또는 변위 일정(displacement constant) 조건이라고 한다. 변위가 고정된 상태에서는 $W=0$이 되며 따라서 포텐셜 에너지는 $\Pi = U_e$가 되므로 에너지 해방률은

$$G = -\frac{dU_e}{dA} = -\frac{u}{2B}\left(\frac{dP}{da}\right)_u \tag{8.54}$$

에너지 해방률에 대한 일관적인 표기를 위해서 재료에 대한 컴플라이언스(compliance) $C$를 다음과 같이 정의하고 사용하고자 한다.

$$C = \frac{u}{P} \tag{8.55}$$

식 (8.55)을 식 (8.53) 또는 식 (8.54)에 대입하여 정리하면 다음과 같은 결과를 얻게 되며 하중 제어 또는 변위 제어 조건에 관계없이 에너지 해방률을 일관적인 표현으로 나타낼 수 있게 되었다는 것을 알 수 있으며 이에 대한 유도는 간단하므로 연습문제로 남긴다.

$$G = \frac{P^2}{2B}\left(\frac{dC}{da}\right) \tag{8.56}$$

응력확대계수 $K$는 균열 끝부분의 국소적인 응력분포에 관련된 물리량이며, 이에 반해서 변형률 에너지 해방률 $G$는 전체 에너지의 개념에서 정의된 것이다. 재료의 파괴를 예측하기 위하여 다른 방법으로 정의된 기준들도 다수 있으나 여기서는 앞에서 소개한 두 가지의 요소를 파괴의 기준으로 삼아서 설명하기로 한다. 부품이나 구조물을 안전하게 설계하기 위해서는 파괴인성을 측정하여 이를 설계시에 계산된 응력확대계수나 변형률 에너지 해방률과 비교하는 것이 기본적인 방법이다. 선형 탄성 재료에 대한 두 요소의 관계식은 다음과 같다.

$$G_I = \frac{K_I^2}{E} \qquad \text{평면 응력 상태}$$

$$G_I = (1-\nu^2)\frac{K_I^2}{E} \qquad \text{평면 변형률 상태} \qquad (8.57)$$

한편, 모드 II와 모드 III에서의 관계식은 각각 다음과 같이 주어진다.

$$G_{II} = \frac{K_{II}^2}{E} \qquad \text{평면 응력 상태}$$

$$G_{II} = (1-\nu^2)\frac{K_{II}^2}{E} \qquad \text{평면 변형률 상태} \qquad (8.58)$$

$$G_{III} = (1+\nu)\frac{K_{III}^2}{E} \qquad \text{평면 응력 상태}$$

$$G_{III} = (1+\nu)\frac{K_{III}^2}{E} \qquad \text{평면 변형률 상태} \qquad (8.59)$$

많은 재료에 있어서 주로 파괴인성 $K_{Ic}$가 알려져 있으므로 파괴여부를 판단하기 위해서는 변형률 에너지 해방률을 기준으로 사용할 수 있는 파괴인성 $G_c$가 필요하다. 그러므로 응력을 기반으로한 $K$를 사용하든지 또는 에너지를 기반으로하는 $G$를 사용하여 재료의 파괴를 방지할 수 있는 설계 기준을 사용할 수 있다. 예를 들어 파괴 시험이 수행되어 상세한 자료가 있는 경우에는 식 (8.56)을 사용하여 파괴인성 $G_c$를 구하는 것이 가능하며 파괴기준 $G > G_c$를 적용하는 것이 가능하다.

예제

**8.8** 그림 8.14에서와 같이 두 개의 외팔보로 이루어진 시편(double cantilever beam, DCB)을 사용하여 하중 $P$를 가하여 파괴시험을 수행하고 있다. 이때의 변형률 에너지 해방률 $G$를 계산하고 응력확대계수 $K_I$을 구하시오. 단, 탄성계수는 $E$이다.

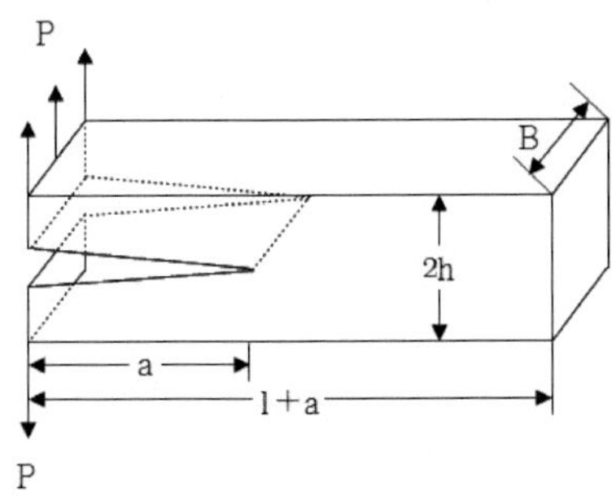


**그림 8.14** 두 개의 외팔보, double cantilever beam

**해설** 주어진 문제에서 두 개의 외팔보의 변형으로 인한 변형률 에너지를 계산하면 다음과 같으며

$$U_e = 2\int_0^a \frac{M^2}{2EI}dx = 2\int_0^a \frac{P^2x^2}{2EI}dx = \frac{P^2a^3}{3EI} \tag{a}$$

여기서 굽힘 모멘트 $M = -Px$이다. 식 (8.53)으로 부터 변형률 에너지 해방률은 다음과 같이 계산된다.

$$G = \frac{dU_e}{dA} = \frac{d}{d(aB)}\left(\frac{P^2a^3}{3EI}\right) = \frac{P^2a^2}{BEI} = \frac{12P^2a^2}{B^2Eh^3} \tag{b}$$

여기서 $A = aB$이며 $I = Bh^3/12$이다. 식 (8.57)으로 부터 평면 응력에 대한 응력확대계수는 다음과 같이 주어진다.

$$K_I = \sqrt{GE} = \frac{2\sqrt{3}Pa}{Bh\sqrt{h}} \tag{c}$$

제 **8** 장

예제

**8.9** 이번에는 예제 8.8에서와 동일한 문제를 하중 제어 조건과 변위 제어 조건에 대한 개념을 사용하여 설명해보기로 한다. 그림 8.14에서와 같이 두 개의 외팔보로 이루어진 시편(double cantilever beam, DCB)을 사용하여 하중 $P$를 가하여 파괴시험을 수행하고 있다. 이때의 변형률 에너지 해방률 $G$를 계산하고 응력확대계수 $K_I$을 구하시오.

**해설** 먼저 시편이 하중 제어 조건에 있다고 가정하면 하중 $P$로 인한 두 외팔보의 변위를 각각 $\delta/2$로 놓는다. 재료역학에서 학습한 보의 처짐 공식에 의하면 외팔보의 힘과 변위와의 관계는 다음과 같이 주어진다.

$$\frac{\delta}{2} = \frac{Pa^3}{3EI} \tag{a}$$

여기서 $I$는 보의 단면에 대한 2차 관성 모멘트이다. 식 (8.55)에서 위의 결과를 사용하여 컴플라이언스 $C$를 다음과 같이 계산한다.

$$C = \frac{\delta}{P} = \frac{2a^3}{3EI} \tag{b}$$

식 (b)를 $a$에 대해서 미분하여 $dC/da$를 다음과 같이 구한다.

$$\frac{dC}{da} = \frac{2a^2}{EI} \tag{c}$$

변형 에너지 해방률은 식 (8.56)에서 다음과 같이 주어진다.

$$G = \frac{P^2}{2B}\left(\frac{dC}{da}\right) = \frac{P^2a^2}{BEI} = \frac{12P^2a^2}{B^2Eh^3} \tag{d}$$

평면 응력에 대한 응력확대계수는

$$K_I = \sqrt{GE} = \frac{2\sqrt{3}Pa}{Bh\sqrt{h}} \qquad \text{하중 제어 조건} \tag{e}$$

이번에는 시편이 변위 제어 조건에 있다고 가정하면 변위가 $\delta$로 주어진 상태로 고정되어 있다고 간주한다. 변위가 주어지면 그에 해당하는 하중을 구할 수 있으므로 외팔보에 대한 관계식은 다음과 같다.

$$\delta = \frac{2Pa^3}{3EI} \tag{f}$$

식 (f)에서 하중 $P$에 대하여 다시 쓰면

$$P = \frac{3EI\delta}{2a^3} \tag{g}$$

식 (g)를 식 (8.56)에 대입하면 변형 에너지 해방률은

$$G = \frac{P^2}{2B}\left(\frac{dC}{da}\right) = \frac{1}{2B}\left(\frac{3EI\delta}{2a^3}\right)^2\frac{2a^2}{EI} = \frac{9EI\delta^2}{4Ba^4} \tag{h}$$

평면 응력에 대한 응력확대계수는

$$K_I = \sqrt{GE} = \frac{\sqrt{3}Eh\sqrt{h}\delta}{4a^2} \qquad \text{변위 제어 조건} \tag{i}$$

## 8.10 토의: 파괴역학에 대하여

다음에 있는 질문에 대한 답을 생각해 봄으로서 파괴역학에 대한 내용을 정리해 보고자 한다.

1) 재료에 균열이 있는 문제를 재료역학 수준에서 다룰 수 없는 이유는 무엇인가?
2) Tresca나 von Mises 등의 재료에 대한 파손 이론이 있는데 왜 파괴역학이 필요한가?
3) 항공기 정기 검사에서 기체의 외부 창문가 근처에서 5 mm 정도의 균열이 발견되었다. 어떤 종류의 조치를 취해야 하는가? 아니면 그대로 방치해도 좋은가?

재료역학에서의 구멍이나 노치는 단순히 응력을 집중시키는 기하학적인 요소로 취급하여 응력집중계수 $K_t$의 개념으로 정리하였다. 예를 들어, 노치가 있는 평판에서 외부에서 주어지는 명목응력 $S$를 알면 노치에서의 최대 응력 $\sigma$는 $\sigma = K_t S$로 계산할 수 있다. 물론 노치의 형태와 하중의 종류 그리고 노치를 포함하고 있는 부품의 형상이나 크기에 따라서 응력은 달라질 수 있다. 그러나 만일 노치의 크기가 점점 작아져서 균열 정도의 크기나 더 작아져서 눈으로 확인하기 어려울 정도가 되면 문제가 생기게 된다. 그 이유는 앞에서도 설명하였듯이 뾰족한 균열의 끝에서는 탄성 이론상으로 무한대의 응력이 집중되기 때문이다. 즉, 재료역학에서의 응력집중계수 $K_t \rightarrow \infty$가 된다는 것을 의미하며, 이때의 노치(균열)에서의 응력도 무한대가 되기 때문에 더 이상의 해석이 불가능해진다. 따라서 응력집중계수를 사용한 정도의 해석을 뛰어넘는 내용을 가진 해석법이 필요하게 되며 이러한 문제를 해결할 수 있는 것이 파괴역학이다. 물론 균열의 크기가 작아야만 파괴역학을 적용할 수 있는 것은 아니며 다양한 크기의 노치나 균열에 대하여 파괴인성($K_c$)의 개념을 도입하여 보다 통합적인 정보를 제공해 줄 수 있는 여건을 마련해 준 것이 큰 의의라고 볼 수 있다.

6장에서 다루었던 Tresca 또는 von Mises 등의 파손 이론은 일반적으로 사용되기에는 문제가 없으며 실제로도 다양한 분야에서 널리 사용되고 있다. 그러나 설계시에 예상했던 하중의 크기보다 현저하게 낮은 상황에서도 부품이나 기계가 파손되는 경우를 설명하기는 극히 어렵다. 설계상의 오류가 아니라면 다른 이유가 있어야 하는데 파손 이론에서는 다른 방법으로 설명을 할 수가 없다는 것을 의미한다. 파괴역학에서는 모든 재료 내에 균열이 있다고 가정하고 출발한다. 재료 내부의 균열은 하중의 작용에 의하여 적당한 조건이 맞으면 성장하게 되고 결국은 재료가 파괴에 이르도록 한다. 이러한 균열의 역할로 인하여 균열을 고려하지 않고 단순히 파손 이론에 근거하여 설계된 부품이나 기계는 신뢰도가 낮아질 수밖에 없을 것이다. 그러므로 인명과 재산의 피해가 커질 가능성이 있는 항공기나 선박

등의 설계와 제작에 파괴역학이 필수적인 요소임을 이해할 수 있을 것이며 최근에는 상대적으로 덜 민감하였던 자동차 업계에서도 파괴역학적 설계개념을 도입하는 추세이다.

파괴역학의 개념을 안전한 제품을 설계하는데 사용하기 위한 방법을 여러 가지 형태로 설명할 수 있다. 가장 먼저 생각할 수 있는 방법에는 응력확대계수 $K$를 확정하는 것이다. 다양한 형상과 하중에 대한 응력확대계수는 참고 문헌등에서 어렵지 않게 찾아볼 수 있다. 이러한 응력확대계수는 탄성 방정식을 해석하여 엄밀해를 얻어내는 것이 가장 기본적이나 복잡한 하중이나 형상에서는 수치해석적인 방법을 사용하여야 한다. 일단 $K$를 계산하고 나면 재료의 선택에 따라서 평면 변형률 파괴인성이 결정되며 $K = K_{Ic}$를 만족하는 과정을 거쳐야 한다. 만일 에너지 차원의 해석을 원한다면 변형률 에너지 해방률 $G$를 구하고 이를 임계 에너지 $G_c$와 비교하여야 한다.

일반적으로 응력확대계수를 사용하는 방식은 선형 탄성 파괴에 적합하고 에너지 해석 방식은 비선형 거동이 포함된 해석을 하는데 필요하다. 한편, 현장에서는 임계 균열 길이(critical length) $a_c$가 매우 중요한 역할을 한다. 다양한 하중을 받는 중요한 항공기의 기체를 포함한 부품이나, 차량의 통행이 빈번한 교량, 발전소의 터빈 등에는 시간이 흐름에 따라 균열이 발생하게 되며 이를 사전에 인지하여 적절한 조치를 하는 것이 매우 중요하다. 균열을 발견하는 것은 사람의 눈으로 하는 것부터 시작해서 비과괴 검사에 속하는 초음파 탐지 또는 방사선 조사 방법까지 매우 다양하다. 일단 우려할 만한 균열의 성장이 관찰되기 위해서는 조사 대상이 되는 물체의 임계균열길이가 알려져야 한다. 응력확대계수가 결정되면 그에 따른 임계균열길이를 확정할 수 있게 된다. 만일 측정 중에 임계균열길이 보다 더 큰 균열이 발견되었다면 매뉴얼에서 지시하는 대로 필요한 부분을 새 제품으로 교환하여 장착하여야 한다.

결과적으로 파괴역학의 개념을 도입한 설계를 하기 위해서는 위에서 언급한 세 가지 요소, 균열 길이 $a$ 설계 응력 $S$ 그리고 파괴인성 $K_c$를 고려해야 하며, 어떤 두 요소가 결정되면 나머지 한 요소는 선택의 여지가 없이 결정되게 된다. 예를 들어 설계 응력과 재료를 결정하면 안전을 위해서 허용되는 균열 길이가 정해져 버리게 된다. 만일 균열 길이가 통상적인 측정장비로 발견되기 어려울 정도로 작다면 다른 두 요소를 대치하여 다른 설계로의 전이를 생각해야만 할 것이다.

본 장에서 설명한 파괴거동에 대한 설명은 모두 선형 파괴역학에 토대를 두고 있다. Irwin의 재료의 파괴에 대한 탁월한 제안도 소성변형이 상대적으로 작은 거동에 대한 설명으로 볼 수 있다. 즉, 재료의 파괴를 이해하기 위해서는 균열 끝 부분에서의 상황이 가장 중요한데 선형 파괴역학(LEFM, linear elastic fracture mechanics)에서는 비교적 간단한 탄성-소성 재료 모델을 적용하여 해석하고 있다. 그러나 실제 상황에서처럼 비선형 적인 재료의 거동이 큰 역할을 하는 경우에는 선형 파괴역학의 이론을 그대로 적용할 수 없는 것이 당연하며 이를 위해서는 탄성-소성거동을 보다 정확하게 표현할 수 있는 방법들이 필요하다. 균열문제에서의 탄성-소성거동을 위해서 가장 널리 쓰이는 것으로 서는 $J$ 적분법($J$ integral)과 CTOD(crack tip opening displacement)등이 있으며 이에 대한 내용은 이 책의 범위를 벗어나므로 관심있는 독자들은 참고문헌을 찾아보기를 권한다.

## 8.11 주요 방정식 모음

• 응력확대계수

$$K = YS\sqrt{\pi a} \tag{8.7}$$

• 평면 변형률 조건

$$\begin{aligned} B &\geq 2.5\left(\frac{K_{Ic}}{\sigma_Y}\right)^2 && \text{두께 조건} \\ a &\geq 2.5\left(\frac{K_{Ic}}{\sigma_Y}\right)^2 && \text{균열 길이 조건} \end{aligned} \tag{8.33}$$

• 유효 응력확대계수

$$K_{\text{eff}} = Y_{\text{eff}}S\sqrt{\pi a_{\text{eff}}} \tag{8.26}$$

• 임계 균열 길이

$$a_c = \frac{1}{\pi}\left(\frac{K_{Ic}}{YS}\right)^2 \tag{8.37}$$

• 에너지 해방률과 응력확대계수의 관계식

$$\begin{aligned} G_I &= \frac{K_I^2}{E} && \text{평면 응력 상태} \\ G_I &= (1-\nu^2)\frac{K_I^2}{E} && \text{평면 변형률 상태} \end{aligned} \tag{8.57}$$

제 8 장

# 연습문제

**8.1** 인장 응력 $S$가 작용하고 있는 원형 구멍(circular hole)이 있는 큰 평판에서의 응력분포는 다음과 같이 주어진다.

$$\begin{aligned}\sigma_r &= \frac{1}{2}S\left[\left(1-\frac{a^2}{r^2}\right)+\left(1+\frac{3a^4}{r^4}-\frac{4a^2}{r^2}\right)\cos 2\theta\right]\\ \sigma_\theta &= \frac{1}{2}S\left[\left(1+\frac{a^2}{r^2}\right)-\left(1+\frac{3a^4}{r^4}\right)\cos 2\theta\right]\\ \tau_{r\theta} &= -\frac{1}{2}S\left(1-\frac{3a^4}{r^4}+\frac{2a^2}{r^2}\right)\sin 2\theta\end{aligned} \tag{8.60}$$

원형구멍이 있는 평판의 응력집중계수 $K_t$는 다음과 같음을 보이시오.

$$K_t = \frac{\sigma_\theta|_{max}}{S} = 3 \tag{8.6}$$

힌트) 먼저 $\theta = 0$일 때와 $\theta = \pi/2$일 때의 응력을 각각 구한다.

**8.2** 6cm 길이의 균열이 있는 그림 8.4(a)에서와 같은 무한 평판이 있다. 하중이 $S = 100MPa$로 작용하고 있을 때 응력확대계수 $K$를 계산하시오.

**8.3** 3cm 길이의 균열이 있는 그림 8.4(b)에서와 같은 무한 평판이 있다. 하중이 $S = 200MPa$로 작용하고 있을 때 응력확대계수 $K$를 계산하시오.

**8.4** 2cm 길이의 균열이 있는 그림 8.4(e)에서와 같은 형상이며 너비 $W = 1m$인 평판이 있다. 하중이 $S = 500MPa$로 작용하고 있을 때 응력확대계수 $K$를 계산하시오.

**8.5** 1cm 길이의 균열이 있는 그림 8.4(d)에서와 같은 형상이며 너비 $W = 2.5m$인 평판이 있다. 하중이 $S = 300MPa$로 작용하고 있을 때 응력확대계수 $K$를 계산하시오.

**8.6** 2cm 길이의 균열이 있는 그림 8.4(e)에서와 같은 형상이며 너비 $W = 1.6m$인 평판이 있다. 하중이 $S = 350MPa$로 작용하고 있을 때 응력확대계수 $K$를 계산하시오.

**8.7** 3.5mm의 균열이 있는 $Al_2o_3$(표 8.2 참조)로 만들어진 그림 8.4(a)에서와 같은 무한 시편에서 a) 허용 응력 $S_{c,}$ b) $S = 5MPa$일 때의 임계 균열 길이 $a_c$를 계산하시오.

**8.8** 5mm의 균열이 있는 $SiC$(표 8.2 참조)로 만들어진 그림 8.4(b)에서와 같은 무한 시편에서 a) 허용 응력 $S_{c,}$ b) $S = 7MPa$일 때의 임계 균열 길이 $a_c$를 계산하시오.

**8.9** 2mm의 균열이 있는 $PVC$(표 8.2 참조)로 만들어진 그림 8.4(b)에서와 같은 무한 시편에서 a) 허용 응력 $S_{c,}$ b) $S = 10MPa$일 때의 임계 균열 길이 $a_c$를 계산하시오.

**8.10** 표 8.1를 참조하여 AISI 4130, 2024-T651, AISI 1144, 2014-T351에 대한 평면 변형률 조건을 만족하는 균열 길이 a와 두께 B를 각각 계산하시오. 표 8.1에 나와 있는 재료들 중 가장 두꺼운 두께를 요구하는 재료는 무엇인가?

**8.11** 파괴인성 $K_{Ic} = 30MPa\sqrt{m}$인 재료로 두께 3cm인 SENT(단일 모서리 노치 인장) 시편을 만들어 사용하기로 하였을 때 파괴 하중 P를 계산하시오. 단, a=2cm, W=9cm, 항복강도 $\sigma_Y = 300MPa$이다.

**8.12** 파괴인성 $K_{Ic} = 30MPa\sqrt{m}$인 재료로 두께 4cm인 SENB(단일 모서리 노치 굽힘) 시편을 만들어 사용하기로 하였을 때 파괴 하중 P를 계산하시오. 단, a=1.7cm, W=5cm, 항복강도 $\sigma_Y = 300MPa$이다.

**8.13** 파괴인성 $K_{Ic} = 30MPa\sqrt{m}$인 재료로 두께 3cm인 DENT(양 모서리 노치 인장) 시편을 만들어 사용하기로 하였을 때 파괴 하중 P를 계산하시오. 단, a=1.5cm, W=9cm, 항복강도 $\sigma_Y = 300MPa$이다.

**8.14** 파괴인성 $K_{Ic} = 30MPa\sqrt{m}$인 재료로 두께 3cm인 CCT(중앙 균열 인장) 시편을 만들어 사용하기로 하였을 때 파괴 하중 P를 계산하시오. 단, a=1.3cm, W=9cm, 항복강도 $\sigma_Y = 300MPa$이다.

**8.15** 파괴인성 $K_{Ic} = 30MPa\sqrt{m}$인 재료로 두께 4cm인 CT(소형 인장) 시편을 만들어 사용하기로 하였을 때 파괴 하중 P를 계산하시오. 단, a=1.5cm, W=12cm, 항복강도 $\sigma_Y = 300MPa$이다.

**8.16** 반지름 $r$, 두께 $t$인 원통형 압력용기에 길이 방향과 평행하게 길이 $2a$인 균열이 있음이 발견되었다. 압력용기의 내부에서 압력 $p$가 작용하고 있을 때 응력확대계수 $K$를 계산하시오.

힌트) 원통의 표면을 균열을 포함하고 있는 무한 평판으로 간주하시오.

**8.17** 응력이 $S = 300MPa$로 걸리는 기계에 장착된 부품에서 $7mm$의 균열이 발견되었으며 부품의 형상과 균열의 형태는 그림 8.4(c)과 같다. 이때 균열의 상태를 파악하여 부품의 안전도를 평가하시오. 파괴인성 $K_{Ic} = 60MPa\sqrt{m}$이며 부품의 너비는 $W = 1m$이고 두께는 충분히 두껍다고 가정한다.

**8.18** 파괴응력 $\sigma_c$에 관한 식 (8.45)에서 $\gamma_p/\gamma_s \gg 1$인 경우 식 (8.46)과 같이 됨을 증명하시오.

**8.19** 1mm의 균열이 있는 인장이 작용하는 $Al_2o_3$로 만들어진 시편에서의 Griffith의 이론에 따라 임계응력 $\sigma_c$를 계산하시오. 단, 표면 에너지는 $0.8J/m$, 탄성계수 $E = 380GPa$이다.

**8.20** 표 8.1를 참조하여 AISI 4130, 2024-T651, AISI 1144, 2014-T351에 대하여 평면응력 조건과 평면 변형률 조건에서의 소성영역 크기 $r_Y$를 각각 계산하고 비교하시오. 표 8.1에 나와 있는 재료들 중 가장 큰 소성영역을 가지는 재료는 무엇인가?

**8.21** 균열 길이가 15cm이며 단면의 높이가 3cm, 두께가 10cm인 두 개의 외팔보로 이루어진 시편(double cantilever beam, DCB)을 사용하여 하중 $P = 300kN$을 가하고 있다. 이때의 변형률 에너지 해방률 $G$를 계산하고 응력집중계수 $K_I$을 구하시오. 단, 탄성계수는 $E = 70GPa$이다.

**8.22** 두 개의 외팔보를 접착하여 그림 8.15과 같은 시편으로 제작하여 하중 P를 가하여 파괴시험을 수행하고 있다. 이때의 변형률 에너지 해방률이 다음과 같이 주어짐을 보이시오.

$$G = \frac{9P^2a^2}{16B^2Eh^3}$$

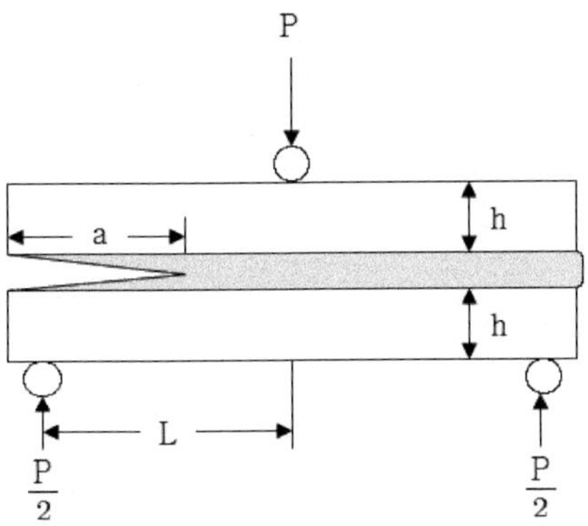


**그림 8.15** 접착제로 결합되어 있는 두 개의 외팔보

**8.23** 평면 응력 상태에 있는 모드 I에서 균열 끝부분의 응력분포, 식 (8.8)을 사용하여 주응력이 다음과 같음을 보이시오.

$$\sigma_1 = \frac{K_{\mathrm{I}}}{\sqrt{2\pi r}} \cos\frac{\theta}{2}\left(1+\sin\frac{\theta}{2}\right)$$
$$\sigma_2 = \frac{K_{\mathrm{I}}}{\sqrt{2\pi r}} \cos\frac{\theta}{2}\left(1-\sin\frac{\theta}{2}\right)$$
$$\sigma_3 = 0$$

**8.24** 평면 변형률 상태에 있는 모드 I에서 균열 끝부분의 응력분포, 식 (8.8)을 사용하여 주응력이 다음과 같음을 보이시오.

$$\sigma_1 = \frac{K_{\mathrm{I}}}{\sqrt{2\pi r}} \cos\frac{\theta}{2}\left(1+\sin\frac{\theta}{2}\right)$$
$$\sigma_2 = \frac{K_{\mathrm{I}}}{\sqrt{2\pi r}} \cos\frac{\theta}{2}\left(1-\sin\frac{\theta}{2}\right)$$
$$\sigma_3 = \frac{2\nu K_{\mathrm{I}}}{\sqrt{2\pi r}} \cos\frac{\theta}{2}$$

**8.25** 모드 I이며 평면 응력 조건에서의 균열 끝 근처에서의 소성영역 반경 $r_1$을 구하기 위해서 식 (8.16)을 von Mises 항복기준인 식 (6.24)에 대입하여 $r_1$에 대하여 풀면 다음과 같은 결과를 얻을 수 있음을 보이시오.

$$r_1(\theta) = \frac{1}{4\pi}\left(\frac{K_{\mathrm{I}}}{\sigma_{\mathrm{Y}}}\right)^2\left(1 + \cos\theta + \frac{3}{2}\sin^2\theta\right)$$

**8.26** 모드 I이며 평면 변형률 조건에서의 균열 끝 근처에서의 소성영역 반경 $r_1$을 구하기 위해서 식 (8.18)을 von Mises 항복기준인 식 (6.24)에 대입하여 $r_1$에 대하여 풀면 다음과 같은 결과를 얻을 수 있음을 보이시오.

$$r_1(\theta) = \frac{1}{4\pi}\left(\frac{K_{\mathrm{I}}}{\sigma_{\mathrm{Y}}}\right)^2\left[\frac{3}{2}\sin^2\theta + (1-2\nu)^2(1+\cos\theta)\right]$$

**8.27** 모드 II이며 평면 응력 조건에서의 균열 끝 근처에서의 소성영역 반경 $r_1$을 구하기 위해서 식 (8.19)을 von Mises 항복기준인 식 (6.24)에 대입하여 $r_1$에 대하여 풀면 다음과 같은 결과를 얻을 수 있음을 보이시오.

$$r_1(\theta) = \frac{1}{8\pi}\left(\frac{K_{\mathrm{II}}}{\sigma_{\mathrm{Y}}}\right)^2(14 - 2\cos\theta - 9\sin^2\theta)$$

**8.28** 모드 II이며 평면 변형률 조건에서의 균열 끝 근처에서의 소성영역 반경 $r_1$을 구하기 위해서 식 (8.9)을 von Mises 항복기준인 식 (6.24)에 대입하여 $r_1$에 대하여 풀면 다음과 같은 결과를 얻을 수 있음을 보이시오.

$$r_1(\theta) = \frac{1}{8\pi}\left(\frac{K_{\mathrm{II}}}{\sigma_{\mathrm{Y}}}\right)^2\left[12 + 2(1-\nu)(1-\cos\theta) - 9\sin^2\theta\right]$$

**8.29** 모드 III에서의 균열 끝 근처에서의 소성영역 반경 $r_1$을 구하기 위해서 식 (8.10)을 von Mises 항복기준인 식 (6.24)에 대입하여 $r_1$에 대하여 풀면 다음과 같은 결과를 얻을 수 있음을 보이시오.

$$r_1(\theta) = \frac{3}{2\pi}\left(\frac{K_{\mathrm{III}}}{\sigma_{\mathrm{Y}}}\right)^2$$

**8.30** 모드 I이며 평면 응력 조건에서의 균열 끝 근처에서의 소성영역 반경 $r_1$을 구하기 위해서 식 (8.16)을 Tresca 항복기준인 식 (6.10)에 대입하여 $r_1$에 대하여 풀면 다음과 같은 결과를 얻을 수 있음을 보이시오.

$$r_1(\theta) = \frac{1}{2\pi}\left(\frac{K_{\rm I}}{\sigma_{\rm Y}}\right)^2$$

**8.31** 모드 I이며 평면 변형률 조건에서의 균열 끝 근처에서의 소성영역 반경 $r_1$을 구하기 위해서 식 (8.18)을 Tresca 항복기준인 식 (6.10)에 대입하여 $r_1$에 대하여 풀면 다음과 같은 결과를 얻을 수 있음을 보이시오. 단, $\sigma_1 > \sigma_3 > \sigma_2$이다.

$$r_1(\theta) = \frac{1}{2\pi}\left(\frac{K_{\rm I}}{\sigma_{\rm Y}}\right)^2 \sin^2\theta$$

**8.32** 다음의 질문에 대하여 자신의 말로 정리해 보시오. 재료에 균열이 있는 문제를 재료역학 수준에서 다룰 수 없는 이유는 무엇인가?

**8.33** 다음의 질문에 대하여 자신의 말로 정리해 보시오. Tresca나 von Mises 등의 재료에 대한 파손 이론이 있는데 왜 파괴역학이 필요한가?

**8.34** 다음의 질문에 대하여 자신의 말로 정리해 보시오. 항공기 정기 검사에서 기체의 외부 창문가 근처에서 3cm 정도의 균열이 발견되었다. 어떤 종류의 조치를 취해야 하는가? 아니면 그대로 방치해도 좋은가?

**8.35** 다음의 질문에 대하여 자신의 말로 정리해 보시오. Irwin의 소성영역 모델이 의미하는 것은 무엇인가? 그리고 어떤 중요성이 있는가?

**8.36** 다음의 질문에 대하여 자신의 말로 정리해 보시오. 평면 응력의 경우와 평면 변형률의 경우에 발생하는 소성영역의 크기는 다르다. 이러한 사실과 평면 변형률 파괴인성 $K_{Ic}$와 선형 파괴역학의 조건과는 어떤 관련이 있는가?

**8.37** 그림 8.4(b)과 같은 형상의 길이 $5cm$인 균열을 포함하고 있는 너비 $W=50cm$의 2014-T531 평판이 있다. 하중은 $S=1000MPa$이며 표 8.1를 참조하여 유효 응력확대계수 $K_{eff}$를 계산하시오.

**8.38** 그림 8.4(c)과 같은 형상의 길이 $3cm$인 균열을 포함하고 있는 너비 $W=60cm$의 2014-T531 평판이 있다. 하중은 $S=700MPa$이며 표 8.1를 참조하여 유효 응력확대계수 $K_{eff}$를 계산하시오.

제 8 장

**8.39** 그림 8.4(d)와 같은 형상의 길이 $3cm$인 균열을 포함하고 있는 너비 $W=80cm$의 2024-T651 평판이 있다. 하중은 $S=800MPa$이며 표 8.1를 참조하여 유효 응력확대계수 $K_{eff}$를 계산하시오.

**8.40** Dugdale은 그림 8.16에서 보는 바와 같이 평면 응력 상태에 있는 균열에 대한 소성영역을 가정하고 균열 길이를 $a+\rho$로 가정하였다. 이와 같이 하여 먼 거리에서의 인장력을 받는 중앙에 있는 균열과 균열의 끝에 균열을 닫으려는 힘을 받는 경우를 고려하여 이를 중첩의 원리를 적용하여 다음과 같은 유효 응력확대계수 $K_{\mathrm{eff}}$를 제안하였다. 균열 길이 $a=3mm$, 항복강도 $\sigma_Y=300MPa$, 명목응력 $S=500MPa$일 때의 $K_{\mathrm{eff}}$를 계산하고 같은 조건에서 소성영역을 고려하지 않은 무한 평판에서의 $K$ 값과 비교해 보시오.

$$K_{\mathrm{eff}}=\sigma_Y\sqrt{\pi a}\sqrt{\frac{8}{\pi^2}\ln\left[\sec\left(\frac{\pi S}{2\sigma_Y}\right)\right]} \tag{8.62}$$

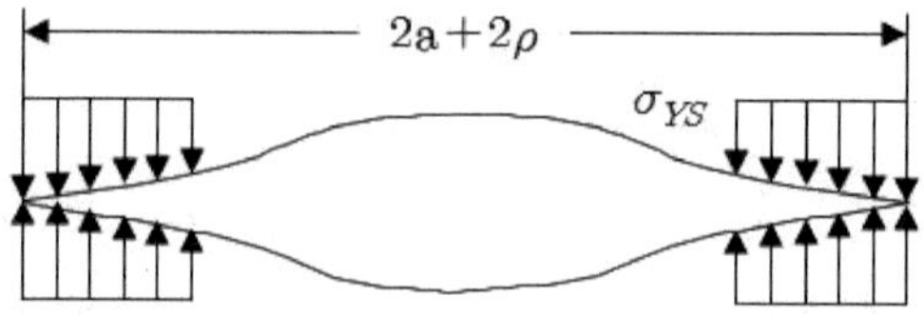


**그림 8.16** Dugdale의 균열 끝 부분에서의 소성영역 모델

# 제 9 장 피로균열과 파괴

## 9.1 피로균열과 파괴역학

파손에 대한 과학적인 이론과 체계적인 실험이 있기 전에는 사람들은 현저하게 낮은 하중 또는 응력이 작용하는 물체가 파손되는 이유를 이해할 수 없었다. 특별히 반복적으로 하중이 작용되는 구조물이나 기계에서 설계시에 예상한 수명보다도 이른 시기에 파손이 일어나는 것에 관심을 가지게 되었다. 피로에 의한 재료의 파손을 균열의 성장으로 규명한 파괴역학은 최근에 와서야 성립된 학문이므로 파손 이론에 적용되기까지는 상당한 시간이 걸렸다. 그러므로 이전까지의 피로 파손에 대한 연구는 주로 하중과 수명과의 관계를 나타내는 $S-N$ 곡선에 집중되었다.

19세기에는 신대륙 미국에서 광활한 대륙의 곳곳을 잇는 철도망이 본격적으로 축조되기 시작하였으며 철도운송의 편리함과 더불어 전에는 볼 수 없었던 파손 사례가 급증하게 되었다. 1848년에 객차 바퀴에 있는 리벳 구멍으로 인한 것으로 보이는 파손을 일으켰다는 보고가 처음으로 있었다. Palmgren과 Miner는 선형 손상 이론을 적용하여 실제적인 파손 이론을 발표하였으며 Coffin과 Manson은 균열 끝 주위에서의 소성변형을 고려한 피로 균열 성장에 대한 이론을 제시하였다. 1961년에 Paris는 Miner의 제안을 분석하여 피로로 인한 균열의 성장 속도를 계산할 수 있는 식을 제안하였다. 1970년대에 이르러 Elber는 균열 끝 뒤로 생성되는 소성변형의 효과를 감안하여 균열 성장 속도가 늦어지는 현상을 설명하였다.

구조물이나 기계를 설계할 때 어느 정도의 수명예측에 대한 연구는 매우 중요하므로 미시적인 재료의 역학적 거동을 모른다고 하더라도 피로 시험에 의해서 자료를 얻는 것이 일반적이었다. 그러나 피로 시험의 특성상 상당한 오차와 편차를 감안하더라도 구체적인 재료의 파손에 대한 이론을 모른 채로 시험에만 의존하는 것으로는 한계에 직면하게 되었으며 복잡한 하중이 작용하는 다양한 형상을 가진 물체의 파손에 대한 체계적이고 과학적인 설명을 하기가 어렵다.

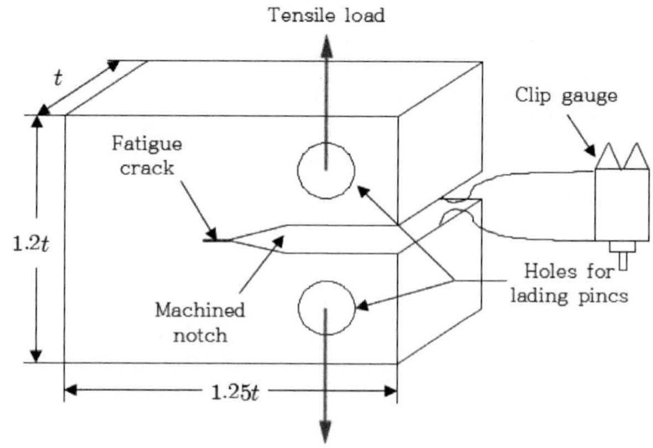


**그림 9.1** 피로균열 시험을 위한 시편

피로파손 분야에서의 획기적인 발전은 파괴역학의 개념을 적용하여 재료의 파손에 대한 이유를 통합적으로 설명하는 데서 비롯되었다. 파괴역학에서는 모든 재료에 결함이 있다고 가정하며 재료의 동일성을 열화시키고 역학적 거동에 영향을 준다고 가정한다. 균열이나 결함이 존재하지 않는 재료는 존재하지 않으므로 육안으로 보이지 않는 수많은 결함들이 재료 내에 존재한다고 보는 것이 타당하다. 반복되는 하중을 받게 되면 미소한 균열 주위로 에너지가 저장되며 균열의 크기를 키우며 진전하게 만든다. 이때에 하중의 작용이 계속되면 미소 균열들은 서로 합쳐지거나 크기가 커져서 종국에는 재료를 파괴시킨다.

즉, 피로파손의 이유로는 균열의 생성(initiation)과 진전(propagation)에서 그 원인을 찾을 수 있다. 피로에 의한 균열은 주로 재료의 불연속적인 부분에서 발생되는데 예를 들어, 단면의 속성이 급격하게 변하는 볼트나 리벳을 위한 구멍(hole), 다른 부품들과 마찰이 심하게 작용하는 베어링, 또는 표면 거칠기, 스크래치 등도 주위 보다 하중을 집중시켜 균열이 발생하기 쉽게 만든다.

**표 9.1** 피로 균열 시험 자료

| Crack length | Number of cycles | Stress intensity factor range |
|---|---|---|
| $a$ | $N$ | $\Delta K$ |
| mm | cycles | MPa $\sqrt{m}$ |
| $a_0$ | 0 | 0 |
| $a_1$ | $N_1$ | $\Delta K_1$ |
| $a_2$ | $N_2$ | $\Delta K_2$ |
| $a_3$ | $N_3$ | $\Delta K_3$ |
| ⋮ | ⋮ | ⋮ |

## 9.2 피로균열

### 피로균열 시험 자료

피로에 의한 균열은 반복하중에 의해서 발생한다. 기본적으로 파괴역학의 개념은 반복하중에 의해서 균열이 생기거나 또는 발견되기까지는 적용되지 않으며 피로에 의한 균열이 발생되었거나 확인되었을 때 비로소 파괴역학의 원리가 적용될 수 있다. 피로균열 시험은 그림 9.1에서 보는 것과 같은 시편과 측정기기를 사용하여 수행된다. 초기 균열 길이를 $a_0$로 하고 매회수마다 균열의 길이를 측정하여 기록한다. 이 시험을 통하여 얻는 것은 표 9.1와 같은 균열길이와 수명에 대한 자료인데 그림 9.2에서 그림으로 나타내었으며 $a-N$ 곡선이라고도 한다. 또한, 여기서 새로이 정의되는 물리량은 응력확대계수 범위(stress intensity factor range)로 불리는 $\Delta K$이며 응력확대계수의 식 (8.7)을 참고하여 다음과 같이 주어진다.

$$\begin{aligned}\Delta K &= K_{max} - K_{min} \\ &= YS_{max}\sqrt{\pi a} - YS_{min}\sqrt{\pi a} \\ &= Y\Delta S\sqrt{\pi a}\end{aligned} \tag{9.1}$$

여기서

$$K_{max} = S_{max}\sqrt{\pi a} \tag{9.2}$$

$$K_{min} = S_{min}\sqrt{\pi a} \tag{9.3}$$

$$\Delta S = S_{max} - S_{min} \tag{9.4}$$

표 9.1에서 응력확대계수 범위 $\Delta K$는 균열 길이의 평균값 $\overline{a}$에서 정의하는데 예를 들어 $\Delta K_1$은 다음과 같이 계산된다.

$$\Delta K_1 = Y\Delta S\sqrt{\pi \overline{a}} \tag{9.5}$$

제 9 장

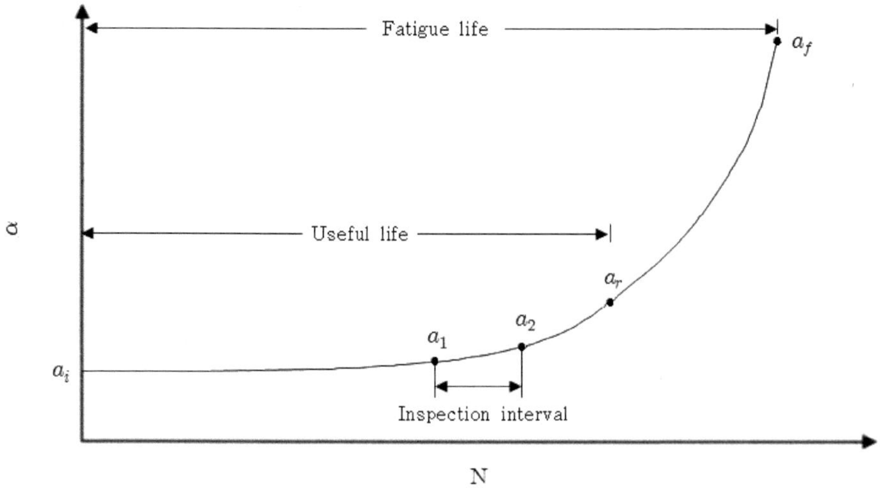


**그림 9.2** $a-N$ 곡선: 일정 진폭 하중에서의 균열 길이 $a$와 사이클 수 $N$의 관계

여기서

$$\overline{a} = \frac{a_0 + a_1}{2} \tag{9.6}$$

## 9.3 균열 성장 속도

균열 성장 속도(crack growth rate)는 $da/dN$으로 정의되는데 반복하중의 회수에 따라 균열길이의 증가의 비를 나타내며 그 의미는 얼마나 빠르게 균열의 길이가 증가하는가를 설명하는 것이다. 균열의 길이가 빠르게 증가할수록 재료의 수명은 단축된다. 그러므로 비록 8장에서 학습했던 파괴역학 이론에 따라 계산한 임계 균열 길이 $a_c$보다 작은 균열이 있더라도 안심할 수는 없다. 균열이 성장하여 임계 균열 길이에 도달하면 파괴가 일어나기 때문이다. 균열은 반복하중으로 인하여 성장하게 되며 점차 그 성장 속도가 가속되다가 급기야는 불안정하게 빨라져서 재료의 파괴를 일으키게 된다. 균열 성장 속도 $da/dN$가 중요한 이유는 반복하중을 받고 있는 균열이 있는 재료의 수명을 계산할 수 있는 방법을 제공하고 있기 때문이다. 균열 성장 속도 $da/dN$은 응력확대계수 범위 $\Delta K$, 응력비 $R$과 균열길이 $a$등의 함수이며 다음과 같은 관계를 갖는다.

$$\frac{da}{dN} = f(\Delta K, R, a) \tag{9.7}$$

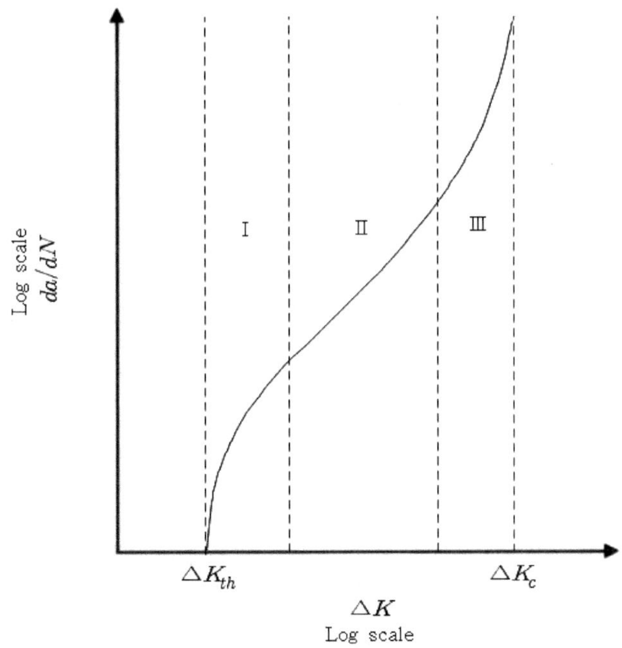


**그림 9.3** 균열 성장 속도 $da/dN$과 응력 확대 계수 범위 $\Delta K$에 따른 세 구역

그림 9.3에서는 균열 성장 속도 $da/dN$과 응력확대계수 범위 $\Delta K$와의 관계를 대수-대수(log-log) 그래프로 표시하였으며 균열 성장 속도의 특성에 따라 다음과 같이 I, II, III 구역으로 나뉜다.

- I 구역: 한계(threshold) 응력확대계수 범위 $\Delta K_{th}$가 지배하는 구역으로서 균열은 성장하지 않는다.
- II 구역: 그래프에서 볼 수 있듯이 $\log(da/dN)$와 $\log(\Delta K)$가 선형적인 관계를 가지며 균열이 안정된 형태로 성장하는 구역이다.
- III 구역: 균열 성장 속도 $da/dN$가 급격하게 증가하여 균열의 성장이 불안정하게 되는 구역이며 $K_c$의 값에 따라 좌우된다.

### 균열 성장 속도 곡선(I구역)

I구역에서는 균열의 특성이 한계 응력확대계수 $\Delta K_{th}$(threshold stress intensity factor)와 관련이 있음을 그림 9.3에서 볼 수 있다. $\Delta K_{th}$는 균열이 진전하지 않는 $\Delta K$의 값으로 정의된다. 즉, 응력확대계수의 범위 $\Delta K_{th}$ 이하에서는 균열이 성장하지 않거나 측정되기 어려울 정도로 느리게($1 \times 10^{-10}$ m/cycle 정도) 진행된다. I구역에서 균열 성장을 예측하기가 매우 어려운데 그 이유는 재료의 미시적인 구조(microstructure)와 유동(flow)의 성질과 관련있기 때문이다. 경우에 따라서는 균열의 진전이 정지될 수도 있다.

미시적으로 볼 때 균열의 성장은 결정립(grain)의 크기에 따라 좌우되는데 미세 결정립은 결정립계(grain boundary) 사이의 공간을 축소시켜서 균열이 그 사이를 뚫고 지나가기 어렵게 만들며 또한 항복강도를 증대시키는 역할을 한다. 그러므로 피로파괴를 방지하기 위하여 다음 조건을 만족되도록 하는 것이 중요하며 이때 균열은 진전하지 않는다고 간주된다.

$$\Delta K < \Delta K_{th} \quad \text{균열 진전이 일어나지 않을 조건} \tag{9.8}$$

그러나 실제로는 위의 조건을 만족시키기 위한 허용응력의 범위가 너무 작게 설정되는 경향이 있기 때문에 적용하기가 곤란한 경우도 많다. 그 이유는 실제 피로한도 보다 지나치게 작은 범위만의 응력을 허용하면 설계시에 그에 해당하는 강도를 가진 재료를 찾기 어렵기 때문에 $\Delta K_{th}$ 조건을 만족하는 균열길이가 너무 작게 되어 실제로 측정하기 불가능할 수도 있다.

**예제**

**9.1** 모서리 균열이 있는 그림 8.4(b)와 같은 무한 평판에 $S_{max} = 200$MPa, $S_{min} = 0$MPa의 반복하중이 작용하고 있다. 이때 균열이 진전하지 않을 조건을 만족시킬 수 있는 최대 허용 균열 길이 $a_{th}$를 구하시오. 단, $\Delta K_{th} = 8$ MPa$\sqrt{m}$.

**해설** 모서리 균열이 있는 무한 평판의 응력확대계수는 $K = 1.12S\sqrt{\pi a}$로 주어지므로 ($Y = 1.12$) 반복하중 문제를 위하여 응력확대계수 범위 $\Delta K$를 다음과 같이 구한다.

$$\Delta K = Y\Delta S\sqrt{\pi a} \tag{a}$$

여기서 $\Delta S = S_{max} - S_{min} = 200$ MPa이다. 식 (9.8)에서 주어진 균열이 진전하지 않을 조건을 적용하면 식 (a)는

$$\Delta K = Y\Delta S\sqrt{\pi a_{th}} = \Delta K_{th} \tag{b}$$

최대 허용 균열 길이 $a_{th}$는 다음과 같다.

$$a_{th} = \frac{1}{\pi}\left(\frac{\Delta K_{th}}{Y\Delta S}\right)^2 = \frac{1}{\pi}\left(\frac{8}{1.12 \times 200}\right)^2 = 0.406 \text{ mm} \tag{c}$$

예제

**9.2** 모서리 균열이 있는 그림 8.4(b)와 같은 무한 평판에 반복하중이 작용하고 있다. 정기 검사에서 길이 2 mm의 균열이 발견되었으며 이 균열을 더 이상 진전 시키지 않도록 하기 위한 반복하중의 범위 $\Delta S$를 구하시오. 단, $\Delta K_{th} = 4$ MPa $\sqrt{m}$.

해설 식 (9.8)에서 주어진 균열이 진전하지 않을 조건을 적용하면

$$\Delta K_{th} = Y \Delta S_{th} \sqrt{\pi a} \tag{a}$$

균열을 더 이상 진전 시키지 않도록 하기 위한 반복하중의 크기는 다음과 같다.

$$\Delta S_{th} = \frac{\Delta K_{th}}{Y\sqrt{\pi a}} = \frac{4}{1.12 \times \sqrt{\pi 2 \times 10^{-3}}} = 45 \text{ MPa} \tag{b}$$

결과에서 볼 수 있듯이 한계 응력확대계수 $\Delta K_{th}$를 사용한 설계에서 구한 허용되는 반복하중의 범위는 작다.

## 균열 성장 속도 곡선(II구역)

II구역에서는 그림 9.3를 통해서 볼 수 있는 바와 같이 $\log(da/dN)$와 $\log \Delta K$가 선형적인 관계를 가지며 균열이 안정적으로 성장하고 I구역과 달리 균열 성장 속도는 재료의 미시적 구조에 크게 영향을 받지 않는다. II구역에서 균열 성장속도와 응력확대계수 범위의 관계는 다음과 같이 정의할 수 있으며 이를 Paris 법칙(Paris' law)이라고 한다.

$$\frac{da}{dN} = C(\Delta K)^m \tag{9.9}$$

여기서 $C$와 $m$은 재료상수이며 실험을 통해서 얻을 수 있다. 한편, 일반적인 금속에서 $m$은 2에서 4사이의 값을 가진다. 그림 9.2에서 보는 것처럼 식 (9.9)의 양변에 log를 취하면 다음과 같이 직선의 방정식으로 주어진다.

$$\log \frac{da}{dN} = \log C + m \log \Delta K \tag{9.10}$$

만일 식 (9.10)에 $\Delta K = 1$을 적용하면 $\log \Delta K = 0$이므로 상수 $C$의 값은 다음 식으로부터 구할 수 있으며 그 값은 직선과 $\log da/dN$축과의 교점이 된다.

$$\log \frac{da}{dN} = \log C \tag{9.11}$$

한편, 지수 $m$은 직선의 기울기가 됨을 쉽게 알 수 있다. 그러므로 적절한 피로시험 자료가 주어지면 재료상수를 곡선 근사(curve fitting)법으로 구하여 균열 성장 속도에 관한 Paris 방정식을 완성할 수 있다.

### 피로 수명 계산

II구역에서의 피로파괴 수명 $N_f$를 계산하기 위해서 식 (9.9)를 다음과 같이 정리하고

$$dN = \frac{da}{C(\Delta K)^m} \tag{9.12}$$

식 (9.12)에서 양변에 적분을 수행하면 다음과 같다.

$$\int_{N_0}^{N_f} dN = \int_{a_0}^{a_f} \frac{da}{C(\Delta K)^m} \tag{9.13}$$

여기서 $a_0$는 초기 균열 길이이며, $a_f$는 파괴 균열 길이이다. 식 (9.1)에서 $\Delta K = Y \Delta S \sqrt{\pi a}$를 식 (9.13)에 대입하면 다음과 같다.

$$\int_{N_0}^{N_f} dN = \int_{a_0}^{a_f} \frac{da}{C(Y \Delta S \sqrt{\pi a})^m} \tag{9.14}$$

여기서 $Y$는 균열의 길이의 함수이므로 일반적으로는 엄밀해를 구할 수 없으므로 수치해석 기법을 사용해야 한다. 그러나 만일 $Y$를 상수로 취급할 수 있다면(즉, 균열 길이와 무관하다고 가정) 식 (9.14)를 적분할 수 있으며 다음과 같이 $m > 2$인 경우와 $m = 2$인 두 가지 경우로 나누어 생각한다.

$$\int_{N_0}^{N_f} dN = \frac{1}{CY^m (\Delta S)^m \pi^{m/2}} \int_{a_0}^{a_f} \frac{da}{a^{m/2}} \tag{9.15}$$

$m > 2$ 인 경우

$$N_f - N_0 = \frac{2}{(m-2) CY^m (\Delta S)^m \pi^{m/2}} \left[ \frac{1}{a_0^{(m-2)/2}} - \frac{1}{a_f^{(m-2)/2}} \right] \tag{9.16}$$

$m = 2$ 인 경우

$$N_f - N_0 = \frac{1}{CY^2 (\Delta S)^2 \pi} \ln \frac{a_f}{a_0} \tag{9.17}$$

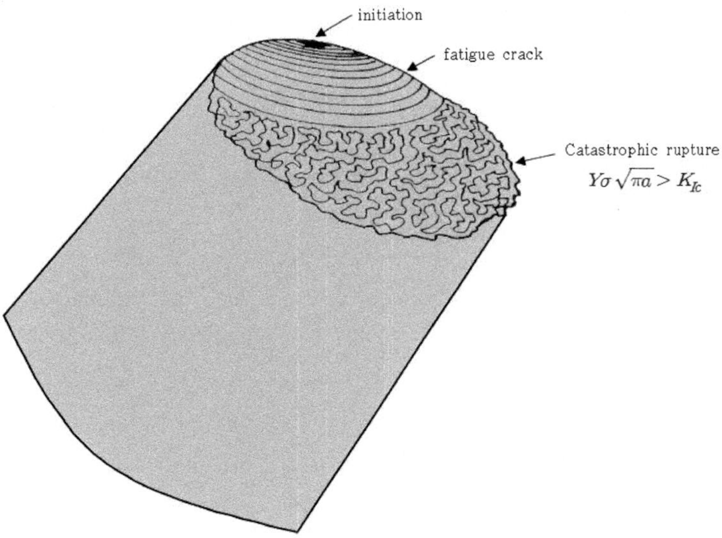


그림 9.4 피로 균열의 생성과 성장 및 재료의 파괴

### 균열 성장 속도 곡선(III구역)

II구역에서 계속적으로 응력확대계수가 증가하게 되면 III구역으로 진입하게 되고 이곳에서는 균열 성장속도가 급격하게 증가하고 있음을 볼 수 있다. 이 구역에서도 파손은 I구역에서와 같이 재료의 미시구조와 유동의 성질에 의존하게 된다. 유의해야 할 점은 만일 이 과정에서 $K_{max} = K_{Ic}$가 되면 파괴가 일어난다는 것이다. 피로균열이 진전함에 따라 재료내부에 줄무늬와 같은 흔적을 남기기 때문에 파손이 일어났을 때 이를 보고 피로로 인한 것임을 짐작할 수 있다. 매 사이클 마다 균열이 조금씩 전진한다고 생각하면 각각의 줄무늬에 의한 거리는 균열이 진전한 미소 거리 $da$로 간주할 수 있다. III구역에서는 균열 성장속도가 급격하게 증가되어 불안정한 가운데서 파손이 진행되며 매우 높은 $\Delta K$의 값을 가지게 된다. 즉, $K_{max} \rightarrow K_c$의 과정이 진행된다.

그림 9.4에서는 피로로 인한 균열의 생성과 성장 그리고 파괴에 이르기까지의 과정을 개략적으로 볼 수 있는 재료의 파손에 대한 그림을 보여주고 있다. 앞에서 설명한대로 균열의 생성은 미진하게나마 I구역에서 아주 천천히 진행된다고 보이며, 균열이 일정한 길이가 되면 안정적인 성장 속도를 보이는 II구역에 진입하게 되어 결과적으로는 III구역에서 속도가 가속되어 파괴되는 흔적이 재료에 남아있음을 볼 수 있다.

### 파괴 균열 길이

부품이나 구조물에는 다양한 길이의 균열들이 존재하므로 이를 찾아내는 것이 매우 중요하다. 식 (9.15)을 사용하여 파괴 수명 $N_f$를 계산하기 위해서는 초기 균열 길이 $a_0$와 파괴 균열 길이 $a_f$가 필요하다. 초기 균열 길이를 확정하기 위해서는 눈으로 확인하는 간단한 방법으로 부터 초음파 계측장치 또는 $X$선 계측장치 등의 비파괴 계측 장치 등을 사용하는 방법이 있다. 그러나 육안이나 계측장치를 사용해서 검출되지 않을 때라 할지라도 균열이 없는 것이 아니라 단지 계측장치의 해상도로는 분간할 수 없을 정도의 작은 크기의 균열이 있음을 유의해야 한다. 식 (9.1)에 위의 조건을 적용하면

$$\Delta K = Y \Delta S \sqrt{\pi a_f} \tag{9.18}$$

여기서 인장응력만을 고려하기 위해서 $S_{min} = 0$으로 놓으면 $\Delta S = S_{max} - S_{min} = S_{max}$이며, $\Delta K$는 다음과 같이 주어진다.

$$\begin{aligned} \Delta K &= K_{max} - K_{min} \\ &= Y S_{max} \sqrt{\pi a} - Y S_{min} \sqrt{\pi a} \\ &= Y S_{max} \sqrt{\pi a} \end{aligned} \tag{9.19}$$

여기서 $S_{min} = 0$이므로 $K_{min} = 0$이다. 따라서 식 (9.19)는 다음과 같이 주어진다.

$$K_{max} = Y S_{max} \sqrt{\pi a} \tag{9.20}$$

그런데 파괴 균열 길이 $a_f$는 재료가 파괴되는 순간의 응력확대계수 $K_{max} = K_c$ 또는 $K_{max} = K_{Ic}$가 되는 순간에서의 길이로 정의되므로 식 (9.20)은 다음과 같다.

$$K_c = Y S_{max} \sqrt{\pi a_f} \tag{9.21}$$

최종적으로 식 (9.21)으로부터 파괴 균열 길이 $a_f$는 다음과 같이 주어진다.

$$a_f = \frac{K_c^2}{\pi Y^2 S_{max}^2} \tag{9.22}$$

주어진 하중과 형상 등의 상황에서 파괴 균열 길이 $a_f$가 계산되면 계측장치를 사용하여 발견된 균열의 길이와 비교하여 보고 파괴 균열 길이 이하인 경우에는 앞에서 학습한 Paris 법칙을 사용하여 남은 수명을 예측할 수 있다. 그러나 이러한 판단을 보장하기 위해서는 엄격한 검사가 주기적으로 수행되어야 한다.

### 피로파괴 수명 계산 과정

결론적으로 Paris 법칙을 적용하여 피로파괴 수명을 계산하는 절차는 다음과 같다.

1) 주어진 형상에 대한 응력확대계수 $K$ 를 구한다.
2) $K_{max} = K_c$에 해당하는 파괴 균열 길이 $a_f$를 계산한다.
3) 식 (9.14)에서 피로파괴 수명 $N_f$를 계산한다.

예제

**9.3** 파괴인성 $K_{Ic} = 24$ MPa $\sqrt{m}$ 인 재료로 만든 그림 8.4(b)와 같은 무한 평판에 2 mm의 모서리 균열이 있음이 발견되었다. 하중이 $\Delta S = 100$ MPa로 주어지며 응력비 $R = 0$이다. 응력확대계수 $K = 1.12\sigma\sqrt{\pi a}$ 이며 균열 성장 속도가 다음과 같이 주어질 때 피로파괴 수명 $N_f$를 계산하시오. 단, $da/dN$의 단위는 m/cycle이다.

$$\frac{da}{dN} = 1.1 \times 10^{-11}(\Delta K)^4 \quad \text{(a)}$$

**해설** 먼저 파괴 균열 길이 $a_f$를 다음과 같은 조건을 적용하여 계산한다.

$$K = K_{Ic} = 24 = 1.12 S_{max}\sqrt{\pi a_f} \quad \text{(b)}$$

파괴 균열 길이는 다음과 같다.

$$a_f = \left(\frac{K_{Ic}}{1.12 S_{max}\sqrt{\pi}}\right)^2 = 14.6 \text{ mm} \quad \text{(c)}$$

식 (a)에서 수정계수 $Y = 1.12$로서 상수이므로 적분하는 과정을 생략하고 식 (9.16)을 사용하면 피로파괴 수명 $N_f$는 다음과 같다.

$$N_f = \frac{2}{2(1.1 \times 10^{-11})1.12^4(100)^4\pi^2}\left(\frac{1}{2 \times 10^{-3}} - \frac{1}{14.6 \times 10^{-3}}\right) \quad \text{(d)}$$
$$= 25259 \text{ cycles}$$

## 9.4 시험 자료와 피로파괴 수명 계산

피로 균열 시험 자료를 사용하여 균열 전파 수명 $N_p$를 근사적으로 계산하는 방법을 생각해 보기로 한다. 먼저 표 9.1에서와 같은 피로 균열 시험 자료가 주어진다고 가정하자. 균열의 측정 순간순간에 대한 균열 성장에 관한 Paris 방정식을 도입하면 다음과 같다.

$$\left(\frac{da}{dN}\right)_n = C(\Delta K_n)^m \tag{9.23}$$

여기서 $n$은 기록된 시험 자료의 수이다. 균열 길이가 $a_j$에서의 하중 조건과 응력확대계수를 사용하여 응력확대계수 범위 $\Delta K_j$를 다음과 같이 계산할 수 있다.

$$\Delta K_j = Y\Delta S_j\sqrt{\pi a_j} \tag{9.24}$$

같은 방법으로 균열 길이가 $a_{j+1}$일 때의 응력확대계수 범위 $\Delta K_{j+1}$은 다음과 같이 계산할 수 있다.

$$\Delta K_{j+1} = Y\Delta S_{j+1}\sqrt{\pi a_{j+1}} \tag{9.25}$$

한편, 균열 길이가 $a_j$일 때와 $a_{j+1}$일 때의 균열 성장 속도 $da/dN$을 $\Delta a/\Delta N$으로 근사시키면 식 (9.23)에 의해서 각각 다음과 같이 주어진다.

$$\begin{aligned}\left(\frac{\Delta a}{\Delta N}\right)_j &= C(\Delta K_j)^m \\ \left(\frac{\Delta a}{\Delta N}\right)_{j+1} &= C(\Delta K_{j+1})^m\end{aligned} \tag{9.26}$$

두 값의 평균으로 균열 길이가 $a_j$로부터 $a_{j+1}$까지 이르는 균열 성장 속도 $da/dN$을 다음과 같이 정의한다.

$$\frac{\Delta a}{\Delta N} = \frac{\left(\frac{\Delta a}{\Delta N}\right)_{j+1} + \left(\frac{\Delta a}{\Delta N}\right)_j}{2} \tag{9.27}$$

위 식에서 $\Delta N$으로 정리하면 다음과 같이 균열 길이 $a_0$에서 $a_1$까지 성장하는데 걸리는 시간(균열 전파 수명)을 얻을 수 있게 된다.

$$\Delta N = \frac{2(a_{j+1} - a_j)}{\left(\frac{da}{dN}\right)_{j+1} + \left(\frac{da}{dN}\right)_j} \tag{9.28}$$

같은 방식으로 표 9.1에 나와 있는 모든 구간에 대하여 수명을 구하고, 예를 들어 $\Delta N_{23}$, $\Delta N_{34}$, .... , 이를 모두 더 하면 초기 균열 길이로 부터 해당하는 균열 길이까지 균열이 성장하는데 걸리는 시간(수명)을 다음과 같이 계산할 수 있다.

$$N_p = \Delta N_{12} + \Delta N_{23} + \Delta N_{34} + \cdots \tag{9.29}$$

## 9.5 응력비의 영향

앞에서 설명한 Paris 법칙은 피로파괴에 대한 통찰력을 제공해주는 반면에 균열 성장 속도에 상당한 영향을 미치는 응력비 $R = S_{min}/S_{max}$을 고려하는 것이 불가능하다는 단점이 있다. Paris 법칙은 일축하중시에만 유효하며, 상대적으로 긴 균열 길이를 가지는 경우와 선형 파괴역학(LEFM) 이론이 적용되는 경우에 적합하다. 피로수명을 예측하는 데에는 아직도 연구되고 해결되어야 할 많은 영역이 남아있는데 예를 들면, 다축하중이 작용하는 경우에 필요한 피로파괴 관계식 등을 들 수 있다. 피로파괴 시험은 주로 $R=0$인 상태로 수행되는데 균열의 성장은 인장응력이 작용할 때만 진행된다고 보아 $R=0$인 경우는 작용하는 응력이 $S_{max} > 0$이며 $S_{min} = 0$이 되어 인장응력만 작용하기 때문이다. Walker는 응력비의 영향을 감안하여 다음과 같은 식을 제안하였다.

$$\frac{da}{dN} = C\left[(1-R)^m K_{max}\right]^n \tag{9.30}$$

여기서 $m$과 $n$은 실험 자료에서 얻어지는 재료상수이다. 한편, Forman은 II구역 및 III구역에서 사용될 수 있는 다음과 같은 균열 성장 속도 관계식을 제안하였으며 $R > 0$인 경우에 성립된다.

$$\frac{da}{dN} = \frac{C(\Delta K)^n}{(1-R)K_c - \Delta K} \tag{9.31}$$

여기서 $K_c$는 파괴인성이며 $n$은 재료상수이다.

## 9.6 가변 진폭 하중

진폭이 일정한 하중이 작용하는 경우의 피로 수명의 예측은 상대적으로 잘 정립되어 있는 편이다. 그러나 실제 상황에서는 진폭이 일정한 하중만을 기대하기는 불가능하며 가변적으로 하중의 진폭이 변하는 경우가 많다. 따라서 하중의 진폭이 달라지는 가변 진폭 하중(VAL, variable amplitude loading)의 경우에는 그림 7.21에서 보듯이 실제로는 매우 복잡한 양상을 갖게 되므로 이에 대한 많은 실험과 이론적인 연구가 필요하다. 가변 진폭 하중이 작용하는 경우에는 일정 진폭 하중의 경우와는 달리 응력비 $R$과 평균응력 $\sigma_m$등이 수시로 변하게 된다. 따라서 가변 진폭 하중의 영향을 고려하기 위해서는 앞에서 언급한 균열 성장 속도 관계식에 이러한 변수들을 포함시켜야 하는 것이 타당하다. 그러나 Paris 법칙에서는 이러한 하중의 진폭 변화를 반영시키기에는 어려움이 있다. 피로파괴 분야에서 가변 진폭 하중 효과를 계산하기 위하여 균열 성장 속도 관계식을 연관시킨 이론이 많이 있으나 여기서는 Barsom의 통계적인 방법(statistical model)을 소개하기로 한다.

### Barsom 모델

Barsom은 응력확대계수에 대한 근 평균제곱(root mean square) 항 $\Delta K_{rms}$를 다음과 같이 정의하였다.

$$\Delta K_{rms} = \sqrt{\frac{\sum \Delta K_i^2 n_i}{\sum n_i}} \tag{9.32}$$

여기서 $n_i$는 응력확대계수 범위 $\Delta K_i$가 작용하는 사이클 수이며 $i$번째 사이클에서의 응력확대계수 범위이다. 균열 성장 속도는 Paris 방정식과 유사한 형태로 다음과 같이 나타낼 수 있다.

$$\frac{da}{dN} = C(\Delta K_{rms})^m \tag{9.33}$$

여기서 $C$와 $m$은 피로 시험에서 얻어지는 재료 상수이다.

## 9.7 주요 방정식 모음

• 응력확대계수 범위

$$\begin{aligned}\Delta K &= K_{max} - K_{min} \\ &= YS_{max}\sqrt{\pi a} - YS_{min}\sqrt{\pi a} \\ &= Y\Delta S\sqrt{\pi a}\end{aligned} \tag{9.1}$$

여기서

$$K_{max} = S_{max}\sqrt{\pi a} \tag{9.2}$$

$$K_{max} = S_{min}\sqrt{\pi a} \tag{9.3}$$

$$\Delta S = S_{max} - S_{min} \tag{9.4}$$

• 파괴 균열 길이

$$a_f = \frac{K_c^2}{\pi Y^2 S_{max}^2} \tag{9.22}$$

• Paris 법칙

$$\frac{da}{dN} = C(\Delta K)^m \tag{9.41}$$

• Forman 방정식

$$\frac{da}{dN} = \frac{C(\Delta K)^n}{(1-R)K_c - \Delta K} \tag{9.31}$$

# 연습문제

**9.1** 모서리 균열이 있는 그림 8.4(c)와 같은 평판에 $S_{max} = 300$ MPa, $S_{min} = 0$ MPa의 반복하중이 작용하고 있다. 이때 균열이 진전하지 않을 조건을 만족시킬 수 있는 최대 허용 균열 길이 $a_{th}$를 구하시오. 단, $W = 1.5$ m, $\Delta K_{th} = 7$ MPa $\sqrt{m}$.

**9.2** 모서리 균열이 있는 그림 8.4(d)와 같은 평판에 $S_{max} = 100$ MPa, $S_{min} = 0$ MPa의 반복하중이 작용하고 있다. 이때 균열이 진전하지 않을 조건을 만족시킬 수 있는 최대 허용 균열 길이 $a_{th}$를 구하시오. 단, $W = 1.2$ m, $\Delta K_{th} = 8$ MPa $\sqrt{m}$.

**9.3** 모서리 균열이 있는 그림 8.4(e)와 같은 평판에 $S_{max} = 350$ MPa, $S_{min} = 0$ MPa의 반복하중이 작용하고 있다. 이때 균열이 진전하지 않을 조건을 만족시킬 수 있는 최대 허용 균열 길이 $a_{th}$를 구하시오. 단, $W = 0.85$ m, $\Delta K_{th} = 4$ MPa $\sqrt{m}$.

**9.4** 모서리 균열이 있는 그림 8.4(c)와 같은 무한 평판에 반복하중이 작용하고 있다. 정기 검사에서 길이 5 mm의 균열이 발견되었으며 이 균열을 더 이상 진전 시키지 않도록 하기 위한 반복하중의 범위 $\Delta S$를 구하시오. 단, $W = 1.5$ m, $\Delta K_{th} = 7$ MPa $\sqrt{m}$.

**9.5** 모서리 균열이 있는 그림 8.4(d)와 같은 무한 평판에 반복하중이 작용하고 있다. 정기 검사에서 길이 7 mm의 균열이 발견되었으며 이 균열을 더 이상 진전 시키지 않도록 하기 위한 반복하중의 범위 $\Delta S$를 구하시오. 단, $W = 1.2$ m, $\Delta K_{th} = 6$ MPa $\sqrt{m}$.

**9.6** 모서리 균열이 있는 그림 8.4(e)와 같은 무한 평판에 반복하중이 작용하고 있다. 정기 검사에서 길이 1 mm의 균열이 발견되었으며 이 균열을 더 이상 진전 시키지 않도록 하기 위한 반복하중의 범위 $\Delta S$를 구하시오. 단, $W = 1.5$ m, $\Delta K_{th} = 8$ MPa $\sqrt{m}$.

**9.7** 길이 1 mm인 모서리 균열이 있는 매우 큰 평판이 $\Delta S = 200$ MPa의 반복하중하에 있으며 균열 길이가 $a_0 = 1$ mm에서 $a_1 = 5$ mm로 성장하는데 필요한 균열 전파 수명 $N_p$를 계산하시오. 단, $C = 6.9 \times 10^{-12}$m/cycle, $m = 3$이다.

**9.8** 길이 4 mm인 모서리 균열이 있는 매우 큰 평판이 $\Delta S = 1000$ MPa의 반복하중하에 있으며 균열 길이가 $a_0 = 4$ mm에서 $a_1 = 6$ mm로 성장하는데 필요한 균열 전파 수명 $N_p$를 계산하시오. 단, $C = 6.9 \times 10^{-12}$ m/cycle, $m = 3$이다.

**9.9** 길이 4 mm인 중앙 균열이 있는 매우 큰 평판이 $\Delta S = 1000$MPa의 반복하중하에 있으며 균열 길이가 $a_0 = 4$ mm에서 $a_1 = 6$ mm로 성장하는데 필요한 균열 전파 수명 $N_p$를 계산하시오. 단, $C = 5.5 \times 10^{-12}$ m/cycle, $m = 3.3$이다.

**9.10** 길이 6 mm인 중앙 균열이 있는 매우 큰 평판이 $\Delta S = 450$ MPa의 반복하중하에 있으며 균열 길이가 $a_0 = 6$ mm에서 $a_1 = 10$ mm로 성장하는데 필요한 균열 전파 수명 $N_p$를 계산하시오. 단, $C = 1 \times 10^{-11}$ m/cycle, $m = 3.1$이다.

**9.11** 길이 8 mm인 중앙 균열이 있는 매우 큰 평판이 $\Delta S = 500$ MPa의 반복하중하에 있으며 균열 길이가 $a_0 = 8$ mm에서 $a_1 = 15$ mm로 성장하는데 필요한 균열 전파 수명 $N_p$를 계산하시오. 단, $C = 1.9 \times 10^{-10}$ m/cycle, $m = 3.9$이다.

**9.12** 너비 $W = 1.2$m 이며 길이 4 mm인 중앙 균열이 있는 평판에서 $\Delta S = 1000$ MPa의 반복하중하에 있으며 균열 길이가 $a_0 = 4$ mm에서 $a_1 = 10$ mm로 성장하는데 필요한 균열 전파 수명 $N_p$를 계산하시오. 단, $C = 5.5 \times 10^{-12}$ m/cycle, $m = 3.3$이다.

**9.13** 너비 $W = 2.1$m이며 길이 6 mm인 모서리 균열이 있는 평판에서 $\Delta S = 500$ MPa의 반복하중하에 있으며 균열 길이가 $a_0 = 6$ mm에서 $a_1 = 12$ mm로 성장하는데 필요한 균열 전파 수명 $N_p$를 계산하시오. 단, $C = 1 \times 10^{-11}$ m/cycle, $m = 3.1$이다.

**9.14** 너비 $W = 1.2$m 이며 길이 4 mm인 양 모서리 균열이 있는 평판에서 $\Delta S = 300$ MPa의 반복하중하에 있으며 균열 길이가 $a_0 = 4$ mm에서 $a_1 = 8$ mm로 성장하는데 필요한 균열 전파 수명 $N_p$를 계산하시오. 단, $C = 1.3 \times 10^{-10}$ m/cycle, $m = 2.3$이다.

**9.15** 표 8.1를 참조하여 AISI 4130으로 만들어진 중앙 균열이 있는 무한 평판에 $S_{max} = 300$ MPa, $S_{min} = 0$ MPa의 반복응력이 작용하고 있을 때의 a) 파괴 균열 길이 $a_f$ b) 초기 균열 길이가 1 mm일 때 파괴 전파 수명 $N_p$를 계산하시오. 단, $C = 1.3 \times 10^{-10}$ m/cycle, $m = 2.3$이다.

**9.16** 표 8.1을 참조하여 AISI 1144로 만들어진 중앙 균열이 있는 무한 평판에 $S_{max} = 450$MPa, $S_{min} = 0$ MPa의 반복응력이 작용하고 있을 때의 a) 파괴 균열 길이 $a_f$ b) 초기 균열 길이가 1.1 mm일 때 파괴 전파 수명 $N_p$를 계산하시오. 단, $C = 5.5 \times 10^{-12}$ m/cycle, $m = 3.3$이다.

**9.17** 표 8.1를 참조하여 2024-T651로 만들어진 모서리 균열이 있는 무한 평판에 $S_{max} = 100$ MPa, $S_{min} = 0$ MPa의 반복응력이 작용하고 있을 때의 a) 파괴 균열 길이 $a_f$ b) 초기 균열 길이가 1.1 mm일 때 파괴 전파 수명 $N_p$를 계산하시오. 단, $C = 1 \times 10^{-11}$ m/cycle, $m = 3.1$이다.

**9.18** 표 8.1를 참조하여 Ti-6Al-4V로 만들어진 모서리 균열이 있는 무한 평판에 $S_{max} = 200$ MPa, $S_{min} = 0$ MPa의 반복응력이 작용하고 있을 때의 a) 파괴 균열 길이 $a_f$ b) 초기 균열 길이가 1 mm일 때 파괴 전파 수명 $N_p$를 계산하시오. 단, $C = 1.9 \times 10^{-10}$ m/cycle, $m = 3.9$이다.

**9.19** 표 8.1를 참조하여 AISI 4130으로 만들어진 중앙 균열이 있는 무한 평판에 $S_{max} = 300$ MPa, $S_{min} = 0$ MPa의 반복응력이 작용하고 있을 때의 초기 균열 길이가 1 mm일 때 $N = 10^6$ cycle 후의 균열 길이를 계산하시오. 단, $C = 1.3 \times 10^{-10}$ m/cycle, $m = 2.3$이다.

**9.20** 표 8.1를 참조하여 AISI 1144로 만들어진 중앙 균열이 있는 무한 평판에 $S_{max} = 450$ MPa, $S_{min} = 0$ MPa의 반복응력이 작용하고 있을 때의 초기 균열 길이가 1.1 mm일 때 $N = 10^5$ cycle 후의 균열 길이를 계산하시오. 단, $C = 5.5 \times 10^{-12}$ m/cycle, $m = 3.3$이다.

**9.21** 표 8.1를 참조하여 2024-T651로 만들어진 모서리 균열이 있는 무한 평판에 $S_{max} = 100$ MPa, $S_{min} = 0$ MPa의 반복응력이 작용하고 있을 때의 초기 균열 길이가 1.1 mm일 때 $N = 10^6$ cycle 후의 균열 길이를 계산하시오. 단, $C = 1 \times 10^{-11}$ m/cycle, $m = 3.1$이다.

**9.22** 표 8.1를 참조하여 Ti-6Al-4V로 만들어진 모서리 균열이 있는 무한 평판에 $S_{max} = 200$ MPa, $S_{min} = 0$ MPa의 반복응력이 작용하고 있을 때의 초기 균열 길이가 1 mm일 때 $N = 10^6$ cycle 후의 균열 길이를 계산하시오. 단, $C = 1.9 \times 10^{-10}$ m/cycle, $m = 3.9$이다.

**9.23** 초기 균열 길이가 $a_0$이며 단면의 높이가 $h$, 너비가 $B$인 두 개의 외팔보로 이루어진 시편(double cantilever beam, DCB)을 사용하여 반복하중 $P_{max}$와 $P_{min} = 0$을 가하고 있다.

a) 응력확대계수 범위 $\Delta K_I$이 다음과 같음을 보이시오.

$$\Delta K_I = \frac{2\sqrt{3}P_{max}}{Bh\sqrt{h}}a \tag{9.42}$$

b) Paris 법칙을 사용하여 피로균열 수명 $N$이 다음과 같음을 보이시오.

$$N = \frac{1}{C(1-m)}\left(\frac{Bh\sqrt{h}}{2\sqrt{3}P_{max}}\right)^m (a^{1-m} - a_0^{1-m}) \qquad (m \neq 1) \tag{9.43}$$

**9.24** 균열 길이가 15cm이며 단면의 높이가 3cm, 두께가 10cm인 두 개의 외팔보로 이루어진 시편(double cantilever beam, DCB)을 사용하여 반복하중 $P_{max} = 300$kN과 $P_{min} = 0$kN을 가하고 있다.

a) 응력확대계수 $K_I$을 구하시오.

b) 균열 길이가 $a_0 = 15\,\text{cm}$에서 $a_1 = 20\,\text{cm}$로 성장하는데 필요한 균열 전파 수명 $N_p$를 계산하시오. 단, 탄성계수 $E = 70\,\text{GPa}$, $C = 1 \times 10^{-11}$ m/cycle, $m = 3.1$이다.

# 제 10 장 저 사이클 피로(LCF)

## 10.1 저 사이클 피로

저 사이클 피로 해석의 기본 개념은 매 피로 사이클이 재료에 작용할 때마다 응력-변형률의 거동을 살펴서 소성변형이 일어나거나 또는 파손이 우려되는 부분의 손상 정도를 확인하는 것이다. 저 사이클 피로에서 재료의 손상 기구(damage mechanism)는 과도한 변형 또는 소성변형에 의한 것이라고 가정하며, 상황에 따라서 전역적인 소성변형일 수도 있고 국소적인 소성변형을 의미하기도 한다. 전역적인 소성변형이 일어나는 경우는 큰 크기의 반복하중이 작용하기 때문이며, 반면에 상대적으로 작은 크기의 하중이 작용하는 경우에는 고 사이클 피로에서의 결과와 유사한 결과를 내게 된다. 그러므로 정확한 해석을 위해서는 재료의 물성값, 응력-변형률 이력, 온도, 주위 환경 등 많은 인자가 포함되는 모델을 사용하여 복잡한 해석 과정을 거쳐야만 한다.

최근의 경향을 보면 저 사이클 피로 해석을 위한 컴퓨터의 사용이 늘어가고 있다. 반복하중의 크기가 상대적으로 크며 소성변형이 중요한 역할을 하게 되는 경우에는 저 사이클 피로 이론이 보다 합당한 이론적 근거를 제공한다. 저 사이클 피로 이론은 변형에 근거한 수명 예측 방법으로서 응력에 기반을 둔 고 사이클 피로 해석과 대조된다.

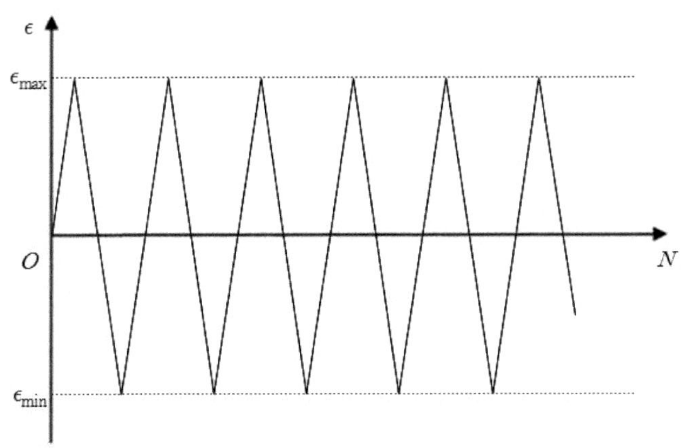


**그림 10.1** 일정 진폭 변형률(constant strain amplitude)

### 변형률 제어 시험

피로 시험은 응력(하중) 제어 시험(load controlled test)과 변형률 제어 시험(strain controlled test)의 두 가지로 나누어 질 수 있다. 하중 제어시험은 원하는 하중을 가하여 피로 시험을 하는 방법으로 보다 간단하게 자료를 얻을 수 있는 반면에 변형률 고정 시험은 보다 복잡한 시험 장치를 갖추어야 수행이 가능하다. 재료의 피로현상을 올바로 이해하기 위해서는 소성변형에 대한 정보를 얻어야 하는데 그 이유는 피로 시험이 처음으로 수행되는 사이클 구간(저 사이클 구간)에서는 많은 소성변형이 발생하기 때문이다. 그러므로 소성변형이 중요시 되는 피로해석을 하는 경우에는 변형률 고정 시험 장치로 피로시험을 수행하는 것이 좋다. 변형률 고정 피로 시험 방법에 대한 자세한 내용은 ASTM E606에 설명되어 있다. 변형률 고정 피로 시험은 그림 10.1에서와 같은 반복 변형률을 시편에 적용시키며 재료에 대한 자료를 얻게 된다.

변형률 고정 피로 시험에서는 다수의 시편을 사용하여 매번 일정한 변형률 진폭을 반복적으로 가하여 파손되기까지의 수명을 기록한다. 동일한 시편에서도 반복에 따라 응력-변형률 관계가 계속 변화되므로 수명의 반 정도 되는 때에 안정된 반응을 보인다고 간주하고 주어진 변형률 진폭에서의 응력-변형률 관계로 확정한다. 반복 변형률이 일정하게 주어질 때 재료의 저항 형태는 크게 두 가지로 다르게 나타나는데 반복 변형에 의해서 변형경화가 발생하여 변형에 대한 저항이 더 커지게 되는 반복경화(cyclic hardening) 재료가 있고, 반면에 저항이 더 작아지는 반복연화(cyclic softening)재료가 있으며 각 재료의 거동을 그림 10.2와 10.3에서 나타내었다.

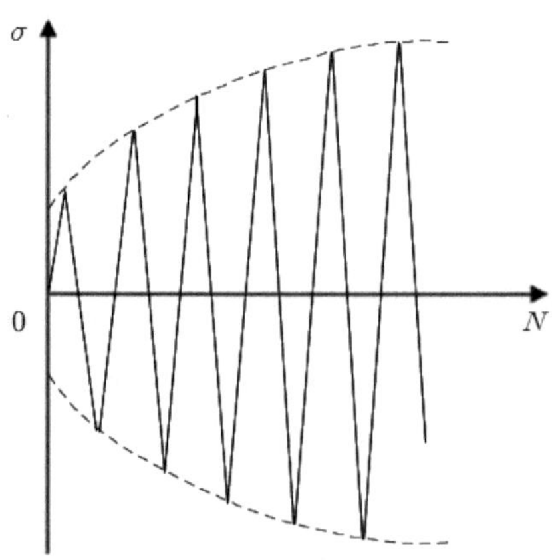


**그림 10.2** 반복 경화(cyclic hardening)

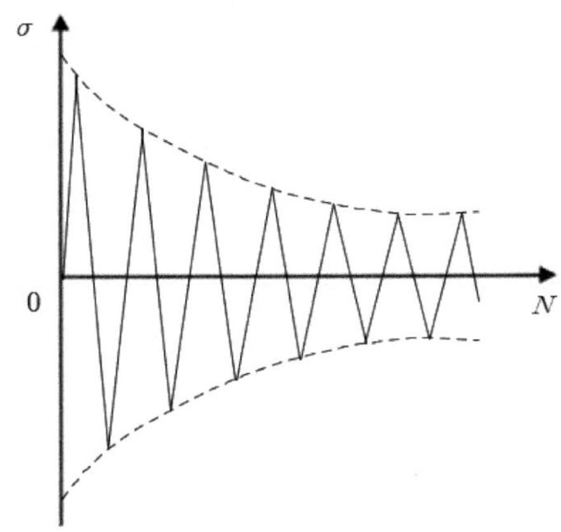


그림 10.3 반복 연화(cyclic softening)

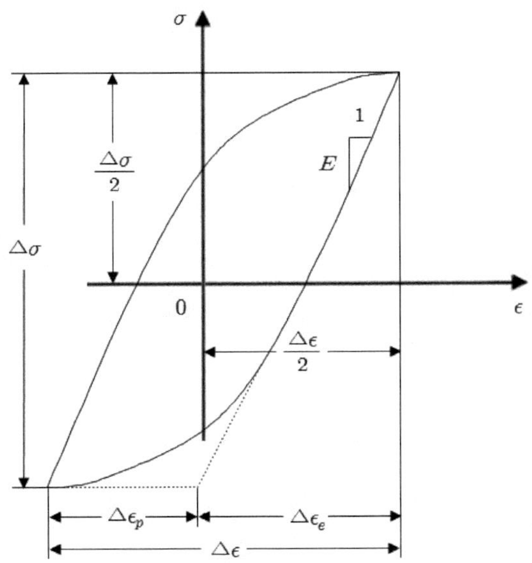


그림 10.4 반복 응력-변형률 곡선, 히스테리시스 곡선

## 10.2 반복 응력-변형률 선도

2장 살펴본 단순 인장 시험과 달리 반복 변형률에 의한 재료의 반응은 그림 10.4에서 보는 바와 같이 히스테리시스 곡선으로 대표된다. 여기서 히스테리시스 곡선이 만드는 면적은 소성변형을 생성하기 위해서 소비된 에너지로 볼 수 있으며 이는 열역학적으로 비가역 과정(irreversible process)이다. 그림 10.4에서 $\Delta\epsilon$은 전체 변형률 범위(total strain range)이며 $\Delta\sigma$는 전체 응력 범위(total stress range)이다. 전체 변형률 범위는 탄성 변형률 범위와 소성 변형률 범위의 합으로 다음과 같이 쓸 수 있다.

$$\Delta\epsilon = \Delta\epsilon_e + \Delta\epsilon_p \tag{10.1}$$

여기서

$\Delta\epsilon_e =$ 탄성 변형률 범위(elastic strain range)

$\Delta\epsilon_p =$ 소성 변형률 범위(plastic strain range)

또는 변형률 진폭(strain amplitude) $\epsilon_a$로 나타내면 다음과 같다.

$$\epsilon_a = \frac{\Delta\epsilon_e}{2} + \frac{\Delta\epsilon_p}{2} \tag{10.2}$$

여기서 $\epsilon_a = \Delta\epsilon/2$이며

$\frac{\Delta\epsilon_e}{2} =$ 탄성 변형률 진폭(elastic strain amplitude)

$\frac{\Delta\epsilon_p}{2} =$ 소성 변형률 진폭(plastic strain amplitude)

한편, 탄성 변형률 진폭은 Hooke 법칙에 의해서 식 (10.2)에서 $\Delta\sigma = E\Delta\epsilon_e$을 적용하면 다음과 같다.

$$\epsilon_a = \frac{\Delta\sigma}{2E} + \frac{\Delta\epsilon_p}{2} \tag{10.3}$$

식 (10.3)에서 좌변에서의 변형률 진폭과 우변에서의 탄성 및 소성 변형률에 의한 항들을 살펴보면 반복변형에 있어서 변형률과 응력의 관계식은 아직 완성되지 않았음을 볼 수 있다. 그러므로 소성 변형률 $\Delta\epsilon_p$에 해당하는 응력에 관한 식이 필요하다.

**표 10.1** 반복 응력-변형률 선도에 관한 재료 상수[3]

| Material | $E$ (GPa) | $K'$ (MPa) | $n'$ | $\sigma_Y$ (MPa) | $S_u$ (MPa) |
|---|---|---|---|---|---|
| SAE 1015 | 207 | 1349 | 0.282 | 228 | 415 |
| Man-Ten | 203 | 1096 | 0.187 | 322 | 557 |
| SAE 4142 | 200 | 2810 | 0.040 | 1619 | 2450 |
| AISI 4340 | 200 | 1910 | 0.123 | 1371 | 1468 |
| 2024-T4 | 73 | 738 | 0.080 | 303 | 476 |
| Ti-6Al-4V | 117 | 1772 | 0.106 | 1185 | 1233 |

## 응력-소성 변형률 관계식

단순 인장에서의 응력-소성 변형률 관계식과 유사한 형태로 응력진폭 $\sigma_a$와 소성 변형률 진폭, $\Delta\epsilon_p/2$의 관계식은 다음과 같이 쓸 수 있다.

$$\sigma_a = K'\left(\frac{\Delta\epsilon_p}{2}\right)^{n'} \tag{10.4}$$

여기서

$\sigma_a$ : 반복 응력 진폭(cyclic stress amplitude)

$\frac{\Delta\epsilon_p}{2}$ : 반복 소성 변형률 진폭(cyclic plastic strain amplitude)

$K'$ : 반복 강도 계수(cyclic strength coefficient)

$n'$ : 반복 변형경화 지수(cyclic strain hardening exponent)

식 (10.4)에서 변형률에 대해서 정리하면 다음과 같은 식으로 주어진다.

$$\frac{\Delta\epsilon_p}{2} = \left(\frac{\sigma_a}{K'}\right)^{1/n'} \tag{10.5}$$

식 (10.5)을 식 (10.3)에 대입하면 최종적으로 다음과 같은 반복 변형에 대한 변형률-응력 관계식을 얻을 수 있으며 이는 Ramberg-Osgood 방정식의 반복 변형에 대한 수정식이라고 할 수 있다.

$$\epsilon_a = \frac{\sigma_a}{E} + \left(\frac{\sigma_a}{K'}\right)^{1/n'} \tag{10.6}$$

예제

**10.1** SAE 1015강으로 만든 부품에 반복 변형률 $\epsilon_a = 0.01$이 가해지고 있을 때의 응력진폭 $\sigma_a$를 계산하시오. 단, $E = 207$ GPa, $K' = 1349$ MPa, $n' = 0.282$이다.

해설 식 (10.6)에서 주어진 다음과 같은 방정식의 근 $\sigma_a$를 수치해석 방법으로 구한다.

$$\epsilon_a = \frac{\sigma_a}{207 \times 10^9} + \left(\frac{\sigma_a}{1349 \times 10^6}\right)^{1/0.282} = 0.01$$

위의 방정식을 수치해석으로 풀어서 얻은 응력진폭은 $\sigma_a = 349$ MPa이다.

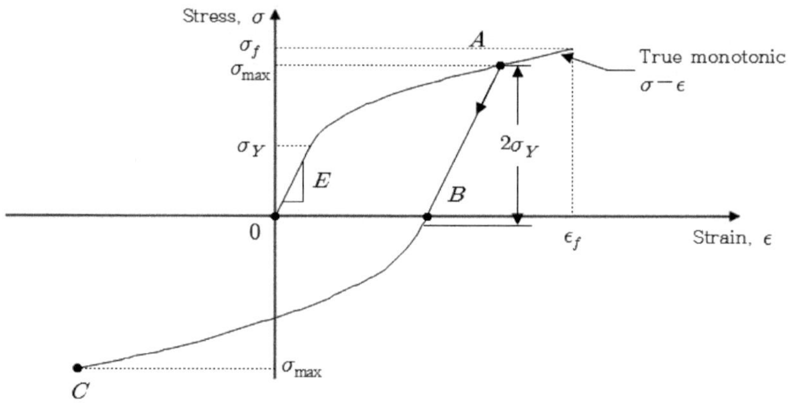


**그림 10.5** 반복 응력-변형률 곡선, 히스테리시스 곡선

## 히스테리시스 곡선

반복하중 또는 반복 변형률이 작용하고 있는 재료의 거동은 그림 10.4와 그림 10.5에서 보는 것과 같은 히스테리시스 곡선(hysteresis curve)에 의해서 표시될 수 있다. 그림 10.5에서 히스테리시스 곡선 상의 O-A 경로는 단순 인장 시험 때와 유사한 경향을 보이며 반복 응력이 0에서 $\sigma_{max}$까지 증가하는 과정에서의 거동을 표현하고 있다. A에서 하중의 방향이 바뀌어 반대로 가해지며 B에서 다시 0이 된다. 이때 하중의 작용 방향이 반대로 되었으므로 A점을 반전(reversal)로 볼 수 있다. B를 지나서 계속해서 반복하중이 작용하여 C에 이르고 다시 하중은 방향이 바뀌어 A점까지 이르는 경로를 취한다(그림 10.4 참조). 매번 반복된 하중에 대한 거동을 관찰하고 시간이 지나며 안정된 거동을 보이게 될 때 그림 10.4와 같은 폐곡선을 완성할 수 있는데 이를 히스테리시스 곡선이라 하며 반복하중에 대한 재료의 역학적 거동을 보여주는 그림이다. Massing은 히스테리시스 곡선의 방정식을 다음과 같이 제안하였다.

$$\Delta\epsilon = \frac{\Delta\sigma}{E} + 2\left(\frac{\Delta\sigma}{2K'}\right)^{\frac{1}{n'}} \tag{10.7}$$

위식을 보면 Massing이 제안한 히스테리시스 곡선 방정식은 식 (10.6)의 양변에 2배수를 한 것임을 알 수 있다.

예제

**10.2** 2024-T4 알루미늄으로 만든 부품에 반복 변형률이 가해지고 있을 때의 거동을 계산하시오. 단, $E = 73$ GPa, $K' = 738$ MPa, $n' = 0.08$이다.

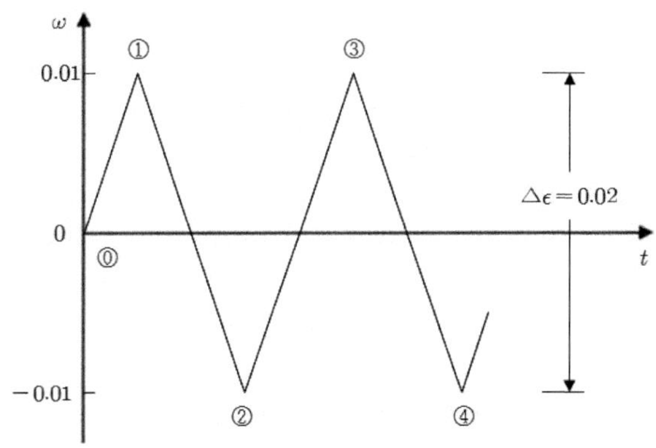


**그림 10.6** 반복 변형률

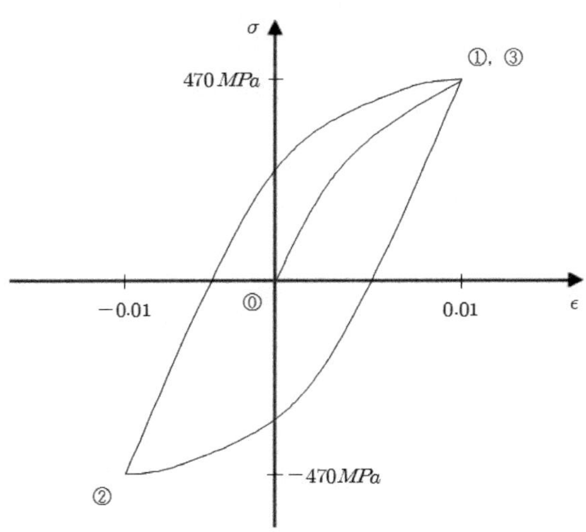


**그림 10.7** 반복 응력-변형률 곡선, 히스테리시스 곡선

**해설** 변형률 사이클 그래프 그림 10.6에서 0-1 경로에서의 초기 변형률 $\epsilon_1 = 0.01$에 대한 반복 응력-변형률 곡선은 식 (10.6)에서 다음과 같이 주어진다.

$$0.01 = \frac{\sigma_1}{73 \times 10^9} + \left(\frac{\sigma_1}{738 \times 10^6}\right)^{1/0.08} \tag{a}$$

수치해석 법으로 해를 구하면 $\sigma_1 = 470\text{MPa}$이다. 0-1 경로를 제외한 모든 경로는 그림 10.7에서 보는 바와 같이 히스테리시스 곡선 상에 있으므로 1-2 경로에서의 변형 $\Delta\epsilon = \epsilon_1 - \epsilon_2 = 0.02$에 대한 응력-변형률 거동은 식 (10.7)를 사용하여 계산해야 한다.

$$\Delta\epsilon = \frac{\Delta\sigma}{E} + 2\left(\frac{\Delta\sigma}{2K'}\right)^{1/n'} \tag{b}$$

또는

$$0.02 = \frac{\Delta\sigma}{73 \times 10^9} + 2\left(\frac{\Delta\sigma}{2 \times 738 \times 10^6}\right)^{1/0.08} \tag{c}$$

식 (c)에서 수치해석 법으로 $\Delta\sigma$를 구하면

$$\Delta\sigma = 940 \text{ MPa} \tag{d}$$

위의 결과를 이용하여 그림 10.7에 있는 히스테리시스 곡선의 2번 점에서의 응력과 변형률의 값을 다음과 같이 구한다.

$$\begin{aligned} \epsilon_2 &= \epsilon_1 - \Delta\epsilon = 0.01 - 0.02 = -0.01 \\ \sigma_2 &= \sigma_1 - \Delta\sigma = 470 - 940 = -470 \text{ MPa} \end{aligned} \tag{e}$$

히스테리시스 곡선의 2번 점에서의 응력과 변형률 $\sigma_2$, $\epsilon_2$이 구해졌으므로 좌표로 표시하고 나머지 변형에 대해서도 같은 방법으로 좌표를 찾아서 히스테리시스 곡선을 그림 10.7에서와 같이 그릴 수 있다.

**표 10.2** 변형률-수명 곡선에 관한 재료 상수[3]

| Material | $\sigma'_f$ (MPa) | $b$ | $\epsilon'_f$ | $e$ |
|---|---|---|---|---|
| SAE 1015 | 1020 | −0.138 | 0.439 | −0.513 |
| Man-Ten | 1089 | −0.115 | 0.912 | −0.606 |
| SAE 4142 | 2550 | −0.078 | 0.003 | −0.436 |
| AISI 4340 | 1879 | −0.086 | 0.640 | −0.636 |
| 2024-T4 | 1294 | −0.142 | 0.327 | −0.645 |
| Ti-6Al-4V | 2030 | −0104 | 0.841 | −0.688 |

## 10.3 변형률–수명 곡선

저 사이클 피로 이론은 특히 노치나 균열이 있는 부품에서의 소성변형을 보다 정확하게 반영할 수 있으므로 이에 대한 고려를 하지 않는 고 사이클 이론에 비해서 많은 장점을 가지고 있는 반면에 해석이 복잡해진다는 단점도 있다. 이번 절에는 변형률–수명($\epsilon - N$) 곡선에 대하여 설명하고 이를 사용하여 재료의 수명을 계산하는 방법을 알아보기로 한다. 일반적으로 재료의 피로 수명은 그 정의에 따라 달라질 수 있으며 다음과 같이 몇 가지로 정리할 수 있는데 설계시에 의도된 목적에 가장 잘 부합하는 수명을 정의하여 사용한다.

- 측정될 수 있는 크기의 균열이 생성되기까지의 수명
- 특정한 하중의 크기(예를 들어 50% 감소된 하중)를 견딜 수 있을 때까지의 수명
- 파괴될 때까지의 수명

저 사이클 피로 이론에서는 피로를 고려하는 전 과정에서의 전체 변형률을 탄성 변형률과 소성 변형률로 구성하며 각 부분에 대하여 분리하여 계산한 후 종합하게 된다. 이에 대한 관계식은 Basquin 방정식과 Coffin–Manson 방정식으로 각각 주어지며 Morrow에 의하여 변형률–수명 관계식이 최종적으로 제시되었다.

### Basquin 방정식

Basquin은 피로 시험 자료를 대수–대수(log–log)축에 의한 응력–수명($S-N$) 곡선에서 선형적인 관계로 근사하여 직선의 방정식으로 나타낼 수 있음을 보였다. 다음에 주어진 식을 Basquin 방정식이라고 하며 8장에서 다루었던 응력–수명 곡선에 대한 직선의 방정식 식 (8.6)에서의 $S = AN_f^b$와 근본적으로 동일한 개념이다.

$$\sigma_a = \sigma'_f (2N_f)^b \tag{10.8}$$

여기서

$\sigma_a$ : 진응력 진폭(true stress amplitude)

$\sigma'_f$ : 피로 강도 계수(fatigue strength coefficient)

$b$ : 피로 강도 지수(fracture strength exponent)

피로 강도 계수 $\sigma'_f$의 물리적 의미는 첫 번째 사이클($N_f = 1/2$)이 수행되는 과정 동안에 파손을 일으키는 응력 진폭을 가리키며 대부분의 금속에서는 $\sigma'_f \approx \sigma_f$의 관계를 갖는다.

여기서 $\sigma_f$는 재료의 파괴 진응력(true fracture stress)이다. 피로 강도 지수 $b$는 응력진폭-수명 선도에서의 기울기를 의미하며 -0.05에서 -0.12사이의 값을 갖는다.

Basquin 방정식에서 유의해야 할 점은 파괴 수명에 대하여 $N_f$가 아닌 $2N_f$로 주어진 것이며 이를 반전(reversal)이라고 하며 1 reversal = 1/2 cycle의 관계가 성립된다. 반전은 반복 응력이나 변형률 선도에서 그 변화율의 부호가 바뀌는(응력이나 변형률의 진행 방향이 반대로 되는) 지점을 의미한다. 반복 하중이나 변형률의 진폭과 주기가 복잡하게 나오는 경우에는 특별한 알고리듬을 사용하여 정확한 사이클 수나 반전의 개수를 확정해야 하는데 Matsuishi와 Endo가 제안한 rainflow 알고리듬이 가장 널리 사용되고 있으며 관심이 있는 독자들은 참고 문헌을 찾아보기를 권한다.

식 (10.8)의 양변에 대수(log)를 취하면

$$\log \sigma_a = \log \sigma'_f + b \log(2N_f) \tag{10.9}$$

또는

$$Y = B + AX \tag{10.10}$$

여기서 $Y = \log \sigma_a$, $B = \log \sigma'_f$, $A = b$, $X = \log(2N_f)$이다. 식 (10.9)은 S-N 곡선 상에서 직선으로 나타낼 수 있으며 피로 시험 자료가 있다면 직선의 식으로 근사시켜서 $\sigma'_f$와 $b$를 구할 수 있다.

### 탄성 변형률-수명 관계식

탄성변형에서는 Hooke의 법칙 $\Delta\sigma = E\Delta\epsilon_e$이 적용되므로 식 (10.8)은 다음과 같이 탄성 변형률과 수명의 관계식으로 표시할 수 있다.

$$\frac{\Delta\epsilon_e}{2} = \frac{\sigma'_f}{E}(2N_f)^b \tag{10.11}$$

결과적으로 Basquin 법칙은 탄성 변형률과 수명과의 관계를 나타내는 방정식이 된다. 이번에는 식 (10.11)의 양변에 대수를 취하여 보면 다음과 같다.

$$\log \frac{\Delta\epsilon_e}{2} = \log \frac{\sigma'_f}{E} + b \log(2N_f) \tag{10.12}$$

만일 $Y = \log(\Delta\epsilon_e/2)$, $B = \log(\sigma'_f/E)$, $A = b$, $X = \log(2N_f)$로 놓으면 식 (10.10)과 같

은 직선의 방정식이 되므로 변형률-수명 곡선인 (10.8)에서 탄성 변형률 부분을 나타내는 직선임을 알 수 있다.

### Coffin-Manson 방정식

앞에서는 탄성 변형률과 수명과의 관계식에 대하여 알아보았다. 이번에는 소성 변형률과 수명과의 관계에 대하여 설명하고자 한다. 1950년대에 소성 변형률 $\Delta\epsilon_p$와 수명 $N_f$와의 관계식은 실험 자료를 대수-대수(log-log) 좌표축에 선형적으로 표시함으로 얻을 수 있음을 Coffin과 Manson은 독립적으로 발표하였으며 이를 Coffin-Manson 방정식으로 부르고 다음과 같이 나타낸다.

$$\frac{\Delta\epsilon_p}{2} = \epsilon'_f(2N_f)^c \tag{10.13}$$

여기서

$\frac{\Delta\epsilon_p}{2}$ : 소성 변형률 진폭(plastic strain amplitude)

$\epsilon'_f$ : 피로 연성 계수(fatigue ductility coefficient)

$c$ : 피로 연성 지수(fracture ductility exponent)

$c$는 −0.5에서 −0.7 사이의 값을 갖는다. 식 (10.13)의 양변에 대수를 취하면 다음과 같으며 직선의 방정식으로 볼 수 있으므로 그림 10.8에서 소성 변형률 부분의 직선으로 표시된다.



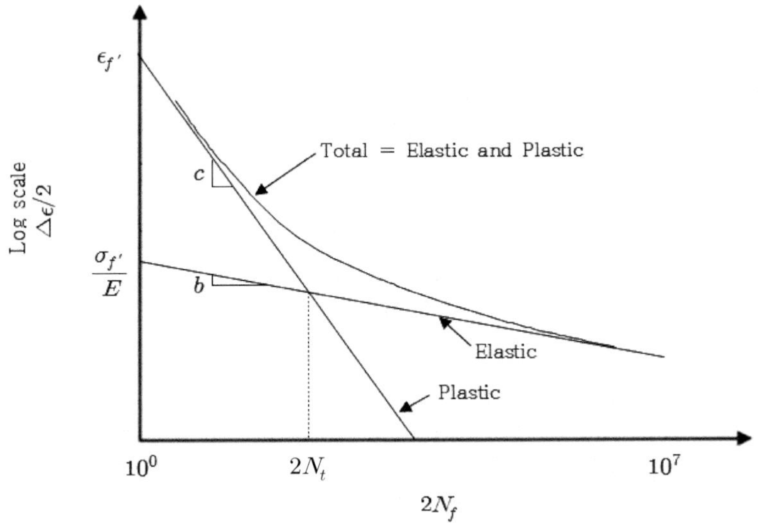


그림 10.8 반복변형에 의한 변형률-수명 곡선(log-log)

$$\log \frac{\Delta\epsilon_p}{2} = \log \epsilon'_f + c\log(2N_f) \tag{10.14}$$

### Morrow 방정식

앞의 결과를 참조하여 탄성과 소성변형에 의한 전체 변형률 진폭 $\epsilon_a$은 식 (10.11)과 식 (10.13)을 더하여 다음과 같이 나타낼 수 있으며 이를 Morrow 방정식이라고 한다.

$$\epsilon_a = \frac{\sigma'_f}{E}(2N_f)^b + \epsilon'_f(2N_f)^c \tag{10.15}$$

Morrow 방정식은 탄성 변형과 소성 변형을 포함하여 변형률과 수명과의 관계를 나타내는 $\epsilon - N$ 곡선을 주는 방정식이다. 그림 10.8에서 볼 수 있듯이 큰 변형률이 주어지거나 짧은 수명 구간에서는 소성 변형률의 기여가 크게 나타나며, 반면에 상대적으로 작은 변형률과 긴 수명 구간에서는 탄성 변형률 부분의 영향이 절대적이다. 이러한 사실은 앞에서 무한 수명을 예상하는 설계에서 고 사이클 피로 이론을 적용하는 합당한 이유가 될 수 있다.

### 천이 수명

그림 10.8에서 탄성 변형률과 소성 변형률의 다른 두 사이클의 천이(transition)가 일어나는 지점은 탄성 변형률 진폭과 소성 변형률 진폭이 같아지는 지점이므로 $(\Delta\epsilon_e/2 = \Delta\epsilon_p/2)$의 수명을 $2N_t$라 하면 식 (10.8)과 식 (10.13)을 같이 놓음으로 다음과 같이 표시할 수 있다.

$$\frac{\sigma'_f}{E}(2N_f)^b = \epsilon'_f(2N_f)^c \tag{10.16}$$

식 (10.16)에 $2N_f = 2N_t$를 대입하여 천이 수명 $2N_t$에 대하여 풀면 다음과 같은 결과를 얻는다.

$$2N_t = \left(\frac{\epsilon'_f E}{\sigma'_f}\right)^{1/(b-c)} \tag{10.17}$$

그림 10.8에서 볼 수 있듯이 천이 수명 $2N_t$보다 낮은 구간에서는 소성변형의 영향이 크게 되며 천이 수명을 넘어서는 구간에서는 탄성 변형이 주도적인 역할을 하게 된다. 즉, 소성변형이 큰 구간에서는 상대적으로 사이클이 작은 범위이므로 저 사이클 피로(LCF)라고 하며 탄성 변형이 큰 구간에서는 고 사이클 피로(HCF)로 정리할 수 있다. 즉, 반복 하중

이 상대적으로 큰 크기의 소성변형을 발생시키면 수명은 단축되며 이를 저 사이클 피로라고 한다. 반면에 탄성변형이 주가 되면 수명은 늘어나며 이를 고 사이클 피로라고 한다. 그러므로 설계하고자 하는 부품이 어느 영역에서 주로 사용될 것인지를 세심하게 고려하여 피로파손을 억제하는 방식을 택하여야 한다.

예제

**10.3** 일정한 변형률 진폭으로 $\epsilon_a = 0.01$이 부품에 가해지고 있을 때 수명을 계산하시오. 단, $E = 70$ GPa, $\sigma'_f = 1200$ MPa, $\epsilon'_f = 0.327$, $b = -0.142$, $c = -0.645$이다.

**해설** 변형률–수명에 대한 식 (10.15)을 사용한다.

$$\epsilon_a = \frac{\sigma'_f}{E}(2N_f)^b + \epsilon'_f(2N_f)^c \tag{a}$$

또는

$$0.01 = \frac{1200 \times 10^6}{70 \times 10^9}(2N_f)^{-0.142} + 0.327(2N_f)^{-0.645} \tag{b}$$

식 (b)에서 수치해석 법으로 근을 구하면 $2N_f = 1070$이므로 예상 수명은 $N_f = 535$ 사이클이다.

## 10.4 평균응력의 영향

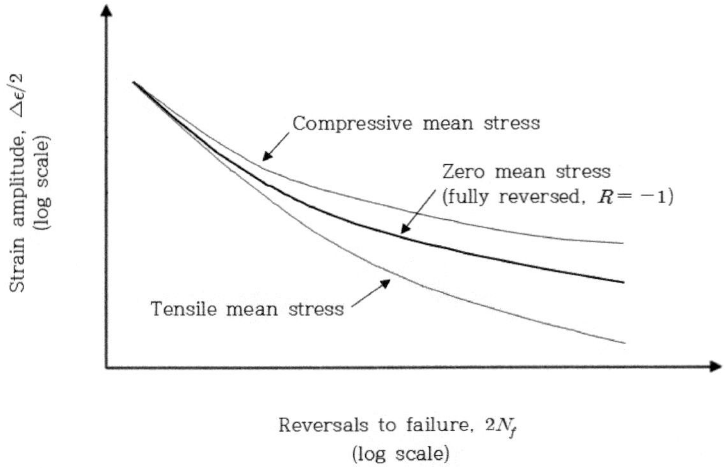


그림 10.9 변형률–수명에 대한 평균응력의 영향

앞에서 다루었던 수명 계산에 대한 식들은 모두 평균응력이 $\sigma_m = 0$인 경우에만 성립된다. 그러나 평균응력 $\sigma_m$은 피로 수명에 많은 영향을 주는 것이 알려져 있으므로 이에 대한 효과를 적절하게 반영할 수 있는 방정식이 필요하다. Morrow는 평균응력의 영향을 고려하여 식 (10.15)을 다음과 같이 수정하여 제안하였다.

$$\epsilon_a = \frac{(\sigma'_f - \sigma_m)}{E}(2N_f)^b + \epsilon'_f(2N_f)^c \tag{10.18}$$

그림 10.9에서 볼 수 있듯이 수명에 대한 평균응력의 영향은 $\sigma_m = 0$때와 비교해서 압축($\sigma_m < 0$)일 경우에는 수명곡선이 상승하고, 인장($\sigma_m > 0$)일 때는 하강한다. 한편, Manson은 수명에 대한 평균응력의 영향과 관련하여 다음과 같은 관계식을 제안하였다.

$$\epsilon_a = \frac{(\sigma'_f - \sigma_m)}{E}(2N_f)^b + \epsilon'_f\left(\frac{\sigma'_f - \sigma_m}{\sigma'_f}\right)^{c/b}(2N_f)^c \tag{10.19}$$

또한, Smith, Watson, Topper(SWT)는 평균응력의 영향에 대하여 다음과 같은 방정식을 제안하였다.

$$\sigma_{\max}\epsilon_a = \frac{(\sigma'_f)^2}{E}(2N_f)^{2b} + \sigma'_f\epsilon'_f(2N_f)^{b+c} \tag{10.20}$$

여기서

$$\sigma_{\max} = \sigma_a + \sigma_m \tag{10.21}$$

**예제**

**10.4** 일정한 변형률 진폭으로 $\epsilon_a = 0.01$이 부품에 가해지고 있을 때 a) 평균응력 $\sigma_m = 300$ MPa와 b) $\sigma_m = -300$ MPa일 때의 수명을 각각 계산하시오. 단, $E = 70$ GPa, $\sigma'_f = 1200$ MPa, $\epsilon'_f = 0.327$, $b = -0.142$, $c = -0.645$이다.

**해설** 변형률-수명에 대한 식 (10.18)을 사용한다.

$$\epsilon_a = \frac{(\sigma'_f - \sigma_m)}{E}(2N_f)^b + \epsilon'_f(2N_f)^c \tag{a}$$

a) 평균응력 $\sigma_m = 300$ MPa

$$0.01 = \frac{(1200 - 300) \times 10^6}{70 \times 10^9}(2N_f)^{-0.142} + 0.327(2N_f)^{-0.645} \qquad \text{(b)}$$

식 (b)에서 수치해석 법으로 근을 구하면 $2N_f = 673$이므로 예상 수명은 $N_f = 336$ 사이클이다.

b) 평균응력 $\sigma_m = -300$ MPa

$$0.01 = \frac{(1200 - (-300)) \times 10^6}{70 \times 10^9}(2N_f)^{-0.142} + 0.327(2N_f)^{-0.645} \qquad \text{(c)}$$

식 (c)에서 수치해석 법으로 근을 구하면 $2N_f = 1794$이므로 예상 피로 수명은 $N_f = 897$ 사이클이다. 같은 조건하에서 예제 10.3에서의 수명은 535 사이클이었으며 이번 예제의 결과로 볼 때 평균응력이 인장으로 작용하면 수명이 단축되고, 압축에 대해서는 연장되는 것을 알 수 있다. 이러한 결과는 인장력으로 인하여 재료 내부의 균열의 생성이나 성장이 촉진되는 것으로 이해될 수 있다.

예제

**10.5** 일정한 변형률 진폭으로 $\epsilon_a = 0.01$이 부품에 가해지고 있으며 $\sigma_{max} = 300$ MPa, $\sigma_{min} = 100$ MPa로 주어질 때의 수명을 SWT(Smith, Watson, Topper)의 식을 써서 계산하시오. 단, $E = 70$ GPa, $\sigma'_f = 1200$ MPa, $\epsilon'_{f = 0.327}$, $b = -0.142$, $c = -0.645$이다.

해설 변형률–수명에 대한 SWT 식 (10.20)을 사용한다.

$$\sigma_{\max}\epsilon_a = \frac{(\sigma'_f)^2}{E}(2N_f)^{2b} + \sigma'_f\epsilon'_f(2N_f)^{b+c} \qquad \text{(a)}$$

문제에서 주어진 조건으로

$$300 \times 10^6 \times 0.01 = \frac{(1200 \times 10^6)^2}{70 \times 10^9}(2N_f)^{-0.284} + 1200 \times 10^6 \times 0.327(2N_f)^{-0.787} \qquad \text{(b)}$$

식 (b)에서 수치해석 법으로 근을 구하면 $2N_f = 2622$이므로 예상 수명은 $N_f = 1311$ 사이클이다.

## 10.5 주요 방정식 모음

• Basquin 방정식

$$\frac{\Delta\epsilon_e}{2} = \frac{\sigma_f^{'}}{E}(2N_f)^b \tag{10.11}$$

• Coffin–Manson 방정식

$$\frac{\Delta\epsilon_p}{2} = \epsilon_f'(2N_f)^c \tag{10.13}$$

• Morrow 방정식(변형률–수명 방정식)

$$\epsilon_a = \frac{\sigma_f'}{E}(2N_f)^b + \epsilon_f'(2N_f)^c \tag{10.15}$$

• 천이 수명

$$2N_t = \left(\frac{\epsilon_f' E}{\sigma_f'}\right)^{1/(b-c)} \tag{10.17}$$

• 평균응력의 영향을 고려한 변형률–수명 방정식

$$\epsilon_a = \frac{(\sigma_f' - \sigma_m)}{E}(2N_f)^b + \epsilon_f'(2N_f)^c \quad \text{[Morrow]} \tag{10.18}$$

$$\epsilon_a = \frac{(\sigma_f' - \sigma_m)}{E}(2N_f)^b + \epsilon_f'\left(\frac{\sigma_f' - \sigma_m}{\sigma_f'}\right)^{\frac{c}{b}}(2N_f)^c \quad \text{[Manson]} \tag{10.19}$$

$$\sigma_{\max}\epsilon_a = \frac{(\sigma_f')^2}{E}(2N_f)^{2b} + \sigma_f'\epsilon_f'(2N_f)^{b+c} \quad \text{[SWT]} \tag{10.20}$$

# 연습문제

**10.1** 다음 질문에 대하여 자신의 말로 정리하여 설명하시오. 변형률–수명$(\epsilon - N)$ 곡선을 얻기 위하여 응력 대신에 변형률을 제어하며 시험하는 이유는 무엇인가?

**10.2** 다음 질문에 대하여 자신의 말로 정리하여 설명하시오. 그림 10.8과 같은 변형률–수명 곡선으로 부터 무엇을 얻을 수 있는가?

**10.3** 다음 질문에 대하여 자신의 말로 정리하여 설명하시오. 고 사이클 피로와 저 사이클 피로의 개념은 실제로 어떻게 적용되는가?

**10.4** 표 10.1을 참조하여 SAE 1015강으로 만든 부품에 반복 변형률 $\epsilon_a = 0.03$이 가해지고 있을 때의 응력진폭 $\sigma_a$를 계산하시오.

**10.5** 표 10.1을 참조하여 Man–Ten으로 만든 부품에 반복 변형률 $\epsilon_a = 0.01$이 가해지고 있을 때의 응력진폭 $\sigma_a$를 계산하시오.

**10.6** 표 10.1을 참조하여 SAE 4142강으로 만든 부품에 반복 변형률 $\epsilon_a = 0.02$이 가해지고 있을 때의 응력진폭 $\sigma_a$를 계산하시오.

**10.7** 표 10.1을 참조하여 2024–T4로 만든 부품에 반복 변형률 $\epsilon_a = 0.01$이 가해지고 있을 때의 응력진폭 $\sigma_a$를 계산하시오.

**10.8** 표 10.1을 참조하여 Ti–6Al–4V로 만든 부품에 반복 변형률 $\epsilon_a = 0.02$이 가해지고 있을 때의 응력진폭 $\sigma_a$를 계산하시오.

**10.9** SAE 4142로 만든 부품에 그림 10.6과 같이 주어지는 변형률 이력이 있을 때 그림 10.7과 같은 히스테리시스 거동을 계산하시오. 재료상수에 대한 표 10.1을 참조하라.

**10.10** SAE 1015로 만든 부품에 그림 10.6과 같이 주어지는 변형률 이력이 있을 때 그림 10.7과 같은 히스테리시스 거동을 계산하시오. 재료상수에 대한 표 10.1을 참조하라.

**10.11** Ti–6Al–4V로 만든 부품에 그림 10.6과 같이 주어지는 변형률 이력이 있을 때 그림 10.7과 같은 히스테리시스 거동을 계산하시오. 재료상수에 대한 표 10.1을 참조하라.

**10.12** Man–Ten으로 만든 부품에 그림 10.6과 같이 주어지는 변형률 이력이 있을 때 그림 10.7과 같은 히스테리시스 거동을 계산하시오. 재료상수에 대한 표 10.1을 참조하라.

**10.13** AISI 4340으로 만든 부품에 그림 10.6과 같이 주어지는 변형률 이력이 있을 때 그림 10.7과 같은 히스테리시스 거동을 계산하시오. 재료상수에 대한 표 10.1을 참조하라.

**10.14** Man–Ten으로 만든 부품에서의 천이 수명 $N_t$를 계산하시오. 재료상수에 대한 표 10.2을 참조하라.

**10.15** Ti–6Al–4V로 만든 부품에서의 천이 수명 $N_t$를 계산하시오. 재료상수에 대한 표 10.2을 참조하라.

**10.16** SAE 4142로 만든 부품에서의 천이 수명 $N_t$를 계산하시오. 재료상수에 대한 표 10.2을 참조하라.

**10.17** 일정한 변형률 진폭으로 $\epsilon_a = 0.01$이 SAE 1015로 만든 부품에 가해지고 있을 때의 예상 수명을 계산하시오. 재료상수에 대한 표 10.1과 표 10.2을 참조하라.

**10.18** 일정한 변형률 진폭으로 $\epsilon_a = 0.01$이 AISI 4340으로 만든 부품에 가해지고 있을 때의 예상 수명을 계산하시오. 재료상수에 대한 표 10.1과 표 10.2을 참조하라.

**10.19** 일정한 변형률 진폭으로 $\epsilon_a = 0.01$이 Man–Ten으로 만든 부품에 가해지고 있을 때의 예상 수명을 계산하시오. 재료상수에 대한 표 10.1과 표 10.2을 참조하라.

**10.20** 일정한 변형률 진폭으로 $\epsilon_a = 0.01$이 2024–T4로 만든 부품에 가해지고 있을 때의 예상 수명을 계산하시오. 재료상수에 대한 표 10.1과 표 10.2을 참조하라.

**10.21** 일정한 변형률 진폭으로 $\epsilon_a = 0.01$이 SAE 4142로 만든 부품에 가해지고 있으며 $\sigma_{max} = 300$ MPa, $\sigma_{min} = 100$ MPa로 주어질 때의 수명을 a) Morrow 식과 b) SWT 식으로 각각 계산하여 비교하시오. 재료상수에 대한 표 10.1과 표 10.2을 참조하라.

**10.22** 일정한 변형률 진폭으로 $\epsilon_a = 0.01$이 Ti–6Al–4V로 만든 부품에 가해지고 있으며 $\sigma_{max} = 200$ MPa, $\sigma_{min} = 0$ MPa 로 주어질 때의 수명을 a) Morrow 식과 b) SWT 식으로 각각 계산하여 비교하시오. 재료상수에 대한 표 10.1과 표 10.2을 참조하라.

**10.23** 일정한 변형률 진폭으로 $\epsilon_a = 0.01$이 Man-Ten으로 만든 부품에 가해지고 있으며 $\sigma_{max} = 100$ MPa, $\sigma_{min} = 50$ MPa 로 주어질 때의 수명을 a) Morrow 식과 b) SWT 식으로 각각 계산하여 비교하시오. 재료상수에 대한 표 10.1과 표 10.2을 참조하라.

**10.24** 일정한 변형률 진폭으로 $\epsilon_a = 0.01$이 AISI 4340으로 만든 부품에 가해지고 있으며 $\sigma_{max} = 500$ MPa, $\sigma_{min} = 100$ MPa로 주어질 때의 수명을 a) Morrow 식과 b) SWT 식으로 각각 계산하여 비교하시오. 재료상수에 대한 표 10.1과 표 10.2을 참조하라.

# 제 11 장 피로파손과 설계

## 11.1 피로파손 해석법

피로파손을 고려한 설계를 하기 위해서는 먼저 피로파손을 가져오는 물리적 기구에 대한 충분한 이해가 있어야 하며 둘째로 파손을 실제적으로 해석할 수 있는 다양한 이론들과 실험 자료들을 결합한 통합적인 기준이 필요하다. 앞에서 다루었던 다양한 내용들은 너무 방대하여 입문자들을 혼란에 빠뜨리기 쉽다. 그러므로 이번 장에서는 피로파손을 고려한 설계에 대하여 간략하게 정리해 보고자 한다. 피로파손이 발생하는 물리적 기구를 설명하기 위한 피로파손 해석법은 크게 나누어 다음과 같은 세 가지 종류가 있다.

1) 고 사이클 피로 해석(HCF)
   - 가장 오래 전에 개발됨 (1850년경)
   - 응력에 기반을 둔 해석법
   - $S-N$ curve(응력-수명 곡선)
   - 명목응력을 사용하여 노치가 없는 부품이나 노치가 있는 부품의 피로강도 계산

2) 저 사이클 피로 해석(LCF)
   - 최근에 개발됨 (1960년경)
   - 변형률에 기반을 둔 해석법
   - $\epsilon-N$ curve(변형률-수명 곡선)
   - 노치의 변형률을 노치가 없는 시편에서의 변형률과 연관시켜 해석

3) 피로균열 성장 해석(Fatigue Crack Growth)
   - 최근에 개발됨 (1960년경)
   - 파괴역학에 기반을 둔 해석법
   - $da/dN-\Delta K$ curve(균열 성장속도-응력확대계수 범위 곡선)
   - 통합 피로수명 계산에 적용 가능

피로에 의한 파손은 다양한 재료에 대한 피로 시험을 통해서 이론을 발전시켜왔으며 크게 나누어 응력에 기반을 두는 응력-수명(stress-life) 해석 방법과 변형률의 해석을 통한 변형률-수명(strain-life) 방법으로 나누어진다. 일반적으로 응력에 기반을 둔 피로해석 방법은 주로 고 사이클 피로(HCF, high cycle fatigue)에 합당한 방법이다. 고 사이클 피로 개념이 유효한 부분에서는 상대적으로 부과되는 응력이 작으므로 주로 탄성 변형을 고려하게 된다. 일반적으로 고 사이클과 저 사이클은 $N=10^3$ 정도에서 구분된다.

하중이 크고 소성변형이 주로 일어나는 영역을 중심으로 하는 피로해석을 위해서는 저 사이클 피로(LCF, low cycle fatigue) 개념을 적용하는 것이 타당하다. 종합하면 설계하고자 하는 부품이나 기계가 탄성한계 내에서 작동하는 경우에는 고 사이클 피로 이론을 적용하고, 반면에 소성변형의 영향을 무시할 수 없을 경우에는 저 사이클 피로를 고려한 설계를 한다. 저 사이클 피로 이론은 가장 최근까지 개발되어 오고 있는 것으로서 저 사이클 영역뿐 아니라 고 사이클 영역에서의 피로문제도 다루 수 있는 장점이 있다. 저 사이클 피로 이론은 탄성-소성 영역에서 적절한 관계식을 적용함으로써 재료나 노치의 수명을 예측할 수 있다. 소성변형에 대한 자료는 비선형 유한 요소법이나 선형 유한 요소법등의 수치해석법을 적용하여 얻는다. 저 사이클 피로 이론을 적용하여 수명을 예측하기 위해서 필요한 절차는 일반적으로 다음과 같다.

a) 반복 변형에 대한 응력-변형률 이력을 계산한다.
b) 각 사이클에서의 손상을 계산한다.
c) Palmgren-Miner 법칙을 사용하여 파손여부를 판단한다.

한편, 고 사이클 피로 이론은 다른 이론들에 비하여 초기에 개발되어 주로 무한 수명을 고려한 설계에 응용되어 왔다. 반면에 최근에 등장하기 시작한 저 사이클 피로 이론은 부품의 응력-변형률 거동을 반영할 수 있는 보다 진전된 피로 해석 방법이며 소성변형이 크게 나타나는 저 사이클 피로 영역을 염두에 두고 개발된 방법이다. 최근에 개발된 저 사이클 방법의 빠른 확산에도 불구하고 산업계에서는 여전히 고 사이클 피로 이론도 많이 사용되는데 그 이유는 다음과 같이 요약할 수 있다.

a) 사용할 수 있는 피로 시험 자료가 많이 축적되어있다.
b) 대다수의 부품들은 탄성한계 내에서 작동하도록 설계된다.
c) 많은 실제 사례를 통해서 적합성이 검증되었다.
d) 저 사이클 피로 이론에 비해서 적용하기 쉽다.

표 11.1: 고 사이클 피로(HCF) 이론과 저 사이클 피로(LCF) 이론의 비교

| HCF | LCF |
|---|---|
| 응력 제어 방식 | 변형률 제어 방식 |
| $10^3 < N < \infty$ | $N \le 10^3$ |
| 균열을 고려하지 않는다. | 균열 개시 시점 예측 |
| 적용하기 쉽다. | 적용하기 어렵다. |

## 11.2 통합 피로 수명

재료의 피로파손에 대한 수명을 규정하기 위해서 통합 피로 수명(total fatigue life) $N_{\text{total}}$의 개념을 도입하여 수명의 기간을 다음과 같이 균열 개시 수명(crack initiation life) $N_i$와 균열 전파 수명(crack propagation life) $N_p$의 두 부분으로 나눈다.

$$N_{\text{total}} = N_i + N_p \tag{11.1}$$

여기서 균열 개시 수명 $N_i$는 균열이 처음으로 발생되는 데까지 걸리는 시간(수명)을 의미한다. 물론 균열이 전혀 없는 재료는 존재하지 않으나 현실적으로는 측정할 수 있는 가장 작은 균열(microcrack)이 발생되기까지의 수명이라고 볼 수 있다. 한편, 균열 전파 수명 $N_p$는 균열이 전파되어 파손까지 이르는데 걸리는 시간(수명)이다. 9장에서 학습한 피로 균열 성장에 대한 내용은 균열 전파 수명에 대한 것이며 측정된 균열의 크기를 놓고 파괴 또는 임계 지점까지의 수명을 계산하는 것을 설명하고 있다. 한편, 균열 개시 수명 $N_i$는 균열 끝 부분의 정확한 응력과 변형률 정보 등 많은 자료가 필요한데 변형률 기반의 해석인 저 사이클 피로 이론에 의해서 추정하게 된다.

피로 균열은 계속되는 반복하중에 의해서 진전하게 되는데 이를 억제하는 현실적인 방법으로서 진전하는 균열 끝 부분에 드릴로 구멍(drill stop)을 내는 방법을 사용하기도 한다. 그러나 이 방법은 그리 추천되지 않는데 그 이유는 구멍 주위에 응력 집중 현상을 유발시켜 사태를 더 악화시킬 수도 있기 때문이다. 물론 균열 끝에서의 응력보다는 작은 값을 가질 수도 있으나 더 좋은 방법은 부품을 새로운 것으로 교체하는 것이다. 피로 파손을 방지하기 위한 방법 중에는 부품을 만드는 재료를 교체하는 것도 포함된다. 만일 피로 수명이 더 좋은 재료로 바꾸어 제작한다면 보다 피로에 강한 부품을 만들 수 있을 것이며 필요한 경비도 절약될 것이다.

물체에 존재하고 있는 다양한 크기의 균열을 설계자의 관점에 따라 어느 시점부터 파손에 대한 고려를 해야 하는지가 결정된다. 그 시점은 육안으로 관찰될 때까지 또는 다양한 기기에 의한 발견될 때까지가 될 수도 있다. 일단 정해진 크기 근처의 균열이 발견되면 그에 따른 수명을 예측하고 적절한 조치를 취하여야 한다. 실제적으로는 균열이 발견되었다 하더라도 그 길이가 임계 균열 길이를 넘지 않는다면 다음 번 검사까지의 기간을 예측할 수 있도록 하는 것이 목적이다. 항공기 등과 같이 사용빈도가 높은 경우에는 매번 정밀한 검사를 수행하기가 불가능하므로 균열이 발견된 경우라도 임계 균열 길이에 도달할 것으로 예상되는 기간 동안은 정밀 검사를 실시하지 않는 것이 일반적이다. 그러므로 균열이 일정한 기간에 얼마만큼 성장하게 될 것인가에 대한 정보를 아는 것이 매우 중요하다.

## 11.3 피로파손의 기준

피로파손을 고려한 설계 기준은 무한 수명을 예상하는 방법으로부터 최근의 컴퓨터를 사용한 손상도 예측을 기반으로 한 방법까지 다양한 종류가 있다. 파손을 억제하거나 지연시키도록 설계하는 것은 단순한 방정식이나 실험 결과를 사용하는 것을 넘어서는 많은 경험과 지식을 요구하며 설정된 수명을 유지하게 하기 위해서 일반적으로는 다음과 같이 무한 수명 설계(Infinite-Life Design), 안전 수명 설계(Safe-Life Design), 파손 방지 설계(Fail-Safe Design), 손상 한도 설계(Damage-Tolerant Design) 등의 네 가지 기준을 가지고 설계를 수행하며 앞에서 나열하였던 해석 방법에서 제시하는 자료들, 예를 들어, $S-N$, $\epsilon-N$, $da/dN-\Delta K$곡선을 필요에 따라 조합하여 사용하는 것이 일반적이다.

### 무한 수명 설계(Infinite-Life Design)

재료의 피로한도 이하에서 사용될 수 있는 환경을 고려하여 파손에 대한 안전성을 높여 설계하는 방법이며 이론상으로는 무한한 수명을 가지도록 하는 것이다. $S-N$ 곡선을 기준으로 하여 노치를 포함하는 부품에서는 노치에서의 응력과 변형률이 모두 탄성영역에 들어와 있도록 하며 특별히 내구한도(fatigue limit)이하에 위치하도록 설계한다. 무한 수명에 초점을 두고 설계하는 관계로 경우에 따라서는 지나치게 보수적으로 설계되어 비용이 많이 들고 안전계수를 필요 이상으로 높이는 경우도 있으나 현재까지 가장 널리 사용되는 설계 기준 중의 하나이다. 7장에서 상세하게 설명한 고 사이클 피로(HCF) 해석법이 무한 수명 설계 방식의 대표적인 예이다.

### 안전 수명 설계(Safe-Life Design)

1950년대에 발생한 다수의 항공기 사고로 인하여 항공업계로부터 피로를 감안한 설계 방법에 대한 요구가 증대되었다. 안전 수명 설계 방식은 설계시에 특정한 수명을 설정하고 그 수명에 도달하면 균열의 발생 여부에 상관없이 일단 부품을 교체하도록 하는 방식이며 설정된 수명에 대하여 적절한 안전계수를 도입하여 설계 하는 방식이다. 안전계수를 적용할 때는 수명 또는 하중 또는 수명과 하중을 동시에 고려하기도 한다. 안전 수명 설계시에는 $S-N$, $\epsilon-N$, 그리고 $da/dN-\Delta K$ 곡선 등을 사용하며 무한 수명 설계와 대비 되어 유한 수명 설계(Finite-Life Design)라고도 한다. 주어진 환경에 적합한 부품의 수명을 설정하기 위해서는 사전에 균열이 발생하지 않거나 균열이 더 이상 진전되지 않도록 하는 환경 내에서 모든 설계 요소들이 결정되어야 한다.

### 파손 방지 설계(Fail-Safe Design)

1960년에 이르러 파손 방지 설계 개념이 제안 되었으며 이 방식의 기본 개념은 구조물을 이루고 있는 개별 요소나 부품이 파손되더라도 전체 구조물의 파손을 방지하고자 하는데 있다. 이 방식에서는 균열의 성장을 방해하는 목적으로 균열의 진전을 방지할 수 있는 대책을 구조물에 적용한다. 파손 방지 설계 방식에서는 주기적인 검사를 통해서 균열을 찾아내고 발견 시에 적절한 수리나 교체를 하도록 한다.

### 손상 한도 설계(Damage-Tolerant Design)

손상 한도 설계는 1970년대에 개발된 설계 방식으로 파괴역학 이론을 근간으로 하고 있다. 주기적인 검사를 통하여 균열을 발견하면 설계시에 설정한 임계 균열 길이와 비교하여 부품의 안전성 또는 교체여부를 결정하게 하는 방식이다. 균열의 성장으로 인한 피로파손을 방지하기 위하여 적절한 검사 주기를 결정하는 데 있어서 파괴역학의 이론들이 동원된다. 이 방식에서는 균열이 성장하여 파괴를 야기하기 전에 최소한 한 번 이상의 검사를 받을 수 있도록 검사 주기를 설정하는데 우선순위를 두고 있다. 균열을 발견하기 위해서 다양한 방식의 비파괴 검사 방법 - 음향 방출법(acoustic emission), 전자기(electromagnetic), 방사선(radiology), 초음파(ultrasonic) - 등이 있다. 손상 한도 설계에서 수행되는 일반적인 과정은 다음과 같다.

(1) 파괴를 일으킬 가능성이 있는 균열의 종류와 파괴 균열 길이를 예상한다.
(2) 부품의 파괴를 감안하여 허용 한계를 결정한다.
(3) 초기 균열 길이를 정한다.
(4) 초기 균열 길이에서 허용 한계 길이까지 성장하는데 걸리는 예상 수명을 계산한다.
(5) 계산된 예상 수명을 근거로 하여 균열 검사 주기를 정한다.

## 11.4 피로파손의 안전율

피로파손을 고려한 설계시 여러 가지 불확실성(uncertainties)이 존재할 수 있다. 하중, 표면효과, 화학적-환경적 요인 등으로 인한 열화요인을 감안하여 파단기준으로 사용되는 S-N 곡선에 안전율(safety factor)을 도입할 수 있다.

실험을 통해 얻어진 S-N 곡선을 그림 11.1에 나타내었다.

$$S_a = f(N_f) \tag{11.2}$$

응력에 대한 안전율 $X_s$를 S-N 곡선에 반영하면:

$$X_s = \frac{S_a}{\hat{S}_a} \tag{11.3}$$

A점에서의 S-N 곡선은

$$S_a = f(\hat{N})$$

$$\therefore \hat{S}_a = \frac{f(\hat{N})}{X_s} \tag{11.4}$$

수명에 대한 안전율 $X_N$을 S-N 곡선에 반영하면:

$$\therefore X_N = \frac{N_f}{\hat{N}} \tag{11.5}$$

B점에서의 S-N 곡선은

$$\hat{S}_a = f(N_f)$$

$$\therefore \hat{S}_a = f(X_N \hat{N}) \tag{11.6}$$

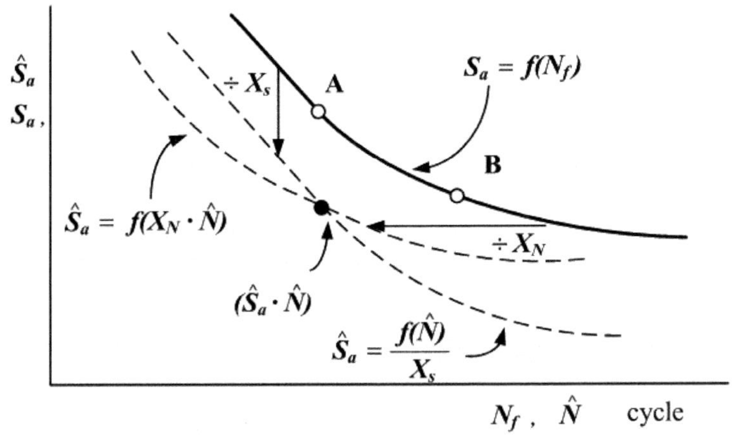


**그림 11.1** S-N 곡선의 안전율 개념

## 연습문제

**11.1** 고 사이클 피로 해석(HCF)에 대하여 자신의 말로 설명하고, 적용되고 있는 실제 사례를 수집하여 정리해 보시오.

**11.2** 저 사이클 피로 해석(LCF)에 대하여 자신의 말로 설명하고, 적용되고 있는 실제 사례를 수집하여 정리해 보시오.

**11.3** 피로균열 성장 해석에 대하여 자신의 말로 설명하고, 적용되고 있는 실제 사례를 수집하여 정리해 보시오.

**11.4** 항공기의 터빈 엔진에 들어가는 터빈 블레이드를 설계할 때 고려해야 할 하중의 종류에는 어떤 것이 있겠는가? 예를 들어, 축하중, 비틀림, 굽힘 등을 생각해 보시오. 또한 HCF, LCF, 피로 균열성장 해석법 중에서 어떤 해석 방법이 가장 적합하겠는가?

**11.5** 자동차의 차축을 설계할 때 고려해야 할 하중의 종류에는 어떤 것이 있겠는가? 예를 들어, 축하중, 비틀림, 굽힘 등을 생각해 보시오. 또한 HCF, LCF, 피로 균열성장 해석법 중에서 어떤 해석 방법이 가장 적합하겠는가?

**11.6** 선박 건조시에 철판의 용접 부위에서의 파손을 연구하는데 필요하다고 생각되는 피로파손 해석법을 찾아보고 그 이유를 설명하시오. HCF, LCF, 피로 균열성장 해석법 중에서 어떤 해석 방법이 가장 적합하겠는가?

**11.7** 항공기 동체 제작시 사용되는 박판과 리벳에 의한 파손을 연구하는데 필요한 피로파손 해석법을 찾아보고 그 이유를 설명하시오. HCF, LCF, 피로 균열성장 해석법 중에서 어떤 해석 방법이 가장 적합하겠는가?

**11.8** 무한 수명 설계(Infinite-Life Design)에 대하여 자신의 말로 설명하고, 실제 사례를 수집하여 정리해 보시오.

**11.9** 안전 수명 설계(Safe-Life Design)에 대하여 자신의 말로 설명하고, 실제 사례를 수집하여 정리해 보시오.

**11.10** 파손 방지 설계(Fail-Safe Design)에 대하여 자신의 말로 설명하고, 실제 사례를 수집하여 정리해 보시오.

**11.11** 손상 한도 설계(Damage-Tolerant Design)에 대하여 자신의 말로 설명하고, 실제 사례를 수집하여 정리해 보시오.

**11.12** 압력용기의 파손을 설명할 때 흔히 언급 되는 파손 전 누수(leak before burst)에 대하여 설명해 보시오. 또, 이것은 위에서 나열한 피로파손 기중 중에 어떤 개념과 가장 가까운가?

**11.13** 항공기의 날개 부분에 필요한 부품을 설계 하고자 한다. 적합한 설계 기준을 선택하고 그 이유에 대해서 서술해 보시오.

**11.14** 발전기의 터빈을 설계할 때 네 가지의 피로파손 기준 중에서 가장 적합하다고 생각하는 것을 선택하고 그 이유를 설명하시오.

**11.15** 자동차 사용 설명서에 10만 Km에서 어떤 부품을 교환하라고 적혀 있다고 가정하였을 때, 그 근거를 설명하는데 있어서 네 가지의 피로파손 기준 중에서 가장 적합하다고 생각하는 것을 선택하고 그 이유를 설명하시오.

**11.16** 항공기에 대한 피로파손 기준과 자동차에 대한 기준의 차이점에 대하여 자료를 찾아 분석하여 설명해 보시오.

# 제 12 장 노치 설계

## 12.1 노치 수명 예측

부품의 내재물, 볼트 구멍, 초기 균열등의 결함 주위에는 응력이 집중됨으로 파손이 발생하며 부품에 작용하는 평균응력 보다 상대적으로 큰 값의 응력이 작용하게 된다. 이번 장에서는 구멍, 필렛, 균열 등의 불연속 지점을 모두 포함하여 노치(notch)로 취급하기로 한다. 8장에서 살펴 보았듯이 노치의 주위에는 응력이 집중되어 주위보다 큰 응력을 보이게 되며 응력분포도 달라지게 된다. 또한, 국소적인 응력집중으로 인한 응력의 증가로 인하여 파손의 시작은 노치 뿌리(응력이 가장 집중되는 부분, notch root)에서 발생하게 된다. 노치는 부품이나 구조물에서 필수불가결한 요소이므로 완전히 없애는 것은 불가능하므로 노치로 인한 응력변화를 잘 이해하고 설계시와 운용시에 관심을 가지는 것이 중요하다. 학부 과정의 재료역학에서는 구멍이나 노치등의 불연속 부분에서의 응력집중에 대하여 응력집중계수로 나타낼 수 있음을 배웠다.

노치 문제의 해석의 핵심은 주어진 하중에 대하여 노치 근방의 응력집중을 감안하여 파손을 방지하거나 억제할 수 있는 내용을 설계에 반영하는데 있다. 이번 장에서는 먼저 정하중이 작용할 때의 응력집중에 대하여 알아보고, 반복하중의 경우에 노치로 인한 부품의 강도저하에 따른 수명 단축에 대하여 살펴보기로 한다.

부품에 작용하는 하중과 노치 뿌리에서의 응력의 관계는 안전 설계시에 가장 중요한 요소 중의 하나이다. 노치를 고려한 설계는 예상되는 하중에서 사용될 때 부품의 수명을 예측하는 방식으로 진행되며 보다 정확한 계산을 위해서는 앞에서 학습한 파괴역학, 고 사이클 피로, 저 사이클 피로 이론등이 동원된다. 이번 장에서는 주로 고 사이클 피로와 저 사이클 피로 이론에 의한 노치 문제를 다루기로 한다.

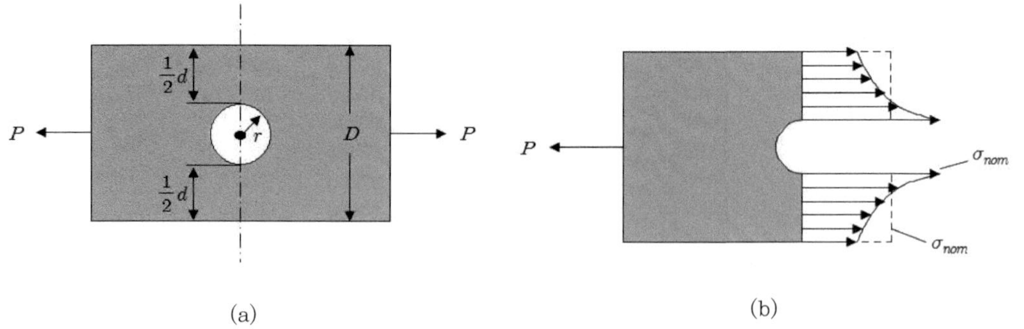


그림 12.1 노치(hole) 주위에서의 응력집중

## 12.2 노치로 인한 응력집중

### 탄성 응력집중계수

탄성 응력집중계수(elastic stress concentration factor, ESCF) $K_t$는 노치 뿌리에서의 응력 $\sigma$와 부품에서의 명목응력(nominal stress) $S$의 비로서 다음과 같이 정의된다.

$$K_t = \frac{\sigma}{S} \tag{12.1}$$

그림 12.1에서는 노치(반지름 $r$인 원형 구멍)를 가지고 있는 두께 $t$이며 폭이 $D$인 평판에서 인장력 $P$가 작용하는 경우를 보여주고 있다. 노치의 지름이 상당히 작다면 식 (8.2)으로부터 $K_t = 3$이 된다. 한편, 평판에 작용하는 명목응력 $S$는 다음과 같이 계산한다.

$$S = \frac{P}{A} = \frac{P}{(D-2r)t} \tag{12.2}$$

여기서 평판의 단면적은 $A = (D-2r)t$이다. 식 (12.1)과 식 (12.2)를 사용하여 노치에서의 최대 응력 $\sigma_{max}$를 구하면 다음과 같다.

$$\sigma_{max} = K_t S = \frac{3P}{(D-2r)t} \tag{12.3}$$

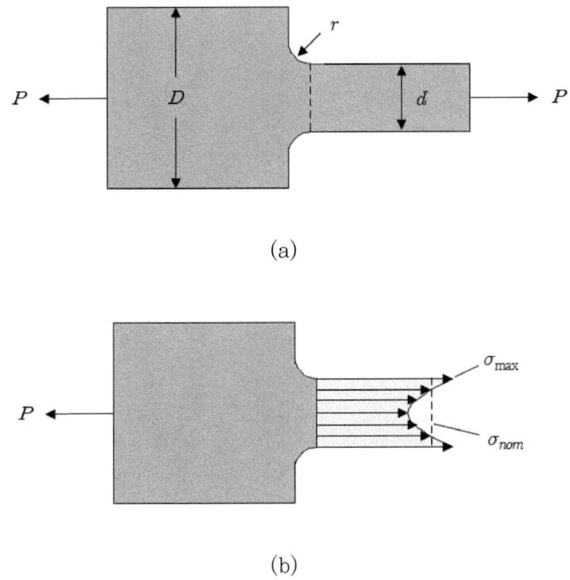


**그림 12.2** 노치(fillet) 주위에서의 응력집중

두 번째 사례에서는 그림 12.2에서 보는 바와 같이 폭이 다른 두개의 평판이 필렛(fillet)으로 연결되어 있으며 인장력이 작용하고 있는 경우를 살펴보기로 한다. 응력집중계수는 필렛의 반경 $r$과 두 평판의 폭의 비 $d/D$에 의해서 결정된다. 일단 응력집중계수가 구해지면 필렛부분에서의 응력의 크기를 계산할 수 있으며 명목응력 $S$를 다음과 같이 정의한다.

$$S = \frac{P}{dt} \tag{12.4}$$

위에서의 두 사례에서 보았듯이 명목응력과 노치 주위에서의 응력은 다른 크기와 분포를 보이므로 노치가 있는 부품을 설계할 때는 많은 주의를 요한다. 또한 노치를 포함하고 있는 부품의 강도는 응력집중계수 뿐만 아니라 노치 주위에서의 응력구배(stress gradient), 잔류응력, 평균응력, 항복, 균열의 생성 또는 성장등에 의해서 영향을 받으므로 복잡한 현상을 수식화 할 수 있는 더 진보된 이론과 실험 자료들이 필요하다.

## 12.3 피로 노치 계수

부품이나 기계에서는 여러 가지 이유로 인하여 노치를 포함하고 있는 경우가 많으며 이로 인한 응력집중에 유의하여야 한다. 노치에서의 응력상태를 나타내기 위하여 기존의 탄성 응력집중계수 $K_t$ 대신에 노치가 없는 경우와 노치가 있는 경우의 피로강도의 비를 정하고 이를 피로 노치 계수(fatigue notch factor)라고 한다. 피로 노치 계수 $K_f$는 노치에서의 응력집중에 관한 중요한 요소이며 다음과 같이 정의된다.

$$K_f = \frac{\text{노치가 없는 경우의 피로강도}}{\text{노치가 있는 경우의 피로강도}} = \frac{S_e^{\text{unnotched}}}{S_e^{\text{notched}}} \tag{12.5}$$

여기서 $S_e^{unnotched}$와 $S_e^{notch}$는 각각 노치가 없는 경우와 노치가 있는 경우의 피로강도(fatigue strength)이다. 대부분의 경우에 $K_t > K_f$의 관계가 성립된다. 탄성 응력집중계수 $K_t$는 응력과 형상의 함수인데 반하여 피로 노치 계수 $K_f$는 응력과 형상에 더하여 또한 부품을 만든 재료의 함수이다. 또한, 실제로 노치 뿌리 부근에서는 소성변형이 발생하여 극단적인 크기의 응력값이 항복강도 가까이로 감소된다(8장 참조). 그러므로 응력집중계수와는 다른 피로 노치 계수의 필요성이 대두된다. 한편, 노치에서의 피로 노치 계수 $K_f$와 탄성 응력집중계수 $K_t$ 사이의 관계는 노치 민감 계수(notch sensitivity factor) $q$로 다음과 같이 정의한다.

$$q = \frac{K_f - 1}{K_t - 1} \tag{12.6}$$

여기서 $q$는 0에서 1사이의 값을 가지며 $q = 0$일 때는 $K_f = 1$이 되어 노치가 없을 때를 나타내며 $q = 1$에서는 $K_f = K_t$가 되어 이론에서의 결과와 동일한 응력집중 상황을 나타낸다. 노치 민감 계수 $q$는 노치의 형상과 하중 그리고 재료에 대한 내용을 포함하고 있는 요소이므로 많은 학자들의 연구가 진행되어왔으며 여기서는 Peterson과 Neuber의 노치 민감 계수에 대한 내용들을 소개하기로 한다.

### Peterson의 피로 노치 계수

Peterson은 하중비 $R = -1$에 대한 노치 민감 계수 $q$를 다음과 같이 제안하였다.

$$q = \frac{1}{1 + \frac{a}{r}} \tag{12.7}$$

여기서 $r$은 노치 뿌리 반지름(notch root radius)이며 $a$는 재료 상수이다. 결과적으로 식 (12.6)과 식 (12.7)을 연립하여 $K_f$에 대하여 정리하면 다음과 같다.

$$K_f = 1 + \frac{K_t - 1}{1 + \frac{a}{r}} \tag{12.8}$$

일반 강(steel)에서 사용될 수 있는 $S_u$와 $a$에 대하여는 다음의 관계식이 제안되었다.

$$a = 0.0254\left(\frac{2070}{S_u}\right)^{1.8} \tag{12.9}$$

여기서 $S_u$의 단위는 MPa이며, $a$는 mm이다. 한편, 알루미늄 합금에 대해서는 $a = 0.635$ mm를 제시하였다. 만일 노치 뿌리의 반경이 커지면 즉, $r \to \infty$, 식 (12.7)에서 노치 민감 계수 $q$는 1에 가까워지므로 결국 $K_f \approx K_t$가 됨을 알 수 있다.

### Neuber의 피로 노치 계수

한편, Neuber는 하중비 $R = -1$에 대한 피로 노치 계수를 다음과 같이 제안하였다.

$$K_f = 1 + \frac{K_t - 1}{1 + \sqrt{\frac{\rho}{r}}} \tag{12.10}$$

여기서 $\rho$는 재료 상수이다. 식 (12.10)과 식 (12.6)을 연립하여 노치 민감 계수에 대하여 풀면 다음과 같다.

$$q = \frac{1}{1 + \sqrt{\frac{\rho}{r}}} \tag{12.11}$$

## 12.4 HCF와 노치 설계

노치가 있는 부품의 경우는 응력집중에 의한 영향만이 아니라 노치의 강도, 반경, 그리고 작용하는 응력의 성질(응력진폭, 평균응력)등도 고려해야 한다. 고 사이클 피로 해석의 방법을 사용하여 노치 문제를 해결하는 데는 노치가 없는 경우에 얻어진 응력-수명($S-N$) 선도를 수정하여 사용하는 방법과 평균응력의 영향을 고려한 Haigh 선도를 사용하여 역으로 $S-N$곡선을 작성하는 방법이 있다. 이번 절에서는 두 가지 경우에 대한 대표적인 이론을 소개하기로 한다.

### 노치에 대한 $S-N$ 곡선

노치가 없는 재료에 대하여 얻은 $S-N$ 곡선과 노치가 있는 경우의 곡선은 다르며 노치를 설계 하기 위해서는 기존의 곡선을 적절하게 수정해주어야 한다. 노치가 있는 경우의 $S-N$ 곡선에 대한 수정을 위한 다수의 이론이 있으며 여기서는 Juvinall 의해서 제안된 내용을 소개하기로 한다.

### Juvinall의 방법

Juvinall은 그림 12.3에서 보는 바와 같이 노치가 있는 경우에는 $N=1000$에서의 응력 $S_{1000}$ 대신에 $S_{1000}/K_f'$을 사용하며 내구한도 $S_e$를 $S_e/K_f$로 바꾸어 적용하여 $S-N$ 곡선을 수정해야 한다고 제안하였다. 단, $N=1000$일 때의 피로 노치 계수를 $K_f'$로 정의한다.

여기서 $S-N$ 곡선의 구간은 $10^3 \sim 10^6$ 정도이나 만일 저 사이클 구간에서의 $S-N$ 곡선을 포함시키기 위해서는 $N_f=1$에 해당하는 응력의 값으로 최대 강도 $S_u$를 한 점으로

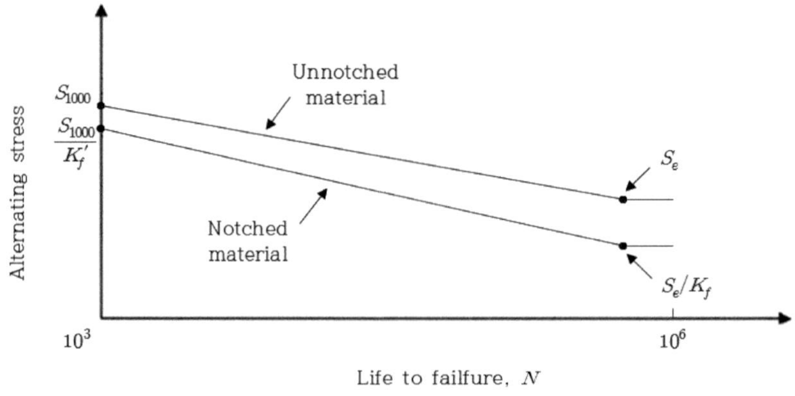


그림 12.3 노치에 의한 $S-N$ 곡선의 수정: Juvinall의 방법

하고 내구한도 $S_e$로 다른 한 점을 만들어 두 점을 이어서 대수-대수(응력-수명) 좌표계에서 그림 12.3에서와 같은 직선의 방정식으로 표시한다.

예제

**12.1** 그림 12.1에서와 같이 중앙에 원형의 노치가 있는 인장을 받고 있는 평판에 대한 $S-N$ 곡선을 Juvinall의 방법에 의하여 작성하시오. 단, $S_{1000}=0.9S_u$, $S_e=0.5S_u$, $S_u=$ 400 MPa, $K_f=2.4$, $K_f'=1.4$이다.

해설 그림 12.3에서 보는 바와 같이 대수-대수 좌표계에서의 응력축 상의 한 점 $S_{1000}/K_f'$와 수명축 상의 한 점 $S_e/K_f(N_f=10^6$으로 가정)을 잇는 직선을 작도하면 노치가 있는 경우의 $S-N$ 곡선이 된다.

$$\frac{S_{1000}}{K_f'}=\frac{0.9\times400}{1.4}=257\text{ MPa}$$

$$\frac{S_e}{K_f}=\frac{0.5\times400}{2.4}=83\text{ MPa}$$

$S-N$ 곡선 상의 두 점이 계산되었으므로 식 (7.6)에 각각 대입하면

$$\frac{S_{1000}}{K_f'}=A(10^3)^b \qquad \frac{S_e}{K_f}=A(10^6)^b \tag{a}$$

식 (a)의 양변에 log를 취하면

$$\log\frac{S_{1000}}{K_f'}=\log A+3b \qquad \log\frac{S_e}{K_f}=\log A+6b \tag{b}$$

식 (b)를 연립으로 풀어서 $A=796$ MPa과 $b=-0.163$으로 각각 구하여 노치가 있는 경우의 부품에 대한 $S-N$ 곡선의 방정식을 다음과 같이 완성한다.

$$S=796N_f^{-0.163}$$

## 노치 문제와 평균응력의 영향

노치가 없는 부품에서의 경우와 마찬가지로 노치를 포함하고 있는 부품에서도 평균응력의 영향을 크게 받는다. 그러므로 피로 노치 계수 $K_f$의 값도 하중의 형태와 종류에 따라 달라지게 된다. 일반적으로 평균응력은 노치가 없는 경우보다 노치가 있는 경우에 수명에 훨씬 큰 영향을 미치는 것으로 알려져 있다. 인장의 평균응력은 피로 노치 계수 $K_f$를 탄성 응력집중계수 $K_t$보다 증가시켜서 파손을 일으키게 하며, 반면에 압축의 평균응력은 응력 집중 현상을 현저하게 완화시킨다. 7장에서도 설명한 바와 같이 평균응력의 영향을 받는 경우에 유용한 자료는 Haigh 선도이다. 그러나 Haigh 선도가 주어지지 않는 경우도 많으므로 근사식을 사용하게 되며 여기서는 Goodman에 의한 식을 사용하여 노치 문제에 대한 평균응력의 영향을 살펴보기로 한다.

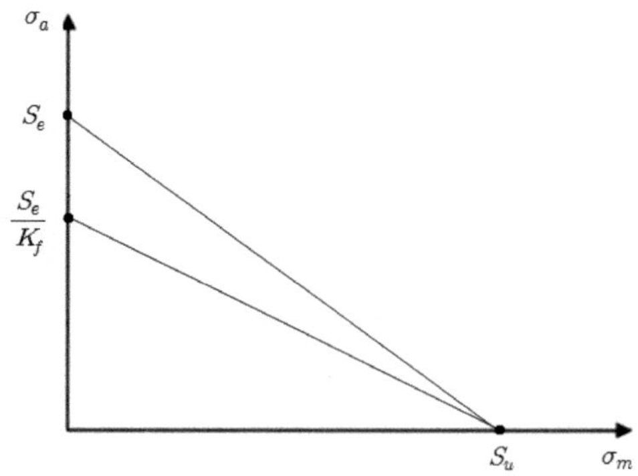


그림 12.4 노치로 인한 무한 수명 곡선의 수정: Goodman의 방법

### Goodman 방정식

Goodman은 노치에 대한 무한 수명 곡선을 $S_e/K_f$로 하는 점과 $S_u$를 잇는 직선으로 근사시키는 방식으로 다음과 같이 제안하였으며 그림 12.4에서 나타내었다.

$$\frac{\sigma_a}{(S_e/K_f)} + \frac{\sigma_m}{S_u} = 1 \tag{12.12}$$

그림 12.4에서 위의 곡선은 노치가 없는 경우이며 아래 곡선은 노치가 있는 경우를 의미한다.

**예제**

**12.2** 그림 12.1에서와 같이 중앙에 원형의 노치가 있으며 평균응력 $\sigma_m = 100$ MPa의 반복하중을 받고 있는 부품이 무한 수명을 가질 수 있는 최대 응력과 최소 응력을 계산하시오. 단, $S_e = 0.5S_u$, $S_u = 400$ MPa, $K_f = 2.3$이다.

**해설** 식 (12.12)에서

$$\frac{\sigma_a}{(S_e/K_f)} + \frac{\sigma_m}{S_u} = \frac{\sigma_a}{(0.5 \times 400/2.3)} + \frac{100}{400} = 1 \tag{a}$$

식 (a)에서 평균응력은 $\sigma_a = 65$ MPa이므로

$$\sigma_m = \frac{\sigma_{max} + \sigma_{min}}{2} = 100 \text{ MPa}$$

$$\sigma_a = \frac{\sigma_{max} - \sigma_{min}}{2} = 65 \text{ MPa}$$

위의 두 식을 연립으로 풀면 $\sigma_{max} = 165$ Mpa, $\sigma_{min} = 35$ MPa를 얻는다.

## 12.5 LCF와 노치 설계

노치 설계에 있어서 저 사이클 피로 이론을 사용하는 이유는 고 사이클 피로 이론에서는 노치에서의 변형을 따로 고려할 수 없으며 단순히 작용하는 응력에 대한 내용만 반영하기 때문이다. 즉, 고 사이클 피로 이론의 기본 개념은 노치에서의 변형이나 응력을 계산하기 보다는 전체 부품에서의 응력에 적절한 수정을 가하여 노치의 수명을 예측하는 방법이다. 그러므로 하중이나 변형의 크기에 따라서 노치 뿌리 근처에서 비탄성 변형 또는 소성변형이 발생되는 경우는 저 사이클 피로 이론에 따라 해석할 수 밖에 없다. 저 사이클 피로 이론에서는 부품 전체에 대하여 정의된 명목응력 $S$, 명목 변형률 $e$와 노치 뿌리에서의 응력 $\sigma$와 변형률 $\epsilon$을 그림 12.5에서 보는 바와 같이 구분해서 사용함을 유의해야 한다.

### 노치 수명 예측 과정

저 사이클 피로 이론을 적용하여 노치의 수명을 예측하는 데는 1) 노치 뿌리에서의 응력 $\sigma$와 변형률 $\epsilon$을 구하고, 2) 응력과 변형률을 수명 예측 방정식에 대입하여 수명을 구하는 과정을 거친다. 노치 뿌리에서의 응력과 변형률을 구하는 방법은 해석적인 방법과 수치해석적인 방법이 있다. 해석적인 방법으로 가장 널리 사용되는 것은 Neuber 법칙이 있으며 그외에 선형 법칙(linear rule)등이 있다. 한편 수치해석 방법으로는 유한요소법(finite element method)을 가장 많이 사용한다.

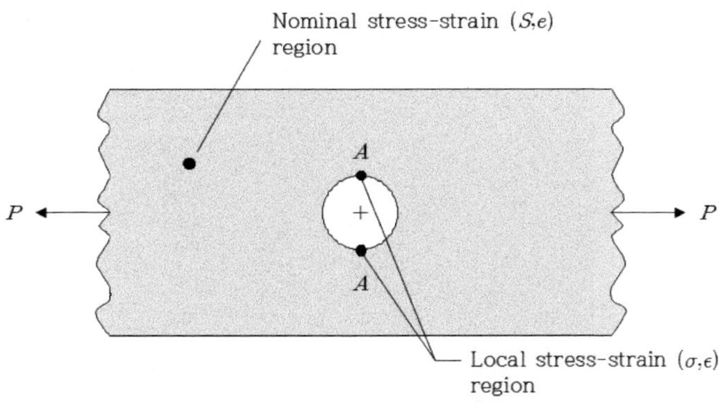


그림 12.5 명목응력 $S$, 명목 변형률 $e$, 노치 뿌리에서의 응력 $\sigma$, 변형률 $\epsilon$

### 응력집중계수와 변형률 집중계수

하중이나 변형이 상대적으로 작아서 부품과 노치에서의 변형이 탄성영역에서 발생하게 되면 부품에 작용하는 명목응력 $S$와 명목 변형률 $e$는 노치에서의 응력 $\sigma$와 변형률 $\epsilon$과 각각 다음과 같은 관계를 갖는다.

$$\sigma = K_t S \qquad \epsilon = K_t e \tag{12.13}$$

여기서 $K_t$는 탄성 응력집중계수이다. 식 (12.13)은 다음과 같이 쓸 수도 있으며 응력의 비와 변형률의 비가 선형적인 관계를 이루고 있음을 알 수 있다.

$$K_t = \frac{\sigma}{S} = \frac{\epsilon}{e} \tag{12.14}$$

만일 노치에서 항복강도를 넘어서는 응력이 작용하여 비탄성 변형 또는 소성변형이 발생하게 되었다면 $\sigma \neq K_t S$이 되어서 비선형적인 거동을 보이게 되므로 식 (12.14)에서의 응력과 변형률의 선형적인 관계도 더 이상 만족되지 않는다. 그러므로 소성변형이 발생하는 노치의 응력과 변형률의 관계는 응력집중계수(stress concentration factor) $K_\sigma$와 변형률 집중계수(strain concentration factor) $K_\epsilon$로 구분하여 다음과 같이 정의하는 것이 편리하다.

$$K_\sigma = \frac{\sigma}{S} \qquad K_\epsilon = \frac{\epsilon}{e} \tag{12.15}$$

탄성변형의 경우는 식 (12.14)가 만족되므로 $K_\sigma = K_\epsilon = K_t$임을 알 수 있으며, 소성변형이 진행될수록 변형률이 빠르게 증가하므로 $K_\epsilon > K_\sigma$로 된다.

## 12.6 노치에서의 응력과 변형률 계산

저 사이클 피로 이론에서는 노치 뿌리에서의 응력과 변형률의 상태에 따라 파손의 여부를 판단하게 되기 때문에 이를 구하는 것이 가장 중요한 과정이 된다. 노치에서 발생하는 소성변형은 미소 균열의 발생을 촉진하고 기존에 존재하는 균열을 성장시켜서 결국은 피로 균열을 일으키는 것으로 이해될 수 있기 때문에 이러한 응력-변형률 거동을 정확하게 파악하는 것이 매우 중요하다. 노치에서의 응력과 변형률을 찾아내는 방법은 크게 실험적 방법,

수치해석적 방법(유한 요소법), 그리고 해석적인 방법이 있다. 이번 절에서는 해석적인 방법에 대하여 설명하기로 하며 수치해석적인 방법이나 실험적인 방법은 이 책의 범위를 넘어서므로 다른 문헌을 참조하기 바란다. 해석적인 방법에는 Neuber 법칙(Neuber's rule)이 가장 널리 사용되고 선형 법칙(linear rule)도 간편한 계산을 위해서 사용될 때가 있다. 노치에서의 응력과 변형률 해석을 위해서는 다음과 같은 과정을 거쳐야 한다.

1) 부품전체에 작용하는 명목응력 $S$와 명목 변형률 $e$를 계산한다.
2) 명목응력, 명목 변형률과 노치에서의 응력 $\sigma$와 변형률 $\epsilon$의 관계식을 각각 구한다.
3) 주어진 재료의 역학적 거동을 만족시키는 재료 모델을 선택하여 응력과 변형률을 계산한다.

위의 과정 중에서 1)번 항목은 12.2절에서 이미 다루었으므로 2)번 항목부터 설명하기로 한다. 명목응력, 명목 변형률과 노치에서의 응력과 변형률의 관계를 정의한 방식에는 크게 나누어 Neuber 법칙과 선형 법칙이 있다.

### Neuber 법칙

노치 뿌리근처에서 응력이 작용하여 항복이 일어났다고 가정하면 작은 응력의 증가에도 변형률은 상대적으로 크게 늘어난다. 즉, 소성변형이 일어나는 부분에서는 응력의 증가율은 변형률의 증가율과 더이상 일치하지 않게된다. 그러므로 만일 항복이 일어나는 부분에서의 변형률에 대한 고려를 할 수 있는 재료 거동 모델이 있다면 보다 정확한 부품의 수명을 예측할 수 있을 것이다. 응력집중계수 $K_\sigma$는 노치에서의 응력과 명목응력의 비로 정의되는데 이렇게 하는 이유는 노치에서의 응력을 직접적으로 측정할 수 없기 때문에 외부에서 작용하는 명목응력과 국소응력의 관계식을 만들어 보고자 하는 것이다. 변형률에 대하여는 응력집중계수와 유사한 개념으로 변형률 집중계수 $K_\epsilon$가 있음을 앞에서 소개하였다. Neuber는 응력집중계수, 변형률 집중계수와 탄성 응력집중계수의 관계를 다음과 같이 제안하였다.

$$K_\sigma K_\epsilon = K_t^2 \tag{12.16}$$

식 (12.15)을 식 (12.16)에 대입하면 다음과 같다.

$$\frac{\sigma}{S}\frac{\epsilon}{e} = K_t^2 \qquad \text{또는} \qquad \sigma\epsilon = K_t^2 eS \tag{12.17}$$

Neuber의 노치에 대한 방정식은 인장이 걸리는 평면 응력 상태의 문제에서 만족할 만한 결과를 보인다고 알려져 있다. 한편, 식 (12.17)에서 명목 응력 $S$와 명목 변형률 $e$는 상대적으로 쉽게 계산될 수 있는데 반해서 노치 뿌리 부근에서의 응력 $\sigma$와 변형률 $\epsilon$은 미지수이다.

### 선형 법칙

선형 법칙은 변형률 집중계수 $K_\epsilon$과 탄성 응력집중계수 $K_t$가 $K_t = K_\epsilon$의 관계에 있다고 가정한다. 즉, 선형 법칙에서의 가정은 부품과 노치에서의 변형을 모두 탄성변형으로 간주하는 것이다. 선형 법칙의 가정은 다음과 같은 식으로 나타낼 수 있다.

$$K_t = \frac{\epsilon}{e} \tag{12.18}$$

또는

$$\epsilon = K_t e = K_t \frac{S}{E} \tag{12.19}$$

탄성변형이므로 Hooke 법칙 $S = Ee$이 적용되었다.

### 응력-변형률 관계식

이제 앞에서 설명해왔던 저 사이클 피로 이론을 적용하는 과정 중에 3)번째의 항목을 설명할 때가 되었다. 노치에서의 응력과 변형률을 구하기 위해서는 식 (12.17)이외에 추가로 하나의 방정식이 더 필요하게 되는데, 이를 위해서는 응력-변형률 관계식을 도입함으로 해결될 수 있다. 즉, 미지수가 2개이므로 방정식도 2개이어야 답을 구할 수 있기 때문이다. 여기서 언급한 응력과 변형률의 관계식을 일반적으로 구성 방정식(constitutive equation)이라고 부른다. 예를 들어, 선형 탄성재료에 대한 구성 방정식은 바로 잘 알려진 Hooke 법칙이다. 그러나 노치 부근의 응력-변형률 관계는 소성변형이 포함되어 있으므로 실제적으로는 매우 복잡한 양상을 갖게 되므로 여기서는 5장에서 학습하였던 적절한 재료 거동 모델 중의 하나를 택하여 적용하기로 한다. 해석적 방법으로 해결할 수 있는 간단한 형상의 노치에 대하여 해를 구하는 방법은 앞에서 설명한 부분과 다르지 않으나 조금 더 구체적으로 적어보면 다음과 같다.

1) 주어진 노치의 형상과 하중에 대하여 명목응력과 명목 변형률을 계산한다.
2) Neuber의 법칙을 사용하여 명목응력과 명목 변형률 그리고 노치에서의 응력과 변형률의 관계식을 구성한다.

3) 재료 거동 모델에 대한 방정식, 예를 들어, Ramberg-Osgood 방정식을 도입하고 이를 Neuber 방정식과 연립으로 풀어서 응력과 변형률을 구한다.

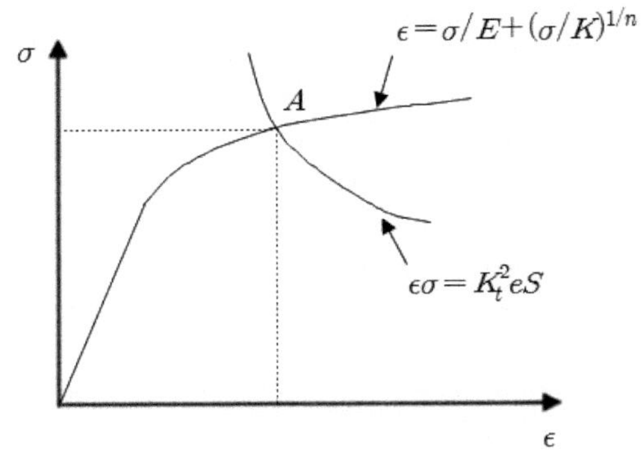


**그림 12.6** Neuber 법칙과 Ramberg-Osgood 방정식

위에서 나열한 노치에서의 응력과 변형률을 구하는 과정을 예를 들어 설명하기로 한다. 하중을 받고 있는 그림 12.5와 같은 기계 부품내에 있는 노치를 고려하고 응력과 변형률을 계산하고자 한다. 만일 부품의 전체 영역에서 탄성변형만 발생한다고 가정하면 다음과 같이 Hooke 법칙을 사용할 수 있다.

$$e = \frac{S}{E} \tag{12.20}$$

식 (12.20)을 식 (12.17)에 대입하면 Neuber 법칙에 의해서 다음과 같이 주어진다.

$$\sigma\epsilon = \frac{K_t^2 S^2}{E} \tag{12.21}$$

여기서 식의 좌변은 실제 응력과 변형률이며 우변은 명목응력이 된다.
한편, Ramberg-Osgood 방정식 (5.24)의 양변에 $\sigma$를 곱하면 다음과 같이 주어진다.

$$\sigma\epsilon = \frac{\sigma^2}{E} + \sigma\left(\frac{\sigma}{K}\right)^{1/n} \tag{12.22}$$

식 (12.21)과 식 (12.22)를 같게 놓으면 다음과 같은 응력에 대한 방정식을 얻고 이를 수치해석적 방법으로 해석하여 응력 $\sigma$를 구한다.

$$\frac{\sigma^2}{E} + \sigma\left(\frac{\sigma}{K}\right)^{1/n} = \frac{K_t^2 S^2}{E} \tag{12.23}$$

일단 응력이 구해지면 식 (12.21)로부터 변형률 $\epsilon$을 계산한다. 지금까지 설명한 과정은 두 방정식 - Neuber 방정식과 Ramberg–Osgood 방정식- 의 교점을 구하는 문제로 생각할 수 있으며 그림 12.6에서 개략적인 형태를 나타내었다.

예제

**12.3** 하중 $S = 200$ MPa이 작용하고 있는 그림 12.5과 같은 기계 부품내에 있는 노치에서의 응력 $\sigma$와 변형률 $\epsilon$을 구하고 응력집중계수 $K_\sigma$와 변형률 집중계수 $K_\epsilon$을 계산하시오. 단, Neuber의 법칙을 사용하고, 노치 부근에서의 응력–변형률 거동은 Ramberg–Osgood 모델로 가정하기로 하며 재료의 탄성계수 $E = 70$ GPa, 항복강도 $\sigma_Y = 400$ MPa 강도계수 $K = 800$ MPa, 변형 경화 지수 $n = 0.2$, $K_t = 3$이다.

**해설** 명목응력과 항복강도를 비교하면 $S < \sigma_Y$이므로 부품에서의 탄성변형을 가정할 수 있다. 따라서 식 (12.23)을 사용하여

$$\frac{\sigma^2}{E} + \sigma\left(\frac{\sigma}{K}\right)^{1/n} = \frac{K_t^2 S^2}{E} \tag{a}$$

또는

$$\frac{\sigma^2}{70 \times 10^9} + \sigma\left(\frac{\sigma}{800 \times 10^6}\right)^{1/0.2} = \frac{3^2(200 \times 10^6)^2}{70 \times 10^9} \tag{b}$$

식 (b)에서 $\sigma = 325$ MPa로 주어진다. 변형률을 구하기 위한 식 (12.21)은 다음과 같다.

$$\sigma\epsilon = \frac{K_t^2 S^2}{E} = \frac{3^2(200 \times 10^6)^2}{70 \times 10^9} \tag{c}$$

최종적으로 식 (c)에서 $\epsilon = 0.0158$을 얻을 수 있다. 응력집중계수 $K_\sigma$와 변형률 집중계수 $K_\epsilon$은 각각 다음과 같이 주어진다.

$$K_\sigma = \frac{\sigma}{S} = \frac{325}{200} = 1.625 \tag{d}$$

$$K_\epsilon = \frac{\epsilon}{e} = \frac{\epsilon E}{S} = \frac{0.0158 \times 70 \times 10^9}{200 \times 10^6} = 5.53 \tag{e}$$

Neuber 법칙으로 주어진 식 (12.16)에 위의 결과를 대입하면 $K_\sigma K_\epsilon \approx K_t^2$임을 확인할 수 있다.

### 선형 법칙을 적용한 계산

앞에서는 Neuber 법칙을 사용하여 노치에서의 응력과 변형률을 구하는 식을 유도해 보았다. 이번에는 선형 법칙(linear rule)을 사용하여 같은 방식으로 진행해 보고자 한다. 선형 법칙에 대한 식 (12.19)와 Ramberg–Osgood 방정식 (5.24)를 같이 놓으면 다음과 같은 식을 얻는다.

$$\frac{\sigma}{E}+\left(\frac{\sigma}{K}\right)^{1/n}=\frac{K_t S}{E} \tag{12.24}$$

식 (12.24)에서 응력을 구하며 변형률은 식 (12.19)로부터 계산된다.

예제

**12.4** 예제 12.3에서와 같은 조건을 사용하되 선형 법칙(linear rule)을 사용 응력 $\sigma$와 변형률 $\epsilon$을 계산하시오.

**해설** 선형 법칙에 의한 응력 방정식은 식 (12.24)에서 다음과 같이 주어진다.

$$\frac{\sigma}{E}+\left(\frac{\sigma}{K}\right)^{1/n}=\frac{K_t S}{E} \tag{a}$$

또는

$$\frac{\sigma}{70\times10^9}+\left(\frac{\sigma}{800\times10^6}\right)^{1/0.2}=\frac{3\times200\times10^6}{70\times10^9} \tag{b}$$

식 (b)에서 $\sigma=273$ MPa로 주어진다. 한편, 식 (12.19)로부터 변형률은 $\epsilon=0.0086$이다. 변형률 집중계수 $K_\epsilon$은 각각 다음과 같이 주어진다.

$$K_\epsilon=\frac{\epsilon}{e}=\frac{\epsilon E}{S}=\frac{0.0086\times70\times10^9}{200\times10^6}=3.01 \tag{c}$$

위의 결과로부터 선형 법칙에서의 가정 조건 $K_\epsilon\approx K_t=3$이 만족됨을 알 수 있다.

## 12.7 반복하중에서의 노치 해석

### 반복하중에서의 응력과 변형률

앞에서는 노치에서의 응력과 변형률을 계산하는 과정을 정적인 하중의 경우를 가정하고 설명하였다. 노치가 반복하중을 받게 되면 이에 대한 사항을 고려해야 하므로 앞절에서 사용된 방정식에서 응력과 변형률을 수정하여야 한다.

1) Neuber 식에서 탄성 응력집중계수 $K_t$를 피로 노치 계수 $K_f$로 치환한다.
2) 반복하중에 대한 Ramberg-Osgood 방정식을 채택한다.
3) Neuber 식과 Ramberg-Osgood 방정식을 노치에서의 응력과 변형률에 대하여 푼다.

위의 과정을 식으로 표시하면 다음과 같다.

$$\sigma_a \epsilon_a = \frac{K_f^2 S_a^2}{E} \qquad \text{Neuber 법칙} \qquad (12.25)$$

$$\epsilon_a = \frac{\sigma_a}{E} + \left(\frac{\sigma_a}{K'}\right)^{1/n'} \qquad \text{Ramberg-Osgood 방정식} \qquad (12.26)$$

여기서 명목응력 진폭 $S_a = \Delta S/2$이다. 식 (12.26)의 양변에 $\sigma_a$를 곱하면

$$\sigma_a \epsilon_a = \frac{\sigma_a^2}{E} + \sigma_a \left(\frac{\sigma_a}{K'}\right)^{1/n'} \qquad (12.27)$$

식 (12.25)와 식 (12.27)을 같게 놓으면 최종적으로 다음과 같은 응력에 관한 식을 얻게 된다.

$$\frac{\sigma_a^2}{E} + \sigma_a \left(\frac{\sigma_a}{K'}\right)^{1/n'} = \frac{K_f^2 S_a^2}{E} \qquad (12.28)$$

식 (12.28)에서 $\sigma_a$를 구한 후 식 (12.25)에서 변형률 $\epsilon_a$를 얻게 된다.

예제

**12.5** 반복하중 $S_{max} = 400$ MPa과 $S_{min} = 100$ MPa이 작용하고 있는 기계 부품에있는 원형의 노치에서의 응력과 변형률을 계산하시오. 단, $K_f = 2.8$, $E = 70$ GPa, $K' = 700$ MPa, $n' = 0.08$, $\sigma'_f = 1300$ MPa, $\epsilon'_f = 0.33$, $b = -0.14$, $c = -0.65$이다.

해설 문제에서 주어진 조건에 의하여 반복하중에 의한 응력-변형률 선도인 그림 10.5에서 하중경로 O-A로 상정하고 $S_A = S_{max} = 400$ MPa로 놓는다. 먼저 Neuber 법칙을 적용하면 식 (12.25)와 식 (12.26)으로부터 A점에서의 응력과 변형률은 다음과 같이 주어진다.

$$\sigma_a \epsilon_a = \frac{K_f^2 S_{max}^2}{E} = \frac{2.8^2 \times (400 \times 10^6)^2}{70 \times 10^9} = 17.92 \text{ MPa} \qquad (a)$$

$$\epsilon_a = \frac{\sigma_a}{E} + \left(\frac{\sigma_a}{K'}\right)^{1/n'} = \frac{\sigma_a}{70 \times 10^9} + \left(\frac{\sigma_a}{700 \times 10^6}\right)^{1/0.08} \qquad (b)$$

또는 식 (a)와 식 (b)를 묶어서 응력의 항으로 정리한 식 (12.28)을 풀면

$$\frac{\sigma_a}{70 \times 10^9} + \left(\frac{\sigma_a}{700 \times 10^6}\right)^{1/0.08} = 17.92 \times 10^6 \qquad (c)$$

그림 10.5에서 A 점에서의 응력이 최대로 되므로 $\sigma_{max} = 524$ MPa를 얻을 수 있으며 식 (a)로부터 $\epsilon_{max} = 0.0342$가 된다. 즉, 계산된 $\sigma_{max}$과 $\epsilon_{max}$는 그림 10.5에서의 반복 응력-변형률 곡선에 있는 A점에서의 응력과 변형률이다.

### 히스테리시스 곡선

반복 하중의 경우에는 응력-변형률의 변화를 반영하기 위하여 히스테리시스 곡선이 필요하게 된다. 이를 위해서는 식 (12.25)와 식 (12.26)을 다음과 같이 응력범위와 변형률 범위의 항으로 각각 바꾸어 준다.

$$\Delta\sigma\Delta\epsilon = \frac{K_f^2(\Delta S)^2}{E} \qquad \text{Neuber 법칙} \qquad (12.29)$$

$$\Delta\epsilon = \frac{\Delta\sigma}{E} + 2\left(\frac{\Delta\sigma}{2K'}\right)^{1/n'} \qquad \text{Ramberg-Osgood 방정식} \qquad (12.30)$$

식 (12.29)와 식 (12.30)을 연립으로 풀어서 각각 $\Delta\sigma$와 $\Delta\epsilon$을 구할 수도 있고 앞에서의 사례와 같이 식 (12.30)에 $\Delta\sigma$를 양변에 곱한 후 식 (12.29)와 같다고 놓아서 다음 식으로 정리할 수도 있다.

$$\frac{(\Delta\sigma)^2}{E} + 2\Delta\sigma\left(\frac{\Delta\sigma}{2K'}\right)^{1/n'} = \frac{K_f^2\Delta S^2}{E} \qquad (12.31)$$

식 (12.31)에서 $\Delta\sigma$가 구해지면 식 (12.29)에 대입하여 $\Delta\epsilon$을 얻을 수 있다.

예제

**12.6** 예제 12.5와 동일한 자료를 사용하여 하중의 변화 $\Delta S$에 의한 노치 응력과 변형률의 변화 $\Delta\sigma$와 $\Delta\epsilon$을 계산하시오.

**해설** 예제 12.5에서 하중의 변화는 $\Delta S = S_{max} - S_{min} = 400 - 100 = 300$ MPa이다. 응력과 변형률의 변화는 그림 10.4에서 히스테리시스 곡선을 따르는 변화이므로 히스테리시스 곡선에 대한 식을 만족해야 한다. Neuber 법칙을 적용하면 식 (12.29)와 식 (12.30)으로부터 응력과 변형률의 변화는 다음과 같이 주어진다.

$$\Delta\sigma\Delta\epsilon = \frac{K_f^2(\Delta S)^2}{E} = \frac{2.8^2(300\times10^6)^2}{70\times10^9} = 10.08\text{ MPa} \qquad (a)$$

$$\Delta\epsilon = \frac{\Delta\sigma}{70\times10^9} + 2\left(\frac{\Delta\sigma}{2\times700\times10^6}\right)^{1/0.08} \qquad (b)$$

또는 식 (a)와 식 (b)를 묶어서 응력의 항으로 정리한 식 (12.31)을 풀면

$$\frac{(\Delta\sigma)^2}{70\times10^9} + 2\times\Delta\sigma\left(\frac{\Delta\sigma}{2\times700\times10^6}\right)^{1/0.08} = 10.08\times10^6 \qquad (c)$$

식 (c)에서 응력의 변화 $\Delta\sigma = 788$ MPa로 주어지며 식 (a)로부터 $\Delta\epsilon = 0.01278$가 된다.

## 12.8 노치의 수명 계산

앞절에서의 수행 결과로부터 노치에서의 응력과 변형률이 알려지면 노치의 수명을 계산할 수 있는데 Morrow에 의한 식 (10.18)이나 Smith, Watson, Topper(SWT)에 의한 식 (10.20)을 사용할 수 있다.

$$\epsilon_a = \frac{(\sigma'_f - \sigma_m)}{E}(2N_f)^b + \epsilon'_f(2N_f)^c \qquad \text{[Morrow]} \qquad (10.18)$$

$$\sigma_{max}\epsilon_a = \frac{(\sigma'_f)^2}{E}(2N_f)^{2b} + \sigma'_f\epsilon'_f(2N_f)^{b+c} \qquad \text{[SWT]} \qquad (10.20)$$

예제

**12.7** 예제 12.5와 같은 조건하에 있는 노치의 예상 수명을 계산하시오.

**해설** 먼저 예제 12.6의 결과를 참조하여 평균응력 $\sigma_m$과 변형률 진폭 $\epsilon_a$를 계산한다.

$$\sigma_{min} = \sigma_{max} - \Delta\sigma = 524 - 788 = -266 \text{ MPa}$$

$$\epsilon_{min} = \epsilon_{max} - \Delta\epsilon = 0.0342 - 0.01278 = 0.02142$$

$$\sigma_m = \frac{\sigma_{max} + \sigma_{min}}{2} = \frac{524 + (-266)}{2} = 129 \text{ MPa}$$

$$\epsilon_a = \frac{\epsilon_{max} - \epsilon_{min}}{2} = 0.00639$$

노치의 수명은 Morrow의 식 (10.18)을 사용하고 예제 12.5에서 주어진 자료를 참조하여 다음과 같이 계산한다.

$$\epsilon_a = \frac{(\sigma'_f - \sigma_m)}{E}(2N_f)^b + \epsilon'_f(2N_f)^c \qquad (a)$$

또는

$$0.00639 = \frac{(1300 - 129) \times 10^6}{70 \times 10^9}(2N_f)^{-0.14} + 0.33(2N_f)^{-0.65} \qquad (b)$$

식 (b)에서 $2N_f = 4584$이므로 노치의 수명은 $N_f = 2292$ cycles이다.

예제

**12.8** 탄성–완전소성 재료로 만들어진 노치를 포함한 부품이 $S_{max}=300$ MPa, $S_{min}=-300$ MPa으로 반복하중을 받고 있을 때 노치의 수명을 계산하시오. 단, $K_f=2.8$, $E=210$ GPa, $\sigma_Y=220$ MPa, $\sigma'_f=1000$ MPa, $\epsilon'_f=0.44$, $b=-0.14$, $c=-0.5$이다.

**해설** 수명을 계산하기 위해서는 노치에서의 응력과 변형률을 먼저 구해야 한다. Neuber 법칙을 적용하고, 문제에서 지시한 대로 탄성–완전소성 재료 모델을 사용한다.

$$\sigma_a \epsilon_a = \frac{K_f^2 S_a^2}{E} = \frac{2.8^2 \times (300 \times 10^6)^2}{210 \times 10^9} = 3.36 \tag{a}$$

여기서 응력진폭 $S_a=(S_{max}-S_{min})/2$로 정의된다. 응력 $\sigma_a$와 변형률 $\epsilon_a$은 미지수이므로 식 (a)를 풀기 위해서는 응력–변형률 관계식이 필요하며, 여기서는 탄성–완전소성 모델을 사용한다. 문제에서 주어진 명목응력 $S$와 재료의 항복강도 $\sigma_Y$를 비교하여 보면 노치에서는 항복이 일어났을 것이라고 확신할 수 있다. 그런데 탄성–완전소성 모델(그림 5.1 참조)에서는 응력이 항복강도보다 더 커질 수는 없으므로 $\sigma_a=\sigma_Y$가 됨을 알 수 있다. 따라서 식 (a)에 $\sigma_a=220$ MPa을 적용하면 변형률은 $\epsilon_a=0.0153$이 된다. 또한 노치에서의 응력과 변형률은 $\sigma_a=\sigma_{max}$와 $\epsilon_a=\epsilon_{max}$가 된다. 노치 수명 계산을 위해 Morrow 식 (10.18)을 사용하면 다음과 같다.

$$\epsilon_a = \frac{(\sigma'_f - \sigma_m)}{E}(2N_f)^b + \epsilon'_f(2N_f)^c \tag{b}$$

또는

$$0.0153 = \frac{(1000-0)\times 10^6}{210\times 10^9}(2N_f)^{-0.14} + 0.44(2N_f)^{-0.5} \tag{c}$$

여기서 주어진 조건에 의하여 평균응력 $\sigma_m=0$이다. 최종적으로 식 (c)에서 $2N_f=1061$이며 노치 수명은 $N_f=530$ cycles 이다.

예제

**12.9** 예제 12.8에서와 동일한 재료를 사용하되 SWT 식을 사용하여 수명을 계산하시오.

**해설** 식 (10.20)으로부터 SWT 식은 다음과 같이 주어진다.

$$\sigma_{max}\epsilon_a = \frac{(\sigma'_f)^2}{E}(2N_f)^{2b} + \sigma'_f\epsilon'_f(2N_f)^{b+c} \tag{a}$$

또는

$$220\times 0.0153 = \frac{1000^2}{E}(2N_f)^{-0.28} + 1000\times 0.44(2N_f)^{-0.64} \tag{b}$$

식 (b)에서 $2N_f=2640$이며 노치 수명은 $N_f=1320$ cycles이다. 예제 12.8에서 Morrow 식을 사용한 결과와 많은 차이를 보임을 볼 수 있다.

## 12.9 노치의 영향을 고려한 설계

노치를 포함하고 있는 부품은 피로파손에 취약하게 되므로 이를 반영하여 설계해야 한다. 노치에 의한 부품 수명의 변화를 예측하기 위해서 앞에서 고 사이클 피로(HCF) 해석, 저 사이클 피로(LCF) 해석법과 피로균열 성장 해석법으로 대변되는 세 가지 방식의 수명 예측 방법에 대하여 알아보았다. 이에 대한 내용을 노치 해석에 적용하여 다음에서 간략하게 정리하였다.

HCF 해석에서는 $S-N$ 곡선을 중심으로 노치의 수명을 계산하는 방법을 사용하며 노치로 인한 응력의 집중과 변화에 대하여 피로 노치 계수 $K_f$를 도입하여 기존의 응력-수명 곡선을 수정하여 사용하며 수명을 계산하는 절차는 다음과 같다.

1) 피로 노치 계수 $K_f$를 결정한다.
2) $S-N$ 곡선을 수정하여 수명 계산에 사용한다.
3) 평균응력의 영향을 고려하는 경우는 Goodman 식을 이용한다.

LCF 해석에서는 명목응력과 변형률에 대한 노치에서의 응력과 변형률의 관계를 규정짓는 Neuber의 법칙이 가장 널리 사용되며 노치의 수명을 계산하는 과정은 다음과 같이 주어진다.

1) 피로 노치 계수 $K_f$를 결정한다.
2) Neuber 법칙을 사용하여 응력과 변형률 식을 세운다.
3) 적절한 재료 모델(예를 들어, Ramberg-Osgood 모델, 또는 탄성-완전소성 모델 등)을 선택한다.
4) 2), 3)에서 주어진 방정식을 연립으로 풀어서 노치에서의 응력과 변형률을 구한다.
5) 4)에서 얻은 노치에서의 응력과 변형률에 대한 자료를 사용하여 히스테리시스 곡선을 구성한다.
6) 5)에서 구한 평균응력 또는 최대 응력등을 사용하여 노치의 수명을 계산한다.

피로균열 성장 해석에서는 파괴역학 이론을 기초로 하여 노치가 있는 부품에서의 균열 전파 수명 $N_p$를 계산한다. 초기 균열이 생성되는 수명은 LCF 해석법을 사용하여 구하게 되며, 초기 균열을 미리 인지하고 있는 경우에는 균열 전파 수명이 노치의 피로 수명이 된다.

## 12.10 주요 방정식 모음

• 노치의 영향을 고려한 Goodman 식

$$\frac{\sigma_a}{(S_e/K_f)} + \frac{\sigma_m}{S_u} = 1 \qquad (12.12)$$

• 반복하중하에서의 노치 응력-변형률 계산

$$\sigma_a \epsilon_a = \frac{K_f^2 S_a^2}{E} \qquad \text{Neuber 법칙} \qquad (12.25)$$

$$\epsilon_a = \frac{\sigma_a}{E} + \left(\frac{\sigma_a}{K'}\right)^{1/n'} \qquad \text{Ramberg-Osgood 방정식} \qquad (12.26)$$

• 히스테리시스 곡선 방정식

$$\Delta\sigma\Delta\epsilon = \frac{K_f^2(\Delta S)^2}{E} \qquad \text{Neuber 법칙} \qquad (12.29)$$

$$\Delta\epsilon = \frac{\Delta\sigma}{E} + 2\left(\frac{\Delta\sigma}{2K'}\right)^{1/n'} \qquad \text{Ramberg-Osgood 방정식} \qquad (12.30)$$

• 노치의 수명 계산

$$\epsilon_a = \frac{(\sigma'_f - \sigma_m)}{E}(2N_f)^b + \epsilon'_f(2N_f)^c \qquad \text{[Morrow]} \qquad (10.18)$$

$$\sigma_{max}\epsilon_a = \frac{(\sigma'_f)^2}{E}(2N_f)^{2b} + \sigma'_f\epsilon'_f(2N_f)^{b+c} \qquad \text{[SWT]} \qquad (10.20)$$

# 연습문제

**12.1** 하나의 재료를 선택하고 이에 대하여 하중과 형상에 대한 피로 노치 계수 자료를 수집하여 정리하시오.

**12.2** 노치에서 항복강도를 넘어서는 응력이 작용하여 비탄성 변형이 발생할 때 $\sigma \neq K_t S$의 조건이 성립되는 이유에 대하여 설명하시오. 단, $\sigma$는 노치에서의 응력, $S$는 명목응력, $K_t$는 응력집중계수이다.

**12.3** 노치 문제 해석에서 정의한 응력집중계수 $K_\sigma$와 변형률 집중계수 $K_\epsilon$은 물리적으로 어떤 의미가 있는가?

**12.4** 그림 12.1에서와 같이 중앙에 원형의 노치가 있는 인장을 받고 있는 평판에 대한 $S-N$ 곡선을 Juvinall의 방법에 의하여 작성하시오. 단, $S_{1000} = 0.9S_u$, $S_e = 0.5S_u$, $S_u = 400$ MPa, $K_f = 2.3$, $K'_f$ = 1.4이다.

**12.5** 노치가 있는 평판에 대한 $S-N$ 곡선을 Juvinall의 방법에 의하여 작성하시오. 단, $S_{1000} = 0.9S_u$, $S_e = 0.5S_u$, $S_u = 200$ MPa, $K_f = 2.9$, $K'_f$ = 1.4이다.

**12.6** 노치가 있는 평판에 대한 $S-N$ 곡선을 Juvinall의 방법에 의하여 작성하시오. 단, $S_{1000} = 0.9S_u$, $S_e = 0.5S_u$, $S_u = 100$ MPa, $K_f = 2.3$, $K'_f$ = 1.4이다.

**12.7** 노치가 있는 평판에 대한 $S-N$ 곡선을 Juvinall의 방법에 의하여 작성하시오. 단, $S_{1000} = 0.9S_u$, $S_e = 0.5S_u$, $S_u = 450$ MPa, $K_f = 3$, $K'_f$ = 1.4이다.

**12.8** 그림 12.1에서와 같이 중앙에 원형의 노치가 있으며 평균응력 $\sigma_m = 100$ MPa의 반복하중을 받고 있는 부품이 무한 수명을 가질 수 있는 응력진폭 $\sigma_a$를 구하고 그때의 최대 응력 $\sigma_{max}$와 최소 응력 $\sigma_{min}$을 계산하시오. 단, $S_e = 0.5S_u$, $S_u = 400$ MPa, $K_f = 2.3$이다.

**12.9** 평균응력 $\sigma_m = 500$ MPa의 반복하중을 받고 있는 노치가 있는 부품이 무한 수명을 가질 수 있는 응력진폭 $\sigma_a$를 구하고 그때의 최대 응력 $\sigma_{max}$와 최소 응력 $\sigma_{min}$을 계산하시오. 단, $S_e = 0.5S_u$, $S_u = 200$ MPa, $K_f = 2.3$이다.

**12.10** 평균응력 $\sigma_m = 200$ MPa의 반복하중을 받고 있는 노치가 있는 부품이 무한 수명을 가질 수 있는 응력진폭 $\sigma_a$를 구하고 그때의 최대 응력 $\sigma_{max}$와 최소 응력 $\sigma_{min}$을 계산하시오. 단, $S_e = 0.5S_u$, $S_u = 400$ MPa, $K_f = 2.3$이다.

**12.11** 평균응력 $\sigma_m = 300$ MPa의 반복하중을 받고 있는 노치가 있는 부품이 무한 수명을 가질 수 있는 응력진폭 $\sigma_a$를 구하고 그때의 최대 응력 $\sigma_{max}$와 최소 응력 $\sigma_{min}$을 계산하시오. 단, $S_e = 0.5S_u$, $S_u = 150$ MPa, $K_f = 2.4$이다.

**12.12** 하중 $S = 300$ MPa이 작용하고 있는 부품내에 있는 노치에서의 응력 $\sigma$와 변형률 $\epsilon$을 구하고 응력집중계수 $K_\sigma$와 변형률 집중계수 $K_\epsilon$을 계산하시오. 단, Neuber의 법칙을 사용하고, 노치 부근에서의 응력-변형률 거동은 Ramberg–Osgood 모델로 가정하기로 하며 재료의 탄성계수 $E = 40$ GPa, 항복강도 $\sigma_Y = 100$ MPa, 강도계수 $K = 600$ MPa, 변형 경화 지수 $n = 0.28$, $K_t = 3$이다.

**12.13** 하중 $S = 450$ MPa이 작용하고 있는 부품내에 있는 노치에서의 응력 $\sigma$와 변형률 $\epsilon$을 구하고 응력집중계수 $K_\sigma$와 변형률 집중계수 $K_\epsilon$을 계산하시오. 단, Neuber의 법칙을 사용하고, 노치 부근에서의 응력-변형률 거동은 Ramberg–Osgood 모델로 가정하기로 하며 재료의 탄성계수 $E = 70$ GPa, 항복강도 $\sigma_Y = 170$ MPa, 강도계수 $K = 560$ MPa, 변형 경화 지수 $n = 0.19$, $K_t = 3$이다.

**12.14** 하중 $S = 200$ MPa이 작용하고 있는 부품내에 있는 노치에서의 응력 $\sigma$와 변형률 $\epsilon$을 구하고 응력집중계수 $K_\sigma$와 변형률 집중계수 $K_\epsilon$을 계산하시오. 단, Neuber의 법칙을 사용하고, 노치 부근에서의 응력-변형률 거동은 Ramberg–Osgood 모델로 가정하기로 하며 재료의 탄성계수 $E = 150$ GPa, 항복강도 $\sigma_Y = 330$ MPa, 강도계수 $K = 450$ MPa, 변형 경화 지수 $n = 0.04$, $K_t = 3$이다.

**12.15** 하중 $S = 300$ MPa이 작용하고 있는 부품내에 있는 노치에서의 응력 $\sigma$와 변형률 $\epsilon$을 구하고 응력집중계수 $K_\sigma$와 변형률 집중계수 $K_\epsilon$을 계산하시오. 단, Neuber의 법칙을 사용하고, 노치 부근에서의 응력-변형률 거동은 Ramberg–Osgood 모델로 가정하기로 하며 재료의 탄성계수 $E = 200$ GPa, 항복강도 $\sigma_Y = 260$ MPa, 강도계수 $K = 740$ MPa, 변형 경화 지수 $n = 0.19$, $K_t = 3$이다.

**12.16** 문제 12.12에서와 같은 조건을 사용하되 선형 법칙(linear rule)을 사용하여 응력 $\sigma$와 변형률 $\epsilon$을 계산하시오.

**12.17** 문제 12.13에서와 같은 조건을 사용하되 선형 법칙(linear rule)을 사용하여 응력 $\sigma$와 변형률 $\epsilon$을 계산하시오.

**12.18** 문제 12.14에서와 같은 조건을 사용하되 선형 법칙(linear rule)을 사용 응력 $\sigma$와 변형률 $\epsilon$을 계산하시오.

**12.19** 문제 12.15에서와 같은 조건을 사용하되 선형 법칙(linear rule)을 사용하여 응력 $\sigma$와 변형률 $\epsilon$을 계산하시오.

**12.20** 반복하중 $S_{max} = 400$ MPa과 $S_{min} = 0$ MPa이 작용하고 있는 기계 부품에있는 노치에서의 응력과 변형률을 계산하시오. 단, $K_f = 2.8$, $E = 200$ GPa, $K' = 1300$ MPa, $n' = 0.28$, $\sigma'_{f=1000}$ MPa, $\epsilon'_f = 0.44$, $b = -0.14$, $c = -0.5$이다.

**12.21** 반복하중 $S_{max} = 200$ MPa과 $S_{min} = -100$ MPa이 작용하고 있는 기계 부품에있는 노치에서의 응력과 변형률을 계산하시오. 단, $K_f = 2.8$, $E = 70$ GPa, $K' = 700$ MPa, $n' = 0.08$, $\sigma'_{f=1300}$ MPa, $\epsilon'_f = 0.33$, $b = -0.14$, $c = -0.65$이다.

**12.22** 반복하중 $S_{max} = 300$ MPa과 $S_{min} = -300$ MPa이 작용하고 있는 기계 부품에있는 노치에서의 응력과 변형률을 계산하시오. 단, $K_f = 2.8$, $E = 70$ GPa, $K' = 700$ MPa, $n' = 0.08$, $\sigma'_{f=1300}$ MPa, $\epsilon'_f = 0.33$, $b = -0.14$, $c = -0.65$이다.

**12.23** 반복하중 $S_{max} = 300$ MPa과 $S_{min} = 100$ MPa이 작용하고 있는 기계 부품에있는 노치에서의 응력과 변형률을 계산하시오. 단, $K_f = 2.8$, $E = 200$ GPa, $K' = 1300$ MPa, $n' = 0.28$, $\sigma'_{f=1000}$ MPa, $\epsilon'_f = 0.44$, $b = -0.14$, $c = -0.5$이다.

**12.24** 문제 12.20과 동일한 자료를 사용하여 하중의 변화 $\Delta S$에 의한 노치 응력과 변형률의 변화 $\Delta\sigma$와 $\Delta\epsilon$을 계산하시오.

**12.25** 문제 12.21과 동일한 자료를 사용하여 하중의 변화 $\Delta S$에 의한 노치 응력과 변형률의 변화 $\Delta\sigma$와 $\Delta\epsilon$을 계산하시오.

**12.26** 문제 12.22과 동일한 자료를 사용하여 하중의 변화 $\Delta S$에 의한 노치 응력과 변형률의 변화 $\Delta\sigma$와 $\Delta\epsilon$을 계산하시오.

**12.27** 문제 12.23과 동일한 자료를 사용하여 하중의 변화 $\Delta S$에 의한 노치 응력과 변형률의 변화 $\Delta\sigma$와 $\Delta\epsilon$을 계산하시오.

**12.28** 문제 12.20과 같은 조건하에 있는 노치의 예상 수명을 Morrow 식을 사용하여 계산하시오.

**12.29** 문제 12.21과 같은 조건하에 있는 노치의 예상 수명을 Morrow 식을 사용하여 계산하시오.

**12.30** 문제 12.22과 같은 조건하에 있는 노치의 예상 수명을 Morrow 식을 사용하여 계산하시오.

**12.31** 문제 12.23과 같은 조건하에 있는 노치의 예상 수명을 Morrow 식을 사용하여 계산하시오.

**12.32** 문제 12.20과 같은 조건하에 있는 노치의 예상 수명을 SWT 식을 사용하여 계산하시오.

**12.33** 문제 12.21과 같은 조건하에 있는 노치의 예상 수명을 SWT 식을 사용하여 계산하시오.

**12.34** 문제 12.22과 같은 조건하에 있는 노치의 예상 수명을 SWT 식을 사용하여 계산하시오.

**12.35** 문제 12.23과 같은 조건하에 있는 노치의 예상 수명을 SWT 식을 사용하여 계산하시오.

# 제 13 장 고온 크리프거동

## 13.1 고온강도

재료의 강도는 온도가 증가할수록 감소하며 원자들의 움직임이 빨라져 확산을 통한 과정들이 고온에서의 기계적 성질에 많은 영향을 미치게 된다. 또한, 고온에서는 전위 상승(dislocation climb) 기구에 의한 전위들의 움직임도 빨라지게 된다. 공공(vacancy)의 평형 농도 또한 온도 증가와 더불어 증가한다. 따라서 고온에서는 새로운 변형 기구가 존재하게 되며, 어떤 금속에서는 고온에서 슬립계가 바뀌거나 슬립계의 수가 증가하는 경우도 있다. 결정 입계(grain boundary)에서의 변형도 고온에서는 가능하다.

또한 매우 중요하게 고려해야 할 점은 고온에서의 장시간 노출이 금속이나 합금의 금속학적인 안정성에 미치는 영향이다. 예를 들면, 냉간 가공된 금속에서는 재결정(recrystallization)과 결정립 성장(grain growth)이 일어나고, 시효 경화(age hardening)된 금속에서는 과시효(overaging) 현상이 일어나 제 2상들이 조대화되어 강도가 떨어지게 된다. 또한, 고온에서의 분위기와 금속과의 상호 작용도 중요한 고려점이다. 급작스러운 산화나 산화물의 입계침투는 피하여야 한다.

고온 강도의 한 가지 중요한 특징은 항상 적용되는 시간의 함수라는 것이다. 공업적으로 사용되는 대부분 금속들의 상온 인장 강도는 거의 시간에 무관하다. 인장 실험시 하중 속도에 따라 실험이 2시간이 소요되건 2분이 소요되건 시험결과는 큰 차이를 나타내지 않는다. 또한 상온 실험에서는 재료의 의탄성(또는 비탄성: anelastic) 거동이 중요한 영향을 미치지 못한다. 그러나 고온에서의 재료 강도는 변형률 속도와 고온 노출 시간에 매우 민감하다. 이런 조건하에서 많은 재료들은 점탄성(viscoelastic) 재료의 거동을 나타낸다. 금속은 고온에서 인장 응력을 받으면 소위 크리프 현상을 일으켜 시간이 지남에 따라 길이가 늘어나게 된다.

강도의 시간 의존성은 재료와 온도에 따라 다르다. 일반 재료에서는 고온인 온도가 고온재료에서는 고온이 아닐 수도 있다. 이러한 점을 감안하기 위해 온도는 많은 경우 소위 대응 온도(homologous temperature)로 나타낸다. 대응 온도란, 절대 온도로 나타낸 재료 융점에 대한 실험 온도의 비를 말한다. 일반적으로 크리프는 대응 온도가 0.5 이상에서 공업적인 중요성을 나타내게 된다.

고온 강도를 측정하는 실험은 재료가 견디어야 하는 가동시간에 기초를 두어 선택되어야 한다. 고온 인장 실험 데이터는 로켓 엔진이나 미사일 탄두 부위같이 수명이 짧은 부품의 고온성능에 대하여는 많은 정보를 줄 수 있으나 다른 용도에 쓰이는 재료의 성능을 평가하기 위해서는 각각 특수한 실험을 행하여야 한다. 크리프 시험은 고온 노출되는 동안에 일어나는 길이 변화를 측정하는 반면, 응력 파단 실험(stress rupture test)은 온도가 장시간 하중을 지탱하는 특성에 미치는 영향을 측정한다. 열충격 저항성이나 응력 이완과 같은 특수한 성질을 측정하기 위해서는 또 다른 방법이 이용될 수도 있다.

## 13.2 시간의존형 크리프 강도

시간의존형 기계적 거동에 대해 보다 일반적인 내용을 고려해 보자. 크리프는 의탄성 거동의 중요한 현상이다. 의탄성 효과가 금속의 경우 상온에서 매우 작지만, 폴리머 재료에서는 상온에서도 매우 클 수가 있다. 어떤 경우에는 탄성 변형률이 시간에 의존하는 이른바 의탄성(anelasticity)이라는 거동을 보이게 된다. 그림 13.1을 보자. 의탄성 재료에 탄성 변형률 $e_1$을 가하면 시간이 지남에 따라 변형률은 점차로 증가하여 완전히 이완된 변형률 $e_2$ 값에 도달한다. 이 때 비탄성 변형률의 양은 $e_2 - e_1$이다. 시간 $t = t_1$에서 하중을 갑자기 제거하면 재료는 곧 $e_1$에 해당하는 크기의 수축이 일어나고, 시간이 지남에 따라 변형률은 점차 0으로 된다. 이러한 거동을 탄성 후효과(elastic aftereffect)라 한다.

일정 응력 하에서 재료가 점차적으로 변형하는 현상을 크리프라 한다. 금속의 공학적인 크리프 곡선을 찾아내기 위해서는 일정 온도에 유지된 인장 시편을 일정 하중 부과하여 시간에 따른 시편의 변형률(연신율)을 측정한다.

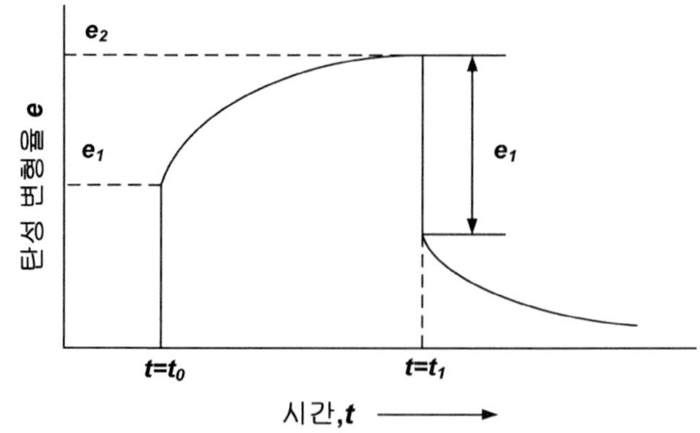


그림 13.1 의탄성 거동과 탄성 후효과

크리프 저항성을 측정하기란 원리적으로는 매우 쉽지만, 실제로는 상당한 실험 기구들이 필요하다. 실험 시간이 몇 달에서부터 10년을 넘는 경우도 있다. 크리프 실험에 대한 일반적인 절차는 ASTM규격 E139-70에 잘 나타나 있다.

그림 13.2에서의 곡선 A는 크리프 곡선의 전형적인 형태를 나타내고 있다. 이 곡선의 기울기($d\epsilon/dt$ 또는 $\dot{\epsilon}$)는 크리프 속도라 한다. 최초의 급격한 시편 연신 $\epsilon_0$후에는 크리프 속도가 시간에 따라 점점 떨어지다가 크리프 속도가 시간 변화에 따라 변하지 않는 정상 상태에 도달한 후, 결국에는 크리프 속도가 급격히 증가하여 파단에 이르게 된다. 따라서 크리프 곡선을 흔히 3개의 단계로 나눈다. 그러나 이러한 3단계의 구분은 부과 응력과 온도에 크게 의존함을 알아야 한다.

일반 공학적인 크리프 실험은 실험 종료까지 계속 일정 하중을 부과한다. 따라서 시편의 길이가 증가함에 따라 단면적은 감소하여 결국 실제 응력은 증가하게 된다. 이런 경우 최초에 가한 응력이 흔히 보고되는 응력이다. 그러나 시편이 늘어남에 따라 단면적이 감소하는 점을 감안하여 항상 일정 응력을 받게 하는 실험 방법도 개발되었다. 일정 응력 실험에서는 일정 하중 실험에 비해 단계 Ⅲ의 시작이 늦어진다. 곡선 B인 점선이 일정 응력 크리프 곡선의 형태이다. 실제 공업적으로는 흔히 응력이 아니라 하중이 일정하게 유지되므로, 일정 하중 크리프가 보다 중요하다고 할 수 있다. 그러나 크리프 기구를 알아내기 위한 기초 연구에서는 반드시 일정 응력 조건에서 실험해야 한다.

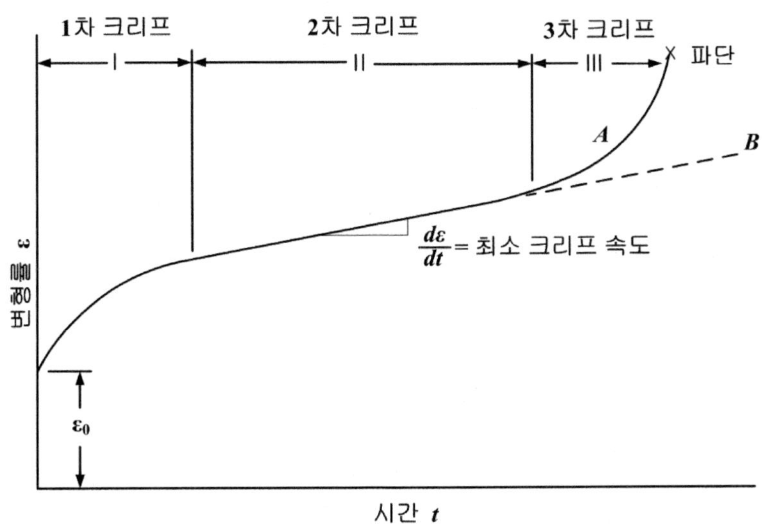


**그림 13.2** 크리프의 세 단계를 보이는 전형적인 크리프 곡선.
(곡선 A, 일정 하중 시험 ; 곡선 B, 일정 응력 시험)

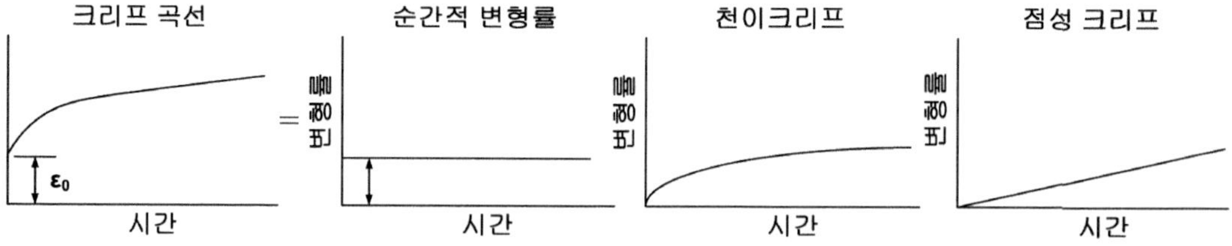


**그림 13.3** 크리프 곡선에 기여하는 여러 과정들에 대한 Andrade의 분석

크리프 실험을 제시한 Andrade의 연구는 이러한 문제점에 많은 사고를 하도록 영향을 끼쳤다. 그는 일정 응력 곡선은 하중을 가할 때의 급격한 변형률 후 두 개의 크리프 과정이 중첩되어 나타난 것이라고 생각했다.

첫 번째 것은 시간에 따라 크리프 속도가 감소하는 천이 크리프(transient creep)이고, 두 번째 것은 일정 크리프 속도를 나타내는 점성 크리프(viscous creep)이다. 이 두 가지 과정이 중첩된 것이 그림 13.3에 나타나 있다. Andrade는 크리프 곡선을 다음과 같은 실험식으로 나타낼 수 있다고 하였다.

$$\epsilon = \epsilon_0\left(1 + \beta t^{1/3}\right)e^{(kt)} \tag{13.1}$$

여기서 $\epsilon$은 시간 t에 따른 변형률이고, $\beta$와 $k$는 상수이다.

그림 13.2의 크리프 곡선의 여러 단계에 대하여 좀 더 자세히 알아보자. 일반적으로는 크리프 곡선을 3단계로 나눈다. 변형률 $\epsilon_0$는 하중을 부과함과 동시에 나타난다. 비록 부과 응력이 항복 응력보다 작더라도 모든 순간적인 변형률이 다 탄성은 아니다. 이 변형률의 대부분은 하중 제거 즉시 회복될 수 있는 것이지만, 일부는 시간이 지나면서 점차로 회복되는 것, 의탄성도 있고 시간이 지나도 회복되지 않는 소성도 있다. 순간적인 변형률은 진정한 의미의 크리프는 아니지만, 기계 부품 허용 변형률은 오로지 크리프에 의한 변형률만을 알기 위해 크리프 시편의 총 변형률에서 이 양을 뺀다. 이렇게 되면 크리프 곡선은 좌표의 원점에서 시작하게 된다.

1차 크리프(primary creep)이라 하는 첫 단계 크리프는 크리프 속도가 감소하는 지역을 말한다. 1차 크리프는 재료의 저항성이 재료 변형에 의해 증가하는 천이 크리프가 대부분을 차지한다. 실온에서의 납(lead)의 크리프처럼 낮은 온도와 낮은 응력하의 크리프일 때는 1차 크리프가 지배적인 크리프 과정이 된다. 2차 크리프(secondary creep)라 하는 두 번째 단계 크리프는 가공 경화와 회복의 경쟁이 서로 균형을 이루어 거의 일정한 크리프 속도를 나타내는 구간을 말한다. 이러한 이유 때문에 2차 크리프는 흔히 정상 상태 크리프(steady-state creep)라 한다. 2차 크리프 구간의 평균 크리프 속도를 최소 크리프 속도(minimum creep rate)라 한다. 3차 크리프(tertiary creep)라 하는 세 번째 단계는 주로 높은 응력과 높은 온도하의 일정 하중 실험에서 많이 나타난다. 3차 크리프는 네킹

(necking)이나 내부 공동(internal void) 형성으로 인한 유효 단면적의 감소가 있을 때 일어난다. 또한, 이 3차 크리프는 흔히 석출물의 조대화, 재결정, 존재상(phase)에서의 확산 변화와 같은 금속학적 변화와 관계가 있다.

최소 크리프 속도는 크리프 곡선에서 얻는 가장 중요한 설계 계수이다. 미국에서 제일 많이 쓰이는 이 계수에 대한 2가지 표준이 있다. (1) 1시간에 0.0001% 즉 10,000 시간에 1%의 크리프 속도를 내는 데 필요한 응력, (2) 1시간에 0.00001%, 즉 100,000 시간(약 11.5년)에 1%의 크리프 속도를 내는 데 필요한 응력. 이 중 처음 것은 제트 엔진 합금에 대한 전형적인 기준이며, 나중 것은 증기 터빈이나 유사한 부품들에 대한 기준이다. 응력과 최소 크리프 속도를 log-log 관계로 도시하면 흔히 일직선으로 나타나며 이러한 도표는 설계 목적을 위해 매우 유용하다.

그림 13.4는 고온 합금에서 온도별로 부과 응력이 정상상태 크리프 속도에 미치는 영향을 보여 주고 있다. 그림 13.4(a)는 온도가 높아질수록 응력이 증가할수록 정상상태 크리프 속도가 증가하는 것을 보여주고 있다. 그림 13.4(b)는 온도별 자기확산계수로 정상상태 크리속도를 나누어주면 모든 온도에서 응력에 대한 크리프 속도가 동일해지는 경향을 보인다.

이것은 크리프 거동이 확산에 의해 주도되고 있음을 명확하게 보여주는 예라고 할 수 있다.

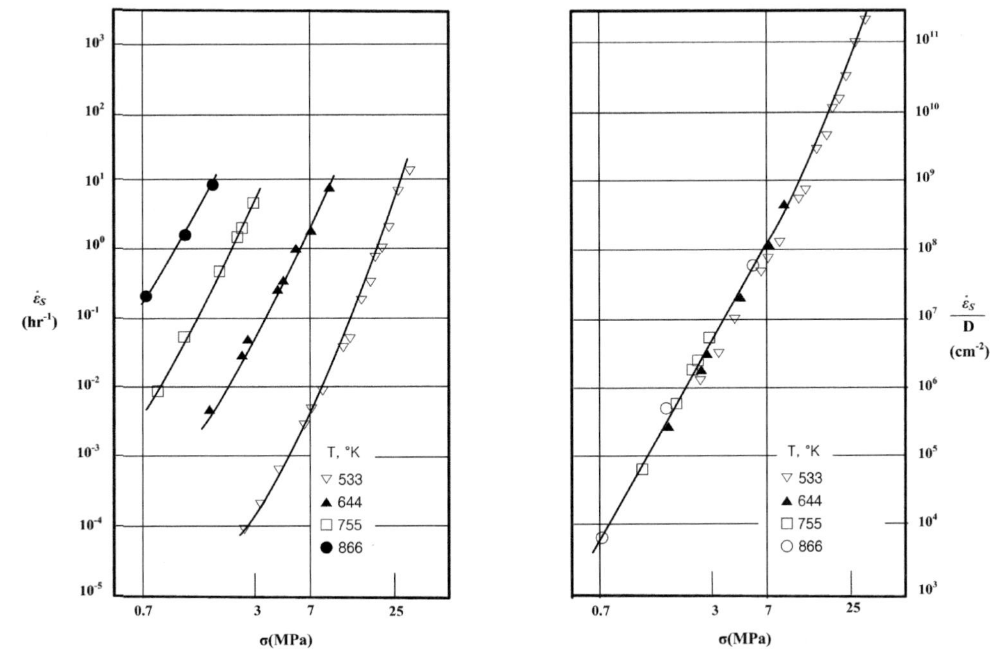


(a) 정상상태 크리프 속도

(b) 자기확산계수로 나눈 정상상태 크리프 속도

**그림 13.4** 정상상태 크리프 속도에 대한 온도 및 응력의 영향도

정상 상태 크리프는 약 $0.5T_m$ 이상의 온도에서 지배적으로 일어난다. 가장 간단한 가정은 크리프를 단지 활성화된 과정으로 간주하여, 식 (13.2)에 나타낸 Arrhenius형 속도 방정식으로 나타내는 것이다

$$\dot{\epsilon}_s = Ae^{-Q/RT} \tag{13.2}$$

여기서

$Q$ : 속도 조절 과정을 위한 활성화 에너지

$A$ : 유동계의 진동 주파수, 엔트로피 변화, 재료 구조에 의존하는 인자 등을 포함하는 복잡한 상수

$T$ : 절대 온도

$R$ : 기체 상수

식 (13.2)가 적용될 때는 $\log\dot{\epsilon}_N$와 $1/T$의 관계로 도표를 그리면 각 응력 값에 따른 여러 개의 평행 직선들이 나타난다. 이러한 직선들의 기울기는 $Q/2.3R$이다.

크리프의 활성화 에너지(activation energy)를 측정하기 위하여 종종 미소 온도 변화 크리프 시험을 행한다. 온도 간격이 작아 크리프 변형 기구가 변하지 않는다면 식 (13.3)과 같이 표현할 수 있다.

$$A = \dot{\epsilon}_1 e^{Q/RT_1} = \dot{\epsilon}_2 e^{Q/RT_2}$$

그리고

$$Q = \frac{R\ln(\dot{\epsilon}_1/\dot{\epsilon}_2)}{(1/T_2 - 1/T_1)} \tag{13.3}$$

순금속에 대해 크리프와 확산 데이터의 관계를 광범위하게 조사해 보면 고온 크리프의 활성화 에너지 값이 자기확산을 위한 활성화 에너지 값과 같음을 알 수 있다(그림 13.5). 자기확산(self diffusion)에 필요한 활성화 에너지는 공공(vacancy)의 생성과 움직임에 필요한 에너지들의 합이라는 것을 생각하면, 고온 크리프에서의 속도 조절 단계는 전위 상승(climb)이라는 견해를 확고하게 해 준다. 전위 아결정립(dislocation subgrain) 구조의 생성도 이러한 견해를 지지해주는 또 다른 사실이다. 공공들이 빠르게 이동하는 금속은 크리프에 대한 저항성이 약할 것이라는 것을 예상할 수 있다. Sherby는 천이 온도에서의 페라이트(α)철과 오스테나이트(γ)철의 크리프 속도비는 $\dot{\epsilon}_\alpha/\dot{\epsilon}_\gamma = 200$이나 되며, 자기확산 계수비는 이보다 더 커서 $D_\alpha/D_\gamma = 350$이라고 지적하였다. 또 한 가지 예로는 α철에서의 자기확산 계수는 탄소량에 따라 증가하며, 정상 상태 크리프 속도도 증가한다는 것이다.

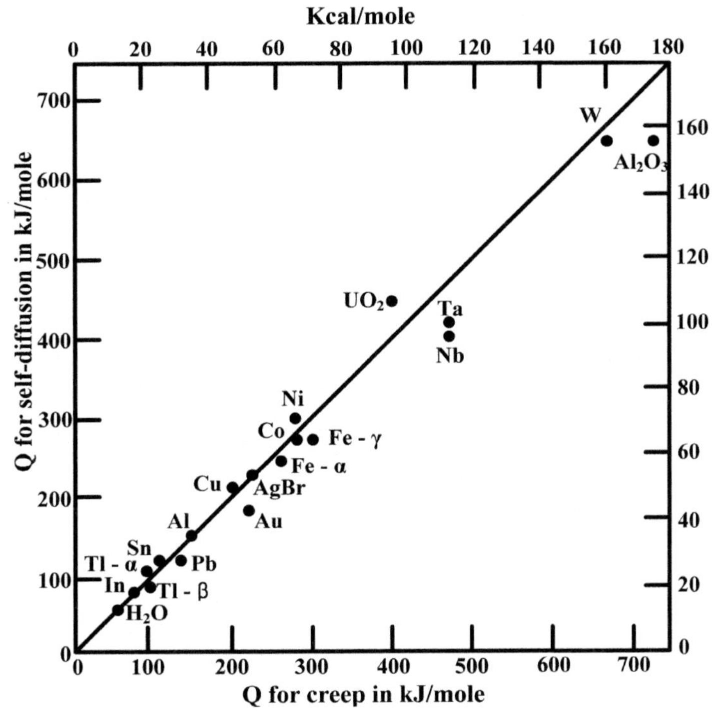


**그림 13.5** 고온 크리프와 자기확산에 필요한 활성화 에너지들의 관계

**예제**

**13.1** 560℃ 하에서 응력 $\sigma$ = 200 MPa을 받고 있는 다결정 Cu 의 크리프 속도가 $\acute{\epsilon}_s = 2.6 \times 10^{-2}/\mathrm{min}$이다. 자기확산에 필요한 활성화 에너지가 200 kJ/mol일 때 같은 응력에서 500℃에서의 크리프 속도는 얼마인가? 여기서 R = 8.314 J/K mol

**해설** 식 (13.3)으로부터

$$\ln(\dot{\epsilon}_1/\dot{\epsilon}_2) = -\frac{Q}{R}\left(\frac{1}{T_1} - \frac{1}{T_2}\right)$$

따라서 500℃에서의 크리프 속도는

$$\dot{\epsilon}_s = 2.6 \times 10^{-2} \exp\left[-\frac{200{,}000}{8.314}\left(\frac{1}{773} - \frac{1}{833}\right)\right]$$

$$\dot{\epsilon}_s = 2.76 \times 10^{-3} \ /\mathrm{min}$$

## 13.3 응력파단시험

응력 파단 시험은 기본적으로 크리프 실험과 같으며, 단지 이 실험은 재료가 파단될 때까지 행한다는 것만이 틀리다. 응력 파단 실험에서는 크리프 실험에서보다 높은 하중을 가하기 때문에 크리프 속도도 보다 빠르다. 일반적으로 크리프 실험은 3차 크리프를 피하기 위해 비교적 낮은 응력 상태 하에서 행한다. 크리프 실험에서 중요한 것은 정확한 변형률의 측정, 특히 최소 크리프 속도를 정확히 측정하는 것이다. 크리프 실험은 흔히 2,000~10,000 시간동안 행한다. 크리프 실험에서는 총변형률이 0.5%를 넘지 않지만, 응력 파단 실험에서는 총변형률이 50% 가량이 될 때도 있다. 따라서 다이얼 게이지 같은 간단한 변형률 측정기를 쓰기도 한다. 응력 파단 실험 장치는 크리프 실험 장치보다 조립, 보수, 작동 방법이 쉬워 여러 개 시편을 한꺼번에 실험하기도 쉽다. 응력 파단 실험에서는 높은 응력이 부과되어 크리프 속도가 빠르므로 크리프 실험에서보다 짧은 시간 내에 금속의 조직 변화를 일으키며, 따라서 흔히 1,000시간 이내에 실험이 끝난다. 이러한 이유로 응력 파단 실험의 이용이 늘어나고 있다. 이 실험은 특히 제트 엔진 부품들을 위한 새로운 합금의 고온 강도 비교에 적합하다. 더욱이 크리프 변형은 허용되지만 파괴되지는 않아야 하는 부품들의 설계에 이 실험법은 적합하다.

응력 파단 실험으로 얻는 기본적인 정보는 일정 온도, 주어진 응력 하에서 파단까지 걸리는 시간이다. 파단까지의 연신율, 단면적 감소도 측정할 수 있다. 실험 기간을 적당히 택할 경우 시간에 따른 연신을 측정하여 최소 크리프 속도를 얻는 것이 보통이다. 도표로 나타낼 때는 응력 축과 파단 시간을 log-log 관계로 나타낸다(그림 13.6). 이런 경우 주어진 온도에서 흔히 직선으로 나타난다. 응력 파단에서 기울기의 변화는 입내 파괴에서 입계 파괴로의 변화, 산화, 재결정, 결정 성장 등과 같은 조직 변화나 또는 구상화(spherodizing), 흑연화(graphitation), 시그마($\sigma$)상의 형성 등과 같은 조직 변화에 기인한다. 이렇게 기울기가 변할 수도 있다는 것을 알아두는 것은 매우 중요하다. 왜냐하면 이러한 기울기 변화를 검출해 내지 못했음에도 불구하고 데이터를 보다 긴 시간까지 연장할 경우에는 심각한 오류를 범할 수 있기 때문이다.

크리프 곡선의 기울기와 변형률과의 관계 도표(그림 13.2)로부터 크리프 속도와 총변형률의 관계(그림 13.7)를 알아낼 수 있다. 이 곡선은 크리프 실험 도중에 일어나는 크리프 속도의 많은 변화를 잘 나타내 주고 있다. 응력과 온도가 일정하므로 크리프 속도의 변화는 크리프 변형률과 시간에 따른 재료 내부 구조의 변화 때문이라는 것을 알 수 있다.

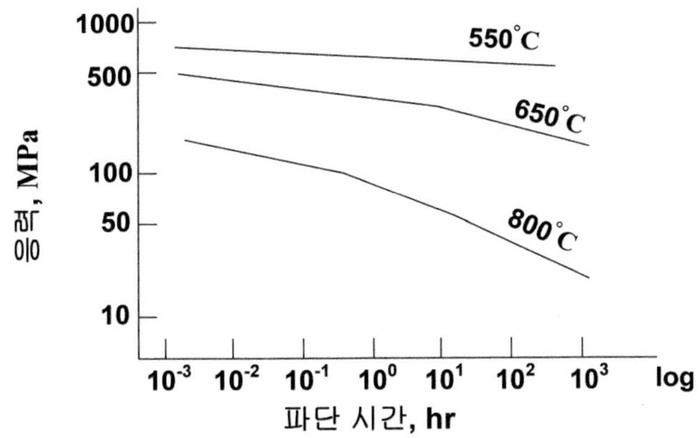


그림 13.6 응력파단 데이터 도식도

고온에서의 주된 변형 과정은 슬립(slip), 아결정립(subgrain) 형성, 결정 입계 미끄럼(grain boundary sliding) 등이다. 고온 변형의 특징은 매우 불균일하게 일어난다는 것이다. 크리프 시편의 여러 장소에서 측정한 국부 크리프 연신 데이터에 의하면 국부 변형률은 시간에 따라 많은 주기적인 변화가 있지만 이러한 국부 변형률은 시편 게이지 전체의 변형률을 측정하는 일반적인 실험에서는 검출이 어렵다.

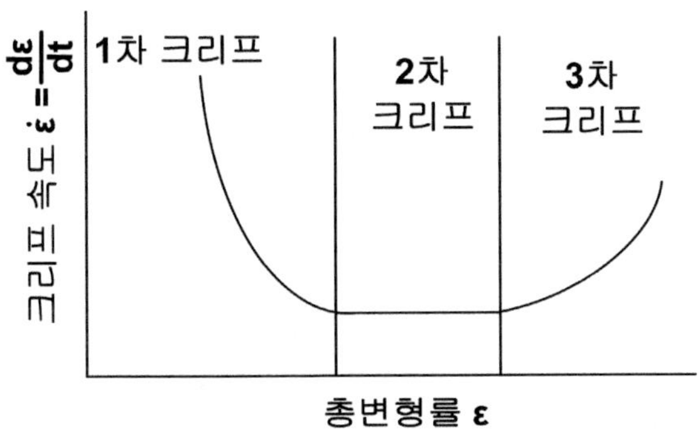


그림 13.7 크리프에서 총변형률에 따른 변형 속도

## 13.4 크리프 해석

크리프 이론이 많이 발전되어 왔지만 이론적 모델로 크리프와 응력 파단 거동을 신뢰할 정도로 예견할 수 있는 수준까지는 도달하지 못하였다. 설계할 때는 신뢰할 수 있는 실험 데이터를 근거로 결정을 해야 한다. 고온 강도 데이터를 보고할 때는 흔히 크리프 강도

(creep strength) 또는 파단 강도(rupture strength)를 쓴다. 크리프 강도는 일정량의 정상 상태 크리프 속도(흔히 0.00001 또는 0.001 %/h 를 택함)를 나타내는 온도에서의 응력으로 정의된다. 다시 말하면, 크리프 강도는 주어진 온도 하에서 1% 크리프 변형률을 일으키는 응력으로 정의할 수도 있다. 파단 강도는 주어진 온도에서 일정량의 파단 수명(흔히 1,000, 10,000 또는 100,000 시간)을 나타내는 데 필요한 응력을 말한다.

크리프 또는 응력 파단 데이터를 데이터가 없는 지역까지 외삽 시키는 것은 중요한 일이다. 따라서 크리프 데이터를 도식화할 때 가장 많이 쓰이는 방법은 합리적인 직선을 나타내는 도표를 이용하는 것이다. 그림 13.8은 응력이 정상 상태 크리프 속도, 즉 최소 크리프 속도에 미치는 영향을 나타내는 가장 흔한 방법이다. 여기서 log-log 도표가 사용되었기 때문에 한 개의 log-주기는 10배의 변화에 해당함에 주목하라. 직선의 기울기가 바뀔 때도 있다. 최소 크리프 속도 값은 크리프 시험이 진행되는 시간에 의존한다고 보고되었다. $\dot{\epsilon}_s$를 정확히 측정하기 위해서는 3차 크리프 단계가 들어간 크리프 곡선을 이용해야 한다. 보다 짧은 시간에서 얻어진 $\dot{\epsilon}_s$값들을 이용하여 얻은 최소 크리프 속도는 참값보다 크게 되어 오차는 보수적인 편이 된다. 장시간 크리프 시험(t〉10,000 시간)인 경우에 1% 크리프 변형률을 나타내는 크리프 강도는 최소 크리프 속도를 나타내는 크리프 강도와 거의 같다고 알려져 있다. 이러한 사실은 $\dot{\epsilon}_s$의 설계 값을 정하는 데 시간을 절약케 해준다.

크리프 데이터를 나타내는 다른 방법으로는 응력과 여러 총변형률(순간적인 변형률과 크리프 변형률의 합)을 나타내는 데 걸리는 시간의 관계를 도표화하는 것이다(그림 13.9).

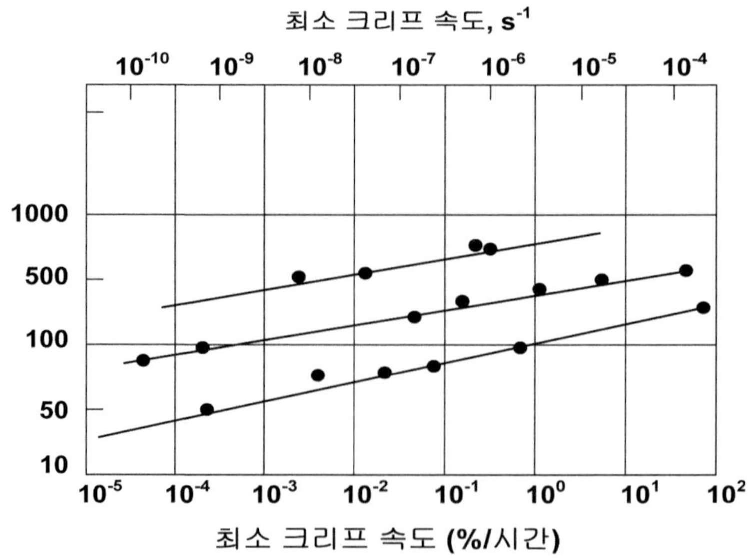


**그림 13.8** 316스테인레스강에서 응력과 최소 크리프 속도와의 관계 (전형적인 데이터로서 설계목적을 위한 것은 아님)

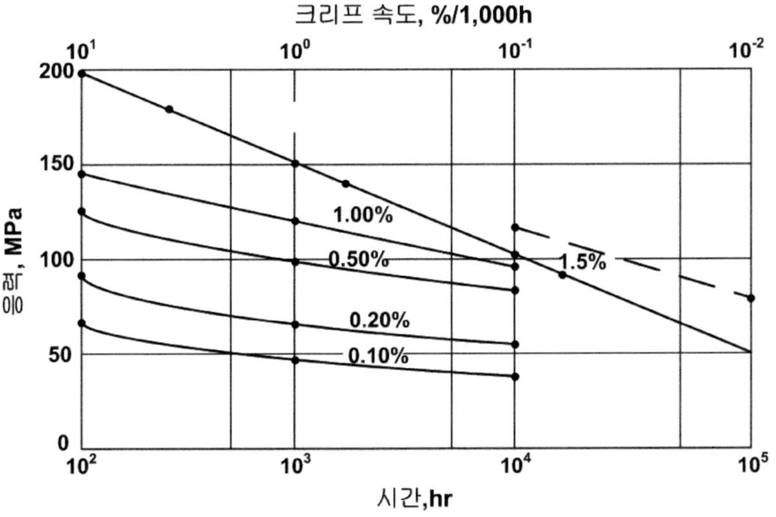


**그림 13.9** 16-25-6 합금에서 700℃에서의 변형-시간 곡선

그림 13.9에서 가장 상부의 곡선이 응력 파단 곡선이다. 데이터 점 옆의 %는 파괴시의 단면적 감소율이다.

미사일이나 고속 비행체 같은 단시간 사용되는 고온 부품에 대해서는 보다 높은 온도와 응력, 그리고 일반 크리프 시험에서보다 짧은 시간에서의 데이터가 필요하다. 일정 온도와 여러 응력 하에서의 일련의 크리프 곡선(그림 13.4)으로부터 일정 시간(예를 들어, t=0, 1, 10, 100시간)에서 직선을 그려 응력-변형률 곡선을 그릴 수 있다. 이렇게 하여 얻는 상상적인 응력-변형률 곡선을 등시 응력-변형률 곡선(isochronous stress strain curve)이라 한다. 크리프 시험보다는 응력 파단 시험이 돈도 적게 들고 시험하기도 쉽기 때문에 파단 강도로부터 크리프 강도를 설계 목적에 충분할 정도로 정확히 유추해 낼 수 있는 방법이 필요하다. Monkman과 Grant는 최소 크리프 속도와 파단 시간을 log-log로 도시하면 직선이 얻어지는 것을 보였다.

$$\log t_r + C\log\dot{\epsilon}_s = K \tag{13.4}$$

여기서 $C$와 $K$는 주어진 합금에서의 상수이다. 식 (13.4)는 파단수명 $t_r$이 최소 크리프 속도 $\dot{\epsilon}_s$에 반비례함을 보인다. 따라서 재료에 따른 상수만 알기만 하면, $t_r$로부터 $\dot{\epsilon}_s$를, 또는 $\dot{\epsilon}_s$로부터 $t_r$을 구할 수 있다. 파단 수명과 최소 크리프 속도 사이에 이러한 관계가 성립이 잘 된다는 사실은 동공(cavity)의 형성과 성장이 크리프의 기본 과정이라는 견해를 지지하는 것이다.

실험적 데이터가 없는 조건하에서 고온 강도 데이터가 필요할 경우가 종종 있다. 이러한 상황은 특히 장시간 크리프나 응력 파단 데이터에서 나타나는데, 비록 합금이 개발된 지 2년밖에 되지 않았지만 100,000 시간(11.4년)에 1% 변형을 일으키는 크리프 강도를 알아낼 필요가 있을 수 있다. 이런 경우에는 분명히 데이터를 긴 시간까지 외삽을 시켜야 한다. 그러나 크리프와 응력 파단 곡선을 장시간까지 신뢰할 수 있도록 외삽 시키기 위해서는 외삽 시키는 구역에서 조직 변화에 따른 곡선 기울기의 변화가 없음을 확인해야만 한다. 조직 변화는 일반적으로 보다 높은 고온에서는 보다 짧은 시간 안에 생기므로, 이러한 점을 확인하기 위한 한 가지 방법으로는 요구되는 온도보다 몇 백도 높은 온도에서의 log응력-log파단시간 도표를 조사해 보는 것이다. 예를 들어, 요구되는 온도보다 100K 높은 온도에서 1,000시간 이내에 곡선 기울기 변화가 없다면, 요구되는 온도에서의 곡선을 10,000 시간까지 심지어는 100,000 시간까지도 직선으로 외삽 시켜도 안전할 것이다. 조직 변화에 따른 기울기 변화를 고려하여 응력 파단 곡선을 외삽 시키는 방법을 Grant와 Bucklin에 의해 제안되었다.

응력 파단 데이터의 외삽법의 보조 방법으로 온도와 시간과의 상호 관계에 관한 몇 가지 시간-온도 계수들이 제안되었다. 이들 계수에 대한 기본 개념은 이들을 이용하면, 동일 응력하의 보다 높은 온도에서의 짧은 시간 결과로 장시간 파단 거동을 예측할 수 있다는 것이다. 이러한 시간-온도 계수들을 적당히 발전시키면 크리프-파단 데이터를 간단한 형태로 나타내는 데 쓸 수 있어, 데이터의 해석적 표현과 내삽을 가능케 할 수 있다. 또한, 이 계수들은 재료들의 거동을 비교하고, 재료의 상대적 등급을 정하는 간단한 방법으로도 쓰일 수 있다. 그리고 실험적 제한으로 인해 평상시 시험을 행하기가 어려운 범위까지 실험 데이터를 외삽 시하다 데 유용하게 이용할 수 있다. Sherby-Dorn의 온도를 고려한 시간 계수는 이런 계수들의 발전에 크게 기여한다.

$$\theta = t\exp(-Q/RT) \tag{13.5}$$

양변을 대수를 취하면

$$\ln t = \ln\theta + \frac{Q}{RT} \tag{13.6}$$

$\theta$와 $Q/R$이 응력만의 함수라면 식 (13.6)은 $\log t$와 $1/T$에 대해 선형적이다. 식 (13.6)에서 $t$는 파단까지의 시간 또는 주어진 변형률에 도달하는 데 걸리는 시간을 나타낼 수 있다. Larson과 Miller는 실험 응력 파단 데이터가 식 (13.6)과 잘 일치함을 도표로 보였다. 그림 13.10을 보라. 각 일정 응력 직선들이$\log t$ 축의 한 점에서 모임을 볼 때 $Q$는 응력에 따라 변하지만 $\theta$는 그렇지 않다는 것을 알 수 있다. 모임 점은 $\log\theta = -C_1$이다. 대부분의 합금

에서 $C_1$은 15에서 25까지 재료에 따라 변한다. 또한, 그림 13.10은 기울기 $b = Q/R$ 가 응력의 함수임을 보여준다.

식 (13.6)으로부터 Larson-Miller계수는 다음과 같이 표현된다.

$$T(\ln t + C_1) = b = f(\sigma) = P_1 \tag{13.7}$$

$$\text{또는} \quad T(\ln t + C_1) = P_1$$

여기서 $T$ = 시험 온도 $K$, $t$ = 파단까지의 시간 $h$

$C_1$ = Larson-Miller 계수, 흔히 46이라고 가정함

**표 13.1** Larson-Miller 계수 $C_1$ = 46에 의거한 가동조건의 시간단축

| 가동 조건 | Larson-Miller 시험 조건 |
|---|---|
| 10,000h, 540℃에서 | 13h, 650℃에서 |
| 1,000h, 650℃에서 | 12h, 730℃에서 |
| 1,000h, 730℃에서 | 17h, 810℃에서 |

표 13.1은 식 (13.7)이 온도를 증가시킬 때 어느 정도 시간을 단축시키는지를 보여 주고 있다. Larson-Miller 계수를 이용하여 보다 높은 온도에서의 데이터를 응용할 때 중요한 점은 보다 높은 온도에서 금속 조직이 변하지 않는다는 것을 확인해야 한다는 것이다.

어떤 응력 범위에서 얻어진 $t$와 $T$값으로부터 $P_1$을 구하면 재료에 대한 한 개의 마스터 곡선(master curve)이 생긴다(그림 13.11). 이러한 그림은 여러 재료의 응력 파단 특성을 비교하는 데 좋다.

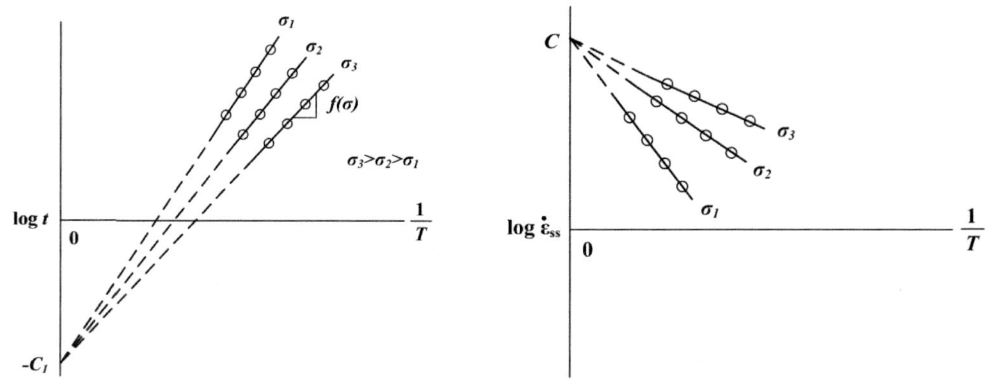


**그림 13.10** 여러 응력에서의 크리프 데이터 plot

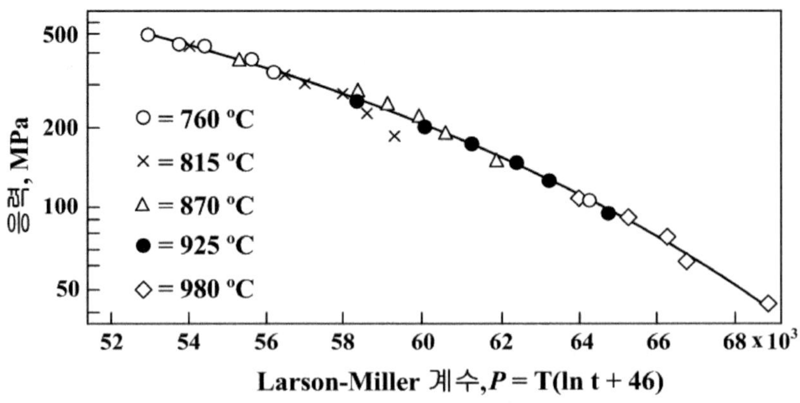


그림 13.11 Astroloy 합금에서 Larson-Miller 계수의 만능 곡선

모든 고온 재료들이 Larson-Miller 계수와 잘 부합하는 것만은 아니다. 따라서 여러 가지 시간-온도 계수들이 제안되었으며 많이 알려진 세 가지를 그림 13.12에 나타내었다.

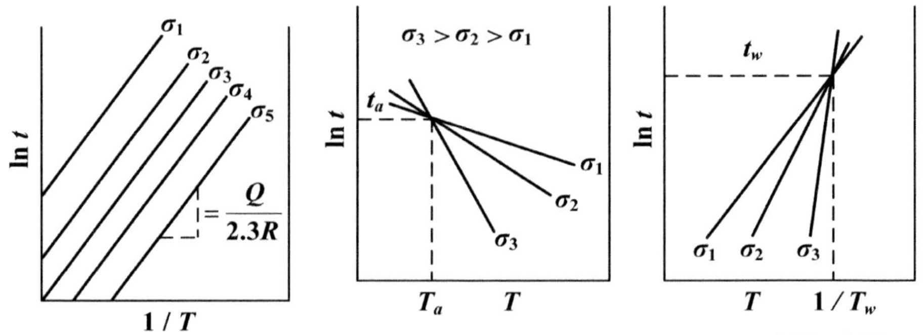


$$P_{S\text{-}D} = T\exp(-Q/RT) \qquad P_{M\text{-}H} = \frac{T - T_a}{\ln t - \ln t_a} \qquad P_{M\text{-}H} = \frac{1/T_w - 1/T}{\ln t_w - \ln t}$$

그림 13.12 세 가지 부가적인 시간-온도 계수

**예제**

**13.2** Astroloy 합금에서 650℃와 870℃ 온도에서 100,000시간 후에 파단 되는데 필요한 응력을 구하라.

**해설** 식 (13.7)로부터 Larson-Miller 계수를 구할 수 있다.

650℃에서 $P = (650 + 273)(\ln 10^5 + 46) = 53.1 \times 10^3$

870℃에서 $P = (870 + 273)(\ln 10^5 + 46) = 65.7 \times 10^3$

그림 13.11의 Astroloy 합금 마스터곡선으로부터 각 계수에 해당하는 응력을 구한다.

650℃에서 $P = 53.1 \times 10^3$ 및 $\sigma$ = 500 MPa

870℃에서 $P = 65.7 \times 10^3$ 및 $\sigma$ = 85 MPa

예제

**13.3** 로(furnace)안에서 세라믹 벽돌을 소성시킬 때 사용되는 연성주철 링크를 설계하라. 로는 600℃에서 5000 lb의 하중을 받는 상태로 5년간 파괴되지 않고 작동할 수 있어야 한다. 연성주철에 대한 Larson-Miller 매개변수는 $P = T(0.78\ln t + 36)$로 가정하고 응력에 대한 안전계수는 2로 가정하라.

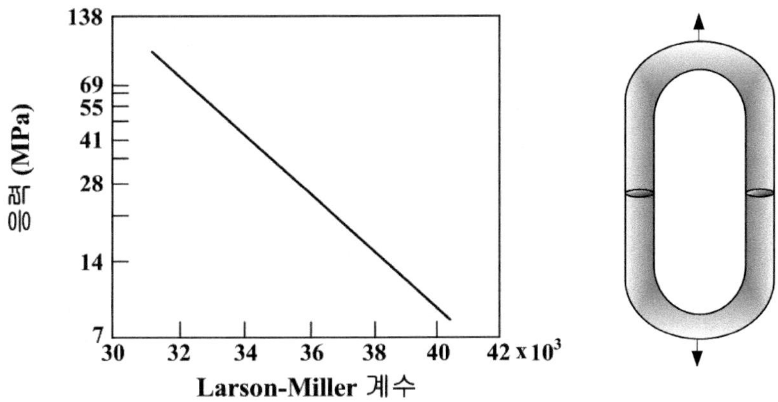


그림 13.13 연성주철의 Larson-Miller 계수의 만능 곡선

**해설** 연성주철 링크가 5년간 견뎌야 하므로 주어진 조건에서 Larson-Miller 계수를 구한다. 유지시간은 $t = (24h/d)(365d/y)(5y) = 43{,}800\,h$

따라서 Larson-Miller 계수는

$$P = T(0.78\ln t + 36)$$
$$= (600+273)[0.78\ln(43{,}800)+36] = 38.7\times10^3$$

그림 13.13에 보인 연성주철의 응력별 Larson-Miller 계수 마스터곡선으로부터 작용응력은 14MPa를 넘지 않아야 한다. 안전계수를 2라고 가정하였으므로 작용응력은 14/2=7MPa 이하여야 한다.

5000 lb의 하중을 지탱하는데 필요한 링크의 총 단면적은 다음과 같다.

$$A = F/\sigma = \frac{5000\times6.895\times10^3}{7\times10^6} = 4.93$$

총 단면적이 $4.93\text{in}^2$이므로 링크 한쪽만의 단면적은 $2.465\text{in}^2$이고 단면을 원형이라고 가정시 다음관계가 성립한다.

$$d^2 = (4/\pi)A = (4/\pi)(2.465) = 3.14$$

따라서 링크의 직경은 d=1.77 inch

## 13.5 크리프-피로 상호작용

대부분의 고온에서의 변형은 단지 크리프나 피로에만 기인한다기보다는 두 가지 손상 과정의 상호 작용에 의한 것이라 할 수 있다. 크리프-피로 상호 작용 조건에 대한 주요한 접근법으로 선형 손상 누적방법, 저온 피로 관계식의 변형방법 및 변형률 범위 분배방법 등이 있으나, 본 장에서는 개념적으로 널리 받아들여지고 있는 손상누적 접근법에 대해서만 다루기로 한다.

손상 누적 접근법은 크리프에 의한 손상과 피로에 의한 손상을 분리시켜 생각한다. 이러한 독립적인 손상을 합한 후 재료가 견딜 수 있는 손상의 한계와 비교한다. 이 방법은 미국기계학회(ASME) 핵압력 용기 규정에 쓰인다. 이것은 누적 피로 손상을 예측하는데 쓰이는 Miner 법칙(8장)의 연장으로 볼 수 있다.

$$\sum_{j=1}^{j=k}\left(\frac{n}{N_d}\right)_j + \sum_{l=1}^{l=m}\left(\frac{t}{t_d}\right)_l \leq D \qquad (13.8)$$

여기서

$n$ : 하중 조건 $j$로 부과한 피로 사이클 수

$N_d$ : 하중 조건 $j$에서 설계 허용 사이클 수

$t$ : 크리프 하중 조건 $l$이 부과되는 시간

$t_d$ : 하중 조건 $l$에서 허용되는 시간

$D$ : 허용되는 총 크리프-피로 손상, 많은 경우 $D=1$ 이지만 가끔 $D<1.0$인 경우도 있음

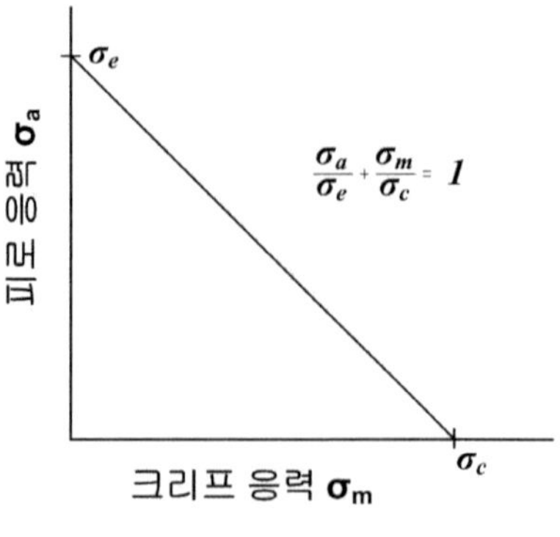


그림 13.14 일정온도에서 피로-크리프 상호 작용 도표

이 방법은 피로는 응력 진폭 $\sigma_a$에 의하여 일어나고, 크리프는 평균 응력 $\sigma_m$에 의하여 일어난다고 가정한다. 그런 후 Goodman 도표(8장)의 개념을 그림 13.13에 보인 바와 같이 변형시킨다. 이 그림에서 $\sigma_e$는 설계에서 지정한 사이클 수에서의 한계 피로 강도를 나타내며, $\sigma_c$는 설계에서 지정한 변형률이나 파단 수명에 의거한 크리프 강도를 나타낸다. 이 손상 관계식은 보수적인 값을 나타내는 경향이 있다.

## 13.6 주요 방정식 모음

• 정상상태 크리프시 Arrhenius 형 속도방정식

$$\dot{\epsilon}_s = Ae^{-Q/RT} \tag{13.2}$$

• Larson−Miller계수

$$T(\ln t + C_1) = b = f(\sigma) = P_1 \tag{13.7}$$

• 크리프−피로 상호 작용 조건: 선형 손상 누적 법칙

$$\sum_{j=1}^{j=k}\left(\frac{n}{N_d}\right)_j + \sum_{l=1}^{l=m}\left(\frac{t}{t_d}\right)_l \leq D \tag{13.8}$$

# 연습문제

**13.1** 크리프란 무엇이며 각 단계를 비교 설명하라.

**13.2** 크리프에 의한 재료파괴와 응력에 의한 재료파괴는 어떻게 다른가?

**13.3** 크리프 현상은 제 1, 2, 3차가 있으며 각각 변형속도에 따라 천이, 정상, 가속 크리프라고 불리어지는데 네킹(necking)이 발생하는 영역은 어느 차의 크리프인가?

**13.4** 일반적으로 통용되는 크리프 강도는 어떻게 정의되는가?

**13.5** 크리프 시험에서 응력과 온도의 증가에 따라 크리프 속도는 어떻게 변화하는가?

**13.6** 탄성변형과 소성변형을 합한 상태로 이루어진 크리프 단계는?

**13.7** 표점거리가 2.0 inch이고 초기직경이 0.6 inch인 시편의 크리프 시험을 통해 아래와 같은 데이터를 얻었다. 초기 작용응력이 10,000 psi이고 파단후 시편의 직경이 0.52 inch일 때 다음을 계산하여라.

a) 시험중 시편에 가해지는 하중

b) 정상상태 크리프가 진행되는 동안의 대략적인 경과시간

c) 정상상태 크리프 속도

d) 파단시 작용하는 진응력

| 표점거리(in) | 시간(h) |
|---|---|
| 2.004 | 0 |
| 2.010 | 100 |
| 2.020 | 200 |
| 2.030 | 400 |
| 2.045 | 1000 |
| 2.075 | 2000 |
| 2.135 | 4000 |
| 2.193 | 6000 |
| 2.230 | 7000 |
| 2.300 | 8000(파단) |

**13.8** 크리프 변형에 기여하는 기구(mechanism)를 설명하라.

**13.9** 구리 내에서 자기확산에 대한 활성화 에너지는 49,300cal/mol이다. 600℃에서 15,000psi의 응력을 받고 있을 때 구리의 크리프 속도는 0.002/h이다. 구리의 크리프 속도가 자기확산의 영향을 받는다면 온도가 800℃일 때의 크리프 속도를 계산하라.

**13.10** 순금속의 고온 크리프의 활성화 에너지는 자기확산(self diffusion)의 활성화 에너지와 같음을 설명하라.

**13.11** 어떤 재료에 20,000psi의 응력을 가하여 900℃ 까지 가열하였을 때 25,000 시간 내에 파단이 일어났다. 파단에 대한 활성화 에너지가 35,000 cal/mol 이라면 온도가 800℃로 감소하였을 때 동일 응력에서 파단에 걸리는 시간을 계산하라.

**13.12** 응력–파단시험의 결과를 log–log 그래프로 나타내면 거의 직선이다. 그러나 직선이 아닌 경우는 무엇 때문이며 응력–파단 강도란 무엇인가?

**13.13** 크리프 저항을 크게 하는 방법은 무엇이 있는가?

**13.14** 융점이 높은 재료의 크리프 속도가 느린 이유는 무엇인가?

**13.15** 표 13.1의 자료를 사용하여 $Q$의 값을 구하라.

**13.16** 그림 13.11의 Astroloy 합금에서 Larson–Miller 계수를 이용하여

(a) 870℃에서 2,000h에 파단을 일으키기 위해 필요한 응력을 구하라.

(b) 동일한 응력에서 760℃에서 파단 시간을 구하라.

**13.17** 어떻게 Larson–Miller 매개 변수가 고온에서 유리하게 사용될 수 있는가 설명하라. 만약 두 재료를 $P_A = T(C_A + \ln t)$와 $P_B = T(C_B + \ln t)$로서 표시한다면 어떤 재료가 더 강한가?

(a) $C_A < C_B$이고 $\sigma$에 대한 P의 곡선이 일치한다면,

(b) $C_A = C_B$이고 $\sigma$에 P의 곡선이 B에 대해서보다 A에서 더 높을 때

**13.18** 대부분의 고온에서의 변형은 단지 크리프나 피로에만 기인한다기보다는 두 가지 손상 과정의 상호 작용에 의한 것이라 할 수 있다. 크리프–피로 상호 작용 조건에 대한 손상누적 접근법을 설명하라.

# 제 14 장 부식 거동

부식(corrosion)이란 금속이 주위 환경과의 전기화학적 또는 화학적 반응을 통해 열화 또는 파손되는 현상이다. 재료의 부식거동의 중요성은 다음의 3가지 면에서 생각할 수 있다. 첫 번째는 경제적인 측면이다. 파이프, 물통, 기계, 선박, 교량, 기타 여러 용도에서 부식으로 인한 경제적 손실은 막대하다. 두 번째는 작동기기의 안정성 향상이라는 측면이다. 부식으로 인해 예기치 못한 무서운 결과를 가져오는 경우가 있기 때문이다. 그 예로는 보일러, 교량, 케이블, 항공기의 부식파손을 들 수 있다. 세 번째는 보존성의 문제로서 한정된 매장량을 갖는 금속자원의 보존과도 관련된다. 금속의 부식으로 인한 손실은 직접손실과 간접손실로 나눌 수 있다. 직접손실이란 부식된 구조 및 기계장치, 기계부품 등을 교환하는데 드는 비용을 의미한다. 적당한 기계적 성질을 가지고 있으나 내식성이 충분하지 못한 탄소강 대신 내식성 금속 또는 합금을 사용함으로써 생기는 비용도 직접손실에 해당한다. 또한 강의 갈바나이징(galvanizing) 및 타 금속의 도금, 부식억제제의 용액 첨가, 금속장치의 부식방지를 위한 건조장치 등도 모두 직접손실에 속한다.

직접손실에 대비하여 간접손실로는 다음과 같은 것을 들 수 있다. 우선, 부식된 기계 장치를 대체하거나 수리하는 동안 조업을 중단함으로써 야기되는 손실을 들 수 있다. 파이프 부식의 경우, 파이프가 부식됨으로서 기름, 물, 가스 등의 손실이 발생할 뿐만 아니라 원치 않는 오염원으로도 작용할 수 있다. 또한 축적된 부식생성물로 인해 열전달 능력이 감소되거나 파이프가 막히는 현상 등이 발생하여 성능열화를 가져오며 부식생성물이 혼입됨으로써 생산 제품이 오염되는 경우가 일어날 수 있다.

이러한 재료의 부식거동을 명확하게 분석하지 못하고 부식을 억제하는 방법을 정확히 파악하지 못할 경우, 설계수명을 유지하기 위하여 정상 작동압력 또는 외력이 요구하는 설계보다 훨씬 더 과중하게 설계(overdesign)를 하게 되는데, 만일 부식에 대한 지식을 정확히 가지게 되면 설계는 훨씬 더 정확해질 것이며 장비의 수명 또한 정확히 측정되어질 수 있다. 간접손실은 부식에 의해서 실제로 발생하는 커다란 손실임에도 불구하고 이것에 대한 전체손실을 합리적으로 추정해 내기가 매우 어려운 손실이기도 하다.

부식현상은 매우 부담스러운 재료거동이지만 열역학적으로 피할 수 없는 현상이므로, 본 장에서는 재료거동에 미치는 부식의 기본개념을 소개함으로써 향후 제품설계시 보다 건전한 부품의 생산을 위한 재료선정에 참고할 수 있도록 하였다.

## 14.1 부식반응

### 전기화학적 반응

부식은 전기화학적 기구(electrochemical mechanism)에 의해 발생한다.

그림 14.1에 부식의 전기화학적 과정을 도식적으로 나타내었으며 전기화학적 반응이 일어나기 위해서는 다음사항들이 요구되어진다.

- 양극과 음극이 존재하여 전지(cell)를 형성해야한다.
- 양극과 음극이 전기적으로 접촉해야한다.
- 액체가 전해액(electrolyte)으로 작용해야 한다.

그리하여 양극에서는 산화반응(oxidation reaction)이 일어나며 금속이온이 분해하여 용액 속으로 들어간다.

$$M \rightarrow M^{+} + e^{-} \qquad (14.1)$$

한편 음극에서는 환원반응(reduction reaction)이 일어나는데 주로 용해된 산소의 환원과 수소기체의 발생이다.

$$O_2 + 4H^{+} + 4e^{-} \rightarrow 2H_2O \quad (\text{물 생성}) \qquad (14.2)$$

$$2H^{+} + 2e^{-} \rightarrow H2 \quad (\text{수소기체발생}) \qquad (14.3)$$

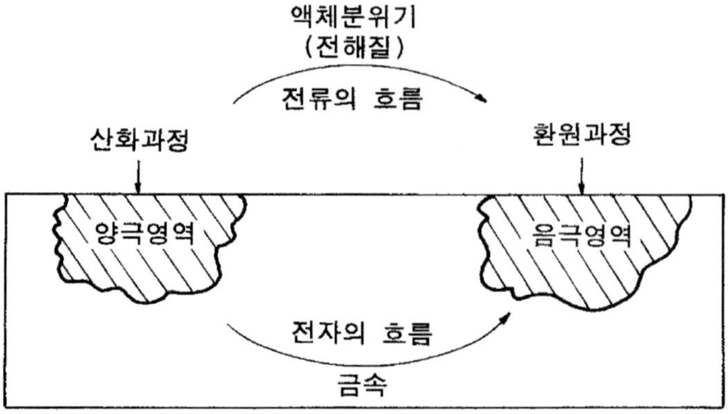


그림 14.1 부식과정의 전기화학 모형

$$O_2 + 2H_2O + 4e^- \rightarrow 4(OH)^- \text{(수산기 생성)} \tag{14.4}$$

그 외에도

$$M^+ + e^- \rightarrow M \text{(금속의 환원)} \tag{14.5}$$

$$2H_2O + 2e^- \rightarrow H_2 + 2(OH)^- \tag{14.6}$$

등의 반응이 일어난다.

전기화학적 기구에 의해서 발생하는 이러한 금속의 부식은 금속이 그들의 본래 상태인 산화물(oxide)로 되돌아 갈려는 본질적인 경향으로 볼 수 있다. 금속 그 자체가 자연 속에 존재하는 산화물 상태의 광석에 에너지를 가하여 얻은 것이기 때문이다. 따라서 금속은 에너지를 방출함으로써 더욱 안정한 상태인 산화물로 되돌아가려고 하는 것이므로 부식은 금속의 고유한 성질로 볼 수 있다.

### 분극

염산에서 발생하는 아연(Zn)의 부식반응을 생각해보자. 다음의 반응에 의해 표시되는 염산에서 발행하는 아연(Zn)의 전기화학적 반응을 생각해보자.

$$Zn + 2HCl \rightarrow ZnCl_2 + H_2 \tag{14.7}$$

아연이 산용액과 반응하여 염화아연을 생성하면서 표면에 수소기체를 발생한다. 이 반응을 이온식의 형태로 나타내면 다음과 같다.

$$Zn + 2H^+ + 2Cl \rightarrow Zn^{2+} + 2Cl + H_2$$

반응식의 양변에서 $Cl^-$ 이온을 제거하면 다음과 같이 된다.

$$Zn + 2H^+ \rightarrow Zn^{2+} + H_2 \tag{14.8}$$



염산용액에서도 동일한 부식반응이 일어날 것이다. (14.8)의 반응은 다음과 같이 분리될 수 있을 것이다.

$$Zn \rightarrow Zn^{2+} + 2e^- \qquad \text{양극반응} \tag{14.9}$$

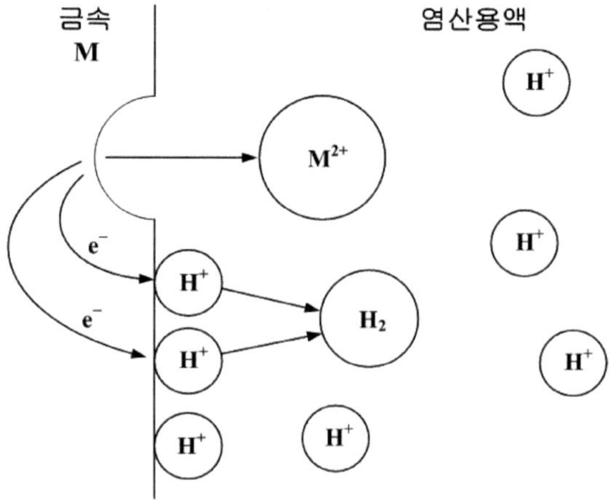


그림 14.2 염산용액에서 금속 M 의 용해에 대한 전기화학적 반응 도식도

$$2H^+ + 2e^- \rightarrow H_2 \qquad \text{음극반응} \qquad (14.10)$$

전하이동(charge transfer)과 전자교환을 포함하는 전기화학적 반응을 그림 14.2에 도식적으로 나타내었다.

식 (14.9) 및 (14.10)과 같은 전기화학적 반응은 한정된 속도도만 진행된다. 만일 반응 (14.10)에 전자가 여분으로 공급되어지면 금속 표면의 전위는 −값으로 이동된다. 즉 금속/용액 경계면에 −전하를 가진 과잉전자들이 반응을 일으키기 위해 대기하면서 축적된다. 다시 말해서 모든 전자들을 소비시킬 수 있을 만큼 반응속도가 충분이 빠르지 않다. −방향으로의 이러한 전위변화를 음극분극(cathodic polarization)이라 일컫는다. 한편 반응 (14.9)에 의해서 방출되는 전자가 부족한 경우에는 금속 표면의 전위가 +방향으로 변화되며 이를 양극분극(anodic polarization)이라 일컫는다. 전자 부족(즉 양극분극)이 커질수록 양극용해를 일으키려는 경향은 더욱 증가하게 된다. 따라서 양극분극은 반응 (14.9)에 의한 부식에 대한 구동력을 나타낸다. 금속 표면의 전위가 +방향으로 증가할수록 양극분극은 증가하며 그리하여 용액의 부식속도는 더욱 커지게 된다.

수용액의 전해질 용액에서 표면은 정상상태전위 $E_{corr}$에 도달하게 되는데 그 값은 유용한 양극반응 및 음극반응에 의해서 전자들이 교환될 수 있는 능력과 속도에 의존한다. 표면전위가 $E_{corr}$로부터 어떤 전위값 $E$까지 증가하면 양극 반응속도 즉 부식속도는 그림 14.3에 예시한 바와 같이 $\epsilon_a = E - E_{corr}$이 증가함에 따라 일반적으로 증가하게 된다.

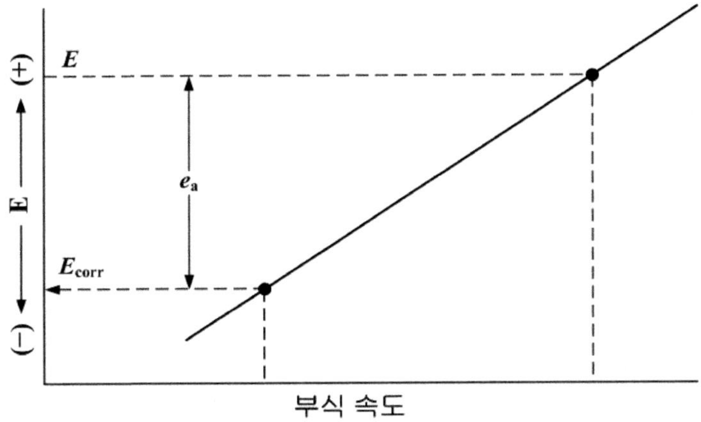


그림 14.3 양극분극($\epsilon_a = E - E_{corr}$)과 부식속도의 관계

부식반응을 억제시키기 위해 부식억제제(inhibitor)를 이용하기도 한다. 양극 억제제(anodic inhibitor)로는 $CrO_4^{2-}$와 $NO_2^-$ 등을 들 수 있으며 그림 14.4(a)에 보인 바와 같이 양극분극곡선을 상승시켜 줌으로써 부식속도($i_{corr}$)를 늦추어 준다. 반면에 보다 널리 사용되는 음극 억제제(cathodic inhibitor)로는 Zinc Salts, Phosphate이 사용되며 14.4(b)에 보인 바와 같이 음극분극곡선을 낮추어 줌으로써 부식속도($i_{corr}$)를 늦추어 준다.

## 부동태

철(Fe), 니켈(Ni), 크롬(Cr), 티탄(Ti), 코발트(Co) 등을 포함한 많은 금속의 경우 그림 14.5에 보인 바와 같이 어떤 임계전위 $E_{pp}$에서 부식속도가 크게 감소한다. 부식에 대한 구동력(즉 양극분극)이 증가함에도 불구하고 이처럼 $E_{pp}$상에서 내식성이 크게 증가하는 것을 부동태(passivity)라 부른다. $E_{pp}$이하의 전위값에서는 금속이 비교적 높은 속도로 부식된다.

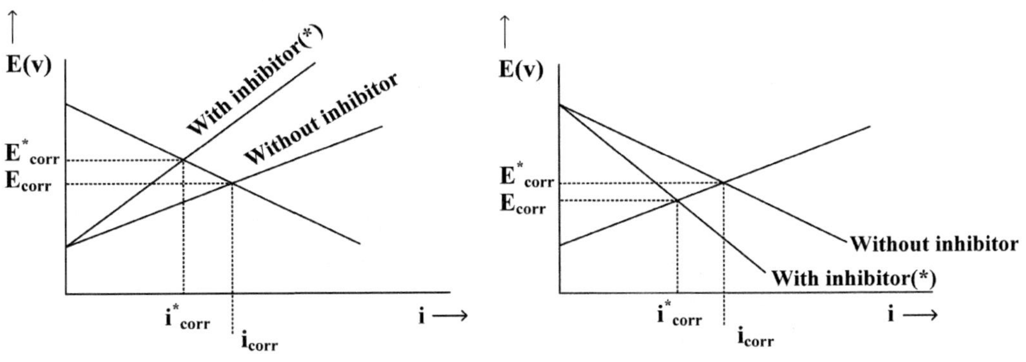


(a) 양극억제제 (b) 음극 억제제

그림 14.4 분극곡선에 부식억제제가 미치는 효과

그러나 $E_{pp}$이상의 전위값인 부동태 상태에서는 부식속도가 매우 느리다. 그리하여 활성상태인 경우에 비해 부식속도가 보통 $10^{-3} \sim 10-^{6}$ 정도로 감소한다. 부동태는 양극 용해반응을 억제시키는 역할을 하는 얇은 부식생성물 표면피막에 의해 만들어진다. 전위값에 따라, 즉 용액의 산화력에 따라 금속은 $E_{pp}$이상의 부동태 상태에 있을 수도 있고 그 이하의 활성상태에 있을 수도 있다. 예를 들면, 304형 스테인레스강은 통기(aeration)되고 있는 용액에서는 부동태 상태이며 탈기(deaeration)된 용액에서는 활성상태이다.

대부분의 구조용 합금들은 활성−부동금속(active−passive metal)이며 바로 이 부동태로 인해 대단히 큰 내식성을 갖게 된다. 크롬은 표면에 내식성의 부동태 산화피막을 만드는 가장 중요한 합금원소로서 스테인레스강에서 철 및 니켈과 합금을 이룰 경우 부동태 성질을 크게 향상시킨다. 하지만 부동태 피막은 얇고 부서지기 쉽기 때문에 피막의 파괴로 인해 공식(pitting), 틈부식(crevice corrosion), 응력부식균열(stress corrosion cracking) 등의 예기치 못한 국부 부식을 일으킬 수도 있다.

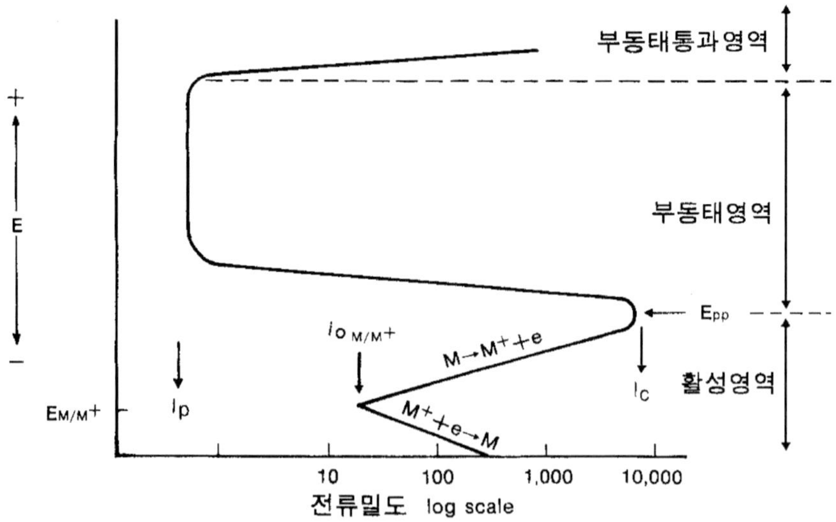


그림 14.5 부동태 곡선

## 14.2 부식의 종류

### 균일부식(uniform corrosion)

금속표면의 전체에 걸쳐서 균일하게 발생하는 부식을 균일부식 또는 일반부식(general corrosion)이라 한다. 균일부식이 발생하게 되면 금속은 점점 두께가 감소하게 되고 마침내는 사용이 불가능해지게 된다. 예를 들면 묽은 황산 용액에 담가져 있는 Fe 또는 Zn 시험편은 표면 전체에 걸쳐 균일한 속도로 용해된다.

균일부식에 의한 장비의 수명 단축은 간단한 실험으로도 정확히 계산할 수 있을 뿐만 아니라 부식의 발생과 위험정도 등을 쉽게 예측할 수 있기 때문에 이 부식의 발생으로 인한 문제점을 별로 심각하지 않다. 시험편을 용액 속에 담가 놓는 것만으로 실험은 행해질 수 있으며 우리의 육안으로도 실제의 부식 발생 및 부식진행 상황을 확인할 수 있다.

균일부식에 비해서 다음에 설명할 여러 형태의 국부부식(local corrosion)은 그 성질이 훨씬 복잡하고 따라서 예측하기도 무척 힘들며 그 결과 또한 위험하고 심각하다. 균일 부식은 표면전체에 걸쳐서 균일하게 발생하지만 다른 형태의 모든 국부부식은 금속표면의 어떤 국부적인 영역에 한정되어 발생한다. 이렇게 부식이 금속의 특수한 영역 또는 부분에 한정되어 있기 때문에 부식정도의 예측이 힘들다. 균일부식의 방지 또는 감소를 위해서는 내부식성이 우수한 재료선택, 부식억제제(inhibitor)의 사용, 음극보호(cathodic protection) 및 피복(coating) 등의 방법을 사용할 수 있다.

### 갈바닉 부식(galvanic corrosion)

두 개의 서로 다른 금속이 부식용액 속에 담가지게 되면 전위차가 존재하게 되고 따라서 이들 사이에 전자의 이동이 일어난다. 그리하여 귀전위(noble potential)를 가진 금속의 부식속도는 감소되고 활성전위(active potental)를 가진 금속의 부식속도는 촉진된다. 즉 전자는 음극이 되고 후자는 양극이 된다. 이러한 형태의 부식을 갈바닉 부식 또는 이종금속 접촉부식이라 한다. 서로 다른 금속간의 가역전위차이(reversible potential difference)는 갈바닉 부식의 기전력이 되며 부식 경향을 예측하는 기준이 된다. 표 14.1에 해수용액에서의 기전력 계열(EMF series)을 나타내었다.

**표 14.1** 갈바닉계열(해수)

| | |
|---|---|
| | Platinum |
| | Gold |
| ↑ | Graphite |
| 귀방향 | Titanium |
| (음극적) | Silver |
| | ⌈ Chlorimet 3(62Ni,18Cr,18Mo) |
| | ⌊ Hastelly C(62 Ni, 17Cr, 15 Mo) |
| | ⌈ 18−8Mo stainless steel(passive) |
| | ⌊ Chromium stainless steel(passive) |
| | ⌈ Inconel(passive)(80Ni, 13Cr, 7Fe) |
| | ⌊ Nickel(passive) |
| | Silver solder |
| | ⌈ Monel(70 Ni,30Cu) |
| | Cupronickels(60,69 Cu, 40−12 Ni) |
| | Bronzes(Cu−Sn) |
| | Copper |
| | ⌊ Brasses(Cu−Zn) |
| | ⌈ Chlorimet 2(66Ni,32Mo,1Fe) |
| | ⌊ Hastelloy B(60Ni 30 Mo,6Fe,1Mn) |
| | ⌈ Inconel(active) |
| | ⌊ Nickel(active) |
| | Tin |
| | Lead |
| | Lead−tin solders |
| | ⌈ 18−8 Mo stainless steel(active) |
| | ⌊ 18−8 stainless steel(active) |
| | Ni−Resist(high Ni cast iron) |
| | Chromium stainless steel, 13%Cr(active) |
| | ⌈ Cast iron |
| | ⌊ Steel or iron |
| | 2024 aluminum(4.5 Cu,1.5Mg,0.6Mn) |
| | Cadmium |
| 활성화방향 | Commercially pure aluminum(1100) |
| (음극적) | Zinc |
| ↓ | Magnesium and magnesium alloys |

갈바닉 계열에서 두 금속이 멀리 떨어져 있을수록 갈바닉 부식의 위험도는 크다고 할 수 있다. 또한 입계부식(intergranular corrosion), 공식, 응력부식균열, 틈부식과 같은 국부부식도 갈바닉 부식에 관계된다고 할 수 있다. 따라서 갈바닉 부식은 가장 일반적이며 가장 심한 형태의 부식이라 할 수 있다. 갈바닉 계열은 갈바닉 부식에 대한 일반적인 경향의 지

침으로서 유용하기는 하지만, 이종금속이 실제로 쌍을 이루었을 때의 갈바닉 부식에 대한 속도(정도)를 정확하게 알려주지는 못한다. 갈바닉 부식의 크기는 이종금속의 전위차이 뿐만 아니라 각 금속의 교환전류밀도 및 타펠기울기(Tafel slope) 같은 속도론적인 인자, 양극과 음극의 면적비(area ratio) 등에도 의존하기 때문이다.

특히 양극과 음극의 면적비의 경우, 소양극-대음극(small anode-large cathode)이 갈바닉 부식에 있어서 가장 위험한 조건이다. 양극 면적에서의 전류밀도가 높을수록 부식속도는 커지게 된다. 그림 14.6에 보인 바와 같이, 구리판에 박힌 철(Fe)못과 철판에 박힌 구리(Cu)못의 경우 전자는 소양극-대음극이고 후자는 소음극-대양극이다. 따라서 후자에 있어서보다 전자에 있어서의 갈바닉 부식이 훨씬 심하게 되고 철못은 큰 손상을 입는다.

갈바닉 부식을 방지 또는 감소시키기 위해서는 가능한 한 갈바닉 계열에서 가까이 위치하고 있는 금속을 선택, 대양극-소음극 적용, 이종 금속간 절연, 도장처리, 부식억제제, 갈바닉 접촉을 이루고 있는 두 금속보다 높은 활성전위를 가진 제3의 금속을 접촉시켜 제3 금속의 부식유도(희생양극: sacrificial anode) 등과 같은 방법을 적용한다.

### 틈 부식(crevice corrosion)

전해액에 노출된 금속 표면상의 어떤 틈(crevice) 또는 가려진 부분 내에서 국부적으로 심한 부식이 발생하는 것을 틈부식이라 하며 구멍(hole), 개스킷 표면, 포개어 있는 부분(lap joint), 표면 침전물, 볼트와 리벳헤드 밑의 틈 등에 정체된 적은 양의 용액과 관련된다. 틈부식을 때로는 침전부식(deposit corrosion) 또는 개스킷 부식(gasket corrosion)이라 일컫기도 한다. 틈부식을 생성하는 표면 침전물로서는 모래, 때(dirt), 부식생성물 등이 있다. 이러한 표면 침전물은 덮개(shield)로서 작용을 하여 작은 양의 용액을 그 속에 가두게 된다. 스테인레스강은 틈부식에 특히 민감하다. 예를 들어 스테인레스강판에 기다란 고무 밴드를 감아서 해수 중에 담가 놓으면 그 부분은 쉽게 자를 수 있을 정도로 심한 손상을 입는다. 그 이유는 고무와 스테인레스강이 접촉하고 있는 영역에서 틈부식이 심하게 발생했기 때문이다.

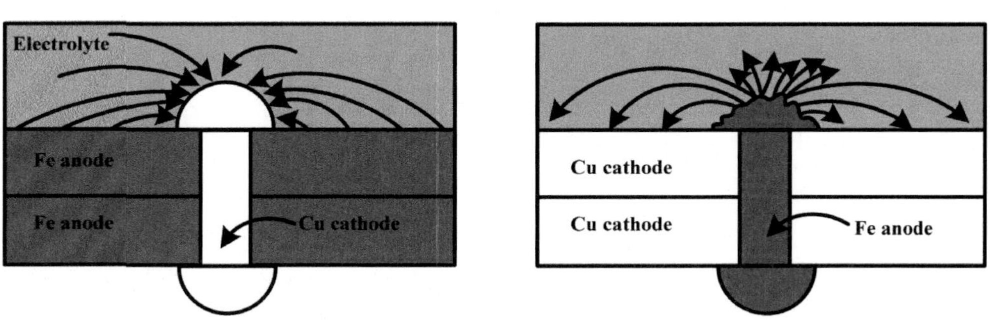


(a) 소양극-대음극 (b) 소음극-대양극

**그림 14.6** 양극과 음극의 면적비가 갈바닉 부식에 미치는 영향

틈이 부식영역으로서 작용하기 위해서는 용액이 들어올 수 있을 만큼은 충분히 넓어야 되며 또한 들어온 용액이 갇히어 정체될 수 있도록 충분히 좁아야 한다. 따라서 틈부식은 그 폭이 수천 분의 1인치 이하인 곳에서 주로 발생한다. 폭이 넓은(예 : 1/8인치) 홈에서는 틈부식이 거의 발생하지 아니한다. 섬유질의 가스켓은 플랜지면(面)과 접촉할 경우 용액을 완전히 정체시킬 수 있기 때문에 아주 이상적인 틈부식 발생장소가 된다.

틈과 그 바깥 사이의 산소 농도 차이로 인해 틈부식이 발생한다고 일반적으로 알려져 왔다. 틈부식의 근본적인 기구를 예증하기 위해서 공기와 접촉하고 있는 해수에 담가져 있는 금속 M(예: 철 또는 강)을 생각해 보자. 이 금속의 판재는 리벳(rivet)으로 고정되어 있다(그림 14.7).

여기서 일어나는 반응은 금속 M의 용해와 산소의 환원이다.

$$M \rightarrow M^{+} + e^{-} \quad (14.11)$$

$$O_2 + 2H_2O + 4e^{-} \rightarrow 4(OH)^{-} \text{ (수산기 생성)} \quad (14.12)$$

맨 처음 이러한 반응들은 틈 내부를 포함한 금속표면 전체에 걸쳐서 균일하게 발생한다. 금속과 용액에서는 똑같이 전하 보존의 법칙(the law of conservation of charge)이 유지된다. 그리하여 금속이온의 생성으로 인해 방출된 전자는 산소화원반응에 의해서 즉시 소비된다. 또한 용액 속의 각 금속 이온에 대해서 수산기 이온이 하나씩 생성된다.

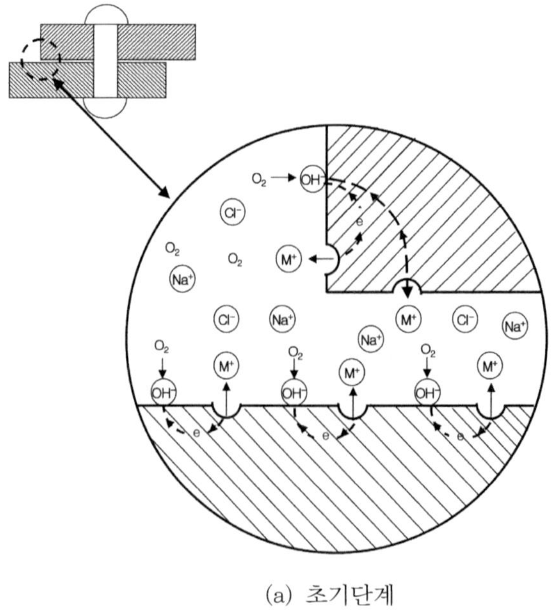


(a) 초기단계

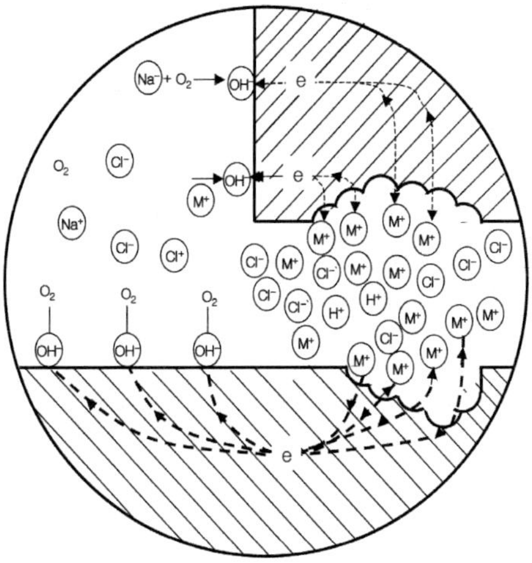


(b) 후기 단계

**그림 14.7 틈 부식**

틈 내부에는 산소의 공급이 힘들기 때문에 잠시 후에 이곳의 산소가 전부 소비되어 산소환원반응이 정지되고 만다.(그림 14.7(a)) 일단 산소가 고갈되면 더 이상의 산소환원반응은 일어날 수 없지만 금속 M의 용해는 계속된다.(그림 14.7(b)) 그리하여 틈 내부의 용액 속에 (+)전하($M^+$)가 과도하게 많아지게 되고 따라서 평형을 유지하기 위해서는 틈 바깥으로부터 틈 내부로 $Cl^-$이온이 이동해 와야 한다. 이때 $OH^-$이온도 이동을 해오지만 $Cl^-$이온보다 이동속도가 훨씬 느리다. 이러한 $Cl^-$이온의 이동으로 인해 틈 내부에는 $M^+Cl^-$의 농도가 증가하게 된다. Na, K등과 같은 알칼리 금속을 제외한 다른 금속염은 물과 반응해서 MOH가 된다.

$$M^+Cl^- + H_2O = MOH\downarrow + H^+Cl^- \tag{14.13}$$

식 (14.13)의 반응에 의해서 생성된 H+이온과 $Cl^-$이온은 대부분의 금속 또는 합금의 부식속도를 촉진시킨다. 특히 부동태 금속의 경우 $Cl^-$이온은 부동태 피막을 쉽게 파괴한다.

이러한 부식촉진제가 틈 내부에 많아지게 되어 금속 M의 용해는 그림14.7(b)에서 보는 것처럼 가속된다. 금속용해의 증가는 $Cl^-$이온의 이동을 촉진시키고 그 결과 금속용해속도는 더욱 더 빨라지게 된다. 그리하여 위의 반응은 소위 자기증식, 자동촉매과정이 된다. 틈 내부에서의 부식속도가 증가할수록 그 인접영역의 표면에서는 산소환원속도가 더욱 빨라진다는 사실을 그림14.7(b)에서 알 수 있다. 따라서 이 부분은 음극보호를 받게 된다. 결국 틈부식이 진행되는 동안 부식은 틈 내부에만 국한되어 국부적으로 일어나게 되고 다른 영역은 거의 또는 전면 부식이 발생하지 않는 형태가 된다.

틈부식을 방지 또는 감소시키기 위한 방법으로는 리벳 또는 볼트접합보다는 용접, 용액 정체영역제거, 장비 침전물 제거, 금속 표면을 균일하게 표면처리하는 방법 등이 있다.

## 공식(pitting)

부식이 금속표면의 국부에만 집중하고 이 부분에서의 부식속도가 특히 빨라서 금속 내로 깊이 뚫고 들어가는 심한 국부부식의 형태를 이룰 때 이를 공식(pitting)이라 한다. 공식은 그 진행속도가 대단히 빠르기 때문에 비교적 짧은 시간에 금속 내부로 뚫고 들어가 기계장치를 못 쓰게 한다.

공식은 스테인레스강이나 알루미늄 등과 같이 금속 표면의 부동태 피막에 의해서 내식성을 얻는 금속에서 흔히 볼 수 있으며 균일부식을 일으키는 조건에서는 발생하지 않는다. 따라서 공식된 표면을 관찰해 보면 핏트(pit)가 나타난 이외의 부분은 거의 또는 전면부식을 일으키지 않았다는 사실을 알 수 있다. 핏트의 직경은 작을 수도 있고 클 수도 있다. 그러나 대부분의 경우 비교적 작다. 핏트는 서로 떨어져 있기도 하고 또 때로는 함께 매우 가까이 있어서 거친 표면처럼 보이기도 한다. 공식은 가장 파괴적이고 무서운 부식이라고 할 수 있다. 전체 장비의 불과 몇 %의 무게 감소로 인해서 사용이 불가능해질 뿐만 아니라 그 크기가 대단히 작고 부식 생성물에 의해서 자주 가려지기 때문에 발견하기도 매우 힘들다.

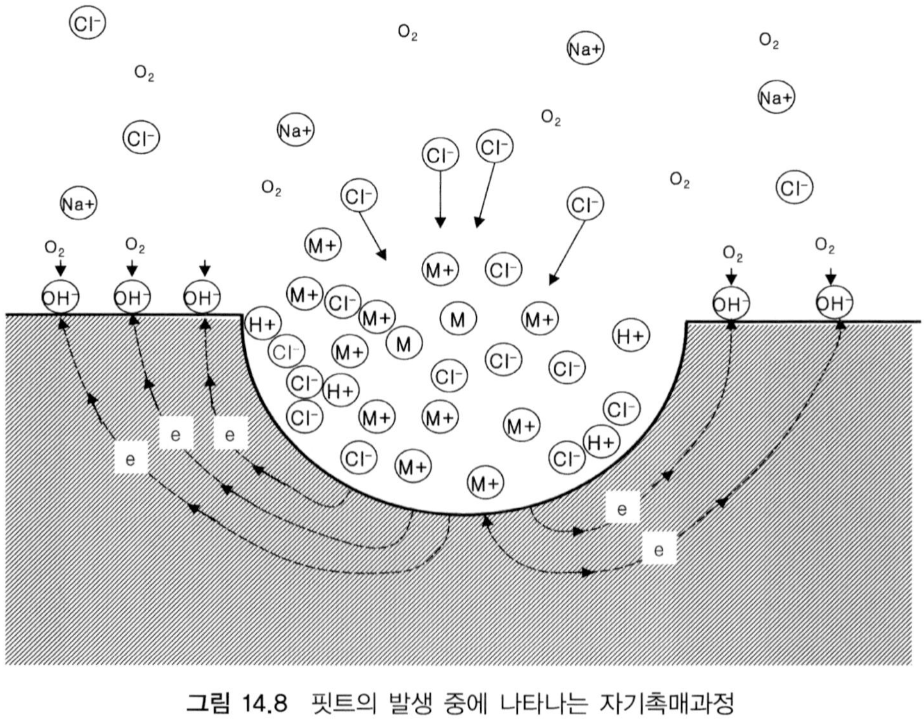


**그림 14.8** 핏트의 발생 중에 나타나는 자기촉매과정

공식은 양극반응의 독특한 형태로서 틈부식의 특수한 경우라고 설명하기도 한다. 실제로 공식을 나타내는 계(system)는 틈부식에도 매우 민감하다. 공식이 발생할 수 있는 조건으로서 전위값이 임계공식전위(critical pitting potential), $E_{c.pit}$ 이상이 되면 전류가 급격히 증가되고 핏트가 발생하게 된다. 공식은 특징에 있어서 틈부식과 매우 유사하지만 틈부식의 자기개시형태(self-intiating form)라 할 수 있으며 공식의 발생은 틈을 필요로 하지 않는다. 그 자체가 자신의 틈을 만드는 것이다. 이제 공식의 자동촉매과정(autocatalytic)을 생각해 보자. 핏트의 발생 중에 나타나는 자동촉매과정이 그림 14.8에 나타나 있다.

금속 M이 공기와 접촉하고 있는 NaCl용액에 의해 핏트를 나타내었다. 핏트 내에서는 급격한 금속용해가 일어나고 핏트의 바깥 인접영역에서는 산소 환원반응이 발생한다. 이 과정은 자기증식이며 자동촉매이다. 핏트 내에서는 급속한 금속용해로 인해서 + 전하가 과도하게 많아지게 된다. 따라서 $Cl^-$ 이온이 이 영역으로 이동해 오게 된다. 그리하여 핏트 내에는 MCl의 농도가 높아지게 되고 다시 가수분해로 인해서 $H^+$ 이온과 $Cl^-$ 이온이 많아지게 된다. $H^+$ 이온과 $Cl^-$ 이온은 대부분의 금속 및 합금의 용해를 촉진시킨다. 그리하여 시간이 지남에 따라 전체 반응은 계속 가속화된다. 진한 용액에서의 산소의 용해도는 실제로 0에 가까우므로 핏트 내에서는 산소의 환원이 일어나지 않는다. 한편 핏트 바깥 인접영역에서는 산소환원반응이 계속 일어나게 되어 음극보호(cathodic protection)를 받게 된다.

그림 14.8은 핏트가 자동촉매과정을 통해서 어떻게 성장하는가는 보여주지만 이 과정이 어떻게 개시(開始)되는가 하는 것을 설명해 주지 못한다.

핏트의 개시부위는 표면의 긁힌 자국, 전위(dislocation), 그 외 다른 결함, 용액조성(composition)의 변화 등의 이유 때문에 용해속도가 순간적으로 높은 곳으로 볼 수 있으며 핏트의 개시단계 또는 초기단계에서는 조건이 매우 불안정하다. 핏트가 중력방향으로 자라는 이유는 핏트가 자동촉매과정이기 때문이다. 핏트가 계속 성장하기 위해서는 H+이온 Cl-이온 등의 농도가 높아야 하므로 중력 방향으로 자랄 때에 가장 안정하다.

틈부식을 방지하기 위해서 제안된 방법들은 대부분 공식의 방지에도 적용된다.

### 입계부식(intergranular corrosion)

금속은 대부분의 환경에서 입계(grain boundary)의 영향을 크게 받지 않는다. 즉 결정립계가 결정립에 비해서 반응성이 별로 크지 않기 때문에 부식이 균일하게 발생한다. 그러나 어떤 조건에서는 결정립계가 대단히 큰 반응성을 가지게 되어 입계가 선택적으로 부식된다. 이처럼 결정립계에서 또는 결정립계 부근에서 발생하는 국부적 부식을 입계부식이라 한다.

입계부식은 입계에서의 불순물 또는 입계영역에서의 한 합금성분의 과다 또는 고갈(depletion) 등에 의해서 야기된다.

입계부식이 가장 문제가 되는 것은 18-8 스테인레스강이다. 대부분의 18-8 스테인레스강은 주로 입계부식에 의해서 손상을 입고 있다. 스테인레스강이 약 400~800℃의 온도로 가열되면 입계부식에 대단히 민감해지게 된다.

이러한 입계부식에 대한 가장 일반적인 이론은 입계영역에서의 Cr의 결핍이다. 일반탄소강에 Cr을 첨가하면 내식성이 크게 향상된다. 일반적으로 스테인레스강을 만드는 데에는 12-13%의 Cr이 필요하다. 따라서 Cr의 첨가량이 이 이하로 내려가면 내식성도 상대적으로 감소한다.

400~800℃의 예민화온도(sensitizing temperature)에서는 $Cr_{23}C_6$가 사실상 불용성이 되고 C함량이 0.02% 이상이 되면 이러한 크롬탄화물이 고용체로부터 석출된다. 따라서 C가 고용체로부터 제거되어지며 그 결과 입계에 인접한 영역에서는 Cr함량이 매우 낮아지게 된다. 부식이 발생하는 영역은 입계가 아니며 입계에 인접한 영역이다. 즉 입계의 크롬탄화물은 부식이 되지 않으며 입계 근처의 Cr 고갈영역이 내식성을 가질 수 있을 만큼 충분한 양의 Cr을 가지지 못하게 됨으로써 부식을 일으키게 된다.

일반적으로 사용되고 있는 18-8 스테인레스강 304는 보통 0.06-0.08%의 C를 함유하고 있으며 이 탄소가 Cr과 결합하게 되고 그 결과 크롬탄화물이 석출된다. 이것이 그림 14.9에 나타나 있다. 예민화 온도에서 C는 입계를 향해 쉽게 확산해 가지만 Cr은 훨씬 느리게 확산해 간다.

입계 근처에 Cr고갈영역이 생성됨으로 인해서 조성이 다른 두 이종금속이 접촉해 있는 현상을 초래하게 된다. Cr고갈영역은 다른 영역에 비해서 내식성이 훨씬 적기 때문에 양극으로 작용하여 소위 소양극-대음극의 위험 현상을 초래하게 된다. 그리하여 Cr고갈영역은 크게 부식되고 결정립의 내부는 부식으로부터 보호된다.

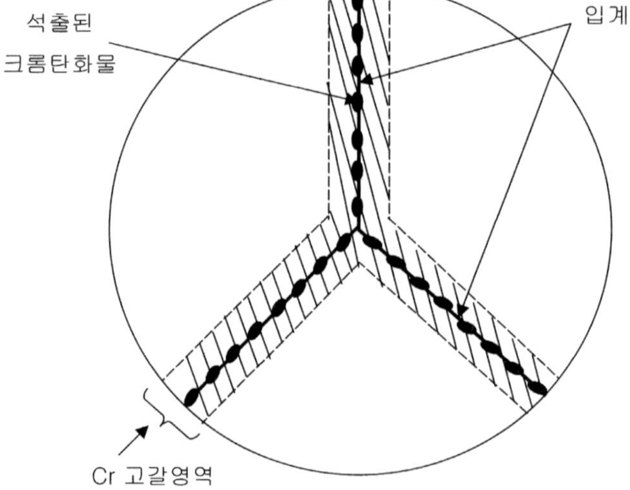


**그림 14.9** 예민화된 304 스테인레스강의 입계 크롬 탄화물

스테인레스강의 입계부식을 방지하기 위해서는 크롬탄화물의 생성을 막아야 한다. 크롬탄화물을 제거하거나 그 생성을 막기 위한 방법으로는 용체화열처리(solution heat treatment), Ti, Ta, Nb 등 강한 탄화물 형성제를 첨가하여 입계 안정화, C함량의 저하를 들 수 있다.

### 침식부식(erosion corrosion)

침식부식이란 부식용액과 금속표면사이의 상대적인 운동으로 인하여 금속의 부식속도가 더욱 촉진 또는 증가되는 현상을 말한다. 일반적으로 용액과 금속표면 사이의 상대적인 운동은 대단히 빠르며 그리하여 기계적인 마멸효과도 포함이 된다. 따라서 침식부식을 마모부식이라 일컫기도 한다. 금속성분은 용해된 이온의 형태로서 금속표면으로부터 제거되어지거나 고체 부식생성물로서 금속표면에서부터 기계적으로 쓸려 나간다. 용액의 움직임이 부식을 감소시키는 경우도 있다. 특히 정체상태에서 발생하는 국부부식의 경우 용액의 움직임은 부식을 크게 감소시킨다.

침식부식은 그 형태에 있어서 홈, 도랑, 굴곡, 둥근 구멍 또는 골짜기의 모양을 하며 방향성을 가진다. 그림 14.10은 물을 취급하는 열교환기관에서 발생한 침식부식을 도식적으로 나타낸 것이다.

많은 경우 침식 부식에 의한 손상은 비교적 짧은 시간에 발생하며 그 손상의 크기는 예상외로 크다. 대부분의 금속은 침식부식에 민감하다. 금속이 내식성을 갖는 것은 그 표면에 보호피막(예: 부동태피막)을 형성하기 때문인데 이러한 보호피막이 손상을 받거나 마멸될 경우 부식은 매우 빠른 속도로 발생하고 또 진행될 수 있기 때문이다. Cu, Pb 같은 연금속(soft metal)들은 기계적 손상을 더욱 쉽게 받게 되며 따라서 침식부식이 발생하기 쉽다. 유체에 노출된 모든 장비는 침식부식을 받는다. 파이프(특히 굴곡부), 밸브, 펌프, 프로펠러, 임펠러, 교반기, 열교환기관 등에서 침식은 자주 발생한다.

침식부식을 방지 또는 감소시키기 위해서는 침식부식에 대한 저항력이 큰 재료의 선택, 유속 감소설계, 침식환경의 방지, 피복(coating) 등의 방법을 사용한다.

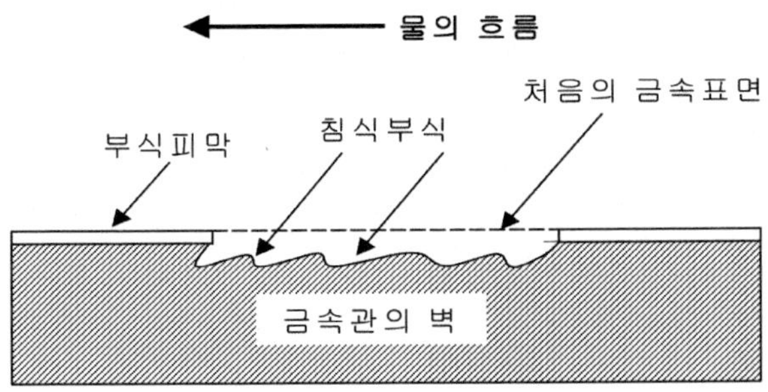


그림 14.10 콘덴서 튜브의 벽에 생긴 침식부식

### 캐비테이션 부식(cavitation corrosion)

캐비테이션 부식은 침식부식의 특수한 형태로서 금속 표면 가까이의 액체에서 증기포(vapor bubble)가 생성 또는 소멸되는 것과 관련되며 수력 터빈, 선박의 프로펠러, 펌프임펠러 등과 같은 유속이 크고 또한 압력변화가 큰 곳에서 발생한다.

만일 액체의 압력이 충분히 감소된다고 하면 실온에서도 비등하게 된다. 실린더가 물로서 채워져 있고 여기에 피스톤이 물과 접촉된 상태로 단단하게 끼워져 있다고 생각하자. 만일 피스톤을 위로 밀어 올려 물과 떨어지게 하면 압력이 크게 감소되고 따라서 물이 증발하면서 기포가 발생하게 된다. 여기서 다시 피스톤을 아래로 눌러 물과 접촉되게 하면 압력은 크게 증가하고 기포는 소멸된다. 수도 펌프에서처럼 이러한 과정을 빠른 속도로 반복하게 되면 증기포가 급속히 생성되고 또 소멸된다. 빠른 속도로 소멸되는 증기포는 약 60,000psi나 되는 높은 충격파를 생성한다고 한다. 이렇게 큰 힘은 많은 금속을 소성변형시킬 수 있다.

캐비테이션손상의 외관은 공식(pitting)과 어느 정도 비슷하다. 그러나 그 발생 기구는 전혀 비슷하지 않다. 캐비테이션손상은 전기화학적인 부식과 기계적인 소성변형이 결합해서 발생한다. 즉 소멸되는 증기포가 금속표면의 보호피막을 파괴하게 되고 그리하여 부식이 촉진된다. 이러한 기구가 그림 14.11에 도식적으로 나타나 있다.

보호피막 위에 캐비테이션 기포가 생성된 후 소멸될 때 기포가 소멸되면서 피막을 파괴한다. 새로 노출되어진 금속 표면이 부식되고 따라서 피막이 다시 생성된다. 인근 지점에 새로운 캐비테이션 기포가 생성된다. 기포가 파멸되면서 피막을 다시 파괴한다. 노출 면적이 부식되고 피막이 또 다시 생성된다. 이러한 과정이 계속 반복되어 표면에 깊은 구멍이 생기면서 손상을 받는다.

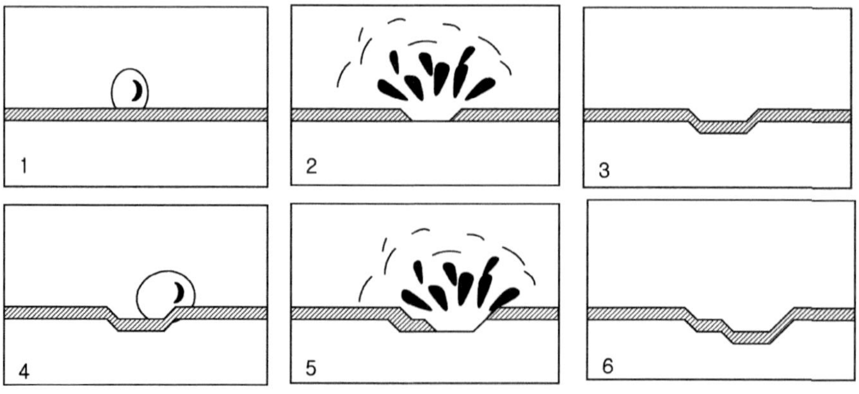


**그림 14.11** 캐비테이션 부식의 발생과정

그림 14.9에서 알 수 있듯이 금속표면에 존재하는 보호피막은 캐비테이션 손상의 발생을 방지하는데 전혀 도움이 되지 않는다. 증기포의 소멸에서 생기는 압력이 대단히 크기 때문에 금속표면에서 다소 멀리 떨어진 거리에서도 금속입자에 상당한 힘을 가할 수 있기 때문이다. 어떤 한 지점의 표면이 거칠게 되면 이점은 캐비테이션 기포의 생성을 위한 우선영역이 된다는 것을 알 수 있다. 또한 캐비테이션손상은 기계적인 작용과 화학적인 작용이 결합해서 나타나는 것임을 알 수 있다.

일반적으로 캐비테이션부식의 방지를 위해서는 침식부식의 방지를 위해서 사용한 방법들을 이용하면 된다.

## 프레팅 부식(fretting corrosion)

진동(vibration)이나 미끄럼(slip) 운동을 하는 부분의 금속접촉면 사이에서 발생하는 부식으로서 핏트와 비슷한 형태를 하고 있으며 부식생성물에 둘러싸여 있게 된다. 프레팅 부식은 일명 마찰산화(friction oxidation) 또는 마모산화(wear oxidation)라 일컫기도 한다.

근본적으로 프레팅 부식이란 침식부식의 한 특수한 형태로서 수용액 상태에서보다는 대기상태에서 발생하는 침식부식이라 할 수 있다. 프레팅 부식에 의해서 금속성분이 파괴되어 산화물입자가 만들어지기 때문에 대단히 좋지 않다. 더욱이 프레팅 현상이 발생하면 응력이 커지게 되고 변형이 증가하여 피로파괴(fatigue fracture)를 일으키게 된다.

프레팅 부식의 두 가지 중요한 발생 기구는 마모산화와 산화마모이론이다. 이것이 그림 14.12에 각각 나타나 있다.

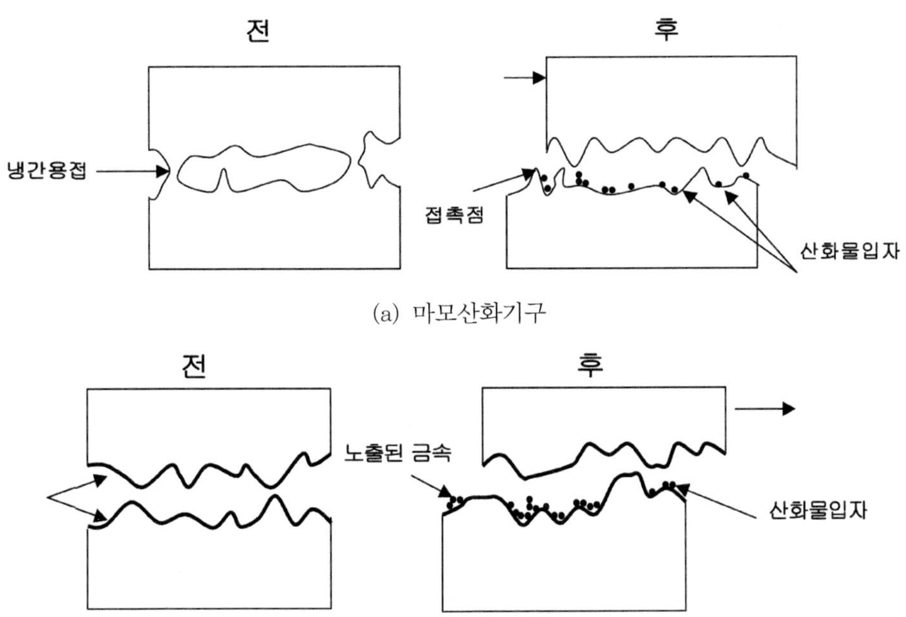

(b) 산화마모기구 도식도

그림 14.12 프레팅

압력을 받고 있는 금속표면사이의 경계면에서 냉간용접(cold welding)이 발생하게 되고 그리하여 이러한 접촉점들이 파괴되어 금속입자들이 제거된다는 것이 마모산화기구(그림 14.12(a))의 개념이다. 이러한 금속입자들은 그 직경이 매우 작아서 마찰에서 생기는 열에 의해서 쉽게 산화된다. 따라서 마모산화이론은 마찰에 의한 마모가 금속을 손상시키며 산화는 두 번째 인자가 된다고 하는 개념이다. 한편 모든 금속은 그 표면에 흡착되어 있는 얇은 산화물 층에 의해서 대기 중의 산화로부터 보호된다고 하는 것이 산화마모이론(그림 14.12(b))의 개념이다. 금속이 하중을 받으면서 서로 접촉되어 있고 두 경계면이 반복해서 상대적인 운동을 계속하게 되면 산화물입자가 떨어져 나오게 된다. 노출된 금속표면은 다시 산화되고 과정은 계속 반복된다. 결국 산화 마모이론은 마찰효과에 의해서 산화가 더욱 촉진된다고 하는 개념이다.

프레팅부식을 방지 또는 감소시키기 위한 방법으로는, 그리스 윤활제의 사용, 경도가 높은 금속 선택, 진동흡수, 저 마찰계수 금속사용, 두 접촉면 사이에 미끄럼 방지설계 등이 있다.

### 응력부식균열(stress corrosion cracking)

응력부식균열이란 인장응력과 부식전해액이 동시에 존재하게 됨으로써 야기되는 균열이다. 응력부식균열이 발생하는 동안 금속의 대부분 표면은 거의 손상을 받지 않으며 단지 매우 가느다란 균열이 금속 표면을 통과하게 되는데 그림 14.13에 그 예를 나타내었다. 응력부식균열의 고전적인 형태로서는 황동의 계절균열(season cracking)과 강의 가성취성(caustic embrittlement)이 있다. 계절균열은 주로 황동탄피에서 많이 발생했는데 특히 열대지방에서 강우량이 많은 경우에 탄피의 탄환을 조이는 부분에서 많이 관찰되었다. 계절균열에 있어서 중요한 환경성분은 유기물질의 분해에서 생기는 암모니아라는 것이 밝혀졌다.

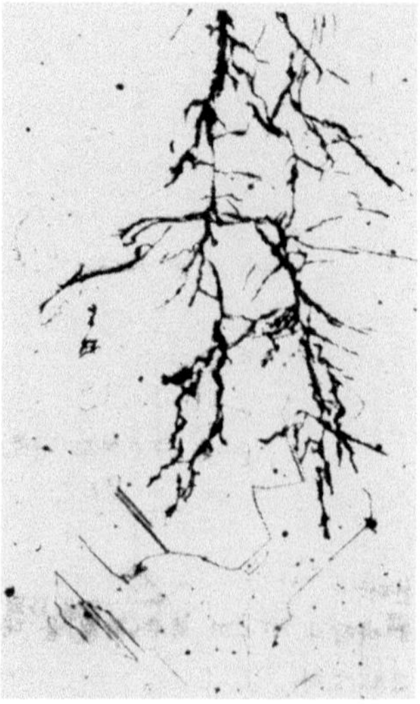

**그림 14.13** 스테인레스강에서 나타낸 입내균열(x500)

가성취성(caustic embrittlement)은 일찍이 증기기관차의 보일러가 폭발함으로써 관찰되었다. 폭발의 원인을 조사해 본 결과 보일러의 리벳(rivet) 구멍에서 균열을 발견하게 되었다. 리벳으로 조이는 작업을 하는 중에 냉간가공(cold working)이 발생했던 것이다. 그리고 이 부분에서 발견된 침전물을 분석해 본 결과 가성소오다가 주성분임을 알게 되었다. 그리하여 이와 같이 가성소오다의 존재하에 발생하는 응력부식균열을 가성취성이라 한다. 이러한 응력과 부식이 결합하여 동시에 발생하게 되면 앞에서 든 예와 같이 더욱 무서운 결과를 가져오게 되며 그림 14.14에 나타낸 바와 응력부식균열이 발생하면 재료의 균열전파에 대한 저항력이 크게 낮아져 평면변형 응력확대계수가 부식이 없을 때에 비해 현저히 낮아진다.

응력부식균열의 발생은 합금의 종류에 따라 다르다. 예를 들면 황동은 암모니아 분위기에서 균열을 일으키지만 $Cl^-$ 이온의 분위기에서는 균열이 발생하지 않는다. 스테인레스강의 경우에는 암모니아 분위기에서 균열이 발생하지 않고 $Cl^-$ 이온 분위기에서 균열을 일으킨다. 또한 어떤 주어진 합금에 대해서 응력부식균열을 일으키는 환경의 수는 많지 않다. 예를 들면 스테인레스강의 경우 황산, 질산, 초산 및 순수한 물에서는 균열을 일으키지 않으며 염화물수용액에서는 균열이 발생한다. 응력부식균열에 영향을 미치는 중요한 인자는 온도, 용액의 조성, 금속성분 그리고 금속의 조직이다.

응력부식균열의 두드러진 특징은 인장응력과 특정한 환경이 함께 작용하여 발생한다는 것이다. 몇 가지 금속에 대해서 응력부식균열을 일으키는 중요 환경을 표3-3에 나타내었다. 예를 들어 스테인레스강의 경우 $Cl^-$ 이온에 의해서 응력부식균열이 발생하지만 $NO_3^-$ 이온에 의해서는 발생하지 않는다.

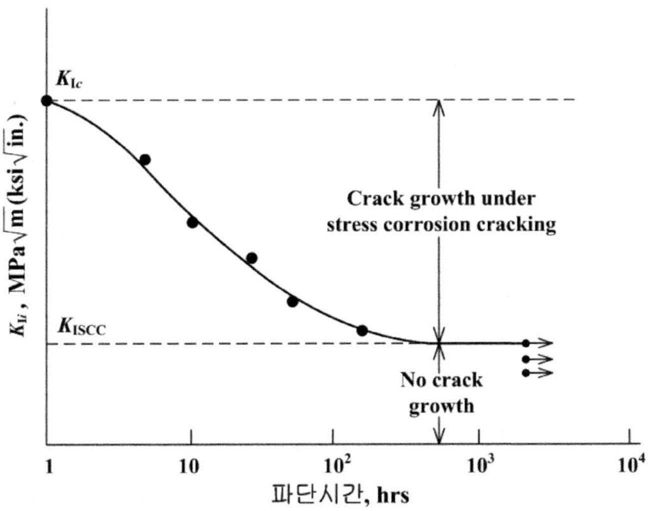


그림 14.14 응력부식균열의 발생 시 평면변형 응력확대계수 변화 도식도

표 14.2 응력부식균열을 일으키는 특정 환경

| 금 속 | 환 경 |
|---|---|
| 연강 | $NO^{-3}$, $OH^-$ |
| 고장력강 | $H_2O$ |
| 오스테나이트계 스테인레스강 | $Cl^-$, $OH^-$, $Br^-$ |
| 황동 | $NH_3$, 아민 |
| Ti합금(8%Al, 1%Mo, 1%V) | $Cl^-$, $Br^-$, $I^-$ |
| Al합금 | $H_2O$, NaCl용액 |

실제로 응력부식균열의 발생 기구는 부식연구에 있어서 해결되지 못한 커다란 문제점이기도 하다. 그러나 일반적으로 응력부식균열의 발생 기구는 크게 세 가지 형태로 나누어 설명할 수 있다. 즉 전기화학기구이론, 혼합기구이론 그리고 응력흡착균열이론이다.

1) 전기화학기구이론

입계 또는 습립면을 따라 존재하는 이종상(예 4% Cu-Al 합금으로부터 석출된 $CuAl_2$)과 기지금속 사이에 갈바닉 전지가 형성된다는 것이다. 인장응력을 받고 있는 합금이 부식용액에 노출되면 먼저 금속의 양극용해가 발생하여 균열이 만들어지고 외부응력에 의해서 균열 끝의 산화피막이 쉽게 파괴된다. 그리하여 양극부분은 다시 부식용액에 노출된다. 결정립의 전위값에 비해서 더욱 활성인 값을 가지는 결정입계의 전위값를 측정하게 됨으로써 이 기구는 설득력을 갖게 되었다.

2) 혼합기구이론

응력부식균열에 대한 전기화학적 이론을 수정하여 균열은 전기화학적 양극용해에 의해서 생성되는 것이 아니라 기계적으로 생성되며 양극용해는 단지 균열의 성장에 대한 주기적인 장애물을 제거하는 데에만 필요하다고 했다. 다시 말하면 기계적인 파괴가 제 1차적 원인이 되고 전기화학적 부식은 2차적인 원인이 된다는 것이다.

3) 응력흡착균열이론

응력부식균열은 금속의 전기화학적 용해에 의해서 발생하는 것이 아니라 환경의 유해성분이 금속표면에 흡착하게 되어 표면에 있는 금속원자 사이에 결합력이 약화됨으로 인해서 발생하게 된다. 화학적인 흡착이 금속의 종류에 따라 다르므로 유해성분도 금속에 따라 다르다. 이러한 흡착으로 인해 금속의 표면에너지가 감소되어 어떤 인장응력 하에서 균열을 생성하려는 경향이 커지게 된다. 이 기구는 전술한 Griffith이론과 관계된다.

앞서 언급한 바와 같이 응력부식균열에 대한 기구는 아직 완전히 이해되지 못하고 있다. 따라서 응력부식균열을 방지하는 방법 또한 일반적이며 경험적일 수밖에 없다. 응력부식균열을 방지 또는 줄이기 위한 방법으로는 가해지는 인장응력을 낮추는 것, 환경의 유해성분 제거, 합금성분 변화 등을 들 수 있다.

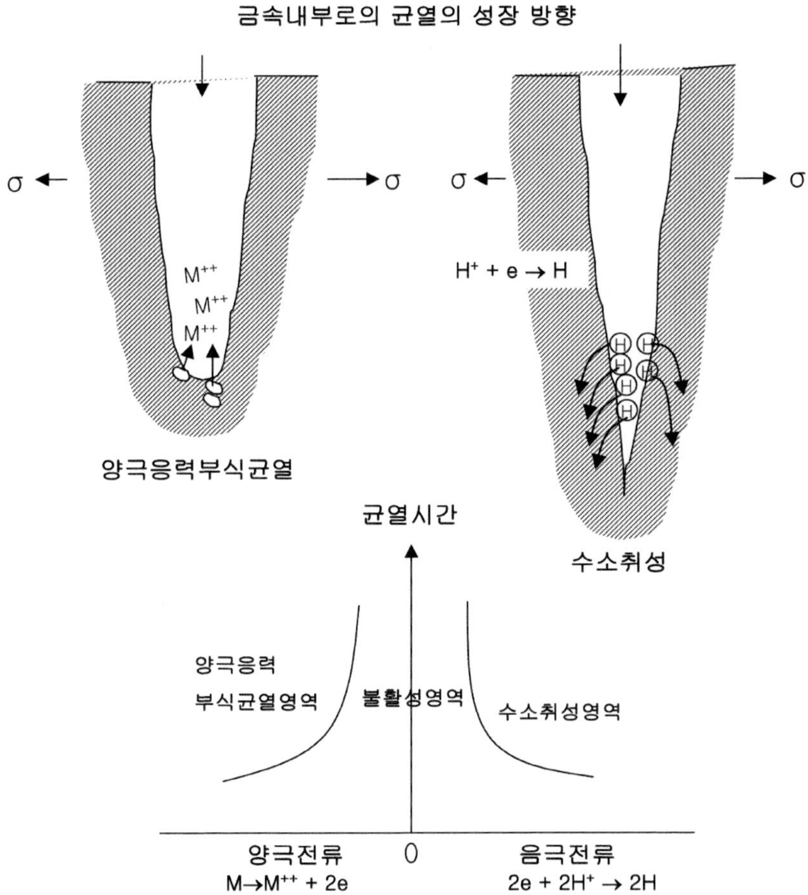


그림 14.15 양극반응에 의해서 발생하는 응력부식균열과 음극반응에 의해서 발생하는 수소균열의 도식적인 비교

### 수소균열(hydrogen cracking)

응력을 받고 있는 어떤 금속이 부식용액에 노출되면 균열을 일으키는 경우가 있다. 이때 부식용액이 어떤 특정한 것이어야 한다는 증거는 보여주지 않는다. 예를 들어 응력하의 고장력 탄소강이 황산 또는 염산용액에 담가지면 불과 몇 분 만에 균열이 발생하는 경우가 있다. 이 균열은 그 형태가 응력부식균열과 매우 흡사하지만 이것은 응력부식균열이 아니라는 사실을 알 수 있다. 그림 14.15에 보인 바와 같이 양극반응에 의해서 발생하는 응력부식균열은 외부양극 전류에 의해서 시험편이 더욱 활성으로 되고 따라서 균열이 촉진된다. 반면 음극반응에 의해서 발생되는 수소균열은 반대방향의 전류에 의해서 균열이 촉진된다.

즉 이 합금들은 음극분극시키면 균열이 더 짧은 시간에 심하게 발생한다. 이것은 앞서 설명한 130℃ $MgCl_2$용액에서의 오스테나이트계 스테인레스강의 거동과는 정 반대가 된다. 또한 수소가 금속격자 속으로 쉽게 침입할 수 있도록 도와주는 황화합물, 비소화합물

등 유해촉매를 첨가하면 균열은 훨씬 심해진다. 실제로 응력하의 많은 고장력강이 이러한 원인으로 인해서 $H_2S$를 함유하고 있는 산성용액 중에서 짧은 기간 내에 균열되는 현상을 보였다. 이러한 경우의 균열은 수소원자의 금속격자 침입에 의해서 야기된다. 즉 부식반응 중에 발생된 수소 또는 음극분극을 통해서 발생된 수소가 금속격자 속으로 침입해 들어감으로써 발생한다.

강이 침입수소를 함유하고 있다고 해서 반드시 균열이 발생하는 것은 아니다. 강 내부로 수소가 침입할 때 대부분의 경우 연성을 상실하게 된다.(수소취성 ; hydrogen embrittlement) 그러나 균열은 충분히 큰 응력 또는 잔류인장응력이 존재할 경우에만 발생하게 된다. 이러한 종류의 파괴를 수소응력균열 또는 수소균열이라 한다. 여기서 발생하는 균열은 거의 대부분 입내 균열이다. 부식반응이나 음극분극에 의해서 생성된 수소원자가 내부응력이나 잔류응력이 충분히 높은 금속 내부에 침투하게 되고, 이것이 금속내의 빈자리(void) 또는 유리한 영역에 수고원자가 확산해 가서 수소분자를 형성하게 되면 더 이상 확산이 어려워지며 이로 인한 내부압력이 형성되어 균열을 촉진시키는 것으로 설명된다.(그림 14.16)

이러한 효과는 명백히 나타나는데, 연성이 있는 금속의 경우에는 음극분극되거나 부식용액에 노출되면 수소를 포함하는 가시수포(visible bubble)를 생성하고 연성이 조금 낮은 금속의 경우에는 같은 조건하에서 균열을 일으킨다. 수소균열에 있어서 재미있는 현상은 지연균열(delayed cracking)이다. 지연균열이란 응력이 가해진 후 곧장 균열이 발생하지 않고 특정의 시간적 지연이 필요하게 되는 현상을 말한다. 이 지연시간은 응력에 거의 관계가 없으며 강중의 수소농도 증가, 경도 및 인장강도 증가 등에 따라서 감소한다. 강중에 수소농도가 낮은 경우에는 응력이 가해진 후 며칠이 지난 후에 균열이 발생하게 된다. 아무리 시간이 지난 후에도 지연균열이 발생하지 않게 되는 임계최소응력(critical minimum stress)이 존재한다. 이 임계최소응력은 강중의 수소농도가 증가할수록 감소한다. 지연균열(또는 지연파괴)은 수소가 균열의 핵 가까이의 특정영역에 확산해서 균열을 일으키기에 충분한 농도가 될 때까지의 시간 때문에 생긴다.

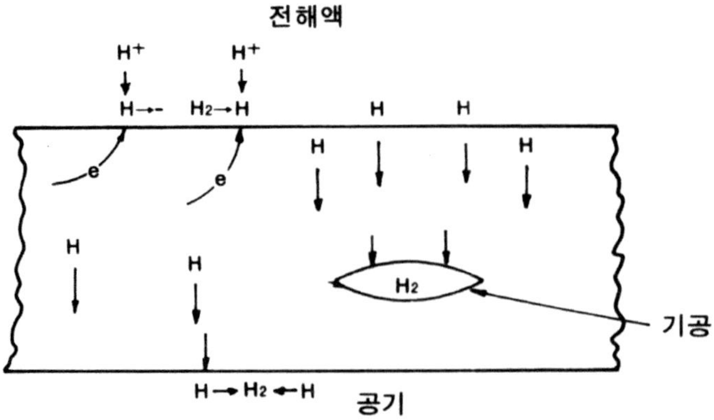


그림 14.16 수소균열의 발생기구 도식도

이 때 특정영역이라고 하는 것은 균열선단의 바로 앞에서 소성변형에 의해서 생성된 결함영역이라고 생각된다. 수소원자는 이러한 결함 영역에 우선적으로 흡수되는데 그 이유는 침입위치에 존재하는 것보다 이러한 영역에 존재하는 것이 더 낮은 에너지상태로 되기 때문이다.

균열은 불연속적으로 성장한다. 그 이유는 처음에 소성변형이 발생한 다음 이 소성변형에 의해서 생성된 결함영역으로 수소원자들이 확산해가게 됨으로써 균열이 성장하기 때문이다. 강의 표면에 날카로운 노치가 존재하면 그 밑에서는 소성변형이 촉진되고 그리하여 임계최소응력이 낮아지게 되며 지연시간은 단축된다. −110℃이하로 온도가 내려가거나 소성변형의 속도가 대단히 빠른 경우에는 수소의 확산이 매우 느리게 때문에 수소취성 또는 수소균열의 발생이 크게 억제된다.

수소균열을 방지 또는 감소시키기 위한 방법으로는, 내부에 기공이 적은 재료를 선택, 표면 피복, 부식억제제 첨가, 유해촉매성분 제거 등이 있다.

## 14.3 부식 피로

피로란 반복되는 교번응력하에서 금속이 파괴되려는 경향을 말한다. 일반적으로 피로에 의한 파괴는 항복강도보다 낮은 값의 응력에서 발생하며 응력이 클수록 파괴시간은 짧아진다. 피로에 의한 파괴와 부식피로에 의한 파괴를 그림 14.17에 도식적으로 비교하였다.

그림에서 볼 수 있듯이 피로파괴는 넓은 영역의 밝고 매끈한 표면과 좁은 영역의 거친 표면으로 되어 있으며 거친 표면은 어느 정도 결정의 형태를 나타낸다. 부식피로란 부식용액의 존재로 인해서 피로저항이 감소되는 현상을 말한다.

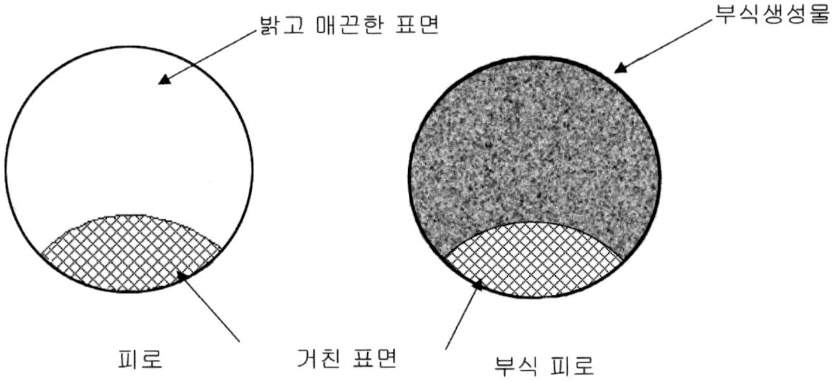


**그림 14.17** 피로에 의한 파괴와 부식피로에 의한 파괴의 비교

따라서 부식피로는 파괴의 외관에 의해서 정의되지 않고 기계적 성질에 의해서 정의된다. 그림 14.17은 부식피로에 의한 파괴의 형태를 도식적으로 나타낸 것이다. 넓은 영역이 부식 생성물로 덮여 있으며 좁은 영역이 마지막의 취성파괴로 인해 거칠게 되어 있다. 여기서 주의해야 할 것은 피로파괴점(fatigue-fracture point)에 부식생성물이 있다고 해서 반드시 부식피로는 아니라는 사실이다. 외관상의 녹(rust)은 보통의 피로파괴에서도 발생한다. 따라서 녹 또는 다른 부식생성물이 있다고 해서 피로수명이 반드시 영향을 받았다고 말할 수 없는 것이다. 이것은 부식피로시험에 의해서만 결정되어질 수 있다.

그림 14.18에는 보통의 피로에 대한 그리고 부식용액의 존재하에서 발생하는 부식피로에 대한 S-N곡선을 나타내었다. 부식용액의 존재로 인해서 피로저항이 감소된다는 사실을 알 수 있다.

부식분위기에서는 어떤 주어진 응력 값에서 파괴가 더 적은 싸이클에서 발생하게 되며 피로한도는 관찰되어지지 않는다. 다시 말하면 싸이클의 수가 충분히 많으면 어떤 외부응력에서도 파괴가 발생하게 된다는 뜻이다. 이처럼 반복되는 교번응력과 부식분위기가 결합해서 나타나는 금속의 파괴현상을 부식피로라 하는 것이다. 결국 부식피로란 응력부식균열의 한 특수한 형태라 말 할 수 있다.

부식피로균열은 입내균열의 전형적인 형태이며 균열이 가지(branch)를 뻗는 경우도 있다(그림 14.19). 피로균열도 입내균열의 형태를 보이기는 하지만(예외: 납, 주석) 한 개의 균열 외에 다른 가지는 관찰되지 않는다.

부식피로를 일으키는 용액은 대단히 많으며 응력부식균열의 경우와는 달리 특정한 것이 아니다. 응력부식균열의 경우에는 어떤 특정한 이온과 금속의 결합에 의해서만 파괴가 발생한다는 것을 앞서 언급했다. 예를 들면 연강의 경우 $NO_3^-$, $OH^-$에 의해 응력부식균열이 발생한다.

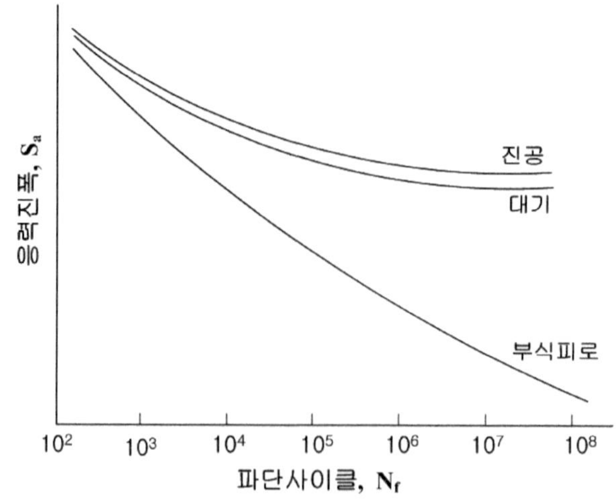


**그림 14.18** 피로와 부식피로에 대한 S-N 곡선

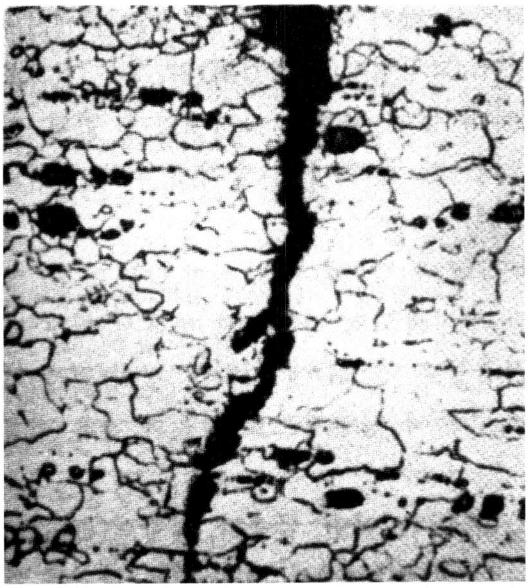

그림 14.19 연강에서 나타난 부식피로 균열(x250)

이에 비해 강의 피로부식은 담수(fresh water), 해수, 연소생성물 및 일반적인 화학분위기 등 대부분의 모든 분위기에서 발생하며 균일부식속도가 빠른 분위기일수록 피로수명은 더욱 짧아진다.

대기 중에서 안전하게 작동되도록 피로한도 이하의 응력으로 설계된 진동물체에서 예기치 않은 파괴가 발생하는 것은 부식피로 때문이다. 대기 중에서 행해지는 피로시험은 산소 또는 습기에 의 영향을 받기 때문에 결과적으로 부식피로의 측정이 된다. 구리의 경우 대기 중에서 행한 실험에 비해서 부분진공에서 행한 실험이 약 14% 정도 더 증가된 피로한도(또는 내구한도)를 보여주었다. 그리고 연강의 경우에는 약 5%가, 70-30황동의 경우에는 약 26%가 더 증가되는 현상을 나타내었다.

담수 또는 염수는 구리의 부식피로보다 강의 부식피로에 더 큰 영향을 미친다. 스테인레스강, Ni 및 Ni 합금들의 부식피로도 강에 비해서 담수 및 염수의 영향을 적게 받는다. 이러한 금속 및 합금들은 강에 비해서 전위가 더 귀(noble)하다는 사실을 주시할 필요가 있다. 그리하여 일반적으로 부식피로에 대한 어떤 금속의 저항력은 그 금속의 기계적 강도보다 내식성과 더 깊은 관계를 가지고 있다.

부식피로강도(corrosion fatigue strength)란 어떤 주어진 싸이클 수에서 그 이하 값에서는 손상이 발생하지 않는 응력값을 말한다. 몇 개의 금속 및 합금에 대한 부식피로강도의 값이 표 14.3에 나타나 있다. 이 값은 환경에 따라 변하는 것은 물론이며 응력속도, 온도, 통기 등에 따라서도 달라진다. 따라서 이 값들은 서로 다른 금속들을 정성적으로 비교하는 데 사용되어질 수 있을 뿐이다.

표 14.3 금속 및 합금의 피로한도와 부식피로강도(D. McAdam)

| 금속(합금) | 공기중에서의 피로한도 (10000 psi) | 부식피로강도 (10000psi) | | 부식피로강도/피로한도 | |
|---|---|---|---|---|---|
| | | 담수 | 염수 | 담수 | 염수 |
| 강(0.11%C), 어닐링 | 2.5 | 1.6 | | 0.64 | |
| 강(0.16%C), 퀜칭 후 템퍼링 | 3.5 | 2.0 | 0.7 | 0.57 | 0.20 |
| 강(1.09%C), 어닐링 | 4.2 | 2.3 | | 0.55 | |
| 강(3.5%N, 0.3%C), 어닐링 | 4.9 | 2.9 | | 0.59 | |
| 강(0.9%Cr, 0.1%V, 0.5%C), 어닐링 | 4.2 | 2.2 | | 0.52 | |
| 강(13.8%Cr, 0.1%C), 퀜칭 후 템퍼링 | 5.0 | 3.5 | 1.8 | 0.7 | 0.36 |
| 강(17%Cr, 8%Ni, 0.2%C), 열간압연 | 5.0 | 5.0 | 2.5 | 1.00 | 0.50 |
| Ni(98.96%), 760℃에서 어닐링 | 3.3 | 2.35 | 2.15 | 0.71 | 0.65 |
| Monel(67.5%Ni, 29.5%Cu), 760℃ 어닐링 | 3.65 | 2.6 | 2.8 | 0.71 | 0.77 |
| 21%Ni-78%Cu합금, 760℃에서 어닐링 | 1.9 | 1.8 | 1.8 | 0.95 | 0.95 |
| Cu, 650℃에서 어닐링 | 0.98 | 1.0 | 1.0 | 1.02 | 1.02 |
| Al(99.4%), 어닐링 | 0.59 | | 0.21 | | 0.36 |
| Al(98%, 1.2%Mn) | 1.07 | 0.55 | 0.38 | 0.51 | 0.36 |
| 두랄루민, 템퍼링 | 1.7 | 0.77 | 0.65 | 0.45 | 0.38 |
| 황동(60-40), 어닐링 | 2.1 | 1.8 | | 0.86 | |

※ 담수: 2ppm $CaSO_4$, 200ppm $CaCO_3$, 17ppm $MgCl_2$, 140ppm NaCl

※ 부식피로강도의 값은 1450cycles/min에서 $10^7$~$10^8$싸이클에서의 값이다.

표 14.3에는 피로한도의 값과 부식피로강도와 피로한도의 비(ratio)를 통해 부식피로강도와 인장강도 사이에는 뚜렷한 관계가 없으며 내식성합금, 즉 Cr을 포함하고 있는 스테인레스강은 다른 강에 비해서 부식피로강도가 훨씬 크고, 모든 금속의 부식피로강도가 담수에서보다 염수에서 더 낮은 값을 보였다.

### 발생기구

대기 중에서의 피로는 응력에 의해서 금속결정내에 국부적인 슬립이 발생하게 되어 금속표면에 슬립스텝(slip step)이 생성됨으로써 야기된다. 금속 표면의 슬립스텝에 산소가 흡착되기 때문에 역방향의 응력 사이클에서 이 슬립스텝이 다시 용접되지 못하고 남게 된다. 계속해서 이러한 슬립스텝이 생겨나 슬립대(slip band)를 형성하게 된다. 이 슬립대는 금속표면위로 튀어나오게(extrusion) 되고 균열이 표면에 생성된다(intrusion).

피로한도이하의 값에서는 소성변형의 싸이클이 반복됨에 따라 가공경화가 일어나서 더 이상의 슬립이 진행되지 못하게 되며 따라서 피로과정이 중지된다.

부식분위기에서는 피로한도(또는 내구한도)가 없어지게 되며 피로한도 이상의 응력에서는 피로수명이 감소하게 된다. 이러한 현상이 일어나는 원인은 금속표면의 슬립스텝에 축적되어 있는 소성변형에 대한 장벽(전위(dislocation)와 같은)이 제거되어지기 때문이다. 또한 부식과정으로 인해 표면에너지가 감소됨으로써 소성변형이 더 쉬어지게 되고 따라서 슬립스텝이 계속 생성될 수 있다. 결국 부식분위기에서는 피로과정에 따르는 굴곡(extrusion and intrusion)이 피로한도 이하의 응력에서도 성장하게 되고 피로한도 이상의 응력에서는 더욱 촉진된다는 결론을 내릴 수 있다.

순금속의 경우 균일부식이 발생할 수 있기 때문에 부식피로도 또한 발생할 수 있다. 이러한 현상은 응력부식균열과는 반대되는 현상으로서 순금속이 응력부식균열에 대한 저항력이 매우 크다는 것은 이미 설명되었다.

### 부식피로의 방지법

부식피로를 방지하는 데에는 여러 가지 방법이 있다. 금속 또는 합금의 인장강도를 증가시키면 피로에 대한 저항력은 커지지만 부식피로에는 오히려 나쁜 영향을 미치게 된다. 높은 인장강도를 가진 금속 또는 합금은 균열의 생성에 대한 저항력이 매우 크지만 일단 균열이 생성되고 나면 낮은 강도를 갖는 재료에 비해 훨씬 빠른 속도로 성장을 하게 된다. 부식분위기에서는 균열이 보다 쉽게 생성될 수 있으며 이 생성된 균열은 강도가 큰 금속일수록 더욱 쉽게 성장하게 된다.

부식피로는 응력을 줄임으로써 감소시킬 수 있다. 이러한 응력의 감소는 설계. 응력제거어닐링(stress relief annealing) 또는 shot-peening에 의해서 행해 질 수 있다. 부식억제제를 첨가하는 방법, Zn, Cd, Cr, Ni, Cu, 등으로 전기도금할 경우에 피복(coating)내에 인장응력이 생기지 않도록 주의해야 한다. 예로서 연강의 경우를 생각해 보자. 염용액을 탈기(deaeration)시키면 대기 중에서의 피로한도가 다시 나타난다. 즉 부식피로가 줄어든다. 음극방식에 의해서도 동일한 효과를 얻을 수 있다. 부식방지제의 첨가에 의해서도 강의 부식피로를 줄일 수 있는데 예를 들면 수돗물에 200ppm의 $Na_2Cr2O_7$을 첨가하면 0.35% C탄소강의 부식피로가 대기 중에서의 피로와 비슷한 상태로 줄어든다는 것이 실험결과 밝혀졌다. 아연과 카드뮴등의 도금은 강을 음극보호하게 되어 부식피로를 감소시킨다. 강의 부식피로에 대한 현상은 1916년 B. Haigh에 의해서 처음 관찰되었는데, 그는 해수에서 사용되고 있는 강제예인선이 예상보다 일찍 파괴되는 것을 확인했으며 갈바나이징한 결과 수명이 훨씬 길어진다는 사실도 밝혔다.

# 연습문제

**14.1** 재료의 부식손실에는 직접손실과 간접손실이 있다. 대양을 항해하던 컨테이너 선박이 운항중 해수부식으로 인한 연료관의 기름누설로 운항이 불가하여 예인선의 도움으로 예정보다 늦게 목적지에 도착하는 경우에 대한 직접손실과 간접손실을 예측하시오.

**14.2** 전기화학적 반응이 일어나기 위한 세 가지 요건을 들고 설명하시오.

**14.3** 염산(HCl)에서 일어나는 아연(Zn)의 부식반응시 양극반응과 음극반응을 제시한 후 음극분극(cathodic polarization)과 양극분극(anodic polarization) 현상을 설명하시오.

**14.4** 갈바닉 부식에서 기전력 계열(EMF series) 이외에 부식속도에 영향을 미치는 인자를 들고 그 영향도를 설명하시오.

**14.5** 틈부식(crevice corrosion)의 자기촉매(autocatalytic)과정에 대해 설명하시오.

**14.6** 틈부식(crevice corrosion)의 방지방안을 들고 설명하시오.

**14.7** 공식(pitting)과 틈부식(crevice corrosion)의 유사점과 차이점을 설명하시오.

**14.8** 공식(pitting)이 발생하기 위한 초기단계 상황에 대해 설명하시오.

**14.9** 18-8 스테인레스강에서 일어나는 예민화(sensitization) 현상에 대해 설명하고 이의 방지대책을 제시하시오.

**14.10** 재료의 강도가 침식부식(erosion corrosion)에 미치는 영향도를 설명하시오.

**14.11** 캐비테이션 부식(cavitation corrosion)과 공식(pitting) 의 유사점과 차이점을 설명하시오.

**14.12** 프레팅(fretting) 부식의 두 가지 중요한 발생기구인 마모산화와 산화마모 이론을 설명하고 접촉하는 금속면의 강도 차이가 클 경우와 작을 경우에 대해 두 이론의 적용 타당성을 논하시오.

**14.13** 응력부식균열(stress corrosion cracking)의 입내전파 특성을 여타 입내균열 전파와 비교 설명하시오.

**14.14** 응력부식균열(stress corrosion cracking)과 수소균열(hydrogen cracking)의 차이점을 발생기구 측면에서 비교 설명하시오.

**14.15** 수소균열(hydrogen cracking)의 발생기구 중에 수소분자의 형성이 내부응력을 증가시켜 균열을 일으킨다는 이론이 있다. 금속격자로 확산해 존재하고 있는 수소원자가 수소분자를 형성하려면 어떤 조건이 필요한지 설명하시오.

**14.16** 일반 피로파괴와 부식피로(corrosion fatigue)에 의한 파면형태를 비교 설명하시오.

# 제 15 장 마멸 거동

## 15.1 마멸

마멸(wear)이란 금속이 주위 환경과의 기계적 또는 물리적 접촉에 의해 열화 또는 파손되어 유용한 가치를 상실하는 것을 의미하며 보다 구체적으로는 상대접촉 또는 마찰운동을 하는 두 물체 이상에서 접촉표면의 물질 일부가 물체로부터 이탈하는 현상으로 정의할 수 있다. 이러한 마멸이 어떠한 기구에 의해 발생하는가에 대한 연구는 많이 진행되었지만, 아직도 마멸 발생에 대한 이해가 부족한 경우가 더 많다. 마멸은 물체의 표면에서 발생하는 당연한 현상으로 받아들이고 있으며, 상대접촉 마찰 운동표면에서 마멸은 피할 수 없다. 따라서 기계에서 발생하는 마멸의 특성을 파악하여 가능한 줄이거나 마멸 진행속도를 예측하려는 기술개발과 마멸 발생을 최대한 방지할 수 있는 기술개발을 병행해 왔다. 마멸의 진행속도나 발생량 등은 하중, 속도, 환경적 요인 등과 같은 사용조건에 의해 결정되므로, 이러한 설계조건이나 사용 환경을 고려하여 마멸에 대한 적절한 설계와 소재의 선정, 윤활유 등에 의한 완화기술이 가장 중요한 대책일 것이다. 여기에 마멸에 대한 예측을 위해 마멸 발생량, 하중 및 속도, 사용 환경 조건들을 모두 연계시켜 시스템적인 마멸 관리를 통하여 기계장치나 마멸부품의 수명을 정확히 예측하고, 교체시기를 조정하는 등의 부차적 기술이 중요하다. 특히, 베어링, 기어, 시일, 절삭공구 등과 같은 기계장치 구동부의 핵심부품에 대한 마멸관리는 기계시스템의 내구성과 생산성, 생산제품의 품질성에 직결되는 설비관리 포인트로 프로세스 생산업체에서는 윤활유와 더불어 가장 중요하게 관리하고 있다. 따라서 재료의 마멸거동에 대한 깊은 이해능력은 제품의 생산성과 품질개선, 안전성의 확보에 직접적으로 관계가 있기 때문에 중요하게 다루어진다.

## 15.2 마멸거동 분석

마멸은 상대접촉 마찰운동을 하는 두 물체의 표면에서 불가피하게 발생하는 작은 입자들의 소모적 이탈현상이다. 소재의 표면에서 발생하는 마멸은 지극히 상대적인 개념이며 마찰표면의 윤활 조건이나 기계장치의 공정과 밀접한 연관을 맺어 마멸에 의한 수명이나 성능을 종합적으로 판단하는 것이 중요하다. 예를 들면, 치수 형상의 변화로 작동하는 영역이 μm 이하의 영역에서는 미세한 마멸입자로 인해 기계의 성능에 문제가 생길 수 있지만, mm 단위의 공차에서 운전하는 요소부품의 마멸은 어느 정도 진행하여도 성능이나 작동성에 별다른 영향을 받지 않는 경우도 있다.

실제의 마찰접촉 운동조건에서 발생하는 대부분의 마멸은 한 가지 원인에 의해 발생하는 것이 아니라 여러 가지 원인이 복합적으로 작용하여 마멸이라는 최종적인 물리적 형태로 나타난다.

마멸 분석(wear analysis)은 기술과 장비를 통해 마멸문제를 분석하고 또한 새로운 설계 방법으로 마멸 문제를 해결하는데 사용될 수 있는 공학적인 방법으로서 이러한 방법이 유용하게 사용될 수 있는 몇 가지 상황을 표 15.1에 나타내었다.

**표 15.1** 마멸분석이 유용한 공학적 상황

| 분 류 | 공학적 상황 |
|---|---|
| 수명분석 | • 설치된 장비에서 마멸수명이 감소된 경우<br>• 설치된 동일 장비에서 마멸수명의 차이가 발생한 경우<br>• 개발하고자하는 장비에서 허용할 수 없는 마멸 수명이 발생한 경우 |
| 설계변경 | • 설계 변경의 영향을 평가하고자 하는 경우<br>• 기존 장비에 새로운 적용을 하고자 할 때 그 영향을 평가하고자 할 경우<br>• 새로운 장비를 설계하고자 할 경우<br>• 설계 강화를 하고자 할 경우 |

이 방법의 기본개념은 마멸상황에 맞는 모델을 개발하고 이 모델을 이용해서 만족스러운 마멸성능을 얻을 수 있는 설계 변수를 선정하는 것이다. 마멸 분석이 수행되어야 하는 목적과 마멸 상황의 복잡성에 따라서 완벽한 모델을 사용할 수도 있고 경우에 따라서는 어느 정도 근접한 모델들을 사용하기도 한다. 마멸분석과정은 이론적인 기법과 실험적인 기법의 조합으로 구성되어 있는데, 마멸거동의 정성적인 면과 정량적인 면을 고려하게 된다. 마멸분석이 단지 어떤 기계요소의 재료를 평가하기 위해 마멸시험을 수행하는 것이라고도 할 수 있지만 이는 본질적인 것이 아니다. 때때로 재료평가를 하지 않고 이용 가능한 기존의 재료 데이터만을 이용해서 유용한 마멸분석이 수행되기도 하며 이는 많은 공학적인 상황에서 요구되는 특성이기도 하다. 더 나아가 마멸 분석은 마멸 문제를 해결하는 수단으로서

단순한 재료의 교체에 초점을 두지 않는다. 마멸분석은 재료의 선정을 포함해서 주어진 상황에서 마멸거동에 영향을 줄 수 있는 모든 인자를 고려해야 한다. 예를 들면, 적절한 마멸 성능을 얻기 위해서 접촉형상이나 조립절차 또는 윤활유 공급방법을 변경하거나 불필요한 운동을 제거하는 것까지도 마멸분석이라 할 수 있다.

재료의 마멸시험은 마멸분석에 필수적인 요소가 아니지만 정량적인 마멸데이터와 수학적인 관계식의 사용은 마멸분석에 있어 필수적이다. 이는 마멸상황을 이해하고 해결방법을 찾고 마멸 모델의 기초를 제공하는 데도 도움이 될 수 있다. 일반적인 공학적 상황에서는 아주 기초적이고 근사화된 마멸관계식과 데이터 분석기술만으로도 충분한 경우가 대부분이나 분석의 목적이나 마멸상황의 특성에 따라서는 보다 복잡하고 특수한 관계식 그리고 보다 정교한 데이터 분석기술을 사용해야 한다.

## 15.3 마멸거동 분석방법

개념적으로 마멸거동 분석방법은 마멸거동에 대한 공학적인 모델을 개발하고 이 모델을 이용해서 마멸성능을 향상시킬 수 있는 설계변수를 규명하는 것이라 할 수 있다.

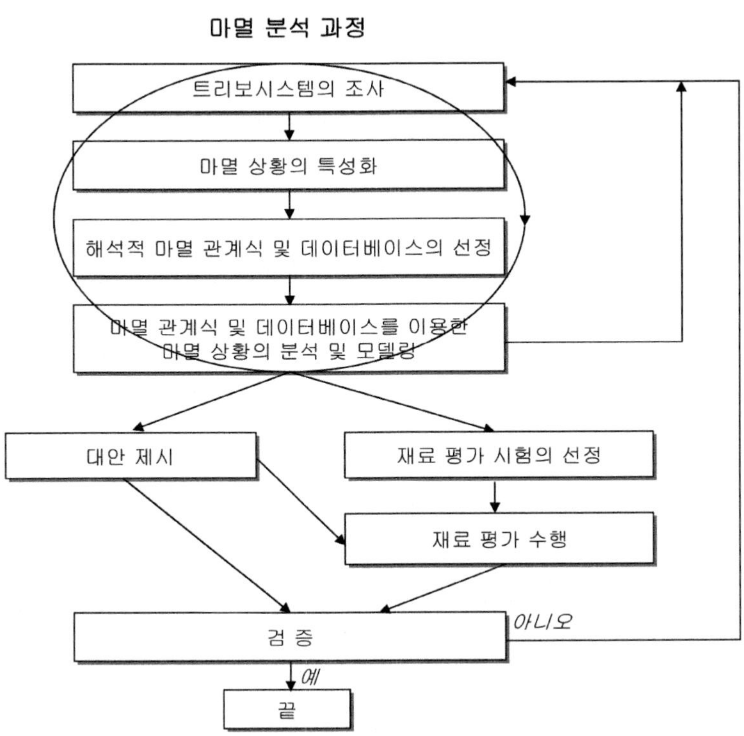


그림 15.1 마멸분석 과정의 흐름도

이에 대한 일반적인 절차는 그림 15.1에 나타낸 것과 같다. 이 마멸분석과정은 마멸상황을 조사하는 것으로 시작해서 제안된 해결책을 검증하는 것으로 끝난다.

공학적 모델의 기초적 토대가 되는 기본적인 마멸관계식을 정하기 위해서는 조사(examination) 및 특성화(characterization) 단계가 필요하다. 일단 모델이 개발되면 재료의 마멸시험이 필요한지 여부와 동시에 마멸 문제의 해결 대책을 세울 수 있다. 마멸거동은 복잡하고 다양한 특성을 가지고 있고 마멸이론들 역시 불완전하기 때문에 반드시 모델링과 검증(modelling and verification)의 단계가 필요하다.

### 조사

기본적으로 마멸분석 중 조사단계는 마멸된 부품 및 마멸에 영향을 줄 수 있는 모든 요소들에 대한 정보를 수집하는 것이다. 이것은 마멸부품의 특성, 접촉부분, 부품의 연결 상태, 환경적 조건, 작동조건 그리고 영향인자들에 대한 정보를 얻는 것을 의미한다. 조사과정 동안에 얻은 데이터들은 정량적이거나 정성적일 수 있으나 마멸의 크기, 사용기간, 하중, 속도, 온도, 습도 등의 작동조건 및 환경조건들도 정량적으로 표현되어야 한다. 마멸분석 절차의 단계에서 확인되어야 할 정보들을 표 15.2에 나타내었다.

**표 15.2** 마멸분석에 필요한 데이터

| 분류 기준 | 데이터 항목 |
|---|---|
| 기계요소 | 형상, 치수, 재료 |
| 접촉 조건 | 방향성, 위치, 하중, 운동형태 |
| 윤활 | 윤활방법, 윤활제, 조건 |
| 환경 | 온도, 습도, 대기, 오염물질 |
| 마멸 | 마멸량, 사용량, 외관, 마멸의 위치 |

### 특성화

마멸거동은 복잡하고 이 마멸거동을 표현하는데 다양한 관계식들이 사용될 수 있기 때문에 특성화 단계는 마멸분석에 있어 필수적인 요소이다. 마멸상황의 특성화는 마멸거동에 대한 적절한 관계식을 선정하고 관련 데이터베이스들을 얻을 수 있는 기초가 된다. 기본적으로 이것은 수집한 데이터들을 마멸상태에 맞는 유용한 표현들로 통합하는 것이다. 우선적으로 특성화는 마멸분석을 수행하는데 고려해야 할 필요가 있는 가능성의 수를 제한하는 기능을 한다. 즉, 특성화가 덜 구체적이면 더 많은 관계식과 데이터베이스를 고려해야 하는 반면, 특성화가 구체적일수록 그 수를 줄일 수 있다. 초기 특성화가 너무 광범위하거나 불완전하거나 또는 부정확할 때는 추가적인 관찰과 모델링 및 평가과정을 통해 좀 더 구체화 할 수 있다.

표 15.3 마멸상황에 대한 초기 특성화의 예

| | 사례 1 | 사례 2 |
|---|---|---|
| 운동형태 | 왕복 미끄럼 운동 | 한 방향으로만 미끄럼운동; 리턴(return) 스트로크 동안에는 작은 부재가 분리됨 |
| 형상 | 평판 대 평판 | 평판 대 실린더 ; 실린더가 작은 부재임 |
| 하중 | 겉보기에 일정한 하중 | 평판위에 실린더가 스프링으로 하중을 부가함 ; 겉보기에 일정 |
| 재료 | 연강(큰 평판), 경강(작은 평판) | 두 부재는 경강 |
| 윤활 | 얇은 오일막 | 없음 |
| 마멸특성 | (a) 가벼운 미끄럼 마멸 특성<br>(b) 불균일한 마멸트랙, misalignment 예상됨 | (a) 넓은 표면위에 단속적인 마멸트랙, 미끄럼동안 분리와 충격의 연속<br>(b) 충격과 미끄럼에 의한 전형적인 마멸 특성 |
| 거칠기 | 연삭된 표면으로 0.25-1$\mu$m, CLA | 연마된 표면으로 0.2-0.5$\mu$m, CLA |
| 환경 | 실내 | 실내 |
| 마멸 및 사용량 | 큰 평판에 마멸트랙, 작동 6개월 후 250-1000$\mu$m 깊이; 경한 부분에는 마멸이 관찰되지 않음; 10rpm, 16hr/day의 조건으로 작동 | 대략적으로 104사이클 후에 실린더 표면이 200$\mu$m 벗겨짐 |

표 15.3에 특성화의 예를 나타내었다.

## 모델링 및 검증

모델링과 검증단계는 마멸분석의 핵심으로 주로 수학적인 관계식을 사용하여 기계요소의 마멸을 표현하고 설계변수를 검증하는 것이다. 마멸 분석을 위해 사용될 수 있는 일반화된 관계식들은 크게 세 가지로 분류되는데, 첫 번째는 다양한 마멸모드로부터 제시된 실험적 모델이다. 표 15.4에 마멸 모드 관계식의 예를 제시하였다.

표 15.4 마멸 모드 관계식의 예

| 마멸모드 | 관계식 |
|---|---|
| 선형 미끄럼 마멸 관계식 | $V = KPS$<br>$V$ : 마멸량 $P$ : 수직하중 $S$ : 미끄럼 거리 $K$ : 실험적 마멸 상수 |
| 미끄럼 마멸 에너지 식 | $d\left(\frac{Q}{(\tau_{\max} W)^{9/2}}\right) = CdN$<br>$Q$ : 마멸 흔적의 단면적 $\tau_{\max}$: 최대 전단응력<br>$W$ : 미끄럼 방향의 접촉폭 $N$ : 슬라이딩 횟수 $C$: 실험 상수 |

| | |
|---|---|
| 구름운동 Palmgren식 | $P_1^3 N_1 = P_2^3 N_2$<br>$N_1$ : 하중 $P_1$으로 파괴가 일어날 때까지의 회전수<br>$N_2$ : 하중 $P_2$으로 파괴가 일어날 때까지의 회전수 |
| 충격에 의한 마멸 관계식 | $V = Kv^n N$<br>$V$: 마멸량 $v$ : 충격 속도 $N$ : 충격의 수 $K$ & $n$ : 실험 상수 |
| 복합 충격에 의한 제로 마멸 관계식 | $N_0 = \frac{2000}{1+\beta}\left(\Gamma_r \frac{\sigma_y}{\sigma_m}\right)^9$<br>$N_o$ : 제로 마멸을 넘는 충격의 수 $\sigma_y$ : 인장 항복응력<br>$\sigma_m$ : 최대 접촉 응력 $\Gamma_r$ & $\beta$ : 실험 상수 |

두 번째는 마멸기구로부터 제시된 모델들로 표 15.5에 마멸 기구 관계식들을 제시하였다. 세 번째는 어느 특별한 인자가 마멸에 미치는 영향을 나타내는 데이터로서, 일반적으로 수학적인 관계식을 얻기 위해 회귀분석(regression analysis)의 형태로 사용한다. 그림 15.2에 회귀분석의 예를 도시하였는데 이는 표면 거칠기가 갈링(galling)의 임계응력에 미치는 영향을 나타낸 것이다.

**표 15.5** 마멸 기구 관계식의 예

| 마멸기구 | 관계식 |
|---|---|
| 응착마멸 관계식 | $V = \frac{KPS}{3p}$<br>$V$: 마멸량 $P$ : 수직하중 $S$ : 미끄럼 거리<br>$P$ : 경도 $K$ : 실험상수 |
| 연삭마멸 관계식 | $V = \frac{2k\ \tan\theta Ps}{\pi p}$<br>$V$ : 마멸량 $P$ : 수직하중 $S$ : 슬라이딩 거리<br>$P$ : 경도 θ: 연마재가 개재된 각도 $K$ : 실험상수 |
| 회전 실린더 판상박리 마멸관계식 | $V = \frac{n\pi dLhN}{R}$<br>$V$ : 마멸량 $n$ : $R$ 회전후 마멸되어 떨어져나간 층의 수<br>$L$ : 접촉길이 $d$ : 실린더 직경 $h$ : 층의 두께 $N$ : 회전수 |
| 가벼운 산화 마멸 관계식 | $\dot{V} = \frac{dA\beta e^{-\frac{Q}{rt}}}{vf^2\rho_0^2 \cdot \xi_c^2}$<br>$\xi_c^2$: 임계산화막두께 $d$ : 접촉부의 직경 $\rho_o$ : 산화물의 밀도<br>$v$ : 미끄럼 속도 $\beta$ : Arrhenius 상수 $Q$ : 활성화 에너지<br>$R$ : 일반기체상수 $T$ : 온도 $A$ : 실접촉면적<br>$f$ : 산화물 산소의 분율 $\dot{V}$: 미끄럼 거리당 마멸량 |

마멸 분석시 사용되는 이상의 관계식 중 가장 중요한 것은 다양한 마멸 모드로부터 파생된 실험적 모델, 즉 마멸 모드 관계식이다. 마멸 모드 관계식들은 가장 널리 활용되고 있으며 종종 아무런 수정 없이 주어진 식 자체만으로도 사용될 수도 있다. 그러나 어떤 경우에서는 이러한 관계식이 적절하지 않을 수도 있으며 이 경우 다른 두 가지 부류의 관계식들을 통해 마멸 모드 관계식들을 수정하고 확장시켜 사용할 수도 있다. 또 어떠한 경우에서는 적당한 마멸 모드 관계식이 아예 유용하지 않을 수 있는데, 이 경우 마멸 기구 관계식이나 혹은 마멸 데이터의 회귀분석에 근거한 관계식 등이 사용될 수 있다. 다양한 마멸모드로부터 제시된 실험적 모델들은 실험 및 가용 데이터를 이용하여 검증절차를 거쳐야지만 신뢰성 있는 분석결과를 얻을 수 있으며 원치 않는 판단오류를 피할 수 있다.

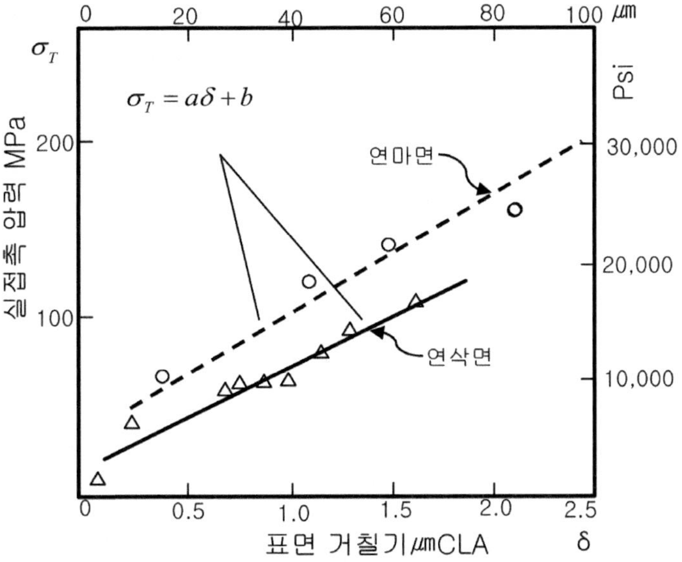


**그림 15.2** 표면 거칠기가 갈링의 임계응력에 미치는 영향에 대한 회귀분석

## 15.4 마멸거동의 분류

마멸은 상대접촉 마찰운동을 하는 두 물체의 표면으로부터 크고 작은 입자들이 물리적으로 화학적으로 이탈하는 현상으로 여러 발생기구가 단독 또는 복합적으로 관여되는 거동을 보인다.

### 응착 마멸

두 물체의 마찰계면이 오염 없이 화학적으로 청정하다면 마찰운동을 하는 두 표면의 원자들 상호간에는 서로 잡아당기려는 인력이 작용하게 된다. 이러한 상호접촉 마찰과정에서 발생하는 인력이 접촉 마찰소재의 전단강도보다 높아지면, 상대적으로 약한 소재의 접촉점에서는 마멸입자가 떨어져 나오는데, 이러한 현상을 응착 마멸(adhesive wear)이라 한다.

그림 15.3은 마찰접촉 운동면에서 발생한 응착마멸 입자들이 발생하는 프로세스를 보여주고 있다. 접촉표면에서의 높은 국부응력으로 접점부 응착이 발생하고 이 부분이 분리 탈락되는 과정을 보여주고 있다.

두 소재가 마찰접촉 운동을 하는 동안에 마찰 접촉면의 응착에 의해 달라붙은 응착 경계면의 전단응력이 상대적으로 연(soft)한 소재의 전단강도보다 커지면서 응착 마멸은 연한 소재를 따라 마멸현상이 진행되게 된다.

### 연삭 마멸

거칠고 단단한 표면이나 또는 거친 입자를 포함한 경(hard)한 표면이 상대적으로 연한 소재의 표면을 상대접촉하면서 마찰운동을 할 때, 경한 표면의 연삭 작용에 의해 연한 소재의 표면 물질 일부가 떨어져 나가는 현상이 발생하는데, 이것을 연삭 마멸(abrasive wear)이라 한다. 연삭 마멸은 마찰접촉 운동을 하는 두 물체 사이에 단단한 입자들이 마찰표면 내부로 침투함으로써 일어나기도 한다.

표면가공 공정에서 그라인딩, 호닝, 그리고 래핑과 같은 초정밀 연마작업을 통해 물체의 표면을 가공하는 것은 바로 연삭마멸 과정의 일종이라 할 수 있다. 그림 15.4는 두 물체 사이에서 발생하는 연삭마멸의 발생 기구를 보여주고 있다.

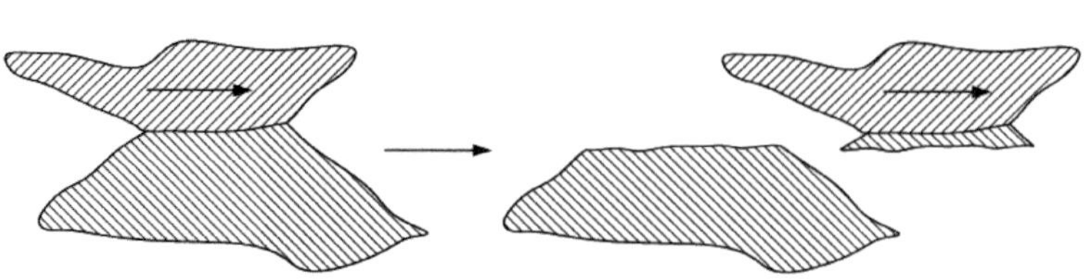

그림 15.3 응착마멸의 발생기구

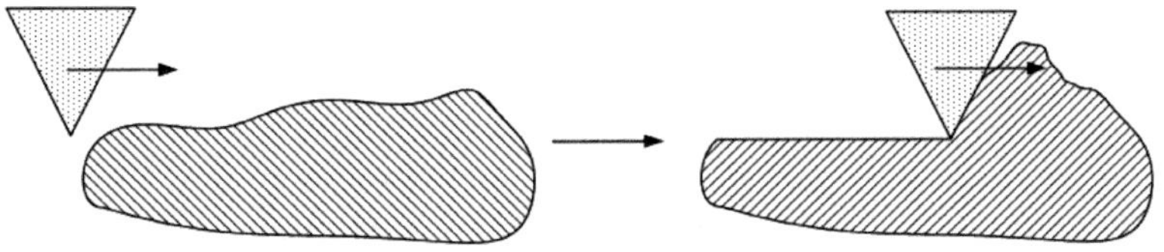

그림 15.4 연삭마멸의 발생기구

### 부식 마모

부식 환경 하에서 상대접촉 운동을 하는 마찰표면에서 일어날 수 있는 현상으로, 접촉 표면을 둘러싸고 있는 주변의 부식 환경과 접촉 표면과의 화학적 작용으로 생긴 부식화합물이 물체의 표면으로부터 서서히 떨어져 나가는 것을 부식 마모(corrosive wear)라 한다. 부식 마모는 사용 소재가 부식 환경에 노출되면서 발생하는 것으로 부식 분위기에 물체가 노출되지 않으면 부식 마모는 일어나지 않는다.

부식 마모는 정지 또는 상대접촉 운동이 부식 환경에서 진행되므로 접촉 표면에서의 화학적인 반응에 크게 영향을 받게 된다. 예를 들어, 신유(new oil)를 마찰접촉 운동면에 공급하면 표면의 부식 마모가 발생되지 않으나, 산화된 기름을 사용하면 물체의 표면 부식이 오히려 촉진되는 경우가 빈번하게 발생하는 것으로 보고되고 있다.

### 표면피로 마멸

물체의 상대접촉 마찰표면에 반복하중을 가하면, 표면에서의 피로 현상으로 인해 소재의 일부가 떨어져 나가게 되는데 이것을 표면피로 마멸(surface fatigue wear)이라 한다. 반복하중에 의해 발생하는 표면의 피로마멸은 일정한 궤도를 따라 반복적인 상대운동을 할 때에 접촉응력으로 알려진 최대전단응력이 접촉표면 또는 표면 바로 아래층에 결함 또는 균열을 형성할 수 있는데, 결과적으로 이러한 균열이 접촉표면의 마멸을 발생시키는 원인으로 작용한다.

그림 15.5는 구름 마찰운동을 하는 표면에서 반복하중에 의한 표면의 피로파괴가 진행되는 표면 또는 표면접촉 바로 아래층의 파손 개념도를 보여주고 있다. 표면에서 발생하는 피로마멸은 비교적 크게 발생하는 특징을 갖는다. 따라서 표면피로에 의한 마멸의 진행은 물체의 마찰접촉 운동을 더 이상 유지할 수 없게 하므로 표면피로가 발생하지 않도록 설계에 주의를 기울여야 한다.

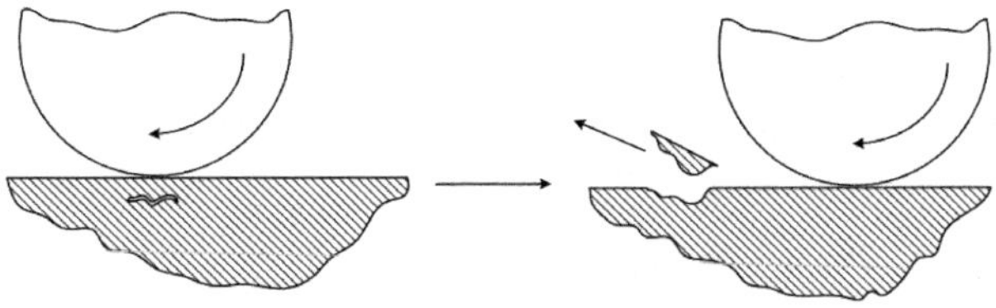

그림 15.5 표면피로 마멸의 발생기구

제 15 장

## 프레팅 마멸

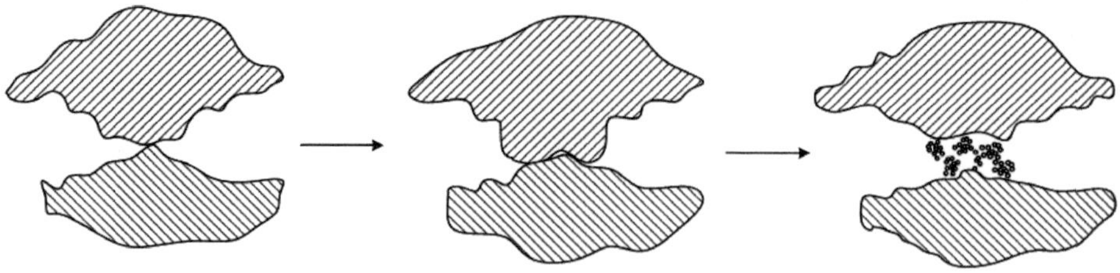

그림 15.6 프레팅 마멸의 발생기구

그림 15.6처럼 상대접촉 마찰운동을 하는 두 물체 사이의 표면에 작은 진폭의 진동하중을 가하면, 표면 소재의 일부가 미세하게 떨어져 나가는 현상이 발생하는데, 이것을 프레팅 마멸(fretting wear)이라 한다. 이러한 프레팅 마멸은 특히 접촉표면에 작은 진폭의 진동을 받을 경우에 특징적으로 일어나는 현상으로, 접촉표면으로부터 대단히 작은 마멸입자(wear debris)가 발생한다. 이러한 마멸입자들은 곧바로 산화되어 단단한 산화 물질로 변질되고, 이러한 산화 물질들이 또 다른 연삭 마멸(abrasive wear)을 일으키는 원인으로 작용한다. 따라서 작은 진동하중에 의해 산화가 진행하는 새로운 마멸 현상을 프레팅 부식 마멸(fretting corrosive wear)이라 부르는데, 특히 집중하중을 반복적으로 받는 치차의 미끄럼마찰 면에서 많이 발생한다.

## 침식 마멸

그림 15.7처럼, 물체의 접촉표면에 고체, 액체, 기체(공기나 가스 물질) 입자들이 장기간에 걸쳐서 지속적으로 부딪히고 반복적으로 하중을 가하게 되면, 결국 표면소재의 일부가 떨어져 나가는 현상이 발생하는데, 이것을 침식 마멸(erosive wear)이라 한다. 소재의 표면에 어떠한 물질(고체, 액체, 기체)의 입자들과 지속적으로 부딪히는 현상(impingement)에 의해 마모를 진행하는 현상으로 낙수에 의해 바위에 구멍이 뚫리는 것이나 비바람에 의해 바위가 부스러지면서 모래 입자로 바뀌는 현상들은 대표적인 침식 마멸의 사례라 할 수 있다. 결국 침식 마멸은 작은 입자들이 유동체에 혼합된 상태에서 물체의 표면에 지속적으로 유체마찰을 일으키면서 침식을 진행하는 마멸한상을 말한다.

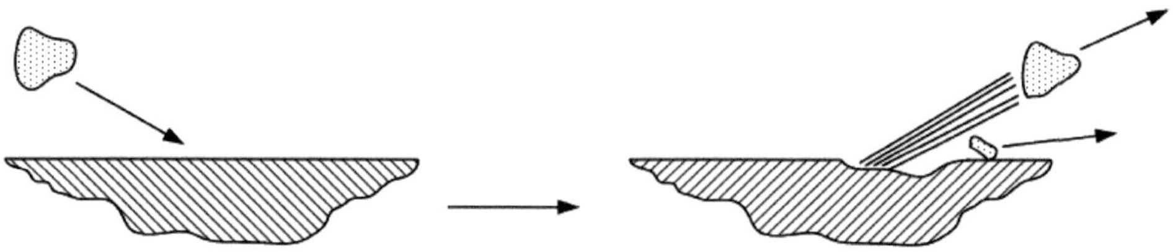

그림 15.7 침식 마멸의 발생기구

## 15.5 마멸설계 고려사항

일반적으로 설계 단계에서는 조사할 수 있는 마멸된 부품이 없다. 따라서 이러한 상황에서 마멸 분석의 첫 단계는 장치에서 마멸이 발생할 위치를 밝히기 위해 설계를 검토하는 것이다. 이를 위해 두 가지 시각으로부터 설계를 고려해야 하는데 하나의 시각은 기구가 어떻게 작동하느냐 하는 것이고 두 번째 시각은 기구가 어떻게 작동하도록 설계되어 있는가 하는 관점이다. 종종 이 두 가지 시각은 동일한 마멸위치에 대해서 다르게 마멸을 특성화하기도 하고 어떤 경우에서는 또 다른 위치에 마멸을 나타나게도 한다. 예를 들어 피드슈트(feed chute)의 설계를 생각해 보자.(그림 15.8)

설계 구상의 견지에서 유일한 마멸위치는 슈트의 바닥면이 되어야 한다. 겉보기에는 $W\cos\theta$ 의 하중을 받으며 평행한 두 면이 미끄럼 접촉을 하는 마멸 상황이다. 여기서 $W$ 는 모듈의 무게이며 $\theta$는 슈트의 경사각이다.

만약 두 슈트 단면 사이에 단이 허용되도록 설계를 한다면 설계 상태는 모듈의 모서리부와 슈트의 바닥면 사이에 충격으로 바뀌게 된다. 이것은 고려해야 할 또 다른 마멸 상황을 더하게 된다. 일단 마멸 위치가 밝혀지게 되면 모델링은 문제 해결 상황의 경우보다는 좀 더 직접적인 형태로 진행된다. 이때 문제 해결 상황처럼 대안 모델이 가능하고, 이는 모델에 대한 실험적인 마멸계수를 결정할 필요가 있다. 이러한 모델들은 설계를 비교하고 마멸수명을 예상하고 설계변수 값을 결정하는데 사용될 설계 관계식을 만드는데 사용된다. 일단 만족스러운 설계가 되면 장치를 만들고 시험을 수행한다. 설계자는 마멸 분석시 가정한 조건들과 현재 구축된 장치의 조건들 사이의 차이점을 면밀하게 검토하는 과정이 필요하다.

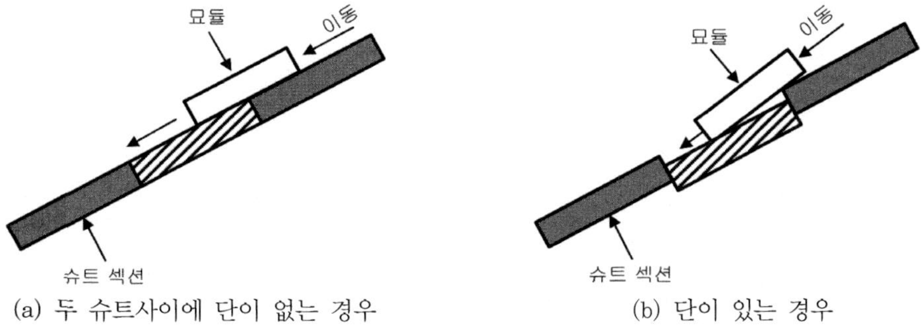


**그림 15.8** 마멸상황의 차이를 설명하기 위한 슈트를 미끄러져 내려오는 모듈의 예

## 15.6 마멸시험

마멸시험은 마멸 모델의 유효성을 평가하는 검증하거나, 모델링을 위해 필요한 데이터를 얻는데 사용될 수 있으며 기존의 재료 데이터가 적절하지 못하거나 적용할 수 없을 경우 부품에 사용되는 재료를 평가하기 위해 실시한다. 본 장에서는 다양한 마멸 조건에서 행해지는 마멸시험을 소개한다.[43]

### 경한 입자재에 의한 연삭마멸시험

그림 15.9는 이러한 유형의 마멸에 사용된 장치를 나타낸 것이다. 경질의 입자재를 이용한 연삭마멸 시험의 가장 중요한 특징은 입자재를 1회 이상 사용해서는 안 된다는 것이다. 만약 무른 재료라면 날카로운 연삭입자의 경우 부분적으로 무뎌질 수 있거나 더 작은 조각들로 부서질 수 있다.

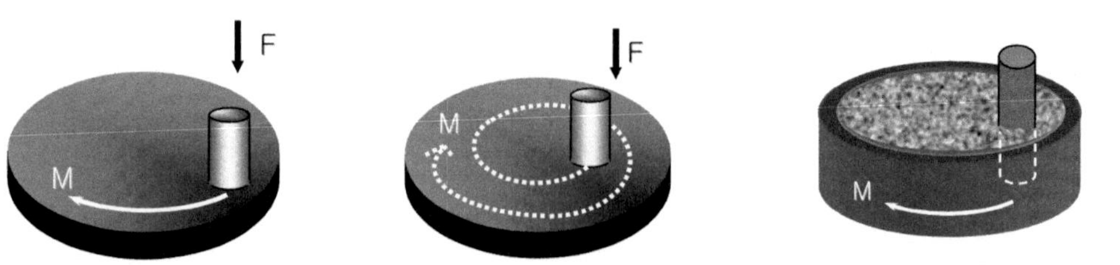


(a) 회전하는 디스크 위의 핀에 외력 작용　(b) 나선형 트랙으로 회전하는 디스크 위의 핀에 외력이 작용　(c) 연마입자가 담긴 드럼 속에 핀을 넣고 드럼을 회전

(d) 평판으로 고무테를 끼운 휠에 가압하고 휠의 외주면에 연마 입자를 분사　(e) 평판으로 고무테를 끼운 휠에 가압하고 휠의 외주면에 연마 입자를 분사

M : 운동방향, F: 외부에서 작용하는 하중

**그림 15.9 입자에 의한 연삭마멸 시험장치의 개략도**

따라서 시편에 날카로운 새 입자재를 지속적으로 공급하면서 얻은 결과와 비교하면 마멸율이 상당히 감소될 것이다. 또 다른 문제는 연삭입자가 표면을 가로질러 미끄럼 운동을 할 수도 있다는 것이다. 따라서 연삭 마멸 기구가 시험 표면에 걸쳐 일정하게 나타나고 실제 운전 중인 기계요소에서와 유사하다는 것을 확인하기 위해 시험 후에 시편의 표면을 평가하는 것이 중요하다. 오차의 또 다른 발생 원인은 단단한 기질 속의 경질의 입자로 구성된 복합재의 마멸 저항을 측정할 때, 마멸 거동이 시험 입자의 간격과 크기의 관계에 의존한다는 것이다. 따라서 연삭재의 입자크기, 형상, 경도가 실제 장치에서와 유사한가를 확인할 필요가 있다. ASTM G65 시험은 다양한 부식 특성을 가진 액체를 사용한 습식 시험에서도 적용될 수 있고 연삭마멸과 부식 사이의 상호작용을 체크할 수도 있다.

### 표면들 사이에 개재된 입자로 인한 연삭 마멸

일반적으로 양쪽 표면의 접촉부를 마멸입자보다 경한 물질로 코팅시키면, 마멸을 감소시킬 수 있다고 하지만 실제로 이러한 효과를 얻기 힘들다.

기계요소의 정렬상태가 좋지 않으면, 경하고 취성이 있는 모서리 부분에서 파편이 발생하기 쉽다. 표면들 사이에 입자가 개재된 마멸의 유형에서 낮은 마멸율을 얻기 위해서는 표면의 경도가 서로 달라야 한다. 주로 마멸율은 경한 표면을 구성하는 물질의 특성으로 결정되더라도 연한 표면에서 마멸입자가 표면에 박힘으로써 마멸을 감소시키는 경향이 있다. 따라서 시험에서 서로 다른 경도의 표면들이 마찰할 때 연한 쪽의 표면에 마멸입자가

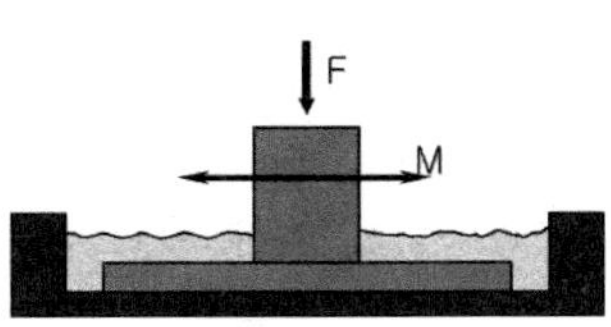


(a) 슬러리 내에서 왕복 운동하는 플레이트 위의 블록에 외력이 작용

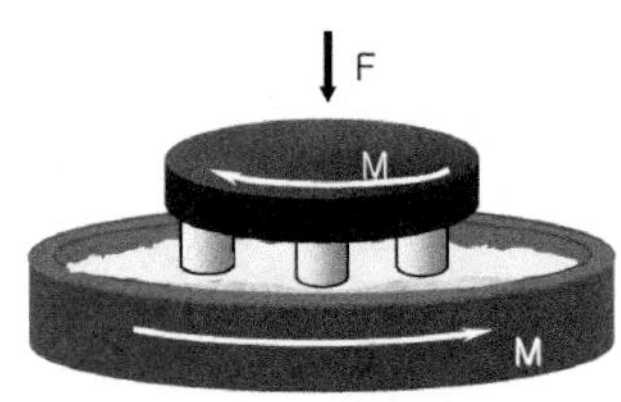


(b) 슬러리 내에서 3개의 핀과 디스크가 서로 반대방향으로 회전

(c) 슬러리가 개입된 상태에서 테스터 표면 위에서 회전하는 강제 볼의 마찰

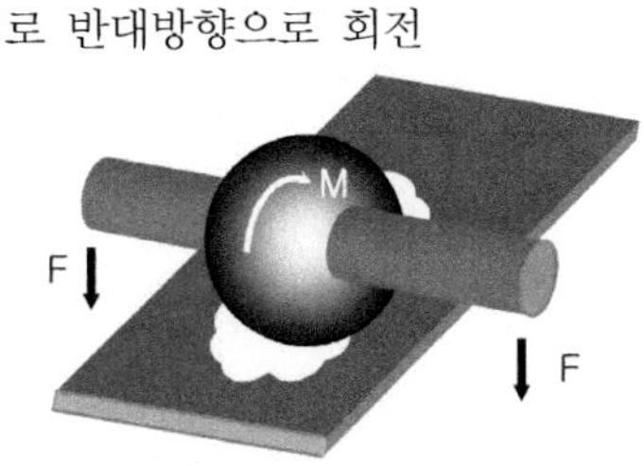


(d) 슬러리가 개입된 상태에서 테스터 표면 위에서 양끝이 구속된 상태로 회전하는 강제 볼의 마찰

M : 운동방향, F: 외부에서 작용하는 하중

그림 15.10 표면사이 입자로 인한 연삭마멸 시험장치 개략도

박힐 수 있도록 어느 정도의 노출이 필요하다. 즉, 그림 15.10(a)와 (b)에서 블록과 핀이 두 구성물 중 경한 쪽의 표면으로 그리고 평판과 디스크는 연한 쪽의 표면으로 나타낼 필요가 있다는 것을 의미한다. 그림 15.10(c)와 (d)에서 보여주고 있는 시험은 경한 입자가 한 표면에 박히고 다른 표면을 마멸시키는 실제 상황과 유사한 몇 가지 특성을 가진다.

### 두 표면 사이의 응착 마멸

그림 15.11에 나타낸 응착(adhesive) 마멸시험은 베어링, 피스톤 링, 롤러 체인과 같은 기계요소의 마멸에 대한 가장 보편적인 시험법이다.

기계요소의 응착 마멸을 모사하기 위해서는 실제 상황을 모사한 상태에서 작동시킬 필요가 있다. 즉 재료 그리고 표면 처리, 접촉압력, 미끄럼 속도, 운동, 온도는 물론 연속적 접촉이냐 단속적 접촉이냐 하는 접촉패턴까지도 유사해야 한다. 그리고 추가적으로 마멸 입자가 실제 제품에서 접촉 면 주위에서 남는다면 시험에서도 그렇게 되어야 한다.

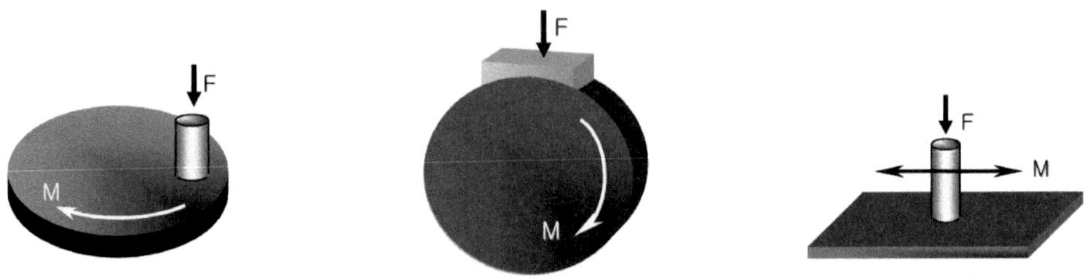


(a) 회전하는 디스크 위의 핀

(b) 회전하는 링 또는 디스크의 측면 위의 블록에 외력작용

(c) 평판 위에서 왕복 운동하는 핀에 외력작용

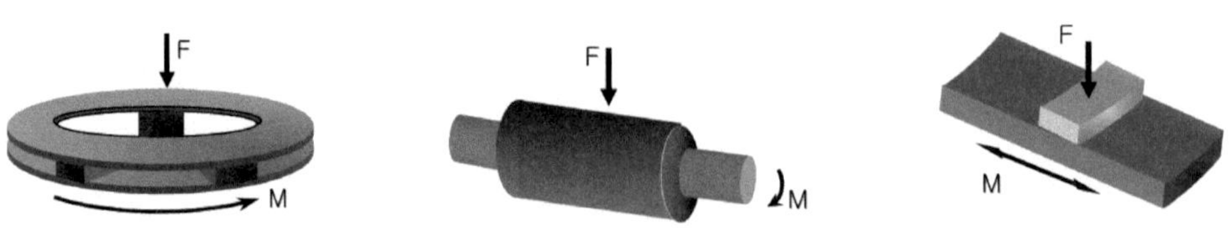


(d) 3개의 패드로 분리된 두 개의 링(하부 링은 회전운동, 상부 링에는 외력 작용)

(e) 회전하는 축 위의 부시에 외력 작용

(f) 왕복 운동하는 실린더의 단편 위에 있는 블록에 외력 작용

M : 운동방향, F: 외부에서 작용하는 하중

**그림 15.11** 응착마멸 시험장치의 개략도

## 프레팅

그림 15.12는 프레팅(fretting)에 대한 저항을 시험하기 위한 장치이다. 프레팅은 높은 하중을 받는 금속 표면사이에서 작은 진동이 있을 때 발생한다. 이것은 일반적으로 억지 끼워 맞춤으로 조립된 기계요소의 접촉면에서 발생한다.

따라서 시험에서는 높은 접촉압력 하에서 작은 진폭의 왕복운동을 하는 기계요소의 마찰이 필요하다. 그림 15.12(a) 또는 (b)에서 나타낸 장치 중에 하나를 사용할 수 있지만, 시험 시편에서 원하는 만큼의 작은 진폭을 적용시키기 위해서는 정밀한 설계가 필요하다. 다른 마멸 거동과 마찬가지로 프레팅은 온도의 영향을 받는다. 그러므로 실제 기계가 동작 중에 발생하는 온도와 유사한 온도에서 시험되는 것이 중요하다. 프레팅 시험에서 관심이 있는 결과는 마멸율이 아니라 표면 처리와 표면 균열에 관련된 것이다. 이것은 동적 하중을 받는 기계장치에서 기계요소의 구조적인 파괴를 초래하기 때문에 특별히 중요하다.

## 캐비테이션 침식

캐비테이션 시험(cavitation erosion)에 사용되는 시험 장치는 그림 15.13에 나타내었다. 이 장치에서 캐비테이션은 액체에 잠긴 평판 위에서 고주파로 진동하는 구동체(rod)에 의해 주기적으로 발생된다. 주로 매크니토 스트릭션(magneto-striction) 또는 압전(piezo-electric) 효과를 이용해서 고주파의 진동체를 작동시켜 고속으로 전진 후퇴시킨다. 후퇴하는 동안에 표면 사이의 유체에서 캐비테이션이 발생하고, 접근할 때 캐비테이션이 붕괴하고 표면을 침식시킨다. 이러한 효과를 얻기 위해, 일반적으로 접촉 표면의 치수는 적어도 10mm가 되어야 한다. 또 다른 형태의 캐비테이션 침식 시험은 캐비테이션을 일으키는 유체 분사 노즐(jet)을 사용한 ASTM G134를 기본으로 하는 것이다. 이런 시험에서 발생된 손상 패턴은 실제 장비에서 보다 작은 스케일로 나타나는 경향이 있다.

(a) 왕복 운동하는 핀에 외력작용 (b) 왕복 운동하는 평판 위의 블록에 외력 작용

M : 운동방향, F: 외부에서 작용하는 하중

**그림 15.12 프레팅 시험 장치의 개략도**

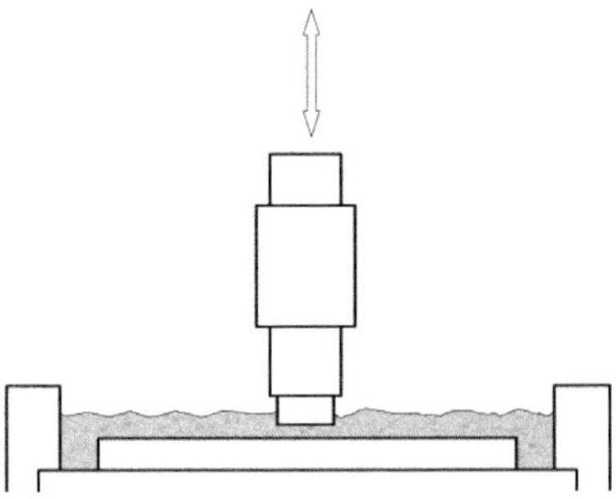

**그림 15.13** 캐비테이션 침식시험 장치의 개략도

## 입자 침식

그림 15.14는 입자침식(particle erosion) 마멸에 사용되는 시험 장치를 보여준다. 둘 다 매우 유사하지만 (a)는 유체 분사 노즐을 사용하고 (b)는 가스로 분사되는 노즐을 사용한다. 중요한 시험 요건은 시험에서 연삭 입자가 실제 장치에서 발생하는 입자의 크기, 형상, 경도와 잘 대응해야 한다는 것이다. 입자가 무뎌지거나 부서져서 본래 입자보다 작아질 수 있기 때문에 연삭입자는 한번 밖에 사용할 수 없다. 가스나 유체의 속도가 아니라 입자의 속도가 중요하기 때문에 실제 경우와 잘 대응시켜야 한다. 모든 시험에서 결과를 분석할 때 접근각 변화를 고려해야 한다. 이러한 변화 때문에, 실제 장비의 상황을 적절하게 나타내는가를 확인하기 위해 많은 시험이 필요하다.

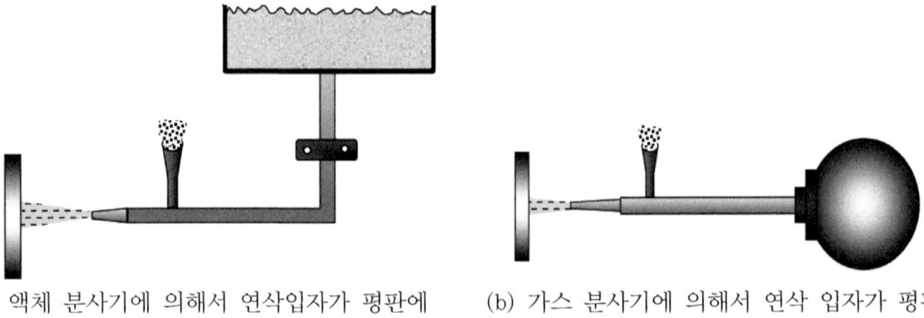

(a) 액체 분사기에 의해서 연삭입자가 평판에 충격

(b) 가스 분사기에 의해서 연삭 입자가 평판에 충격

**그림 15.14** 입자 침식시험 장치의 개략도

### 표면 피로

그림 15.15는 표면피로(surface fatigue) 시험에 사용되는 다양한 장치를 보여준다. 그림 15.15(a)와 (b)는 실제 장치를 단순화시킨 형태로 피로강도 특성에 대한 롤링 베어링 재료의 가속 시험에 사용되고 있다. 그림 15.15(c)와 (d)의 경우처럼 실제 기계요소로 시험하는 경우도 있다.

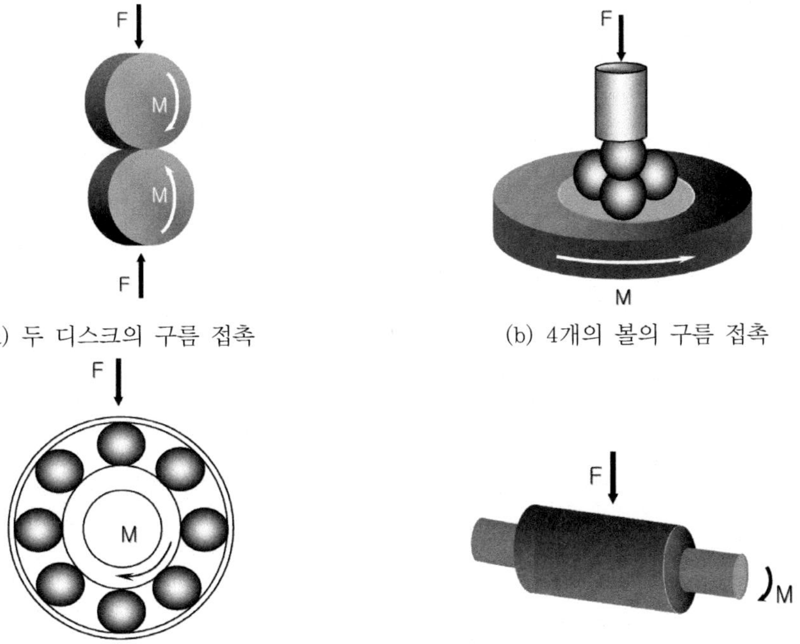


(a) 두 디스크의 구름 접촉　(b) 4개의 볼의 구름 접촉

(c) 하중이 가해진 상황에서 구름 베어링 테스트　(d) 동 하중이 가해진 상황에서 저널 베어링 테스트

M : 운동방향, F: 외부에서 작용하는 하중

**그림 15.15 표면 피로시험 장치의 개략도**

# 연습문제

**15.1** 마멸의 정의와 기능적 역할에 대해 간략하게 기술하시오.

**15.2** 물체들이 서로 마찰접촉 운동을 진행함에 따라 발생하는 긍정적인 효과와 부정적인 문제점을 요약하시오.

**15.3** 마멸분석이 유용한 공학적 상황을 수명분석 측면과 설계측면에서 설명하시오.

**15.4** 마멸분석에 필요한 데이터를 기계요소, 접촉조건, 윤활, 환경, 마멸측면에서 제시해 보시오.

**15.5** 마멸시험시 얻게 되는 마멸곡선(wear curve)에 대해 설명하시오.

**15.6** 접촉하는 물체들 사이에는 정지 또는 운동 상태에서 다양한 형태의 마멸이 발생되는데 이들 마멸의 특징과 발생조건에 대해 설명하시오.

**15.7** 연삭마멸 시험을 위한 시험 설계시 중요하게 고려할 사항을 시험재료, 시험장치, 시험방법 측면에서 기술하시오.

**15.8** 응착마멸 시험을 위한 시험 설계시 중요하게 고려할 사항을 시험재료, 시험장치, 시험방법 측면에서 기술하시오.

**15.9** 연삭마멸 시험을 위한 시험 설계시 중요하게 고려할 사항을 시험재료, 시험장치, 시험방법 측면에서 기술하시오.

**15.10** 프레팅 마멸시험을 위한 시험 설계시 중요하게 고려할 사항을 시험재료, 시험장치, 시험방법 측면에서 기술하시오.

**15.11** 캐비테이션 침식 마멸시험을 위한 시험 설계시 중요하게 고려할 사항을 시험재료, 시험장치, 시험방법 측면에서 기술하시오.

**15.12** 입자침식 마멸시험을 위한 시험 설계시 중요하게 고려할 사항을 시험재료, 시험장치, 시험방법 측면에서 기술하시오.

**15.13** 표면피로 시험을 위한 시험 설계시 중요하게 고려할 사항을 시험재료, 시험장치, 시험방법 측면에서 기술하시오.

**15.14** 마멸시험의 모사 적합성 평가를 위한 고려사항을 기술하시오.

**15.15** 트라이볼로지 기술을 응용하여 제품을 생산하든지 또는 제품의 기능성을 향상하기 위해 적용된 대표적인 적용사례 또는 기술 분야를 기술하시오.

# 참고 문헌


[1] J. A. Bannantine, *Fundamentals of Metal Fatigue Analysis*, Prentice-Hall.

[2] E.E. Gdoutos, *Fracture Mechanics*, Kluwer Academic Publishers.

[3] N. E. Dowling, *Mechanical Behavior of Materials*, Pearson.

[4] M. A. Meyers, *Mechanical Behavior of Materials*, Prentice-Hall.

[5] T. L. Anderson, *Fracture Mechanics*, CRC.

[6] D. Krajcinovic, *Damage Mechanics*, North-Holland.

[7] M. H. Aliabadi, *Numerical Fracture Mechanics*, Kluwer Academic Publishers.

[8] J. T. P. Yao, *Low-Cycle Fatigue of Metals*, SSC-137, Ship Structure Committee.

[9] S. Lozano, *Residual Stress Redistribution in Welded Beams subjected to Cyclic Bending*, Fritz Engineering Laboratory Report No. 358.5

[10] C. H. Wang, *Introduction to Fracture Mechanics*, DSTO-GD-0103.

[11] Beer et al., RTO-TR-028, NATO research and technology organisation.

[12] A. Fatemi et al., *Fatigue Behavior and Life prediction of notched specimen made of QT and forged microalloyed steels*, Int'l J. Fatigue, 26 (2004).

[13] J. W. Dally, *Experimental Stress Analysis*, McGraw-Hill

[14] Mysore N.L. and Narasimhan, *Principles of Continuum Mechanics*, John Wiley

[15] Slaughter, W., *The Linearized Theory of Elasticity*, Birkhauser

[16] P.C. Chou, N.J. Pagano, *Elasticity*, Dover

[17] A. C. Ugural, *Advanced Strength and Applied Elasticity*, Prentice-Hall.

[18] Fung, Y. C., *A First Course in Continuum Mechanics*, Prentice-Hall

[19] W. Flugge, *Tensor Analysis and Continuum Mechanics*, Springer-Verlag

[20] Herakovich, Carl T., *Mechanics of Fibrous Composites*, John Wiley  Sons

[21] Lubliner *Plasticity Theory*, Macmillan

[22] M. D. Greenberg, *Foundations of Applied Mathematics*, Prentice-Hall

[23] R.E. Larson and  B.H. Edwards, *Elementary Linear Algebra*, D.C. Heath and company

[24] W.F. Smith, *Principles of Materials and Engineering*, McGraw-Hill.

[25] R. W. Hertzberg, *Deformation and Fracture Mechanics of Engineering Materials*, Wiley.

[26] C. T. Herakovich, *Mechanics of Fibrous Composites*, Wiley.

[27] M. W. Hyer, *Stress Analysis of Fiber-Reinforced Composite Materials*, McGraw-Hill

[28] R. F. Gibson, *Principles of Composite Material Mechanics*, McGraw-Hill.

[29] S. R. Swanson, *Introduction to Design and Analysis with Advanced Composite Materials*, Prentice-Hall.

[30] A. K. Mal and S. J. Singh, *Deformation of Elastic Solids*, Prentice Hall.

[31] R. C. Juvinall, *Engineering Considerations of Stress, Strain, and Strength*, McGraw-Hill.

[32] E. P. Popov, *Engineering Mechanics of Solids*, Prentice-Hall.

[33] I. H. Shames and F. A. Cozzarelli, *Elastic and Inelastic Stress Analysis*, Prentice-Hall

[34] Green, *An Introduction to the Mechanical Properties of Ceramics*, Cambridge University Press.

[35] S. H. Crandall, *An Introduction to the Mechanics of Solids*, McGraw-Hill.

[36] D. H. Allen and W. E. Haisler, *Introduction to Aerospace Structural Analysis*, Wiley.

[37] B. Derby, *Materials for Engineering*, Longman Scientific and Technical.

[38] R. A. Higgins, *Properties of Engineering Materials*, Edward Arnold.

[39] W. Riley, *Mechanics of Materials*, Wiley.

[40] F. P. Beer, *Mechanics of Materials*, McGraw-Hill

[41] A. C. Ugural, *Mechanics of Materials*, Wiley.

[42] I. LeMay, Principles of Mechanical Metallurgy, Elsevier North-Holland, Inc., NewYork, 1981.

[43] M.J. Neale and M. Gee, Guide to Wear Problem and Testing for Industry, William Andrew, NewYork, NY, 2001.

# 찾아보기

## 저자 소개

### 최덕기

• 단국대학교 기계공학과
• e-mail : dkchoi@dku.edu

### 문영훈

• 부산대학교 기계공학부
• e-mail : yhmoon@pusan.ac.kr

# 재료의 거동과 파손 〈2판〉

발 행 일 • 2015년 8월 14일 2판 발행
2021년 9월 1일 수정 발행
저 자 • 최덕기 · 문영훈
발 행 자 • 최 봉 조
발 행 처 • 진샘미디어
주 소 • 서울시 은평구 연서로 5길 28 부호아파트 102동 상가5호
전 화 • 02)353-4421 / FAX 02)353-4431
홈 페 이 지 • www.jinsaem.co.kr

신 고 번 호 • 제311-2005-000025호
I S B N • 979-11-85504-43-8 93550

정가 26,000원